LES SOCIÉTÉS HUMAINES FACE AUX CHANGEMENTS CLIMATIQUES

LES SOCIÉTÉS HUMAINES FACE AUX CHANGEMENTS CLIMATIQUES

Volume 1

LA PRÉHISTOIRE DES ORIGINES DE L'HUMANITÉ À LA FIN DU PLÉISTOCÈNE

Sous la direction de François Djindjian

Archaeopress Archaeology

ARCHAEOPRESS PUBLISHING LTD
Summertown Pavilion
18–24 Middle Way
Summertown
Oxford OX2 7LG
www.archaeopress.com

ISBN 978-1-80327-260-3
ISBN 978-1-80327-261-0 (e-Pdf)

This book is available direct from Archaeopress or from our website www.archaeopress.com

Sommaire

Avant Propos

Les deux présents volumes regroupent les contributions des membres de l'Union Internationale des Sciences Préhistoriques et Protohistoriques (UISPP), à un projet lancé en 2017, sous le titre « Les sociétés humaines face aux changements climatiques dans la préhistoire et la protohistoire. Des origines de l'Humanité au début des temps historiques ».

L'idée de ce projet est né de questions souvent posées aux préhistoriens de l'UISPP lors de conférences ouvertes au grand public concernant l'existence de changements climatiques dans l'Histoire de l'Humanité et la façon dont les sociétés humaines s'y étaient adaptées.

Les sociétés humaines ont connu depuis trois millions d'années une grande alternance de périodes glaciaires et interglaciaires. Quels climats ont-ils été les plus favorables aux peuplements humains ? Quels climats ont-ils été les plus défavorables aux peuplements humains et ont-ils entrainés des abandons de territoires et des effondrements de sociétés ? Quand et sous quels climats les groupes humains ont-ils colonisé l'ensemble des continents de la planète ? Sous quel climat et sous quelles latitudes, les innovations que représentent l'agriculture et l'élevage ont-elles réussi à se pérenniser ? Comment les sociétés agro-pastorales se sont-elles adaptées à la progression de l'aridité de l'Holocène après l'exceptionnelle période humide de ses débuts ? Le pastoralisme nomade est-il une spécialisation d'une société agro-pastorale dans un contexte d'aridité croissante ou une adaptation de la domestication animale à des zones steppiques et semi-désertiques ? Comment les sociétés agro-pastorales se sont-elles adaptées à des changements climatiques centenaires comme ceux connus des périodes protohistoriques et historiques (crise 2200 BC, crise 1200 BC, crise 800 BC, optimum climatique romain, crise du Bas-empire romain et des invasions barbares, optimum climatique médiéval, petit âge glaciaire) ? Et à des crises météorologiques sur plusieurs années à l'origine de disettes et de famines ? Une amélioration climatique avec un climat chaud et humide est-elle favorable au développement des sociétés humaines ? Le changement climatique est-il un facteur d'évolution pour les sociétés humaines, les forçant à s'adapter et à trouver des solutions durables ? Les régions du globe où les changements climatiques ont le moins d'amplitude (zones tropicales humides) ont-elles été favorables à l'évolution des sociétés humaines ou ont-elles eu au contraire comme conséquence une stagnation ?

Cette liste non exhaustive de questions révèle l'intérêt d'un thème de recherche que la situation actuelle de réchauffement climatique depuis le début du XX° siècle rend de plus en plus prioritaire dans le grand public, dans la jeunesse mais aussi dans la classe politique. Le succès médiatique et sociétal de cette question risque malheureusement d'en faire le sujet de manipulations, d'idéologies voire d'une nouvelle religion, avec ses faux prophètes. Aussi est-il important de la maintenir dans son contexte scientifique, où les erreurs, par définition même de la Science, peuvent être corrigées et rectifiées, alors que le laisser au mains d'idéologies ne pourra pas empêcher d'en faire un dogme définitif, brûlant pour cause de blasphèmes ou d'hérésies, tous ceux qui émettraient la moindre réserve voire la moindre demande d'explications.

Le projet a été proposé par l'UISPP à l'Union Académique Internationale qui l'approuvé en 2017 comme projet longue durée n°92 et financé. Il a également été soutenu par l'Académie Suisse des Sciences. L'UISPP remercie vivement ces deux institutions pour leur soutien.

Vingt et une contributions sont publiées ici en deux volumes. Le premier volume est consacré au Pléistocène et couvre la période allant des origines à la fin de la dernière glaciation il y a 12 000 ans, et les sociétés de chasseurs-cueilleurs. Le second volume couvre l'Holocène, les chasseurs-cueilleurs du Mésolithique et les sociétés agro-pastorales du Néolithique et des âges des métaux.

Les connaissances acquises ne permettent pas de traiter le sujet d'une façon aussi précise pour tous les continents. L'Europe est aujourd'hui la région la plus riche en sites archéologiques fouillés et en études détaillées, ce qui justifie que cette région ait été privilégiée dans les contributions reçues. Certaines régions ou continents ne permettent a pas aujourd'hui de telles synthèses comme le continent américain, l'Asie du Sud, la Chine, une partie de l'Afrique, Plusieurs contributions ont traité le thème globalement sur l'ensemble de la planète, en particulier les périodes du MIS 3 et du MIS 2. L'Asie du Sud-est et l'Afrique du Nord ont fait l'objet de contributions particulières.

Préface

Fondée en octobre 1919, l'Union Académique Internationale (désormais mieux connue par son sigle UAI) a fêté en novembre 2019 à l'Institut de France à Paris l'entrée dans son deuxième centenaire d'existence. Voulue comme un centre international d'excellence grâce à la collaboration des Académies nationales ou des grandes institutions équivalentes, elle se devait de prendre sous son aile autant les sciences humaines que les sciences sociales, et cela dans la perspective de patronner, organiser, gérer, développer, stimuler de grands projets collectifs de longue ou moyenne durée qui constitueraient et serviraient les sources de la recherche scientifique fondamentale. Ainsi, dictionnaires, corpora, atlas, index, encyclopédies, œuvres complètes ont progressivement vu le jour au fil des années, fournissant à une masse de chercheurs le produit des démarches les plus récentes dans leur discipline, accomplies très souvent dans un esprit de transdisciplinarité. En 2021, plus de cent projets avaient à cette date pu donner naissance à des produits savants de haute valeur ajoutée car réalisés par les spécialistes du moment.

Les projets s'étalant souvent sur des décennies, cette intense activité présenta toutefois - on le sait aujourd'hui encore plus clairement à la lumière des travaux d'archives menés pour célébrer le centième anniversaire de l'organisation -, une faiblesse qu'il ne convient pas de dissimuler sous les ors trompeurs des commémorations anniversaires, à savoir la faiblesse de se concentrer presque exclusivement sur la mise en valeur de problématiques relevant des sciences humaines. Le manque de projets appartenant au domaine des sciences sociales en devenait criant. On connait les raisons de cette « discrimination », à savoir tout simplement le fait que les Académies membres proposèrent et mirent en valeur précisément des projets appartenant au champ des disciplines historiques, archéologiques et philologiques, oubliant ou négligeant de la sorte les disciplines s'inscrivant dans les sciences morales, politiques et sociales. Peu à peu, l'UAI se concentra ainsi au développement exclusif des domaines dominants appartenant aux sciences humaines, au point de n'apparaitre finalement à l'extérieur que comme une organisation internationale de sciences humaines.

Une prise de conscience de l'écart existant entre les intentions et les statuts d'origine de l'Organisation et la réalité de leur application put heureusement se faire au cours des quinze dernières années. L'accent fut progressivement mis sur la nécessité de promouvoir les sciences morales, politiques et sociales et de valoriser des projets qui non seulement les mettraient en valeur mais les « serviraient » dans leurs attentes et demandes.

Dans ce contexte, il faut donc féliciter, ici et maintenant, l'Union Internationale des Sciences Pré- et Protohistoriques (UISPP). Elle qui rassemble en effet l'ensemble des préhistoriens, dont les fondements de recherche trouvent aujourd'hui leurs bases et matériaux, précisément autant dans le fond de commerce «classique» développé au sein de l'UAI que dans les empreintes et marqueurs des sciences sociales – sans oublier de mettre en évidence leur appartenance devenue naturelle et essentielle aux sciences fondamentales – a su inscrire dans la liste des projets de l'UAI, lors de l'Assemblée générale de cette dernière à Tokyo, en octobre 2017, une recherche fondamentale bousculant quelque peu les habitudes de l'Union, sous le titre « Les sociétés humaines face aux changements climatiques dans la préhistoire et la protohistoire. Des origines de l'Humanité au début des temps historiques ». Jusqu'alors, la préhistoire en tant que telle était inexistante à l'UAI, non par volonté ou ignorance, mais par simple manque de proposition de projets. Et non seulement le projet bousculait mais il arrivait à point nommé pour tenter d'analyser et d'approcher scientifiquement un questionnement planétaire et urgent... L'on projetait ainsi d'emblée l'UAI dans une démarche ultra-contemporaine. On ne pouvait espérer mieux !

A ces félicitations génériques, il convient d'ajouter en outre celles fournies par le plaisir de saluer la sortie de presse des deux premiers volumes qui donnent ainsi au projet sa première chair. Souvent en effet, le temps long laissé comme il se doit aux projets de l'UAI conduisent ceux-ci à voir leurs outils être produits lentement. Certes, les bornes sont faites pour être dépassées, ainsi que l'écrivit Antoine de Saint-Exupéry. Nous ne pouvons par conséquent qu'encourager le directeur du projet, le président François Djindjian, et l'ensemble des collègues de renom dont il a pu s'entourer pour fonder les bases de l'entreprise, à dépasser hardiment les bornes suivantes qu'ils ne manqueront pas de vouloir se fixer. L'UAI leur sait gré en tout cas maintenant de leur contribution à cette édition scientifique qu'ils ouvrent de grande et belle manière.

Jean-Luc De Paepe,
Secrétaire général adjoint de l'Union Académique Internationale

Liste des auteurs

Pierre Antoine
(UMR 8591 CNRS-Univ. Paris I et Paris Est Créteil. Laboratoire de Géographie physique, Environnements quaternaires et actuels. 1 pl. A. Briand 92 195 Meudon, France.)

Barbara Barich
(Dr de recherches ISMEO, Italie et Université de Rome)

Jean-Jacques Bahain
(UMR 7194 HNHP, MNHN-CNRS-UPVD, Muséum national d'histoire naturelle, Institut de Paléontologie humaine, 1 rue René-Panhard, 75013 Paris, France.)

Lucie Bazin
(Université Paris-Saclay, CNRS, CEA, UVSQ, Laboratoire des sciences du climat et de l'environnement, 91191, Gif-sur-Yvette, France.)

Olivier Buchsenschutz
(Directeur recherches émérite CNRS)

Miguel Caparros
(Chercheur associé CNRS UMR 7194)

Nathalie Combourieu-Nebout
(UMR 7194 HNHP, MNHN-CNRS-UPVD, Muséum national d'histoire naturelle, Institut de Paléontologie humaine, 1 rue René-Panhard, 75013 Paris, France.)

Pascal Depaepe
(Directeur régional INRAP)

François Djindjian
(Président UISPP, Pf. Honoraire Université Paris 1 Panthéon Sorbonne)

Christian Dupuy
(Dr de recherches Institut des Mondes Africains Paris, UMR 8171)

Christophe Falguères
(UMR 7194 HNHP, MNHN-CNRS-UPVD, Muséum national d'histoire naturelle, Institut de Paléontologie humaine, 1 rue René-Panhard, 75013 Paris, France.)

Jean Guilaine
(ancien Professeur du Collège de France)

Lioudmila Iakovleva
(Dr de recherches Institut d'archéologie NAS Ukraine)

Marc-Antoine Kaeser
(Directeur Laténium, Pf. Université Lausanne)

Stefan Kozlowski
(professeur émérite Université de Varsovie, Pologne)

Amaëlle Landais
(Université Paris-Saclay, CNRS, CEA, UVSQ, Laboratoire des sciences du climat et de l'environnement, 91191, Gif-sur-Yvette, France.)

Vincent Lebreton
(UMR 7194 HNHP, MNHN-CNRS-UPVD, Muséum national d'histoire naturelle, Institut de Paléontologie humaine, 1 rue René-Panhard, 75013 Paris, France.)

Olivier Lemercier
(Professeur Université de Montpellier)

Henri de Lumley
(Directeur de l'Institut de Paléontologie Humaine)

Anne-Marie Moigne
(UMR 7194 HNHP, MNHN-CNRS-UPVD, Muséum national d'histoire naturelle, Institut de Paléontologie humaine, 1 rue René-Panhard, 75013 Paris, France.)

Marie-Hélène Moncel
(UMR 7194 HNHP, MNHN-CNRS-UPVD, Muséum national d'histoire naturelle, Institut de Paléontologie humaine, 1 rue René-Panhard, 75013 Paris, France.)

Sébastien Nomade
(Université Paris-Saclay, CNRS, CEA, UVSQ, Laboratoire des sciences du climat et de l'environnement, 91191, Gif-sur-Yvette, France.)

Marek Nowak
(Dr de recherches, Institut Jagellon, Université de Cracovie, Pologne)

Alison Pereira
(UMR 7194 HNHP, MNHN-CNRS-UPVD, Muséum national d'histoire naturelle, Institut de Paléontologie humaine, 1 rue René-Panhard, 75013 Paris, France.)
(Université Paris-Saclay, CNRS, CEA, UVSQ, Laboratoire des sciences du climat et de l'environnement, 91191, Gif-sur-Yvette, France.)
(Ecole française de Rome, Piazza Farnese, IT-00186, Rome, Italie)

Anne-Marie Sémah
(Institut de Paléontologie humaine, 1, rue René Panhard F-75013 PARIS Mission Quaternaire et Préhistoire en Indonésie (MEAE) & Programme PREHISTROPIC (Emergences, Ville de Paris))

François Sémah
(Muséum national d'histoire naturelle, Préhistoire / UMR 7194 « Histoire naturelle de l'Homme préhistorique »)

Iwona Sobkowiak-Tabaka
(Prof. Université de Poznan, Pologne)

Pierre Voinchet
(UMR 7194 HNHP, MNHN-CNRS-UPVD, Muséum national d'histoire naturelle, Institut de Paléontologie humaine, 1 rue René-Panhard, 75013 Paris, France.)

Introduction au premier volume

François Djindjian

Depuis les origines de la recherche préhistorique, les variations du climat et ses influences sur les peuplements des premières humanités sont apparues aux pionniers de l'archéologie préhistorique non seulement comme une évidence mais aussi comme la preuve de l'ancienneté de l'Humanité.

Edouard Lartet découvre en 1864 lors de ses fouilles de l'abri-sous-roche de La Madeleine en Périgord, un mammouth gravé sur un fragment d'ivoire de défense de mammouth (Lartet, 1865). Il démontre ainsi la cohabitation de l'espèce humaine avec une espèce disparue vivant sous un climat glaciaire. Cette preuve, présentée à l'exposition universelle de 1867 à Paris, fit sensation.

A la fin du XIX° siècle, les découvertes de faunes froides et chaudes se multiplient montrant que l'Humanité a du faire face avec succès à des changements climatiques importants révélant l'alternance de périodes glaciaires et interglaciaires. C'est le fruit alors d'une étroite collaboration entre paléontologues et préhistoriens dont les plus éminentes figures furent Albert Gaudry titulaire de la chaire de paléontologie du Muséum d'Histoire naturelle et son successeur Marcellin Boulle. Ce dernier fut également le premier directeur de l'Institut de Paléontologie Humaine, créé par Albert 1er de Monaco. C'est Albert Gaudry qui valida les découvertes de J. Boucher de Perthes dans la vallée de la Somme, en venant personnellement en août 1959, avec son épouse, surveiller sans interruption les ouvriers travaillant dans la carrière de Saint-Acheul. En identifiant neuf bifaces dans le « diluvium », il pu conclure que « *nos pères ont été contemporains du Rhinoceros tichorhinus et de l'Hippopotamus major, de l'Elephas primigenius, du Cervus somonensis...* » (Gaudry, 1859).

Au début du XX° siècle, les travaux de glaciologie de Penck et Brückner (1901-1909) sur les vestiges de moraines de front de glaciers dans les Alpes, mettent en évidence pour la première fois la succession de périodes glaciaires nommées Würm, Riss, Mindel, Gunz. Les recherches s'étendent aux rivières et aux fleuves, qui, par l'alternance climatique, par alluvionnement ou surcreusement, créent des vallées aux terrasses étagées, prouvant ainsi l'ancienneté des découvertes de Casimir Picard puis de Boucher de Perthes dans la vallée de la Somme entre 1830 et 1860.

Il n'est donc pas étonnant de constater que les préhistoriens soient devenus les premiers paléoclimatologues de l'histoire des Sciences. Les carottages spectaculaires dans les glaciers du Groenland et du continent antarctique, ne doivent pas faire oublier les nombreuses autres méthodes de reconstitution du climat, qui permettent de construire des courbes de paléo-température, de paléo-précipitations et d'autres courbes encore :

séquences de lœss et de sols fossiles (en périphérie des inlandsis), séquences de sable et de sols fossiles (en zones désertiques), carottages océaniques et méditerranéens (à partir de l'inventaire des espèces à squelette minéral, comme les foraminifères ou les coccolithophoridés, particulièrement sensibles aux variations de température des océans), séquences de remplissage d'abri-sous-roche et de grottes, spéléothèmes des grottes, carottages dans les sédiments des lacs volcaniques (maars), des lacs de montagne, des marais (tourbières) pour en extraire les pollens, l'altitude des lignes de rivage fossiles, etc. Ces différentes méthodes de reconstitution du climat sont présentées dans le chapitre 3 du premier volume.

La paléoclimatologie moderne est née dans les années 1970, avec la multiplication des carottages profonds. Cette nouvelle science est multidisciplinaire car s'y rencontrent l'ingénierie des carottages profonds (venant de l'industrie pétrolière), les prélèvements (bulles d'air, pollens, fossiles, etc.), les déterminations d'espèces fossiles, les mesures isotopiques (pour la courbe O^{18}/O^{16}), géochimiques (oxygène, azote et CO2 des bulles d'air) et de susceptibilité magnétique, les datations absolues (pour synchroniser les séquences), le traitement du signal (pour comparer les courbes obtenus en traitant la sédimentation différentielle et les lacunes), les traitements statistiques (pour calculer les fonctions de transfert), la modélisation mathématique (modèle de circulation atmosphérique, de transition climatique, etc.).

Certaines de ces méthodes permettent de construire seulement des courbes de paléo-température. C'est le cas notamment des carottages glaciaires (courbe O^{18}/O^{16}). D'autres permettent de construire aussi des courbes de paléo-précipitations, qui sont encore plus utiles pour le peuplement préhistorique car l'humidité favorise la croissance de la végétation dont la faune des herbivores se nourrit, faune que les prédateurs (carnivores et chasseurs) consomment. C'est le cas des espèces fossiles animales et végétales, pour lesquelles les analyses multidimensionnelles permettent de mettre en évidence des axes de température et des axes d'humidité à partir desquelles sont construites les paléo-courbes (pollens, foraminifères, etc.).

Pour les chasseurs-cueilleurs, durant le dernier million d'années du Pléistocène, la présence dans une région géographique, la localisation des sites archéologiques, le territoire de déplacement des groupes humains, la gestion des ressources alimentaires durant le cycle annuel, la culture matérielle (industrie lithique, industrie sur os, ivoire et bois de cervidés), l'art animalier figuré (comme en Europe et au Sahara), le franchissement ou non de cols et de détroits, sont autant d'informations qui permettent de mettre en évidence l'adaptation des groupes humains au climat et à l'environnement ambiant. Notre capacité de corrélation est cependant limitée par le nombre de sites découverts lié aux sédimentations et aux érosions quaternaires particulièrement intenses pendant les cycles glaciaires/interglaciaires qui fait de la conservation des sites une exception plutôt qu'une règle générale. Cette difficulté se réduit progressivement avec le temps, comme le montrent bien les contributions sur le paléolithique inférieur (chapitre 4), le paléolithique moyen (chapitre 7) et le paléolithique supérieur (chapitres 8, 9 et 10). L'autre limitation est la validité des données que ne peuvent offrir que des sites non remaniés, dont l'enregistrement est certifié par des vérifications taphonomiques, avec des études stratigraphiques approfondies et des datations absolues fiables, que seules des fouilles de longue durée peuvent garantir.

La mise en relation avec un interglaciaire ou un glaciaire précis (c'est-à-dire un stade isotopique) est parfois difficile pour un site du paléolithique inférieur qui dépend de datations absolues fiables et précises. La situation n'est guère différente pour les oscillations climatiques des stades isotopiques 8 à 6 du paléolithique moyen. Pour la fin du paléolithique moyen et les débuts du paléolithique supérieur du MIS 3, l'identification, la datation et la caractérisation des oscillations climatiques sont d'une importance critique pour la compréhension de la transition observée. Une meilleure fiabilité de la datation radiocarbone par élimination de carbone récent de pollution, et l'application d'autres méthodes de datations (OSL, U/Th, ESR, thermoluminescence) ont contribué très significativement à la connaissance de cette période. Au MIS 2, les oscillations sont mieux datées sinon totalement caractérisées et permettent une relativement bonne corrélation entre changement de la culture matérielle et événements climatiques.

L'évolution du genre *Homo* depuis l'*Homo Habilis* jusqu'à nous a posé également la question de son éventuelle adaptation aux variations du climat dans le temps et suivant les latitudes de la planète, comme à d'autres processus (isolats géographiques, ressources alimentaires, résistances aux maladies) qui concernent le squelette (qui sauf exception est le seul connu du préhistorien) et les parties molles (pigmentation de la peau, cheveux, yeux, etc.), dont les manifestations ont fait l'objet d'une grande attention par les anthropologues de la fin du XIX° siècle et des débuts du XX° siècle, suite aux découvertes des explorateurs et des missions scientifiques en Amérique, en Afrique, dans le Pacifique et en Sibérie depuis le XVII° siècle. Un *homo erectus* voyageur et colonisateur avant le dernier million d'années et qui fait souche en Europe et en Asie ? Un *Neandertal* adapté au froid européen et un *Homo sapiens archaïque* adapté à l'aridité africaine pendant les épisodes glaciaires des stades isotopiques 8 à 4 ? La question de la disparition de *Neandertal* et de la diffusion de *Sapiens* il y a 40 à 50 000 ans environ sur tous les continents se pose évidemment aussi en termes d'adaptation à l'amélioration climatique des débuts du stade isotopique 3 après l'épisode glaciaire du 4. Ces sujets ont été abordés notamment dans les chapitres 7 et 8, intégrant les résultats des études paléogénétiques qui connaissent une médiation scientifique remarquable.

Le dernier maximum glaciaire est un temps privilégié car nous disposons à la fois de données climatiques précises, de datations fiables et de sites paléolithiques nombreux et bien étudiés avant, pendant et après cet épisode, pour pouvoir étudier les mécanismes d'adaptation et de changements pour faire face à la péjoration climatique drastique du dernier maximum glaciaire qui a duré 5 000 ans (chapitre 9).

La période qui suit le dernier maximum glaciaire est une phase de repeuplement des territoires abandonnés pendant le dernier maximum glaciaire, dans les hautes latitudes avec le recul des calottes glaciaires et des glaciers de montagnes et dans les basses latitudes avec le recul des zones désertiques (chapitre 10). Cette reconquête concerne aussi bien la végétation, que la faune et les groupes humains.

La fin de la glaciation et l'arrivée sur l'interglaciaire actuel Holocène, se traduit par une série d'oscillations climatiques courtes étalonnant une tendance générale à l'augmentation de température et d'humidité. Le changement progressif de végétation, l'arrivée de faunes chaudes du Sud et le départ des faunes froides vers le Nord, l'expansion rapide de la forêt tempérée au détriment de la steppe froide, la conquête des altitudes au-dessus de 600 mètres est à l'origine d'une diversification des ressources alimentaires (pêche, cueillette, piégeage) qui favorise une croissance démographique et une réduction de la superficie des territoires qui annonce au Moyen-Orient, la première sédentarisation des chasseurs-cueilleurs (Natoufien), préalable indispensable à l'invention de l'agriculture (chapitre 11).

Bibliographie

Gaudry A. 1859. Contemporanéité de l'espèce humaine et de diverses espèces animales aujourd'hui éteintes. *L'Institut*, (1re section), 27, n° 1344, p.317-318.

Lartet E. 1865. Une lame d'ivoire fossile trouvée dans un gisement ossifère du Périgord, et portant des incisions qui paraissent constituer la reproduction d'un Éléphant à longue crinière. *Comptes Rendus des Séances de l'Académie des Sciences*, séance du lundi 21 août 1865, 2ème semestre, Tome LXI, n° 8, p.309-311.

Le changement climatique:
Un enjeu fondateur dans l'histoire des sciences préhistoriques

Marc-Antoine Kaeser

Résumé

Notre contribution vise à souligner la pertinence de l'intervention des sciences préhistoriques dans le débat sur le dérèglement climatique actuel. Par-delà l'apport bienvenu des perspectives de la longue durée, notre discipline permet en effet de mettre en évidence la capacité de résilience de l'humanité, ainsi que les coûts démographiques, sociaux et économiques de l'adaptation culturelle. Loin de relativiser l'impact du réchauffement climatique présent, la préhistoire peut ainsi illustrer les implications culturelles du changement climatique, en sortant des scénarios mobilisés dans ce débat d'actualité, qui sont souvent marqués par le déterminisme environnemental et par une appréciation simpliste et mécaniste des dynamiques homme-environnement.

Afin de démontrer qu'une telle implication ne résulte pas d'un engagement opportuniste sur un sujet à la mode, nous engageons un examen approfondi des rapports que les sciences préhistoriques ont entretenu, dès le 19ᵉ siècle, avec la recherche sur l'évolution du paysage, des faunes et de la flore. Or il apparaît que les principaux terrains de la préhistoire naissante (du Paléolithique inférieur de la Somme aux stations lacustres suisses, en passant par les trouvailles du Paléolithique supérieur du Périgord et les travaux des antiquaires nordiques sur le Système des Trois âges) ont tous été marqués du sceau de la prise en compte des changements climatiques anciens.

Quittant momentanément l'histoire de l'archéologie pour envisager les premières recherches géologiques dédiées à l'âge glaciaire, cette contribution permet de montrer qu'en définitive, la mise en évidence du changement climatique s'est avérée décisive pour la naissance même de notre discipline, et pourrait même être considérée comme le premier paradigme des sciences préhistoriques. Dans les faits, c'est l'identification du changement climatique qui a offert les bases conceptuelles et les cadres épistémologiques nécessaires à la reconnaissance de l'homme primitif, puis à l'ordonnancement du savoir sur les premières cultures de l'humanité.

Climate Change: A Founding Issue in the History of Prehistoric Sciences

Abstract

Our contribution aims to highlight the relevance of the intervention of prehistoric sciences in the current debate about climate change. Beyond the welcome contribution of long-term perspectives, our discipline indeed allows us to assess the extraordinary adaptability of mankind, as well as the potential demographic, social, and economic costs of cultural ajustment. Far from relativizing the impact of the present global warming, prehistory has the potential to illustrate the cultural implications of climate change by taking us out of the scenarios commonly mobilized in the current debate, which are often marked by environmental determinism and by a simplistic and mechanistic appreciation of the dynamics at work between humanity and nature.

In order to demonstrate that such involvement does not amount to a mere trend, or the opportunistic exploitation of a fashionable subject, we undertake a thorough examination of the relationship that prehistoric sciences have had, since the 19th century, with the study of palaeoenvironments. It thus appears that the main fields of nascent prehistory (from the Lower Paleolithic of the Somme to the Swiss lake-dwellings of the Neolithic and the Bronze Age, and from the Upper Paleolithic finds of the Périgord to the Three Age System advocated by Nordic antiquarians in Sweden and Denmark) were all marked by the consideration of ancient climate change.

Going beyond the history of archaeology in order to consider also the first geological research dedicated to the discovery and demonstration of the Ice Age, our contribution shows that, in the end, the highlighting of climate change actually proved decisive for the very birth of our discipline, and could even be considered as the first paradigm of prehistoric sciences. As a matter of fact, it was the recognition of climate change that provided the conceptual and epistemological framework for the identification of early, primitive man, and for the ordering of knowledge about the first cultures of humanity.

Introduction: La pertinence et la légitimité de l'implication des préhistoriens

Dans le contexte politique et social agité qu'impliquent les revendications relatives à l'«urgence climatique», il est impératif de promouvoir la prise en compte d'analyses portant sur la longue durée et de mobiliser les éclairages des sciences humaines. Or, en cette affaire, les enseignements des sciences préhistoriques peuvent s'avérer précieux, pour trois raisons principales. Premièrement, parce que la comparaison avec les bouleversements climatiques passés facilite la mise en évidence des spécificités du dérèglement actuel ainsi que les caractéristiques par lesquels s'expriment ses causes anthropiques. Deuxièmement, parce que c'est l'examen des changements climatiques passés, et donc antérieurs à l'«anthropocène» (quelles qu'en soient les définitions), qui offre les meilleures conditions pour l'isolation des facteurs, des dynamiques et des processus *naturels* à l'œuvre durant les phases de réchauffement global. Troisièmement, enfin et surtout, parce que l'étude de la préhistoire peut nous aider à estimer les implications *culturelles* de tels bouleversements.

De fait, l'anthropologie et l'archéologie préhistoriques permettent en quelque sorte de mettre en relation les observations naturalistes relatives aux changements climatiques passés avec l'appréciation de leurs multiples conséquences pour les populations humaines. Car dans le débat public, la médiatisation de ces enjeux favorise des scénarios caractérisés par leur présentisme, et où le rapport entre le climat et les sociétés humaines est envisagé dans une relation déterministe. A notre sens, ces biais sont encouragés par la prise en compte presque exclusive de données issues des sciences naturelles, ce qui contribue à une appréciation trop souvent simpliste et mécaniste des dynamiques homme-environnement.

En tant que sciences humaines et sociales, les sciences préhistoriques ont donc un rôle décisif à jouer pour contrer ce déterminisme environnemental, en rappelant l'extraordinaire adaptabilité des sociétés humaines. Depuis l'apparition des premiers hominines, voici quelques millions d'années, notre planète a en effet connu des variations climatiques majeures, qui se sont parfois manifestées déjà de manière très brusque, et auxquelles nos ancêtres ont su faire face. Et comme en témoigne la colonisation des cinq continents par *Homo sapiens*, des Tropiques aux alentours des Pôles et des rivages des océans jusqu'aux plus hautes altitudes, l'humanité a su s'insérer et tirer parti de tous les écosystèmes.

Cette faculté d'adaptation, qu'on peut même considérer comme la principale caractéristique de notre espèce, a été inlassablement documentée par l'anthropologie et l'archéologie préhistoriques. Or celles-ci montrent qu'au-delà de la «simple» inventivité technologique (qui n'en est qu'une manifestation matérielle), cette adaptabilité tient, plus fondamentalement, à l'extraordinaire variété comportementale qu'autorisent la diversité et la plasticité culturelles de l'humanité.

Bien sûr, le rappel de l'adaptabilité humaine ne doit pas servir à relativiser l'impact du changement climatique, hier ou aujourd'hui. Car comme le savent les préhistoriens, l'adaptation culturelle aux changements des conditions environnementales a toujours eu un coût pour les populations humaines, sur les plans économique, social, politique, et bien sûr démographique. Or c'est précisément à ce propos, dans un débat trop souvent marqué par le fatalisme fixiste, que l'anthropologie et l'archéologie préhistoriques ont des enseignements précieux à livrer, grâce au recul culturel et à la prise de distance qu'offre la perspective des longues durées. En un mot, nos disciplines sont appelées à s'investir résolument dans le débat présent sur l'urgence climatique, car elles peuvent contribuer de manière très sensible à cette problématique scientifique qui s'impose de manière massive dans notre 21e siècle.

En tant que délégué à l'Union Académique Internationale (UAI), j'ai été chargé de défendre le projet «L'Homme face aux changements climatiques dans la préhistoire et la protohistoire: Adaptations et développement durable» présenté par l'Union internationale des sciences pré- et protohistoriques (UISPP), lors de l'Assemblée générale de l'UAI à Tokyo en octobre 2017. Or je crois utile de relever que l'adoption de ce projet a largement tenu à la reconnaissance de l'importance de l'intervention des sciences humaines et sociales dans la mobilisation savante face aux dérèglements climatiques, en vue de l'examen de leurs dimensions *culturelles*. La préhistoire, longtemps représentée de manière insuffisante au sein de l'UAI, peut donc trouver, dans ce projet, le moyen d'une meilleure reconnaissance de sa contribution aux humanités — en raison de la grande familiarité qu'elle entretient avec les sciences naturelles et physiques, qui occupent ce terrain de manière trop souvent peu réflexive.

Evoquer cette question sous l'angle des politiques scientifiques invite bien entendu à se confronter spontanément à la critique d'un éventuel opportunisme disciplinaire que trahirait l'investissement de l'UISPP et des sciences préhistoriques dans un débat d'une aussi grande actualité. Or c'est précisément pour démonter ces suspicions légitimes qu'il me paraît utile d'envisager, sur un mode historiographique, l'épistémologie du rapport entre les sciences préhistoriques et le changement climatique, en remontant jusqu'aux origines les plus lointaines de notre discipline, dans le second tiers du 19e siècle. En définitive, ma contribution vise ainsi à montrer que, bien loin d'être dicté par la mode ou l'esprit du temps, l'engagement sur cette problématique jouit, au sein des recherches préhistoriques, d'une solide et puissante tradition[1].

---

1   Je tiens ici à remercier Olivier Buchsenschutz, François-Xavier Chauvière, Géraldine Delley et François Djindjian pour les suggestions précieuses qu'ils ont apporté sur une première version de ce manuscrit.

Le changement climatique, aux origines de la recherche sur la préhistoire de l'humanité

Dans la définition des premiers cadres épistémologiques de l'archéologie préhistorique, l'histoire disciplinaire et internaliste se focalise, de manière significative, sur les chronologies typologiques proposées par le Français Gabriel de Mortillet (1872 ; fig. 1a)[2]. Or on ne saurait oublier qu'elles avaient été précédées par une autre approche de la préhistoire humaine, de nature paléontologique, que traduit de manière très explicite le système chronologique d'Edouard Lartet (1861 ; fig. 1b). Chez ce dernier, les étapes de l'évolution culturelle de l'humanité sont en effet définies par les espèces animales associées aux niveaux fossilifères archéologiques. Sa chronologie est ainsi fondée sur l'identification de quatre époques paléontologiques successives, qui voient le passage de l'âge du Grand Ours des cavernes aux âges successifs du Mammouth, du Renne et de l'Aurochs.

Concrètement, Lartet se focalise donc sur la prise en compte des faunes, et développe un système dont il ne démontre la validité que pour une région donnée: le Périgord. En d'autres termes, le paléontologue ne s'aventure pas dans des extrapolations relatives aux changements globaux

Figure 1. a. Gabriel de Mortillet (1821-1898), *Wellcomeimages* b. Edouard Lartet (1801-1871), *Archives Muséum Toulouse*

a   b

<hr />

2 Les systèmes classificatoires de Mortillet ont connu de constantes révisions; cf. Richard 2008.

des environnements préhistoriques et à leurs causes climatiques. Ces changements sont pourtant admis comme une certitude implicite, puisque pour le naturaliste, les espèces animales sont nécessairement adaptées à des contextes écologiques appropriés. La modification du spectre des espèces animales représentées est donc indissociable de changements touchant également la couverture végétale, qui ne peuvent eux-mêmes s'expliquer que par le réchauffement progressif et généralisé du climat terrestre, alors déjà démontré par les études sur l'«âge glaciaire» (voir ci-dessous). En définitive, cette caractérisation paléontologique du développement de l'humanité préhistorique découle donc de la prise en considération de changements climatiques dont Lartet et ses collègues admettaient *a priori* l'impact sur les conditions de vie et d'épanouissement des premiers hommes.

Cette évidence relativement bien connue quoique souvent négligée nous rappelle opportunément qu'à ses débuts, la préhistoire était, dans tous les sens du terme, une science naturelle de l'homme (Blanckaert 1998). Et si la chronique disciplinaire retient de préférence le système chronologique développé par Mortillet, c'est justement parce que cette innovation a permis aux recherches préhistoriques de s'affranchir de la tutelle de l'histoire naturelle pour assurer l'avenir disciplinaire de ce nouveau champ d'études[3]. A l'instar des typologies stylistiques grâce auxquelles Johann Joachim Winckelmann avait assuré l'autonomie scientifique de l'archéologie classique et de l'histoire de l'art (Lepenies 1984; Pommier 1994), la typologie *technologique* développée par Mortillet offrait en effet à l'archéologie préhistorique une grille de lecture autonome. Dorénavant, l'évolution de l'homme pouvait être envisagée pour elle-même, en fonction de l'examen souverain des artefacts, sans devoir être mise en relation préalable avec des données paléontologiques rapportées à l'histoire (et à la géographie) climatique des temps préhistoriques.

La différence climatique, une condition nécessaire pour l'identification du «Préhistorique»

Avant le renversement épistémologique autorisé par les premières typologies lithiques et osseuses, la recherche préhistorique dépendait donc de grilles de lectures naturalistes, de nature paléontologique. Or cet assujettissement n'était pas uniquement opérationnel: il était, plus fondamentalement, d'essence conceptuelle. De fait, les conditions de possibilité de l'archéologie et de l'anthropologie préhistoriques, telles qu'elles s'affirmeront dans le courant de la première moitié du 19e siècle, avaient déjà tenu à l'identification préalable de temps différents, sur le plan

---

3 Pour le détail du processus de disciplinarisation des études préhistoriques, cf. Kaeser 2006. A propos des premières étapes de l'institutionnalisation, cf. Richard 1992. Pour des perspectives comparatistes à l'échelle européenne, cf. Callmer et al. 2006.

Figure 2. Le mammouth gravé de la Madeleine : gravure publiée par le découvreur Edouard Lartet (1865b) et empreinte en plâtre de l'original, offerte par ce dernier à son ami le paléontologue neuchâtelois Edouard Desor, le 2 juin 1865 (Desor, Journal personnel, Bibliothèque publique et universitaire de Neuchâtel; cf. KAESER 2004, p. 397). *Laténium, Neuchâtel (Photo M. Juillard).*

géologique (Pautrat 1989). Car pour reconnaître l'existence d'un homme «primitif», il avait déjà fallu pouvoir dresser la scène sur laquelle celui-ci allait apparaître aux savants et faire reconnaître son ancienneté géologique. En d'autres termes, l'homme «antédiluvien» ne pouvait exister qu'à la suite de la démonstration scientifique des bouleversements de l'histoire de la Terre mis en évidence et analysés par des géologues tels que Georges Cuvier ou Charles Lyell.

Très concrètement, si l'homme préhistorique a pu être défini comme tel, c'est parce que ses vestiges avaient été mis au jour aux côtés d'espèces animales disparues, qui avaient prospéré dans des écosystèmes différents, et dont les restes fossiles avaient été conservés dans des niveaux stratigraphiques témoignant eux-mêmes de processus d'érosion et de sédimentation provoqués par des cataclysmes géologiques passés.

La subordination de l'anthropique dans la démonstration du «préhistorique» est parfaitement illustrée par l'impact de la découverte en 1864, par Lartet (1865), à la Madeleine (Tursac, Dordogne), de la gravure d'un mammouth sur une défense du même animal[4] (fig. 2). Bien mieux que les innombrables artefacts paléolithiques alors déjà mis au jour dans les cavités de Dordogne, mieux encore que les associations stratigraphiques «archéo-géologiques» de Boucher de Perthes sur les terrasses de la Somme

---

4 Paillet 2011.

Figure 3.
a. Christian
Jürgensen
Thomsen
(1788-1865),
Wellcomeimages
 b. Jens Jacob
Asmussen
Worsaae
(1821-1885),
*Bibliothèque
royale,
Copenhague*

(Hurel et Coye 2011), la combinaison des traits gravés et de leur support ostéologique offrait en effet la démonstration ultime et décisive de la très haute antiquité de l'homme. Chacun devait dorénavant admettre que si le graveur avait pu figurer un mammouth de manière aussi réaliste, c'est qu'il avait côtoyé cette espèce, dans des temps antérieurs à l'histoire, lorsque les rives de la Vézère étaient parcourues par des faunes différentes, adaptées au couvert végétal et aux climats distincts de ces temps très lointains, oubliés de la mémoire humaine.

Les variations climatiques, premier paradigme de la préhistoire?

L'affirmation du caractère déterminant de la reconnaissance et de l'étude des changements climatiques pour la naissance des sciences préhistoriques pourrait inviter à y voir même le premier paradigme de l'archéologie préhistorique. Il est vrai que dans les manuels d'archéologie, ce statut est généralement reconnu au «Système des Trois âges» de Christian Jürgensen Thomsen (1836 ; fig. 3a)[5]. En dépit du caractère *a priori* futile de telles querelles de priorité en histoire des sciences, il me semble utile d'examiner en détail les caractéristiques de ce «Système» incarné dans l'historiographie disciplinaire par la personnalité pittoresque du conservateur du Musée national danois à Copenhague. Car derrière la figure tutélaire de Thomsen, sur laquelle se focalisent les rétrospections hagiographiques, on peut identifier de nombreux autres savants nordiques qui, dès la première moitié

---

5 Sur le Système des Trois âges, cf. Gräslund 1987; Hansen 2001, et surtout Rowley-Conwy 2007. Pour une analyse historiographique détaillée de l'œuvre de Thomsen, cf. également Street-Jensen 1985; Risbjerg Eskildsen 2012.

Figure 4. Tableau synthétique des diverses approches du Système des Trois âges dans les années 1840 (d'après Rowley Conwy 2007, p. 65), infographie Th. Burnat.

MULTIPLES AUTEURS	NILSSON 1838-43	STEENSTRUP 1842	THOMSEN 1836
CRANIOLOGIE	**FAUNE-ECONOMIE**	**BOTANIQUE**	**CULTURE MATERIELLE**
Allongés ovales (Suédois modernes)	Commerce moderne	Hêtre	Ere historique
	Agriculture et domestication		Age du Fer
Dolichocéphales (Celtes)		Aulne ou chêne	Age du Bronze
Brachicéphales (Lapons)	Chasseurs-cueilleurs	Pin, tremble et peuplier	Age de la Pierre

du 19ᵉ siècle, s'attachaient eux aussi à étudier les vestiges matériels du passé afin de dissiper le brouillard de ces âges obscurs qu'on ne désignait pas encore comme la «pré-histoire».

Le Système des Trois âges, entre raciologie, technologie et succession des espèces

Sans même remonter à l'Antiquité romaine et au *De rerum natura* du philosophe épicurien Lucrèce, on sait que le principe d'un enchaînement de trois âges dans l'histoire des temps immémoriaux ne constitue pas l'invention exclusive de Thomsen, tant s'en faut[6]. Comme l'a montré Peter Rowley-Conwy (2007 – cf. notre fig. 4), cette notion était partagée, dans la Scandinavie de la première moitié du 19ᵉ siècle, par des chercheurs issus de milieux savants divers et développant des approches variées, d'ailleurs souvent combinées.

Bon nombre de savants s'appuyaient ainsi sur l'examen craniologique des restes humains mis au jour dans d'anciennes nécropoles, afin de mettre en évidence trois étapes successives de l'occupation des contrées nordiques: après la sujétion des autochtones lapons, les Celtes s'étaient eux-mêmes trouvés supplantés aux temps historiques par les populations modernes[7].

Or, face à cette approche raciologique alors la plus répandue et la plus populaire car conforme aux paradigmes historiographiques en vigueur, on observe encore deux approches distinctes, basées sur l'examen des données paléoenvironnementales, qui étaient défendues respectivement par le zoologiste suédois Sven Nilsson (1838-43 ; fig. 5a) et le botaniste

---

6   Pour une analyse philosophique du rapport entre temps et matérialité, cf. Stabrey 2017.
7   Cf. notamment Retzius 1846.

Figure 5. a. Sven Nilsson (1787-1883), *Archives Université de Lund*
b. Japetus Steenstrup (1813-1897), *Bibliothèque royale, Copenhague*

danois Japetus Steenstrup (1842 ; fig. 5b). A l'instar de la chronologie paléontologique défendue plus tard par Lartet, ces deux naturalistes se fondaient sur l'identification d'époques climatiques distinctes, envisagées à travers la succession des faunes pour le premier, et l'évolution de la flore pour le second. Nilsson franchissait même un palier supplémentaire dans l'analyse, en considérant le rapport entre l'homme et les espèces animales sous un angle économique; ceci lui permettait de définir, avec la domestication, le passage d'une économie de prédation à une économie de production.

Comme on le sait, c'est l'approche proprement archéologique défendue par Thomsen qui s'est imposée. Historien amateur et numismate, conservateur du Musée national danois, familiarisé cependant avec l'histoire naturelle, avec laquelle il partageait les typologies d'essence naturaliste inspirant le classement des collections, Thomsen se fondait sur l'examen exclusif de la culture matérielle (Risbjerg Eskildsen 2012). Originale et novatrice, son approche était déterminée par l'identification de mutations techniques exprimant, implicitement, des ruptures civilisationnelles. Chez lui, et contrairement aux propositions des raciologues, les Trois âges ne résultaient en effet pas de la succession d'événements historiques: ils représentaient, de manière plus ambitieuse, de véritables stades technologiques dans le parcours de l'humanité.

Thomsen, les antiquaires nordiques et le paradigme climatique

L'examen des formes variées du Système des Trois âges illustre la difficulté à départager une priorité manifeste, pour ce qui touche à la définition d'un «premier paradigme» des recherches préhistoriques. On observera toutefois que parmi les causes du succès du système de Thomsen, sa conciliation possible avec les observations de ses collègues naturalistes a probablement joué un rôle certain. A cet égard, on relèvera le rôle essentiel de son disciple Jens Jacob Asmussen Worsaae (fig. 3b). Probablement mieux que son maître, celui-ci avait perçu la portée heuristique majeure de cette approche fondée sur la culture matérielle, qu'il développera en renforçant, ou plutôt en explicitant la prise en compte des associations d'objets en contexte archéologique. Grâce à Worsaae, qui intégrera également la démarche naturaliste et économique de Nilsson, le système de Thomsen ouvrait en effet la voie à l'autonomie épistémologique de l'archéologie, que Mortillet poussera plus tard à son terme.

Figure 6. Louis Agassiz (1807-1873), par Alfred Berthoud (1881). *Musée d'art et d'histoire de Neuchâtel (AP 1795).*

L'invention de l'âge glaciaire et l'écriture de l'histoire de l'humanité

Afin d'évaluer de manière vraiment concluante l'impact de la prise en compte du changement climatique sur la naissance et le développement des études préhistoriques, il paraît judicieux de quitter un instant l'historiographie de l'archéologie, et d'envisager cette question à rebours, en partant de l'histoire des sciences de la Terre. Plus précisément, nous nous attarderons sur les recherches glaciologiques menées par le savant suisse Louis Agassiz (1837, 1840 et 1847 ; fig. 6), qui initient en quelque sorte l'étude scientifique des variations climatiques dans l'histoire de la Terre. Comme on le verra, ces recherches l'ont en effet assez tôt mis en contact, par le biais de son collaborateur Edouard Desor (Kaeser 2004 ; fig. 7), avec les premiers travaux dédiés à ce qu'on désignait encore comme l'«anté-histoire».

La théorie glaciaire, de l'hypothèse à la démonstration

En 1837, Louis Agassiz énonce les principes directeurs de la théorie glaciaire, dans son discours présidentiel d'ouverture de la réunion annuelle de la Société helvétique des sciences naturelles à Neuchâtel[8]. En des temps très reculés, l'ensemble du Globe terrestre aurait été soumis à un

8 A propos de ces recherches glaciologiques, on se reportera en particulier à Schaer 2000. Pour la biographie scientifique d'Agassiz, cf. notamment Lurie 1960; Kaeser 2007.

refroidissement généralisé: peu à peu, les continents auraient été recouverts de glaciers, dont il aurait identifié la trace dans les Alpes, sur les flancs du Jura et sur le Plateau suisse. Piqué au vif par les réactions sceptiques voire même hostiles de ses auditeurs, le jeune professeur charismatique de l'Académie de Neuchâtel investira alors une énergie débordante, afin de démontrer sa théorie glaciaire, en conduisant durant plusieurs années des recherches approfondies sur le terrain.

Etablissant sur la moraine médiane du glacier de l'Aar un véritable laboratoire (fig. 8) où l'accompagneront de nombreux disciples désireux de participer à cette audacieuse entreprise, Agassiz analyse le fonctionnement des glaciers actuels, et confronte ses observations aux traces fossiles laissées par les glaciers anciens. Mobilisant le puissant imaginaire alpin dans des campagnes de promotion médiatique savamment orchestrées par Edouard Desor, ces travaux enflamment l'opinion publique et emportent peu à peu l'adhésion enthousiaste de la communauté savante internationale. De fait, les recherches glaciaires d'Agassiz opèrent un véritable tour de force scientifique, qui permet de réconcilier les deux grandes théories antagonistes de la géologie du début du 19e siècle — le catastrophisme du Français Georges Cuvier et l'«uniformitarianisme» du Britannique Charles Lyell[9]. C'est en effet en suivant la méthode actualiste de Lyell qu'Agassiz documente ce qu'il tient pour la plus récente des «révolutions géologiques» postulées par son maître Cuvier.

Afin de parfaire la démonstration et de s'assurer du caractère généralisé de cet ancien refroidissement climatique, Agassiz rapporte d'autres faits

Figure 7. Louis Agassiz et Edouard Desor (debout), par Fritz Berthoud (vers 1842). A l'arrière-plan, on reconnaît le célèbre « Panorama de la Mer de Glace du Lauteraar et du Finsteraar » réalisé pour Agassiz par Jacques Bourkhardt, *Musée d'art et d'histoire de Neuchâtel (AP 762).*

---

9 Pour Cuvier, l'histoire de la Terre a été marquée par une succession de cataclysmes majeurs, qui permettent de rendre compte des solutions de continuité attestées dans les stratigraphies géologiques. Défendant une vision cyclique de l'histoire de la Terre, Charles Lyell s'oppose catégoriquement à cette théorie «catastrophiste», qu'il tient à juste titre pour une pure hypothèse et à laquelle il reproche en particulier la gratuité des causes premières. De fait, pour Lyell, l'explication des changements du passé doit se fonder uniquement sur des mécanismes attestés dans le présent et documentés par la science. Revendiquant l'*uniformité* du passé et du présent dans le fonctionnement de la nature, Lyell fonde les principes méthodologiques de l'actualisme, selon lesquels c'est l'étude des phénomènes actuels qui doit servir de modèle pour la compréhension des processus passés. A ce propos, cf. Blundell et Scott 1998.

HÔTEL DES NEUCHATELOIS
sur la Mer de glace du Lauter Aar et Finster Aar
Côté Méridional

Figure 8. Le camp de base des explorations menées dans les Alpes par Louis Agassiz. Désigné par emphase humoristique comme l'«Hôtel des Neuchâtelois» cet abri sous-bloc dressé sur la moraine médiane du Glacier de l'Aar a fait l'objet d'innombrables reproductions dans des organes de vulgarisation savante contemporains. Dessin J. Bettanier, lithographie H. Nicolet, *Musée d'art et d'histoire de Neuchâtel (H 3706).*

observés sur les îles Britanniques, puis poursuit ses recherches en Amérique et charge en 1846 son secrétaire, Edouard Desor, de chercher des preuves de l'ancienne extension des glaciers en Scandinavie.

De la glaciologie aux antiquités nordiques

Grâce aux lettres de recommandation de son maître, Desor est rapidement introduit dans les cercles savants du Danemark et de Suède[10]. Avec l'aide de ses confrères nordiques, il apprend bientôt à identifier, à proximité des côtes modernes, les traces géologiques d'anciennes lignes de rivage, dont le déplacement était reconnu comme la conséquence du jeu complexe de

---

10   Sur les détails du séjour et des recherches de Desor en Scandinavie, cf. Kaeser 2004, p. 83 sqq.

l'abaissement du niveau de la mer et du mouvement eustatique des terres émergées résultant des modifications du poids des glaces sur la péninsule scandinave (Lyell 1835).

Or, c'est dans cette entreprise que Desor se familiarisera avec la recherche antiquaire. Car l'identification du tracé ancien des côtes marines pouvait aussi s'appuyer sur des faits archéologiques. A quelque distance des rives modernes, les savants scandinaves avaient en effet identifié des traces diverses d'occupations humaines anciennes. Parmi celles-ci, les plus curieuses étaient formées de tertres désignés comme *kjökkenmöddings* (amas coquilliers), et dont la nature anthropique était avérée en raison de la découverte de silex taillés et d'autres matériaux transformés par l'homme, parmi ces énormes amas de coquillages marins (Fischer et Kristiansen 2002). Reconnus comme des habitats d'un passé très lointain, antérieur à l'usage des métaux, ces sites avaient assurément été implantés au bord de la mer, d'où leurs occupants avaient recueilli les coquillages consommés. Ils permettaient donc de retracer très précisément les anciennes lignes de rivage. Or, en vertu des principes de datation relative qu'autorisait déjà le Système des Trois âges, la disposition topographique des sites des différents âges permettait même de détailler le déplacement progressif des rives consécutif au réchauffement climatique et à la sortie graduelle de l'âge glaciaire!

C'est donc bien l'étude des climats anciens qui aura conduit Desor à la prise en compte de la préhistoire nordique. Mais en dépit du caractère instrumental, géologique, de son exploitation initiale des recherches antiquaires de ses confrères scandinaves, le journal personnel de Desor témoigne du vif intérêt qu'il porte à ces études archéologiques sur la haute antiquité de l'homme. Or, bien plus que Thomsen, en compagnie duquel il visite le Musée de Copenhague et dont il moque l'obsession pour les objets archéologiques, c'est, de manière significative, sa rencontre ultérieure avec Sven Nilsson qui emportera son adhésion au Système des Trois âges. De fait, comme on l'a vu, le zoologiste suédois défendait une approche différente de la tripartition des âges, où l'histoire primitive était envisagée dans la dynamique des rapports entre l'homme et les ressources animales[11].

Edouard Desor, de la Scandinavie à l'institutionnalisation de la préhistoire

Le 30 octobre 1846, Desor écrit à Agassiz pour lui rendre compte du progrès de ses travaux sur le phénomène erratique, sur les traces des anciens glaciers et sur le réchauffement holocène en Scandinavie. Mais à cette occasion, il

---

11 Cf. Kaeser 2004: 89 sqq. L'intérêt durable de Desor pour les travaux de Nilsson paraît confirmé par le fait qu'il contribuera bien plus tard à à la publication d'une traduction française de son œuvre maîtresse (Nilsson 1838-43, 1868), réalisée par l'un de ses anciens étudiants, auprès de son ami l'éditeur parisien Charles Reinwald.

lui rapporte également ses nouveaux enseignements sur les âges anciens de l'humanité, qu'il évoque avec un enthousiasme fiévreux:

> (...) *Je vous raconterai comment on peut, d'après les recherches de Nilsson, établir la liaison de ces phénomènes* [glaciaires, géologiques] *avec l'histoire de l'humanité, non seulement par des déductions théoriques, mais d'après des faits bien établis.*
>
> *Ceci voyez vous est ce que j'entrevois de plus grand de plus magnifique et de plus glorieux dans les recherches que nous aurons à faire. C'est pourquoi ne perdez pas un instant cette question de vue. Rien qu'à cette pensée, je sens mon courage se fortifier, et tout mon être se dilater, car j'ai la confiance que sous cette banière* [sic] *nous aurons encore de beaux jours à* ~~compter~~ *vivre & de beaux triomphes à savourer*[12].

A l'issue de son séjour en Scandinavie, Desor rejoint son maître aux Etats-Unis, où ce dernier enseignait à l'Université de Harvard. En dépit des exhortations de Desor, tous deux n'auront toutefois guère l'occasion de réorienter leurs travaux sur la thématique innovante de la haute antiquité de l'homme. Leurs retrouvailles s'avèrent en effet tendues: avec son caractère despotique, Agassiz s'irrite de l'assurance croissante de son ancien secrétaire, dont témoigne du reste le ton assez impérieux de la lettre citée ci-dessus. Leur relation se dégrade rapidement, et aboutira à une rupture violente qui les portera même au tribunal, pour un procès scientifique retentissant qui laissera des traces à Harvard (Kaeser 2004, p. 119 sqq.).

Cette rupture met un terme au projet caressé par Desor. Orphelin, démuni et isolé car ostracisé par la communauté scientifique américaine sur laquelle Agassiz jouissait d'un empire considérable, Desor se trouve réduit à exécuter des mandats de géologie appliquée pour l'Etat américain, pour des entreprises minières et des sociétés ferroviaires.

Des Lacustres à la fondation du Congrès international de préhistoire

En 1852, Desor retourne en Suisse, à Neuchâtel, où son frère, de santé fragile, l'appelle à son chevet. Or deux ans plus tard à peine, l'annonce des spectaculaires découvertes de «cités lacustres» (Keller 1854) le ramèneront à son ancien projet et lui permettront de réaliser enfin cette ambition d'une jonction inédite, fondamentale, entre l'histoire de la nature et celle de l'humanité.

De fait, Desor s'affirmera bientôt comme l'une des principales autorités de la recherche palafittique (Desor 1865 ; fig. 9), qu'il gagnera au Système des Trois âges (Kaeser 2015). Il se distinguera également par ses travaux sur le site de La Tène, dont il fera le site éponyme du second âge du Fer européen

---

12 Archives Museum of Comparative Zoology, Ernst Mayr Library, bAg 272.10.1b, Harvard University: cf. Kaeser 2004, p. 84-86.

(Kaeser 2013 et 2019). Il étendra surtout ses travaux à l'ensemble des temps «anté-historiques», qu'il cherchera à préserver des revendications identitaires propres à l'étude des «antiquités nationales» en défendant des perspectives universalistes qui contribueront à l'affirmation de ce domaine de recherche (Desor 1866). De manière certainement significative, c'est en effet Desor qui, avec l'appui de Gabriel de Mortillet, assurera les bases de l'autonomie pré-disciplinaire des sciences préhistoriques, en fondant à Neuchâtel, en 1866, la première institution spécifiquement dédiée à l'étude des vestiges matériels des temps préhistoriques: le *Congrès international d'archéologie et d'anthropologie préhistoriques* (fig. 10). Or cet organisme, dont l'UISPP revendique l'héritage, a joué un rôle majeur dans la définition et la mise en place des cadres méthodologiques, conceptuels et épistémologiques des sciences préhistoriques (Kaeser 2001, 2002, 2006 et 2010).

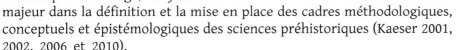

Figure 9. Edouard Desor (1811-1882) au début des années 1860, à l'époque de ses fouilles à La Tène, *Bibliothèque publique et universitaire de Neuchâtel*

Conclusion

L'examen des diverses facettes et des formes variées de l'émergence des recherches préhistoriques nous a contraint à de multiples détours, de Paris, du Périgord et de la Picardie jusqu'en Scandinavie, puis entre les Alpes et l'Amérique, jusqu'aux rivages des lacs suisses. Or, en dépit de ses circonvolutions apparentes, cet examen historiographique succinct des modalités de la naissance puis de l'affirmation de ce domaine d'étude nous semble livrer des enseignements clairs et simples. On voit en effet que la compréhension et la mesure du changement climatique ne résident pas seulement au cœur des programmes scientifiques actuels de notre discipline: ces enjeux se sont déjà avérés carrément décisifs pour la naissance même des sciences préhistoriques.

Figure 10.
Réunion
du Congrès
international
d'archéologie et
d'anthropologie
préhistoriques à
Bologne (1871).

Bibliographie

Agassiz L. 1837. Discours d'ouverture de la réunion de la Société helvétique des sciences naturelles à Neuchâtel le 24 juillet 1837, *Actes de la Société helvétique des sciences naturelles, 22ᵉ session*, Neuchâtel, p. V-XXXII.

Agassiz L. 1840. *Etudes sur les glaciers*, Neuchâtel, Petitpierre / Soleure, Jent & Gassmann, 346 p.

Agassiz L. 1847. *Système glaciaire, ou recherches sur les glaciers, leur mécanisme, leur ancienne extension et le rôle qu'ils ont joué dans l'histoire de la Terre. Première partie: Nouvelles études et expériences sur les glaciers actuels, leur structure, leur progression et leur action physique sur le sol*, Paris, Masson / Leipzig, Voss, 598 p.

Blanckaert C. 1998. La naturalisation de l'homme de Linné à Darwin. Archéologie du débat nature/culture, *in* A. Ducros, J. Ducros et F. Joullian (dir.), *La culture est-elle naturelle? Histoire, épistémologie et applications récentes du concept de culture*, Paris, Errance, p. 15-24.

Blundell D.J., Scott A.C. (eds.) 1998. *Lyell: the Past is the Key to the Present*, London, Geological Society, 376 p.

Callmer J., Meyer M., Struwe R., Theune C. 2006. *Die Anfänge der ur- und frühgeschichtlichen Archäologie als archäologisches Fach (1890-1930) im europäischen Vergleich. Internationale Tagung an der Humboldt-Universität zu Berlin vom 13.-16. März 2003*, Rahden, M. Leidorf (Berliner Archäologische Forschungen, 2), 340 p.

Desor E. 1865. *Les palafittes, ou constructions lacustres du lac de Neuchâtel*, Paris, Reinwald, 134 p.

Desor E. 1866. *Discours d'ouverture du premier Congrès Paléoethnologique tenu à Neuchâtel, les 24, 25 et 26 août 1866*, Neuchâtel, G. Guillaume.

Fischer A., Kristiansen K. eds. 2002. *The Neolithisation of Denmark: 150 Years of Debate,* Sheffield, Collis, 350 p.

Gräslund B. 1987. *The Birth of Prehistoric Chronology: Dating Methods and Dating Systems in Nineteenth-Century Scandinavian Archaeology*, Cambridge, Cambridge University Press, 144 p.

Hansen S. 2001. Von den Anfängen der prähistorischen Archäologie: Christian Jürgensen Thomsen und das Dreiperiodensystem, *Praehistorische Zeitschrift,* 76, p. 10-23.

Hurel A., Coye N. eds. 2011. *Dans l'épaisseur du temps : Archéologues et géologues inventent la préhistoire,* Paris, Muséum d'histoire naturelle, 442 p.

Kaeser M.-A. 2001. L'internalisation de la préhistoire, une manoeuvre tactique? Les conséquences épistémologiques de la fondation des Congrès internationaux d'anthropologie et d'archéologie préhistoriques, *in* C. Blanckaert (éd.), *Les politiques de l'anthropologie. Discours et pratiques en France, 1860-1940* , Paris, L'Harmattan, p. 201-230.

Kaeser M.-A. 2002. On the International Roots of Prehistory, *Antiquity,* 76, p. 170-177.

Kaeser M.-A. 2004. *L'univers du préhistorien. Science, foi et politique dans la vie et l'œuvre d'Edouard Desor (1811-1882)*, Paris, L'Harmattan, 622 p.

Kaeser M.A. 2006. The First Establishment of Prehistoric Science. The Shortcomings of Autonomy, *in* J. Callmer, M. Meyer, R. Struwe et C. Theune (eds), *Die Anfänge der ur- und frühgeschichtlichen Archäologie als archäologisches Fach (1890-1930) im europäischen Vergleich. Internationale Tagung an der Humboldt-Universität zu Berlin vom 13.-16. März 2003*, Rahden, M. Leidorf (Berliner Archäologische Forschungen, 2), p. 149-160.

Kaeser M.-A. 2007. *Un savant séducteur: Louis Agassiz (1807-1873), prophète de la science,* Vevey, L'Aire, 292 p.

Kaeser M.-A. 2010. Une science universelle, ou 'éminemment nationale' ? Les Congrès internationaux de préhistoire (1865-1912), *in* W. Feuerhahn et P. Rabault-Feuerhahn (éds.), *La fabrique de la science. Les congrès scientifiques internationaux en tant que vecteurs de transferts culturels,* Paris, CNRS [*Revue germanique internationale, 12],* p. 17-31.

Kaeser M.-A. 2013. La Tène, de la découverte du site à l'éponymie du second âge du Fer européen. Les prospections de Friedrich Schwab et les recherches archéologiques antérieures à la Correction des Eaux du Jura, *in* T. Lejars (dir.), *La Tène: La collection du Musée Schwab (Bienne, Suisse),* Lausanne (Cahiers d'archéologie romande, 140), p. 21-53.

Kaeser M.-A. 2015. L'identité plurielle des vestiges matériels. Les Lacustres d'Edouard Desor, entre patrimoine local et savoir universel, *in* S. Sagnes (éd.), *L'archéologue indigène. Variations sur l'autochtonie,* Paris, CTHS, p. 32-57.

Kaeser M.-A. 2019. La Tène, ou la construction d'un site éponyme, *in* S. Péré-Noguès (éd.), *La construction de l'archéologie européenne (1865-1914). Actes du colloque en hommage à Joseph Déchelette,* Drémil-Lafage, Editions Mergoil, p. 165-187.

Keller F. 1854. Die keltischen Pfahlbauten in den Schweizerseen, *Mittheilungen der Antiquarischen Gesellschaft in Zürich,* 9, 3, p. 65-100.

Lartet E. 1861. Nouvelles recherches sur la coexistence de l'homme et des grands mammifères fossiles réputés caractéristiques de la dernière époque géologique, *Annales des Sciences naturelles, Zoologie,* 15, p. 177-253.

Lartet E. 1865a. Une lame d'ivoire fossile trouvée dans un gisement ossifère du Périgord, et portant des incisions qui paraissent confirmer la reproduction d'un Elephant à longue crinière, *Matériaux pour l'histoire primitive et philosophique de l'homme,* 2, p. 46-48.

Lartet E. 1865b. Une lame d'ivoire fossile trouvée dans un gisement ossifère du Périgord, et portant des incisions qui paraissent confirmer la reproduction d'un Eléphant à longue crinière, *Annales des Sciences Naturelles – Zoologie et Paléontologie,* V^e série, Tome IV, p. 353-355, pl. XVI.

Lepenies W. 1984. Der andere Fanatiker. Historisierung und Verwissenschaftlichung der Kunstauffassung bei Johann Joachim Winckelmann, *Frankfurter Forschungen zur Kunst,* 11, p. 19-29.

Lurie E. 1960. *Louis Agassiz. A Life in Science,* Chicago, Chicago University Press, 504 p.

Lyell C. 1835. On the proofs of a gradual rising of the land in certain parts of Sweden, *Philosophical Transactions of the Royal Society,* 125, p. 1-38

Mortillet G. de 1872. Classification des diverses périodes de l'âge de la pierre, *Revue d'anthropologie,* 1, p. 130-141.

Nilsson S. 1838-1843. *Skandinaviska nordens ur-invanare : Ett försök i komparativa etnografien och ett bitrag till menniskolägtets utvecklingshistoria,* Lund, 298 p.

Nilsson S. 1868. *Les habitants primitifs de la Scandinavie. Essai d'ethnographie comparée. Matériaux pour servir à l'histoire du développement de l'homme. Première partie: L'âge de la pierre* (trad. J. H. Kramer), Paris, Reinwald, 323 p.

Paillet P. 2011. Le mammouth de la Madeleine (Tursac, Dordogne), *PALEO,* 22[Online], 22 | 2011, Online since 17 April 2012, connection on 26 December 2019. URL : http://journals.openedition.org/paleo/2143

Pautrat J.-Y. 1989. Le *Préhistorique* de G. de Mortillet: une histoire géologique de l'homme, *Bulletin de la Société préhistorique française,* 90/1-2, p. 50-59.

Pommier E. 1994. Winckelmann: l'art entre la norme et l'histoire, *Revue germanique internationale* 2 [Online] 2 | 1994, Online since 26 September 2011, connection on 26 December 2019. URL : http://journals.openedition.org/rgi/449 ; DOI : 10.4000/rgi.449

Retzius A. 1846. Sur la forme du crâne des habitants du Nord, *Annales des Sciences naturelles, 3e série, Zoologie,* 6, p. 133-172.

Richard N. 1992. L'institutionnalisation de la préhistoire, *Communications,* 54, p. 189-207.

Richard N. 2008. *Inventer la préhistoire. Les débuts de l'archéologie préhistorique en France,* Paris, Vuibert, 236 p.

Risbjerg Eskildsen K. 2012. The Language of Objects. Christian Jürgensen Thomsen's Science of the Past, *Isis,* 103, p. 24-53.

Rowley-Conwy P. 2007. *From Genesis to Prehistory: The Archaeological Three Age System and Its Contested Reception in Denmark, Britain, and Ireland*, Oxford, Oxford University Press, 362 p.

Schaer J.-P. 2000. Agassiz et les glaciers. Sa conduite de la recherche et ses mérites, *Eclogae geologiae Helvetiae,* 93, p. 231-256.

Stabrey U. 2017. *Archäologische Untersuchungen: Über Temporalität und Dinge,* Bielefeld, Transcript Verlag, 245 p.

Steenstrup J. 1842. Geognostisk-geologisk Undersøgelse af Skovmoserne Vidnesdam Lillemose i det nordlige Sjælland, ledsagetafsammenlignende Bemærkningerhentedefra Danmarks Skov-, Kjærog Lyngmoseri Almindelighed, *Kongelige Danske Videnskabernes Selskabs Afhandlinger,* 9, p. 17-120.

Street-Jensen J. 1985. *Christian Jürgensen Thomsen und Ludwig Lindenschmit. Eine Gelehrtenkorrespondenz aus der Frühzeit der Altertumskunde (1853-1864),* Bonn, Habelt, 144 p.

Thomsen C. J. 1836. *Ledetraadtil Nordisk Oldkyndighed,* Kjöbenhavn, Kongelige Nordiske Oldskrift-Gelskab / Möller, 100 p.

Les méthodes de reconstitution des paléoclimats

François Djindjian

Résumé

La reconstitution des paléoclimats et plus globalement des paléoenvironnements fait appel aux méthodes de très nombreuses spécialités scientifiques qui ont vu le jour dès les débuts du XXème siècle. La préhistoire a été le premier moteur de cette recherche dès les années 1860. La paléoclimatologie étudie tous les vestiges bien conservés des processus géologiques, zoologiques, botaniques et physiques qui ont enregistré les variations du climat par des marqueurs climatiques (des grandeurs physiques, chimiques, isotopiques, biologiques qui sont des estimateurs fiables et précis de la température et de l'humidité, qui sont les principales caractéristiques du climat, mais d'autres également).

Les formations géologiques qui enregistrent le mieux les variations du climat sont les calottes glaciaires, les glaciers de montagne, les lignes de rivage fossiles marquant la variation du niveau des mers, des lacs et des fleuves, les terrasses fluviatiles, les séquences de lœss (et sols fossiles) des hautes latitudes, les séquences de sable (et sols fossiles) des zones désertiques, les remplissages d'abris sous roche et d'entrées de grotte, les tourbières, lacs de montagne et lacs volcaniques (maars), les travertins, les récifs coralliens, les spéléothèmes des karst et les sédiments déposés au fond des mers.

De nombreux fossiles biologiques, issus de la vie animale et végétale, sont de bons marqueurs climatiques, comme les coquillages, les rongeurs, les oiseaux, les mammifères pour la vie animale, ou comme, les frustules des diatomées, les coraux, les radiolaires, les coccolites, les ostracodes, les pollens des plantes, les stomates des feuilles, les cernes des arbres pour la vie végétale.

Les grandeurs physiques et chimiques sont nombreuses, notamment les isotopes de l'oxygène O^{16}/O^{18}, le Béryllium ^{10}Be et le ^{14}C qui marquent l'activité solaire, la susceptibilité magnétique, les mesures extraites des bulles d'air de la glace (essentiellement des composés de la chimie organique H, O, N, C et de leurs isotopes).

Les carottages obtenus généralement par des sondages plus ou moins profonds sont échantillonnés et analysés. L'étalonnage chronologique de l'enregistrement (par des techniques variées comme la datation radiocarbone, la datation des téphras, le paléomagnétisme, etc.), le traitement du signal (pour obtenir un enregistrement à vitesse de sédimentation constante), l'amélioration du signal (par la corrélation entre les différentes courbes), l'analyse spectrale (pour la vérification de la théorie de Milankovitch ou pour rechercher des cycles) vont permettre de construire des courbes de paléotempérature et de paléohumidité.

Les courbes climatiques ont permis de mettre en évidence des stades isotopiques (MIS) qui ont été numérotés (pair pour les maxima glaciaires, impairs pour les maxima interglaciaires) à partir du premier stade, qui correspond à l'Holocène.

Les oscillations considérées comme des événements climatiques ont été également numérotées, ce sont les événements de Dansgaard-Oeschger (DO ou plus utilisés GIS) pour le Pléistocène des derniers 100 000 ans et les événements de Bond pour l'Holocène, auxquels il faut ajouter les événements de Heinrich, qui sont interprétés comme des événements froids et brefs dus à des débâcles d'icebergs dans une phase de réchauffement.

Abstract

The reconstruction of palaeoclimate and more generally of palaeoenvironment uses the methods of many scientific specialties that emerged from the beginning of the 20th century. Prehistory was the first engine of this research as early as the 1860s. Palaeoclimatology studies all well-preserved remnants of geological, zoological, botanical and physical processes that have recorded climate variations by climatic markers (physical, chemical, isotopic, biological units that are reliable and accurate estimators of temperature and humidity, which are the main characteristics of climate, but others as well).

Geological formations that best record climate variations are ice caps, mountain glaciers, fossil shorelines marking changes in sea, lake and river levels, river terraces, high latitude lœss (and fossil soil) sequences, sand sequences (and fossil soils) of deserts, stratigraphy of rock shelter and cave shelters, peat lands, mountain lakes and volcanic lakes (maars), travertine, coral reefs, karstic speleothem and sediments deposited at the bottom of the sea.

Many biological fossils, derived from animal and plant life, are good climatic markers, such as mollusks, rodents, birds, mammals for animal life, or such as, diatom frustules, corals, radiolars, coccolites, ostracodes, plant pollens, leaf stomata, tree rings for plant life. Physical and chemical units are numerous, including oxygen isotopes O^{16}/O^{18}, Beryllium ^{10}Be and ^{14}C which marks solar activity, magnetic susceptibility, and measurement extracted from ice air bubbles (essentially compounds of organic chemistry H, O, N, C and their isotopes).

Cores usually obtained by more or less deep surveys are sampled and analyzed. The chronological calibration of the recording (through various techniques such as radiocarbon dating, dating of tephras, paleomagnetism, etc.), signal processing (to obtain a record at constant sedimentation speed), the improvement of the signal (by the correlation between the different curves), spectral analysis (for the verification of Milankovitch's theory or to search for cycles) will allow the construction of paléotempérature and palaeo-humidity curves.

Climate curves have revealed isotopic stages (MIS) that have been numbered (pair for glacial maxima, odd for interglacial maxima) from the first stage, which corresponds to the Holocene. The oscillations considered to be climatic events were also numbered, these are the events of Dansgaard-Oeschger (DO or more used GIS) for the Pleistocene of the last 100,000 years and the events of Bond for the Holocene, to which must be added the events of Heinrich, which are interpreted as cold and brief events due to iceberg break-ups in a warming phase.

Introduction

Ce chapitre n'a pas l'ambition d'être un manuel de paléoclimatologie. Il a seulement l'objectif d'offrir un cadre de présentation scientifique des différentes approches quaternaristes de la reconstitution du climat sur le dernier million d'années pour permettre une lecture plus aisée des chapitres consacrés aux études des sociétés humaines faisant face à ces variations du climat. Il met en évidence les relations étroites entre préhistoriens, paléontologues, botanistes, géologues quaternaristes et, derniers arrivés depuis les années 1970, paléoclimatologues. Leurs études sont imbriquées et leurs résultats sont liés. Après une trop courte historiographie, les différentes approches sont présentées suivant un ordre chronologique de développement des spécialités, avec trois étapes majeures, les tous débuts du XXème siècle, les années 1950 et enfin les années 1970, finissant avec les grands carottages en milieu océanique puis glaciaire.

Historique

Depuis les origines de la préhistoire, les variations du climat et ses influences sur les peuplements des débuts de l'Humanité sont apparues aux pionniers de l'archéologie préhistorique non seulement comme une évidence mais aussi comme la preuve de son ancienneté. Quand Edouard Lartet découvrit en 1864 lors de ses fouilles de l'abri-sous-roche de La Madeleine en Périgord, un mammouth gravé sur un fragment d'ivoire de défense de mammouth, il démontra ainsi la cohabitation de l'espèce humaine avec une espèce disparue vivant sous un climat glaciaire.

A la fin du XIX° siècle, les découvertes en stratigraphie de faunes froides et de faunes chaudes se multiplient, montrant que l'Humanité a du faire face avec succès à des changements climatiques importants et révélant une alternance de périodes glaciaires et de périodes interglaciaires. Ainsi la paléontologie animale, par la biostratigraphie, a pu contribuer fortement à la reconstitution des variations du climat en mettant en évidence des espèces particulièrement sensibles aux changements climatiques comme certains mammifères, les rongeurs et les mollusques.

Au tout début du XX° siècle, les travaux de glaciologie de Penck et Brückner sur les vestiges de moraines de front de glaciers dans les Alpes, mettent en évidence pour la première fois une succession de périodes glaciaires nommées Würm, Riss, Mindel, Gunz. La même approche est appliquée à l'étude des fronts de moraines des calottes glaciaires en Eurasie et en Amérique du Nord, donnant naissance à des séquences climatiques, qui sont bien corrélées. Dans les régions désertiques, la découverte d'alternances d'évènements pluviaux et arides ont été progressivement corrélées aux alternances glaciaires/interglaciaires, donnant naissance à une première paléoclimatologie à l'échelle de la planète. Les recherches s'étendent aux cours d'eau, qui, avec l'alternance climatique, par alluvionnement ou surcreusement, créent des vallées aux terrasses étagées, confirmant ainsi l'ancienneté des découvertes de Casimir Picard et de Boucher de Perthes dans la vallée de la Somme entre 1830 et 1860.

Résultat des régressions et des transgressions marines, conséquence des variations du niveau des mers dans l'alternance des périodes glaciaires et interglaciaires, mais aussi de phénomènes tectoniques, les terrasses marines quaternaires ont laissé des plages fossiles et des terrasses d'abrasion dont l'altitude caractérise un épisode climatique. Ce système de terrasses a ainsi permis de construire une séquence maritime, qui a été la référence pour la définition du Quaternaire et de la limite entre Tertiaire et Quaternaire, et qui a été mise en corrélation avec la séquence alpine.

La palynologie quaternaire doit beaucoup aux travaux pionniers des écoles hollandaise et scandinave (et notamment du fondateur de la palynologie L. Van Post qui introduisit le premier diagramme en 1916) qui, en carottant les tourbières d'Europe du Nord, ont mis en évidence les fines oscillations climatiques des derniers 100 000 ans. La palynologie devint alors une méthode de référence pour la paléoclimatologie des milieux humides dans les tourbières, les lacs de montagne et les maars où les pollens sont bien conservés puis son emploi fut généralisé dans les milieux secs comme les abris sous roche et les séquences sédimentaires.

Les études quaternaires ont connu une progression spectaculaire après les années 1950 dont les résultats ne peuvent être déconnectés de l'archéologie préhistorique : séquences de lœss et de sols fossiles des latitudes septentrionales, séquences de sable et de sols fossiles des zones désertiques, remplissage de grottes et d'abris sous roche, formations carbonatées (travertins et spéléothèmes). En corollaire de ces recherches, de nombreuses espèces animales (foraminifères, mollusques continentaux, rongeurs) et végétales (pollens, diatomées, ostracodes, stomates, cernes des arbres,) et des mesures (isotopes O^{16}/O^{18} sur des coquilles, des bulles d'air, des carbonates et autres, susceptibilité magnétique) ont révélé leur capacité à contribuer à la construction de courbes paléoclimatiques.

A partir des années 1970, débutent les grands projets de carottages océaniques qui vont produire les premières courbes climatiques à partir de la mesure des isotopes O^{16}/O^{18} et les cortèges de mollusques marins et fournir la numérotation des stades isotopiques. Parmi les pionniers de cette paléoclimatologie, il faut citer C. Emiliani, H. Urey, N.J. Shackleton, J. Imbrie, J.Cl. Duplessy. Puis, ce fut le début des carottages des glaciers du Groenland puis de l'Antarctique, dont les courbes climatiques calculées à partir du rapport isotopique de l'oxygène des bulles d'air de la glace, ont fourni les courbes climatiques qui font actuellement référence.

Les marqueurs climatiques

La reconstitution paléoclimatique s'appuie sur l'identification de marqueurs climatiques variés, dont la propriété est d'être les plus sensibles aux variations du climat, dont les effets majeurs sont le changement de température et le changement d'humidité :

- Espèces animales (coraux, mollusques continentaux, mollusques marins (foraminifères, ostracodes, coccolithophoridés), rongeurs, oiseaux, grands mammifères),
- Espèces végétales (diatomées, pollens, charbons de bois, cernes des arbres, charophytes),
- Minéraux (carbonates, sable, lœss, phosphates, magnésium, etc.),
- Grandeurs physiques et chimiques (isotopes de l'oxygène O^{16}/O^{18}, Béryllium ^{10}Be et ^{14}C qui marquent l'activité solaire, susceptibilité magnétique, mesures extraites des bulles d'air de la glace),
- Géomorphologie quaternaire en milieux périglaciaire, désertique, montagneux et autres (glaciers de montagne, calottes glaciaires, moraines, terrasses fluviatiles, rivages quaternaires, formations lœssiques, formations sableuses, formations carbonatées, spéléothèmes, pédogénèses, tourbières, paléolacs, etc.).

Certains marqueurs peuvent intervenir de plusieurs façons comme pour les foraminifères benthiques par la détermination biostratigraphique d'une part et par la mesure du rapport isotopique O^{16}/O^{18} sur sa coquille. Cette remarque est valable pour toutes les espèces animales et végétales qui produisent un squelette calcifié.

La paléotempérature est l'estimation favorite des courbes paléoclimatiques, qu'elle soit la mesure isotopique O^{16}/O^{18} ou une fonction de transfert issue du gradient climatique d'un cortège animal ou végétal particulièrement sensible aux variations du climat. La plupart des courbes paléoclimatiques publiées sont des courbes de paléotempérature.

La mesure de la paléohumidité est plus délicate ; pourtant l'humidité est essentielle à la végétation, aux herbivores qui se nourrissent des végétaux et aux carnivores (dont l'homme) qui se nourrissent des animaux. Ainsi l'adaptation aux milieux arides est-elle plus difficile que l'adaptation aux milieux froids. Mais que mesure-t-on réellement ? La pluie est un phénomène discontinu variable en durée, en intensité et même en nature (neige). Mais elle dépend également des conditions locales (altitude, latitude, proximité océanique) et des saisons. Enfin, l'évaporation ne peut être séparée de la précipitation, les deux étant les composantes d'un bilan hydrique qui dépend également de l'infiltration des eaux dans le sol, variable suivant les types de sols et leur topographie. Il n'y a donc pas de mesures directes de paléohumidité. Une fonction de transfert peut cependant être calculée à partir d'un gradient d'humidité produit par l'analyse de données de cortèges de pollens et de mollusques. Les mesures contemporaines de précipitations ou de chutes de neige, peuvent également être utilisées, par actualisme, en comparant statistiquement les cortèges fossiles et les cortèges actuels par régression multiple. Une estimation de l'humidité peut également être obtenue à partir de l'enregistrement des variations de niveaux des lacs fermés (qui fonctionnent comme un pluviomètre) et du débit des fleuves grâce à l'altitude des dépôts d'alluvions sur les versants des vallées.

Les datations absolues

La reconstitution paléoclimatique s'appuie sur les datations absolues dont l'apport est indispensable pour dater les échantillons et pour étalonner les carottes marines et glaciaires.

Les méthodes les plus utilisées (Evin *et al.* 1998) sont le radiocarbone ^{14}C (jusqu'à 40 000 ans), l'OSL (luminescence optique) pour les séquences de lœss et de sables, la thermoluminescence, l'Uranium/Thorium $^{230}Th/^{234}U$ pour les formations carbonatées, le Potassium/Argon $^{40}K/^{39}Ar$ pour les matériaux d'origine volcanique, l'ESR sur la calcite (spéléothèmes, travertins) et sur l'apatite (ossements, dents).

D'autres techniques peuvent contribuer à synchroniser une séquence en datant des horizons repères, comme les inversions du champ magnétique terrestre (paléomagnétisme), la téphrochronologie, ou à estimer la vitesse de sédimentation et à vérifier sa linéarité par la racémisation des acides aminés, le Béryllium ^{10}Be et le comptage des couches annuelles (varves, carottes de glace).

Comme toutes les mesures instrumentales en physique, les techniques de datations ont des limites de précision et des conditions d'application à respecter. Des phénomènes physiques peuvent modifier ou complexifier le principe de la méthode et nécessitent donc des corrections. La pollution de l'échantillon par des apports externes peut perturber le fonctionnement de l'horloge. C'est le cas notamment de l'Uranium/Thorium et du radiocarbone. Les techniques de datations, nées dans les années 1950 des développements de la Physique du Solide née au début du XX° siècle et de l'instrumentation, ont considérablement progressé et progressent encore. Pour la technique du ^{14}C, les améliorations se sont succédées avec le comptage AMS qui a remplacée la mesure conventionnelle de comptage, la calibration jusqu'à 11 000 ans puis 50 000 ans, et surtout depuis les années 2000, l'amélioration des techniques de préparation des échantillons pour éliminer le carbone récent intrusif.

Les glaciers de montagne

Au début du XX° siècle, les travaux de glaciologie de Penck et Brückner sur les vestiges de moraines de front de glaciers dans les Alpes, mettent

Figure 1. Extension des glaciers alpins au Quaternaire (en bleu extension maximale du glacier du Riss, en marron extension maximale du glacier du Würm)

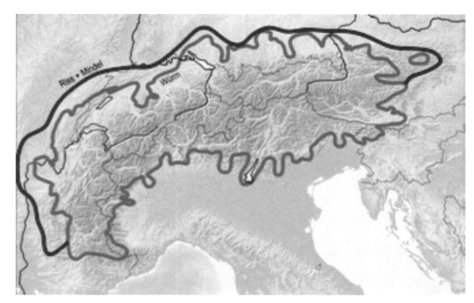

en évidence pour la première fois une succession de périodes glaciaires au Quaternaire (Penck, Brückner, 1901-1909). Les relevés topographiques des fronts de moraine ont permis progressivement de découvrir les vestiges de plusieurs périodes nommées de la plus récente à la plus ancienne, Würm, Riss, Mindel, Gunz puis Donau et Biber. Ces épisodes climatiques furent la référence climatique pour les études quaternaires et pour la préhistoire ancienne jusqu'à la fin des années 1980 (par exemple *La préhistoire française*, tome I, 1, édité en 1976 par le CNRS dans le cadre du IX° congrès UISPP de Nice (Lumley, 1976)). En Europe, les montagnes se sont couvertes de glaciers, dont l'existence, l'expansion et les retraits étaient directement liés aux variations climatiques : Pyrénées, Massif central, Jura, Alpes, Corse, Apennins, Alpes dinariques, Balkans, Carpates. La glaciation du Riss a connu la plus grande expansion et le front du glacier a donc oblitéré les vestiges des glaciations plus anciennes, aussi les mieux connues sont-elles les glaciations du Riss et du Würm (figure 1). Ces glaciers ont presque tous disparu à l'Holocène. Le glacier des Alpes a continué à être une référence climatologique pour la période historique, les avancées et reculs des langues glaciaires mettant en évidence les variations climatiques du « petit âge glaciaire » (Le Roy Ladurie, 2004).

Dans les autres parties du monde, les glaciers ont connu des expansions liées à leur altitude et à leur latitude : en Amérique, les Montagnes rocheuses et les Andes ; en Afrique l'Atlas, le Kilimandjaro, le Rwenzori, le Mont Kenya, et peut-être le Drakensberg ; en Asie, le Caucase, l'Himalaya (avec des langues glaciaires de près de 80 km), le Pamir, l'Altaï, l'Oural (ces deux derniers glaciers ayant une expansion moindre du fait de l'aridité de l'Asie centrale en période glaciaire) et le Kamtchatka. En 1995, l'INQUA a lancé un projet mondial de cartographie des calottes glaciaires et des glaciers

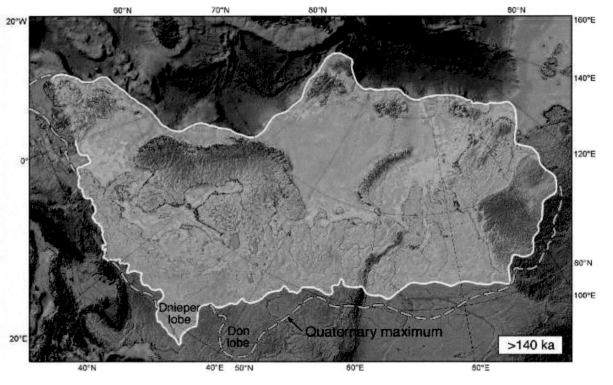

Figure 2
Extension maximale des calottes glaciaires de l'hémisphère Nord au cours de l'avant-dernière glaciation (d'après Svensson et al. 2008)

au cours du Quaternaire qui a donné lieu à la publication de trois volumes (Ehlers, Gibbard, 2004 a, b, c)

Les expansions et les retraits des calottes glaciaires

Les glaciations quaternaires ont vu se succéder depuis 2,58 millions d'années au moins 17 périodes glaciaires (de durée variable puis, à partir de 1,2 Ma, avec une périodicité de l'ordre de 100 000 ans), et séparées par des périodes interglaciaires (de durée variant entre 10 et 20 000 ans).

Le cycle glaciaire/interglaciaire est une conséquence des variations de l'orbite terrestre (excentricité) autour du soleil selon une période d'environ 100 000 ans, de l'axe de rotation de la Terre (inclinaison de l'elliptique) selon une période de 40 000 ans et de l'axe des équinoxes qui reprend la même position tous les 25 780 ans (précession). Cette théorie émise par M. Milankovitch (Milankovitch, 1941) avait sa première source dans les travaux du mathématicien français J.A. Adhémar (Adhémar, 1842), suite aux découvertes des glaciations par le géologue L. Agassiz en 1837.

Les oscillations climatiques tempérées de la dernière glaciation, connues depuis le début du XX° siècle dans les tourbières et les séquences de lœss, ont été retrouvées et numérotées sur les carottes GRIP du Groenland par Dansgaard-Oeschger (Dansgaard *et al.* 1993), pour l'Atlantique Nord (et ses équivalents à l'Holocène, ce sont les événements de Bond (Bond, 1997)). Entre autres, une explication par les cycles solaires de périodicité 87 ans et 210 ans soit 1 470 ans a été proposée (Braun, 2005). Quant aux événements d'Heinrich, ils marquent plusieurs épisodes froids brefs suivant un épisode tempéré, interprétés comme marquant une réaction liée à une débâcle d'icebergs (cf. infra).

Le phénomène le plus spectaculaire des glaciations est l'expansion des calottes glaciaires des deux pôles. La calotte glaciaire du pôle Nord a eu évidemment un effet très important sur le peuplement humain du continent eurasiatique. L'avancée de la calotte n'a pas été uniforme. L'avancée la plus forte est celle des Laurentides sur le continent Nord-américain (figure 2). En Eurasie, l'expansion maximale se situe en Europe à la longitude de l'Europe centrale. Les problématiques de peuplement humain ne se limitent pas à l'expansion des calottes glaciaires mais elles concernent également les zones périglaciaires, et notamment le pergélisol qui n'est pas favorable à l'implantation de la végétation et de zoocénoses (différente cependant entre les zones gelées en permanence et les zones dégelées en été).

L'étude des moraines laissées par le retrait des calottes glaciaires a permis de proposer des systèmes d'alternance glaciaire/interglaciaire, en Amérique du Nord avec la calotte glaciaire des Laurentides et en Europe du Nord avec la calotte glaciaire scandinave. Les deux systèmes sont en bonne correspondance avec le système alpin (tableau 1).

Les quaternaristes de la plupart des pays d'Europe septentrionale ont développé leur propre terminologie pour la calotte glaciaire scandinave, dont notamment l'Angleterre, la Pologne et la Russie. A partir des années 1990, ces référentiels ont laissé la place aux stades isotopiques des carottages glaciaires.

Les lignes de rivage fossiles marquant les variations du niveau des mers : transgressions et régressions marines

Résultat des régressions et des transgressions marines, conséquence des variations du niveau des mers dans l'alternance des périodes glaciaires et interglaciaires, mais aussi de phénomènes tectoniques, les terrasses marines

Tableau 1 : Equivalences entre calottes glaciaires, glaciers alpins et stades isotopiques

Stades isotopiques	Alpes	Europe du Nord	Amérique du Nord
MIS 2, 3, 4	Würm	Weichselien	Wisconsin
MIS 5	Riss-Würm	Eemien	Sangamon
MIS 6-8	Riss	Saalien	Illinoian
MIS 9	Mindel-Riss	Holsteinien	Yarmouth
MIS 10	Mindel	Elstérien	Kansas
MIS 11-19	Gunz-Mindel	Cromérien	Aftonian
MIS 20-16	Gunz	Ménapien/Bavelien	Nebraskan
	Donau-Gunz	Waalien	
MIS 28-26	Donau	Eburonien	
	Biber-Donau	Tiglien	
MIS 40-50 ou 66-68	Biber	Prétiglien	

Tableau 2 : Tableau de correspondance entre la séquence marine, la séquence géologique et la séquence des glaciers alpins.

Age géologique	Glaciers alpins	Quaternaire marin	Dates	Paléomagnétisme
Holocène		Versilien		
Pléistocène sup.	Würm		126 000-11 700	
Pléistocène sup.	Riss-Würm	Tyrrhénien		
Pléistocène moyen	Riss			
Pléistocène moyen	Mindel-Riss	Sicilien		
Pléistocène moyen	Mindel			
Pléistocène inf.	Gunz Mindel	Calabrien	1,806-0,781 m	Brunhes-Matuyama
Pléistocène inf.	Gunz			
Pléistocène inf.		Gélasien	2,588-1,806 m	Gauss-Matuyama
Pliocène		Plaisancien	3 m	

quaternaires ont laissé des plages fossiles et des terrasses d'abrasion dont l'altitude caractérise un épisode climatique. Ce système de terrasses a permis de construire une séquence maritime quaternaire des transgressions (c'est-à-dire des interglaciaires) qui a été mise en correspondance avec la séquence alpine (tableau 2). Cette nomenclature a pris naissance en Italie à la fin du XIXème siècle où les formations plio-pléistocènes sont particulièrement riches (pour une discussion critique de la validité et de l'intégrité de ces stratotypes, cf. Faure, Keraudren, 1987). L'identification de ces terrasses est grandement facilitée par la présence de faunes et de coquillages marins caractéristiques (par exemple la couche à Strombes du Tyrrhénien), ce qui rend paradoxale une séquence qui est géostratigraphique par construction. La limite Pliocène/Pléistocène qui fixe le début du Quaternaire a été ratifiée en 2009 par l'Union Internationale des Sciences géologiques pour la faire débuter avec le Gélasien, ce qui correspond au démarrage des cycles glaciaires/interglaciaires, à la mise en place du glacier du Groenland et à l'inversion paléomagnétique Gauss-Matuyama.

Pour les études préhistoriques, la prise en compte des lignes de rivages fossiles est fondamentale pour établir une chronostratigraphie des peuplements les plus anciens sur les rivages montagneux : Provence (De Lumley, 1976), Levant (Sanlaville, 1981), Maroc (Lefèvre, Raynal, 2002), etc.

Les sites du paléolithique inférieur situés en bord de rivage bénéficient ainsi de la présence en stratigraphie de plages fossiles datables. Ainsi, le site de Menez-Dregan à la pointe de la Bretagne est un habitat du paléolithique inférieur en bord de mer. La stratigraphie révèle une succession de sols fossiles et de plages fossiles, dont les niveaux d'occupation sont datés par l'ESR entre 370 000 et 400 000 ans (Laforge, Monnier, 2011). La présence de plages fossiles dans les grottes du littoral est également signalée dans les Alpes maritimes (grotte du Lazaret à Nice) et en Ligurie (grotte du Prince aux Balzi-Rossi).

Les terrasses fluviatiles

Au début du XXème siècle, l'étude des systèmes de terrasses fluviatiles, avait pour objectif de comprendre l'ancienneté et d'établir la chronologie des dépôts paléolithiques des sites de la vallée de la Somme fouillés sous la direction de J Boucher de Perthes dans les années 1860. V. Commont fut le premier à mettre en évidence la relation entre l'étagement des terrasses et leur chronologie et à en comprendre les processus de dépôts (Commont, 1911).

Le système des terrasses fluviatiles est lié principalement au cycle d'alternance glaciaire qui met en jeu les variations du niveau des mers et de l'expansion des calottes glaciaires et des glaciers de montagne. Durant les périodes de péjoration glaciaire, les glaciers augmentent de volume et le niveau des mers régresse ; les rivières creusent leur lit en aval tandis qu'en amont le front glaciaire accumule les alluvions et qu'en bas de versant la solifluxion fait glisser les sédiments. C'est dans cette transition interglaciaire vers glaciaire, que se forment les terrasses fluviatiles. Symétriquement, dans les périodes d'amélioration climatique, le niveau de la mer remonte et l'aval se remblaie avec les alluvions du démantèlement des moraines et la puissance du débit de la fonte des glaces. Dans les interglaciaires comme dans les maxima glaciaires, le système se stabilise. Ainsi, paradoxalement, les terrasses les plus hautes sont les plus anciennes et les plus basses le plus récentes. Au XXème siècle, ces terrasses ont été corrélées avec les systèmes glaciaires.

Dans les années 2000, le projet IGCP 518 *"Fluvial sequences as evidence for landscape and climatic evolution in the Late Cenozoic"* a été l'occasion du recensement des travaux effectués sur les vallées fluviales des différents continents et de les mettre en correspondance : Rhin, Tamise, Somme, Dniepr, Don, Dniestr, Volga, Oronte, Colorado, Vaal, etc. (Bridgland, Westaway, Cordier 2000). Il a été possible de relier ces systèmes de terrasses avec les cycles de Milankovitch de 41 000 ans avant la révolution du pléistocène moyen et un cycle de 100 000 ans après.

La validation de l'interprétation chrono-climatique des terrasses fluviatiles a également bénéficié des progrès dans les datations directes des sédiments par différentes méthodes comme l'ESR, le paléomagnétisme ou l'Uranium qui ont permis de dater les différentes terrasses comme par exemple celles de la vallée de la Somme (Laurent *et al.* 1994).

Dans la grande plaine du Nord de l'Europe, où les dépôts de lœss sont abondants, les études quaternaires associent dans les versants des vallées l'étude des terrasses fluviatiles (figure 3) et l'étude des dépôts de lœss et leurs sols fossiles (Somme, Rhin, Dniestr, Dniepr, Don, etc.).

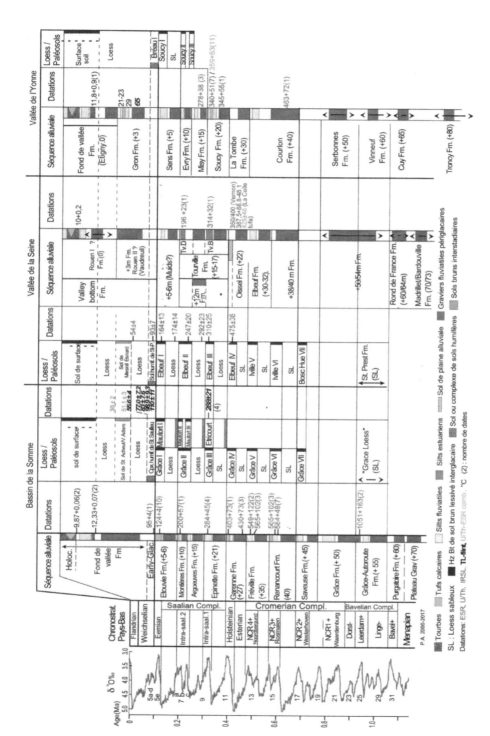

Figure 3 Tableau synthétique des formations quaternaires pour le dernier million d'années en France septentrionale (bassin de la Somme, de l'Yonne et de la Seine) (d'après Antoine et al. in Djindjian 2018 p.45, fig.2))

Les séquences stratigraphiques de lœss et de sols fossiles

Le lœss résulte de l'accumulation au sol, sous climat glaciaire froid et sec, en zone périglaciaires, de limons fins transportés par le vent depuis des zones soumises à une déflation éolienne alors que la végétation est clairsemée. Au cours du Pléistocène, de grandes épaisseurs de lœss se sont déposées en périphérie des calottes glaciaires dans le Nord de l'Eurasie (grande plaine de l'Europe du Nord, Asie centrale, Chine, Amérique du Nord) à une latitude comprise entre 30° et 60° de latitude Nord. Quelques dépôts existent également en hémisphère Sud (Argentine, Nouvelle-Zélande). En Chine, les dépôts atteignent jusqu'à 200 mètres d'épaisseur et permettent de reconstituer le climat jusqu'à 2,3 Ma (Kukla *et al.* 1989), en Asie centrale plus d'une centaine de mètres (Dodonov, 1991), tandis qu'en Europe orientale ils ne dépassent pas une cinquantaine de mètres.

Un lœss, dont la granulométrie est caractéristique d'un limon fin, résultant d'un tri en altitude, est susceptible, une fois déposé au sol, d'être soumis à de nombreux processus, contemporains ou postérieurs au dépôt, qui modifient la lithologie originelle : érosions, ruissellements (lœss lités), processus périglaciaires (fentes de glaces, cryoturbation, cryoclastie) et pédogenèses (comme le fameux tchernoziom holocène d'Europe orientale ou les nombreux sols fossiles des séquences de lœss). De nombreux faciès issus de ces processus ont une signification paléoclimatique et chronologique créant les stratotypes d'une séquence sédimentaire lœssique qui peuvent être tracés à l'échelle d'un continent.

Les séquences de lœss (qui voient la succession de dépôts de lœss identifiables par leur structure, leur couleur et leur composition et de sols fossiles correspondant à des épisodes de pédogénèse de climat interglaciaire et interpléniglaciaire) jouent un grand rôle dans la chronostratigraphie des sites archéologiques de plein air des régions lœssiques.

De nombreux laboratoires de géologie du Quaternaire sont spécialisés dans les études de ces dépôts périglaciaires avec des chercheurs comme J.P. Lautridou à Caen, J. Sommé à Lille, R. Paepe et P. Haesaerts en Belgique, L. Zoeller en Allemagne, J. Fink en Autriche, M. Pecsi en Hongrie, M. F. Veklych à Kiev, I.K. Ivanova et A.A. Velichko à Moscou, A.E. Dodonov en Asie centrale, G. Kukla à New-York, Z S. An à Pékin et **L. Tungsheng** à Xian en Chine, et bien d'autres encore, regroupés dans la commission lœss de l'INQUA, active depuis 1969.

Depuis les années 1960, des séquences types ont été identifiées, analysées et publiées, utilisant tous les techniques d'études disponibles qui se sont multipliées et améliorées avec le temps (sédimentologie, géochimie, pédologie, palynologie, malacologie, susceptibilité magnétique, datations absolues, etc.).

Un bon exemple de ce progrès scientifique est fourni par la comparaison entre l'état de l'Art en 1976 (IX° congrès UISPP, Nice, La préhistoire française I, 1, de Lumley, 1976) et en 2018 (XVIII° congrès UISPP, Paris, La préhistoire de la France, Djindjian, 2018, chapitre 3 sous la direction de P. Antoine et J.J Bahain).

Les séquences de lœss sont d'une valeur inestimable pour les préhistoriens car elles fournissent une chronostratigraphie fiable sur le dernier million d'années sur des sites où les niveaux archéologiques sont intégrés dans ces séquences sans perturbations majeures: il est alors possible de reconstituer un cadre chrono-stratigraphique et de situer les niveaux archéologiques dans ce cadre (ce qui n'est pas le cas pour les carottages océaniques, glaciaires et des tourbières).

Les séquences de lœss du pléistocène moyen ont été particulièrement bien étudiées car elles offrent le cadre chrono-stratigraphique des peuplements du paléolithique inférieur et du paléolithique moyen ancien. Les sites de la vallée de la Somme sont célèbres depuis les travaux de J. Boucher de Perthes : Abbeville carrière Carpentier (MIS 17), Saint-Acheul (MIS 16), Cagny La Garenne (MIS 12), Cagny L'Epinette (MIS 11), Moulin-Quignon et de nombreuses études y ont été consacrées jusqu'à aujourd'hui (Antoine *et al.* 2003). Les sites de la vallée de la Tamise en Angleterre, notamment le plus célèbre d'entre eux, Swanscombe, appartiennent au stade isotopique 11. Le site de Misenheim 1 en Rhénanie (Turner, 2000) est un exemple d'un site du stade isotopique 13 avec une faune tempérée caractéristique du pléistocène moyen (chevreuil, cerf, cheval). Le niveau archéologique est situé dans les sédiments noirs marécageux d'une terrasse située aujourd'hui à 50 m au-dessus du cours du fleuve qui ont été recouverts et protégés par un tuf volcanique.

Pour le pléistocène supérieur, les séquences de lœss du paléolithique moyen récent et du paléolithique supérieur (MIS 3 et 2) ont été particulièrement bien étudiées en Europe orientale : bassin du Dniestr (Ivanova *et al.* 1987 ; Haesaerts *et al.* 2003) à Molodova, Cosautsi et Mitoc ; bassin du Don (Velichko *et al.* 2009 ; Haesaerts *et al.* 2004) à Kostienki et en Europe centrale : en Moravie, à Dolni Vestonice (Svoboda *et al.* 1994), et en Basse-Autriche, à Willendorf II (Haesaerts *et al.* 1996). Elles permettent de corréler à l'échelle de l'Europe, des sols fossiles et des dépôts de lœss bien datés par le ^{14}C et par l'OSL (figure 4).

Les dépôts quaternaires des zones désertiques et semi-désertiques

Dans les régions situées entre les latitudes méditerranéennes et l'Equateur, la sédimentation quaternaire et ses altérations se sont formées sous l'effet des variations climatiques plus humides (« Pluviaux ») et plus secs (« Arides »).

Dans le Sahara, comme dans les autres zones désertiques de l'hémisphère Nord ou de l'hémisphère Sud, en l'absence (ou la raréfaction) de la végétation, le vent soulève, trie et redépose les sédiments. C'est l'origine du

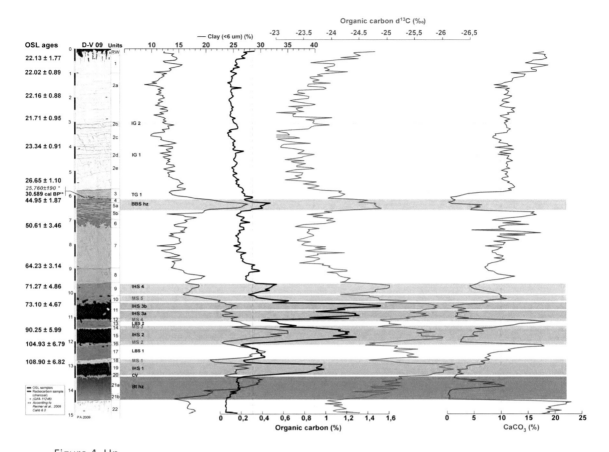

Figure 4. Un exemple de séquence de loess du pléistocène supérieur : Dolni Vestonice en Moravie (Europe centrale) (d'après Antoine et al. 2013)

sable et des formations dunaires des déserts centraux mais aussi des lœss des régions péridésertiques.

Les stratigraphies vont ainsi révéler l'avancée ou le recul des zones désertiques et former des stratigraphies dans lesquelles il est possible d'observer une alternance de dunes fossiles marquant les épisodes arides et de sols fossiles marquant les épisodes humides, d'une façon analogue aux séquences lœssiques des latitudes septentrionales. Ces séquences mettent notamment bien en évidence le « Pluvial » de l'épisode interglaciaire du stade isotopique 5.

En milieux désertiques et péridésertiques, les lacs et les paléolacs sont des formations particulièrement intéressantes dont les phases d'expansion et de repli enregistrent bien les variations climatiques et au bord desquelles s'installent préférentiellement les groupes humains (Petit-Maire, 2012 ; Gasse, 2009) : Sahara et Sahel, Afrique orientale, Proche-Orient, Utah, Asie centrale, Australie.

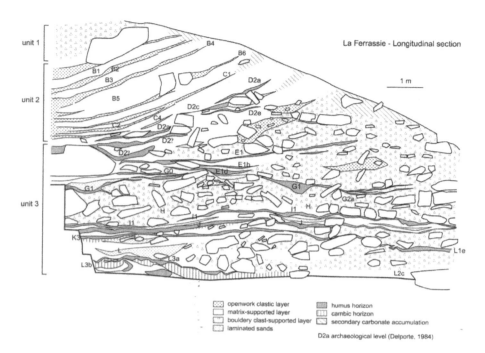

Figure 5. Stratigraphie du grand abri de La Ferrassie (d'après Bertran et al. 2008, fig.2)

Les remplissages stratigraphiques de grottes et d'abris sous roche

Les abris sous roche et les entrées de grottes sont les habitats préférentiels des groupes humains paléolithiques (figure 5). Leur remplissage qui associe sédimentation et niveaux d'occupation humaine dans des stratigraphies complexes a fait l'objet d'études géologiques approfondies à partir des années 1950. Il était alors naturel de considérer que ces remplissages différentiés étaient le résultat des variations climatiques, alternant les périodes froides et sèches (cryoclastie, plancher d'effondrement, cryoturbation) et les périodes chaudes et humides (altération, érosion, plancher stalagmitique, émoussés, dépôts argileux, horizons humiques) sans oublier les dépôts exogènes de lœss ou d'alluvions de rivière ni les activités karstiques. Dans ce contexte complexe, la présence d'une faune de cavernes (notamment l'ours des cavernes) crée des perturbations dans la stratigraphie, dont l'importance a été souvent sous-estimée.

Entre 1950 et 1980, les préhistoriens ont privilégié l'hypothèse de remplissages continus pouvant caractériser le climat environnant au temps de son dépôt (Laville, 1975), aboutissant à la recherche de correspondances systématiques avec la séquence des glaciations alpines et avec des interstades palynologiques identifiés dans les séquences lœssique ou dans les tourbières et qui étaient recherchées dans les remplissages d'abris sous roche (en France, Arl. Leroi-Gourhan, J. Miskovsky, M.M. Paquereau). Cette approche a été remise en cause de façon plus ou moins radicale à partir des années 1980, en faisant d'abord constater l'existence dans les stratigraphies de nombreuses lacunes et de dépôts n'ayant pas de signification climatique (Campy, Macaire 2003 ; Texier, 2009). Les études ont alors privilégié l'identification des processus à l'origine des dépôts, de leur altérations ou de leur perturbations, d'origine climatique ou autres. Les études palynologiques qui étaient menées parallèlement aux études géologiques ont été également remises en cause, non sans de solides raisons : conservation différentielle des pollens en milieu non humide, surreprésentation et sous-représentation de certains pollens faussant les diagrammes, percolations à travers des stratigraphies poreuses, ubiquité climatique de certaines pollens non identifiables au niveau de l'espèce faussant les interprétations et diagrammes non caractéristiques de végétations de référence.

Les stratigraphies archéologiques ont livré également une faune chassée dont la valeur biostratigraphique est considérable (même si elle n'a pas la valeur d'un piège naturel), et tout particulièrement pour le pléistocène inférieur et moyen.

Enfin, les restes de rongeurs possèdent une bonne représentativité statistique de l'environnement grâce aux pelotes de réjection des rapaces ; et leur grande sensibilité aux variations climatiques leur confère une grande valeur d'indicateur climatique (Chaline, 1985 ; Marquet, 1983).

Il faut cependant insister sur le fait que ces études des remplissages d'abris sous roche et d'entrées de grottes ont été une étape majeure dans la chronostratigraphie climatique et humaine de la préhistoire (depuis les travaux des pères fondateurs de la préhistoire au XIXème siècle). A partir des années 1980, le besoin en courbes paléoclimatiques de plus en plus longues, fiables et précises a poussé les quaternaristes à prélever des échantillons en environnement non anthropiques (lacs, tourbières, carottes glaciaires, carottes océaniques, séquences de lœss). Leurs résultats ont été rapidement intégrés aux études archéologiques. Les stades isotopiques ont ainsi remplacé les séquences morainiques des glaciers alpins et des calottes glaciaires. Cependant, les archéologues ont besoin d'une échelle climatique précise pour la corréler avec des adaptations des peuplements aux variations climatiques. Ainsi pour le paléolithique supérieur, c'est à dire les stades isotopiques 3 et 2, cette précision demandée est de l'ordre de moins de 500 ans. C'est pourquoi, dans les années 1960-1980, les études se sont multipliées pour mettre en évidence des oscillations dans les séquences d'abris sous roche et retrouver leurs équivalents dans les séquences de lœss et de tourbières (tableau 3). Une synthèse du paléoenvironnement de l'Europe entre 70 000 et 10 000 BP datant des années 1990 peut être trouvée dans (Djindjian *et al.* 1999, §2).

Tableau 3 : Essai de correspondance entre les épisodes de réchauffement climatique du Würm (MIS 3 et 2) décrits dans les différents enregistrements climatiques

	Loess (sols)	Tourbière	Abris sous roche	La Grande Pile	Dansgaard-Oeschger events
MIS 5 Eemien	Rocourt	Gottweig			20
MIS 4		Amersfort/Brorupt		Saint Germain 1	19
		Odderade		Saint Germain 2	18
		Oerel		Ognon III	16-17
		Glinde		Ognon I-II	13-14
MIS 3	Poperinge	Moeschfoold		Goulotte	12
	Saint-Acheul	Hengelo	Les Cottès	Pile/ Charbon	8-9-10-11
	Stillfried B	Denekamp	Arcy	Grand Bois I	7
	Maizières	Paudorf		Grand Bois II	5-6
MIS 2	Pavlov & MG6		Tursac	Marcoudan I	3-4
	Cosautsi VI		Laugerie	Marcoudan II	2
	Cosautsi V		Lascaux	Marcoudan III	
		Bölling			1
		Alleröd			
MIS 1 Holocène					

Biostratigraphie climatique animale et végétale

La biostratigraphie identifie les espèces biologiques suivant l'échelle stratigraphique pour mettre en évidence les apparitions, les disparitions et les résiliences des espèces à travers le temps. La méthode est bien connue pour les temps géologiques à l'échelle de l'ère, de la période, de l'étage ou d'une de ses subdivisions, qui a fait le succès du rôle des espèces fossiles dans l'histoire de la Terre. Pour les périodes plus rapprochées, le Pliocène, le Pléistocène et l'Holocène, les espèces sont issues du renouveau ou de la survie de la faune après l'extinction massive Crétacé-Paléogène il y a 66 millions d'années puis de leur évolution.

En dehors des extinctions massives, un ponctualisme est observé qui enregistre des changements significatifs d'espèces. Pour la période qui nous concerne ici, il faut noter le début du Villafranchien il y 3 millions d'années et la fin du Villafranchien il y a un million d'années. Dans le dernier million d'années, il est possible de distinguer une faune du pléistocène moyen et une faune du pléistocène supérieur. Les extinctions de la fin de la dernière période glaciaire permettent également d'identifier une faune holocène interglaciaire.

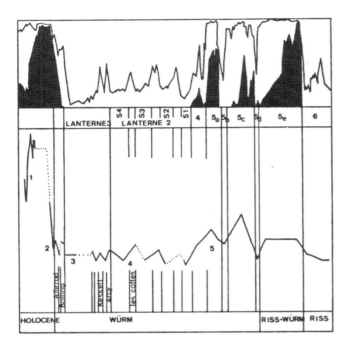

Figure. 6 Courbe paléoclimatique obtenue à partir du gradient de température fourni par le premier axe factoriel du tableau des cortèges de rongeurs de sites préhistoriques français (Djindjian 1991, p.315, fig.14.9)

Certaines espèces animales ont une signature climatique, parfois résultat d'une longue adaptation et d'une spéciation à des latitudes et à des climats différents. C'est le cas des proboscidiens, avec le mammouth des latitudes froides (*Mammuthus meridionalis, Mammuthus trongotheri, Mammuthus primigenius*) et l'éléphant des latitudes tempérées (*Palaeoloxondota antiquus*). C'est le cas également du rhinocéros des latitudes froides (*Coelondota antiquitatis*) *et* des latitudes tempérées (*Dicerorhinus etruscus* du pliocène*, Dicerorhinus hemitoechus, Dicerorhinus mercki*). Les espèces de climat tempéré, comme l'aurochs, le sanglier, l'âne, le daim et le chevreuil, migrent vers le Sud de l'Europe en cas de péjoration climatique. D'autres espèces s'acclimatent à la toundra comme le renne, le bœuf musqué ou l'antilope saïga. D'autres espèces enfin, sont ubiquistes, mais préfèrent la steppe froide comme le mammouth, le rhinocéros, le cheval et le bison. En conséquence, une association de mammifères est un indicateur de climat certes, mais grossier. En outre, comme espèce chassée, sa démographie est biaisée par la spécialisation cynégétique des groupes humains.

Une biostratigraphie des mammifères terrestres européens a été proposée en 1975 par P. Mein, numérotée 1 à 19 pour le Miocène et le Pliocène (Mein, 1975). Elle a été complétée par C. Guérin à partir de 1980 (Guérin, 2007) pour le Pléistocène moyen (20-24), le pléistocène supérieur (25-26) et l'Holocène (27). Elle précise les lignées évolutives, l'apparition de nouveaux taxons et les associations caractéristiques. Des critiques ont été faites sur le cadre géographique trop général qui ne prend pas en compte la notion de zoocénoses et qui abouti implicitement et à tort à la création d'associations mosaïques plus virtuelles que réelles. Pour éviter cet écueil, une solution est de passer d'un cadre général chronologique toujours utile à un cadre spatial local et chronologique, selon les besoins de l'étude. Des révisions ont été régulièrement publiées comme par exemple en France en 2009, dans le volume 20-4 de la revue Quaternaire ou en 2018 dans le chapitre 4 du volume « la Préhistoire de la France » (sous la direction de Djindjian, 2018).

D'autres espèces par contre, présentent une sensibilité au climat beaucoup plus élevée et une meilleure représentativité car n'étant pas ou peu chassées par les groupes humains. C'est particulièrement le cas des rongeurs, mais aussi des oiseaux.

Les rongeurs, en effet, possèdent une capacité élevée d'adaptation et donc d'évolution et une forte capacité de migration liée à des changements de température de quelques degrés. Les cortèges de rongeurs changent donc rapidement avec les variations climatiques et en font un marqueur climatique privilégié (Chaline, 1972). Cette capacité d'adaptation évolutive a été mise en évidence par une étude sur la lignée Mimomys (Chaline, Laurin, 1984) à partir de la morphologie de la table de la molaire M1, dont l'évolution graduelle est liée aux cycles glaciaires/interglaciaires. Par ailleurs, les migrations sont visibles dans l'analyse multidimensionnelle des changements de cortèges pour le pléistocène supérieur, sur l'exemple des cortèges de rongeurs en France (dans Djindjian 1990, fig.14.9 p.315 sur les données de Marquet 1993), révélant les oscillations climatiques des MIS 4, 3 et 2 comparées à la séquence palynologique de la Grande Pile (figure 8). Il en est de même des associations malacologiques (mollusques continentaux) depuis les travaux fondateurs de J.J. Puyssegur (Puyssegur, 1976).

En effet, l'étude des cortèges par des analyses multidimensionnelles des données (analyse des correspondances, analyse en composantes principales) met généralement en évidence sur le premier axe factoriel un gradient climatique (température) qui classe les cortèges du froid au tempéré. C'est le cas des rongeurs (précédemment cité), des oiseaux (Villette, 1984), des foraminifères (Imbrie, Kipp, 1971 ; Blanc *et al.* 1972 ; Pujol, Duprat 1983), des mollusques (Laurin, Rousseau 1985), des diatomées (Gasse, 1986) et des pollens (Kay, 1979 ; Bosselin, Djindjian, 2002).

Sur le second axe, un autre gradient peut apparaitre, celui de l'humidité (qui estime les précipitations moyennes annuelles) qui oppose les environnements secs aux humides. Ce gradient apparait sur les pollens de séquences de tourbières (Bosselin, Djindjian, 2002) et sur les mollusques de la séquence de loess d'Achenheim sur la vallée du Rhin en Alsace (Laurin, Rousseau 1985).

Il existe une autre façon de construire une courbe de paléohumidité et de paléotempérature, en utilisant un référentiel de cortèges actuels avec des mesures réelles de température et d'humidité et d'en obtenir les paléomesures par des techniques de régression statistique (Imbrie, Van Donk, Kipp, 1973 ; Kay, 1979).

Plus récemment, l'application d'un modèle mathématique global de végétation, Biome 4, (Kaplan, 2001) a été expérimentée en mode inverse (pour reconstituer la végétation du passé et non pour simuler l'évolution future de la végétation dans le cas d'un changement climatique), à partir d'un cortège palynologique et de mesures [13]C. Il a permis de tester l'estimation d'une courbe de paléotempérature et d'une courbe de paléoprécipitations (Hatté *et al.* 2005 ; Hatté *et al.* 2009) pour la séquence **éémienne de la Grande Pile** et pour la séquence lœssique de Nussbloch en Rhénanie. Ces résultats révèlent le niveau de sophistication auquel sont arrivées aujourd'hui les études paléoclimatiques.

Dendroclimatologie, anthracologie et macrorestes végétaux

Il n'est pas surprenant que le bois végétal puisse contribuer à la reconstitution de la végétation et donc du climat, bien que l'arbre soit plus sensible aux variations d'humidité qu'aux variations de température (Payette, Filion 2010). Mais l'arbre ne se fossilise pas sauf quand il est brûlé (charbons de bois) ce qui n'arrive généralement que dans un contexte anthropique.

La détermination d'un charbon de bois demande l'emploi du microscope optique à réflexion (qui n'exige pas la fabrication d'une lame mince) ou du microscope électronique à balayage pour l'identification de l'espèce. Les limites taphonomiques de l'échantillon qui fragilisent le traitement quantitatif des décomptes concernent la fragmentation, la réduction du nombre des espèces du fait de la sélection anthropique et la percolation dans les niveaux (Vernet *et al.* 2001).

La largeur des cernes d'un arbre dépend de facteurs écologiques et climatiques qui conditionnent la croissance des arbres, et qui est annuelle. C'est cette propriété qui est à l'origine de la dendrochronologie (Schweingruber, 1993) qui permet, en corrélant de proche en proche les spectres de cernes des troncs d'arbre d'un même genre (chêne, épicéa, sapin), de remonter en Europe jusqu'au retour du couvert forestier à la fin de la dernière glaciation (Alleröd). C'est la dendrochronologie, comme chacun sait, qui a permis de calibrer la datation radiocarbone. Mais l'établissement d'une courbe dendrochonologique est un travail long, qui nécessite d'obtenir des troncs d'un même genre, échantillons qui dans les périodes préhistoriques et protohistoriques ne sont découverts qu'en milieu gorgé d'eau ou carbonisés. La largeur des cernes traduit également la condition météorologique de croissance de l'arbre et possède donc une valeur paléoclimatique, qui néanmoins n'a de valeur que dans un biotope donné car il varie rapidement avec la latitude, la longitude et l'altitude. C'est pourquoi, sauf cas particuliers, les apports de la dendroclimatologie, malgré la potentialité de la méthode, restent limités par la faible disponibilité du nombre d'échantillons disponibles (Hughes *et al.* 2011).

Enfin les macrorestes végétaux (fragments de bois, racines, tiges, graines, mousses) présentent des contraintes encore plus drastiques car ils ne se conservent que dans des milieux humides, dont bien sûr les tourbières. Les stomates des feuilles sont des orifices dont le rôle est de faciliter la photosynthèse ; leur nombre est corrélé à la teneur en CO_2 ambiant. Les feuilles conservées dans les tourbières permettent ainsi de reconstituer les anciennes teneurs de CO_2 (Wagner *et al.* 2002 ; Wagner *et al.* 2004 ; Rundgren *et al.* 2003).

Téphrochronologie

La téphrochronologie s'intéresse à caractériser et à dater les téphras (retombées volcaniques) produites par les éruptions volcaniques dont l'aire de diffusion peut être grande et dont les vestiges vont se retrouver conservés dans les dépôts quaternaires (séquences de lœss, carottes océaniques et glaciaires, paléolacs, tourbières, etc.). En résumé, les téphras sont de remarquables dateurs stratigraphiques à condition de savoir les rechercher et de pouvoir les identifier.

Plusieurs grandes éruptions volcaniques ont eu des impacts plus ou moins significatifs sur le peuplement préhistorique des derniers 100 000 ans :

- Eruption du volcan Toba à Sumatra (73 880 ± 320 BP par Potassium/Argon), sans doute la plus forte des derniers 100 000 ans et dont l'hiver volcanique dura plusieurs années. La quantité de téphras émise est de 3 600 km^3 DRE diffusant sur plus de 20 000 km^2. Elle a été découverte la première fois dans la carotte glaciaire GISP2. Cette éruption fut à l'origine d'une théorie sur son impact qui aurait entraîné des extinctions animales et humaines (Ambrose, 1998) qui ont été relativisées depuis (Petraglia *et al.* 2007). Il est cependant possible que cette éruption ait contribué à la migration aboutissant au peuplement de l'Australie
- Eruption des champs phlégréens en Campanie (39 000 BP, 14 000 BP, 4500-3700 BP). L'éruption de 39 000 BP, qui a envoyé dans l'atmosphère environ 100 km^3 de téphras, a plongé en hiver volcanique l'Europe centrale et orientale. Les niveaux de cendres de cette éruption ont été retrouvés dans de nombreux sites paléolithiques et sont devenus un marqueur stratigraphique majeur (par exemple, les sites de Kostienki sur le Don et la grotte de Mezmaiskaya dans le Nord Caucase). Le tephra Y5 a été retrouvé dans la séquence palynologique de Tenaghi-Philippon (Macédoine). Dans ce cas également, cet événement a été invoqué pour expliquer la disparition de l'homme de Neandertal (Golovanova *et al.* 2010 et les commentaires de F.G. Fedele et B. Giaccio).
- Eruption du Cape Riva à Santorin en mer Egée (12 éruptions majeures dans les derniers 300 000 ans dont 54 000 BP, 18 000 BP, 1 620 av. J.C. (niveau Z2)), dont nous ne connaissons pas les effets aux périodes préhistoriques (Wulf *et al.* 2002). Le téphra Y2 de l'éruption de 000 18 BP (21 800 calibré BP) a été retrouvé dans la séquence palynologique de Tenaghi-Philippon (Macédoine).
- Eruption du volcan du lac de Laach dans le massif de l'Eifel en Rhénanie (12 900 BP). Il a émis 20 km^3 de téphras, bloqué temporairement le Rhin et recouvert de cendres une vaste zone allant de la Suède à l'Italie du Nord (Baales *et al.* 2002). Les macros restes végétaux carbonisés retrouvés dans les téphras ont permis une exceptionnelle reconstitution du paysage végétal au moment de l'éruption.

- La chaine des Puys en Auvergne a connu une intense activité volcanique à plusieurs moments des derniers 40 000 ans pendant les périodes plus tempérées (MIS3, épisode de Lascaux, Bölling/Alleröd, début de l'Holocène) ce qui semble avoir eu des incidences sur le peuplement, notamment au Mésolithique (Raynal, Daugas, 1984).

Si ces éruptions ont eu un réel impact sur le climat pendant plusieurs années, et obligé les groupes humains à s'y adapter, elles n'ont eu cependant pas d'impact à long terme (jusqu'aux 1 000 ans évoqués par certains chercheurs) et sur les extinctions des groupes humains.

Par contre, les téphras sont un irremplaçable marqueur stratigraphique aussi bien pour les carottages océaniques et glaciaires que pour habitats préhistoriques. Par exemple, les 60 000 ans de la carotte NGRIP (Svensson, 2008) ont été étalonnés par les téphras de plusieurs éruptions volcaniques d'Islande et des iles Féroé : Saksunarvatn (10 200 BP), Vedde (12 000 BP), Fugloyarbanki (26 740 BP), 33 ka téphra, North Atlantic Ash Zone II plus l'événement magnétique de Laschamp, datés par radiocarbone et Ar/Ar.

Tourbières, lacs de montagnes et lacs volcaniques (maars)

Les milieux d'eau douce stagnante : lacs de montagne, lacs de volcans (maars), tourbières et autres marécages, accumulent annuellement des sédiments qui se déposent au fond de l'eau. Certains d'entre eux se sont asséchés, d'autres sont toujours actifs avec des niveaux ayant monté ou baissé avec les variations climatiques de l'Holocène. Ils sont grâce à leur capacité de conservation de la matière organique, à la continuité annuelle de leur sédimentation et à la faible porosité des dépôts, un enregistrement de grande valeur du climat.

La tourbe est une matière organique fossile formée par accumulation, sur de longues périodes de temps, de matière organique morte, essentiellement des végétaux, dans un milieu saturé en eau. Les tourbières conservent ainsi les pollens, les diatomées (qui sont des micro-algues unicellulaires d'eau douce dont le squelette externe siliceux, la frustule, se fossilise), des macrorestes végétaux et des insectes.

C'est dans ces milieux que l'analyse palynologique donne les meilleurs résultats, réalisés par de nombreux laboratoires spécialisés dont les résultats ont fait le succès de la palynologie (Faegri *et al.* 1989 ; Birks, West, 1973 ; Birks, Berglund, 1985 ; Birks, Gordon 2017) depuis les premiers travaux de l'école scandinave et de l'école hollandaise au début du XX° siècle.

La tourbière de Tenaghi Philippon dans le Nord-est de la Grèce, en Macédoine, est un site exceptionnel qui a fait l'objet de recherches menées depuis les années 1960 (Wijmstra, 1969 ; Van der Wiel, Wijmstra, 1987). Sa séquence climatique construite à partir des déterminations palynologiques, est la plus longue séquence européenne. Les premiers carottages avaient atteint 120 mètres. Les nouveaux carottages effectués en 2005 ont permis de reconstituer une séquence de 1,35 Ma c'est-à-dire les 19 premiers stades isotopiques (Tzedakis *et al.* 2006).

La tourbière de La Grande Pile dans les Vosges (Woillard, 1978) a fourni une séquence exceptionnelle des derniers 125 000 ans (figures 7a et 7b), qui a bien enregistré l'avant-dernier interglaciaire (MIS 5) et le début de la glaciation suivante (MIS 4), dont elle a été longtemps la référence climatique (Rousseau *et al.* 2006).

Plusieurs autres séquences européennes ont fait l'objet d'études détaillées comme en Catalogne, la séquence du lac de Banyoles pour les derniers 30 000 ans (Perez-Obio, Julia, 1994), le massif central avec la séquence du lac du Bourget (Reille, Beaulieu, 1988) et le Nord des Pyrénées (Jalut *et al.* 2006). Des séquences très longues ont été étudiées, en Colombie jusqu'à 1,2 Ma (Hooghiemstra *et al.* 2006) et en Sibérie jusqu'à 3,6 ma (Herzschuh *et al.* 2016).

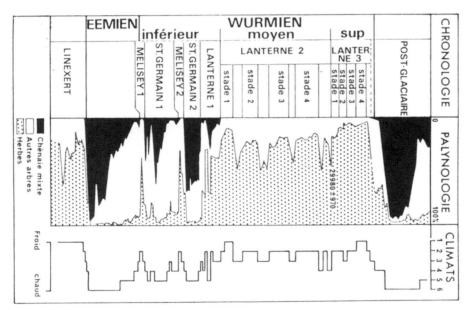

Figure 7. Diagramme palynologique de la Grande Pile (Vosges) (d'après Woillard, 1978)

Les variations de niveau des lacs et des débits de cours d'eau

Les lacs, comme toutes les cuvettes fermées, fonctionnent comme des pluviomètres. L'évolution dans le temps des paléorivages lacustres marquent les changements de niveau des lacs en fonction des variations du climat, fournissant ainsi une courbe d'estimation des paléohumidités. Un des exemples les plus spectaculaires est le paléolac Bonneville en Amérique du Nord, qui au MIS 3 avait une superficie de plus de 50 000 km^2, et dont un des vestiges actuels est le Grand Lac Salé. En Afrique, au Sahel, la présence de nombreux paléolacs permet ce type d'étude. C'est le cas également des niveaux des lacs du rift africain, qui présentent des variations importantes dans les alternances Pluvial/Aride avec un niveau particulièrement bas pour le dernier maximum glaciaire (figure 8).

Un dernier exemple, cette fois pour l'Holocène, concerne les changements d'humidité enregistrés par les lacs subalpins sur les rivages desquels ont été implantés les villages néolithiques bien connus, les « palafittes » des premiers temps de la préhistoire (Magny, 2004). La possibilité exceptionnelle de datations par dendrochronologie sur les pieux immergés des maisons complétées par des datations radiocarbone sur la matière organique de séquences sédimentaires lacustres permet de reconstituer sur une durée de 10 000 ans les variations des niveaux de 29 lacs subalpins et d'identifier 15 phases de niveau haut, qui ont été corrélées avec la carotte GISP2 et les variations de radiocarbone dans l'atmosphère. Le Préboréal et l'évènement 8 200 BP sont visibles. Les variations de l'intensité solaire ont été proposées comme facteur explicatif des variations climatiques de l'Holocène (figure 9).

Figure 8. Variations des niveaux des lacs du rift africain (Gasse, 2009)

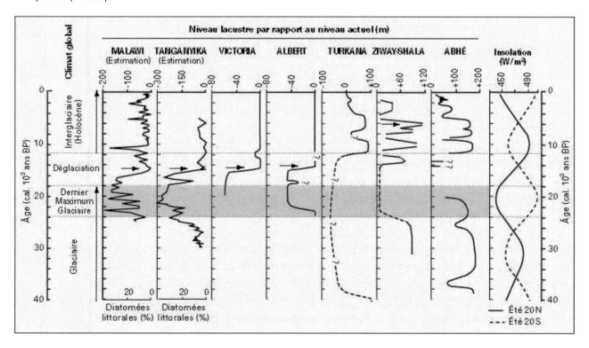

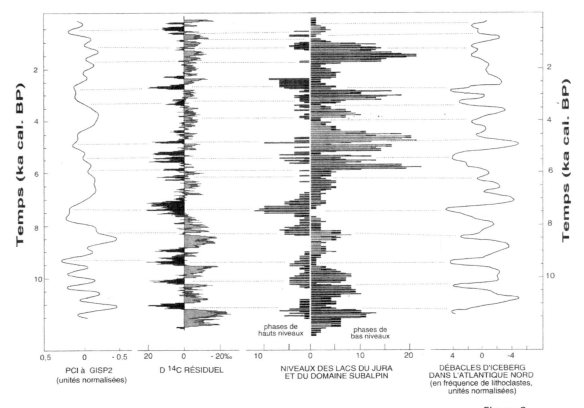

Figure 9.
Changements
d'humidité
enregistrés par
les lacs subalpins
(Magny, 2004).

Les altitudes des terrasses laissées dans les versants des grands fleuves par les limons d'inondation des crues exceptionnelles fournissent également un bon estimateur d'humidité. Le Nil présente des crues exceptionnelles liée à la mousson africaine, qui ont laissé des terrasses jusqu'à 30 mètres au-dessus du niveau actuel et un lit parfois double de la largeur du lit actuel.

En conséquence, l'arrivée de très grands volumes d'eau douce dans la méditerranée orientale au large du delta du Nil a créé des sapropèles (horizons sédimentaires foncés riches en matières organiques constitués en contexte anoxique sous l'effet d'une importante arrivée d'eau douce en milieu marin). Ces sapropèles identifiés et numérotés ont été datés : S1 correspond à l'Holocène humide tandis que S3, S4 et S5 correspondent à plusieurs épisodes du stade isotopique 5 (respectivement 80-89 000 ans pour S3 ; 100-106 000 ans pour S4 et 120-125 000 ans pour S5. La carotte LC21, prélevée à 1 522 mètres de profondeur en mer Egée par le carottier *Marion Dufresne,* a enregistré en 1995 les événements S1 à S5. En 2016, une carotte avec une meilleure résolution (1 cm) a été prélevée par le carottier *Pelagia* au large du Levant à 1760 m de profondeur. Pour obtenir un enregistrement plio-pléistocène, la carotte ODP 967 au Sud de Chypre a atteint une profondeur de 2 560 m et enregistré la sapropèle S65 et un âge de 2,67 million d'années (Rohling *et al.* 2015 ; Grant *et al.* 2017 ; Rush *et al.* 2019). Les 90 mètres de la carotte 967 ont été mesurés par fluorescence

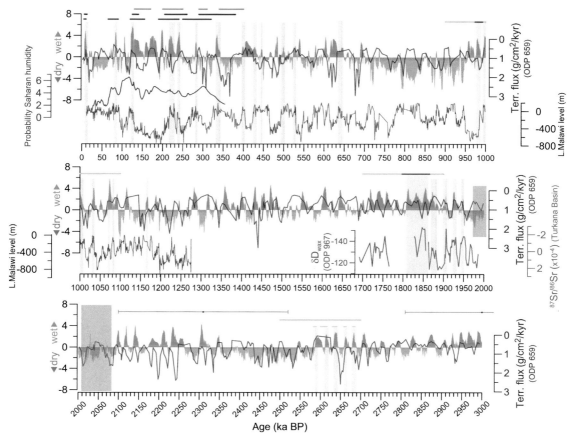

Figure 10.
Courbe de paléohumidité calculée sur la carotte ODP967 au Sud de Chypre jusqu'à 2,67 Ma (Grant et al. 2017)

X dont les résultats ont été traités par analyse des données qui a mis en évidence un facteur d'humidité sur le deuxième axe, à partir duquel a été construit un « *wet-dry index* » fournissant une estimation sur les derniers 3 millions d'années (figure 10).

Les formations carbonatées

Les formations carbonatées se forment par cristallisation de carbonates à partir d'eaux saturées en ions Ca^{++} et $HCO3-$, dont la rapidité dépend de nombreux facteurs dont notamment la température de l'eau et son débit mais aussi la présence d'algues, de champignons, de bryophytes et de bactéries dont le rôle est essentiel dans cette bio-cristallogenèse (Adolphe, 1987). Ces formations se retrouvent à l'air libre (tufs et travertins) et en milieu karstique (spéléothèmes). C'est donc en période interglaciaire que se formeront les formations carbonatées qui intéressent l'archéologue, à l'Holocène bien sûr, mais aussi à l'Eemien (MIS 5) où ses vestiges sont nombreux et à des épisodes plus anciens comme notamment le MIS 11. Les formations carbonatées sont datées par différentes méthodes comme l'Uranium/Thorium et l'ESR.

Les sites du paléolithique inférieur de Thuringe ont été ainsi datés comme Bilzingsleben (Schwarcz *et al.* 1988) et le site de Vertesszolos 4 en Hongrie (Dobosi, 1988) autour de 350 000 ans. La mandibule de Banyoles en Catalogne a été datée du MIS 5. Dans la vallée de la Somme, le site de Caours a été daté du MIS 5 et celui de la Celle-sur-Seine du MIS 11.

Les formations carbonatées sont également nombreuses dans les pays chauds (Afrique du Nord, Afrique tropicale) pendant les Pluviaux, équivalents des interglaciaires de l'hémisphère Nord. Les formations carbonatées du pléistocène supérieur y sont datés du MIS 5, du MIS 3 et de l'Holocène ancien.

Les réseaux karstiques

Les réseaux karstiques sont des systèmes de cavités naturelles des massifs calcaires, partiellement ou totalement colmatées. Elles ont été occupées par les groupes humains qui ont établi des habitats dans les entrées de grottes et qui en ont orné les fonds. Les remplissages des entrées de grottes sont particulièrement complexes, avec des dépôts détritiques résultant de l'activité du karst (sables, galets, argiles, suivant la force du débit des eaux), des éléments clastiques (éclats de gel, éboulis et planchers d'effondrement), des résidus de décalcification (argiles, nodules argileux), des limons provenant de sous-tirages ou d'apports extérieurs, des dépôts éoliens, des planchers stalagmitiques, des concrétions (enduits calcitiques, stalagmites, stalactites, etc.) que les processus de dépôts, d'érosion, d'altération, de sous-tirage, d'effondrement, de vidanges rendent complexes. Les spéléothèmes se forment par précipitation de carbonate de calcium due au dégazage du CO_2 de l'eau d'infiltration. Elles peuvent être datées par plusieurs méthodes comme le comptage de lamines (le plus souvent annuelles), l'Uranium/Thorium (et autres méthodes associées) à condition que le système géochimique soit fermé, la thermoluminescence et l'ESR (Couchoud, 2008). La méthode permet d'atteindre la précision d'une année. Le calcul des rapports isotopiques de l'oxygène (O^{18}/O^{16}) et du carbone (C^{13}/C^{12}) permettent de construire des courbes paléoclimatiques, dont la durée est plus ou moins courte et partielle, mais qui peuvent être utilement corrélés aux carottages glaciaires. Par exemple, la courbe de la carotte NGRIP a été corrélée aux courbes des spéléothèmes de la grotte Hulu en Chine, de la grotte Kleegruben en Autriche et à la grotte Socatra M1-2 Moomi das l'océan indien (Svensson 2008). Au Levant, les spéléothèmes de trois grottes Jeita, Soreq (figure 11) et Peiquin corrélés avec les changements de niveau de la mer morte, ont permis de reconstituer le climat des derniers 20 000 ans (Cheng *et al.* 2015).

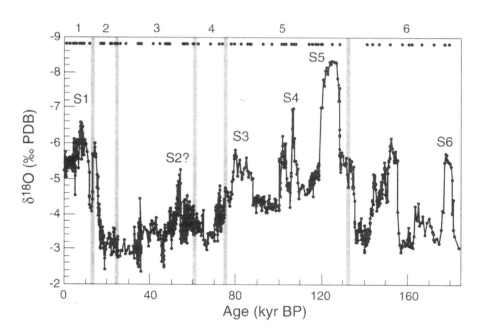

Les récifs coralliens

Un récif corallien résulte de la construction d'un substrat minéral durable (formé de carbonate de calcium) sécrété par des êtres vivants, principalement des coraux (Montaggioni, 2007)

Les récifs coralliens des zones tropicales sont d'excellents marqueurs du niveau des mers : en cas de transgression marine, le récif croit en hauteur pour suivre l'élévation du niveau de la mer (à condition que ce rythme ne soit pas trop rapide). En cas de ralentissement, il stoppe sa croissance verticale et il s'étale en platier. En cas de régression marine, le récif meure, il est « soulevé », et indique alors un stade glaciaire (Juillet-Leclerc *et al.* 2003). La datation précise de coraux à la Barbade (mer des Caraïbes) et dans diverses zones de l'Océan Pacifique a ainsi permis d'établir précisément que, durant le dernier maximum glaciaire, le niveau mondial des océans avait baissé de 120 mètres environ.

La dynamique de la déglaciation depuis le LGM a été reconstituée grâce aux coraux. Après une première pulsation rapide il y a 19 000 ans, la vitesse de remontée s'est stabilisée autour de 3 à 4 mm/an jusqu'à une période d'accélération de fonte des glaces continentales située entre 14 600 et 14 000 BP. Pendant cette période, le taux de remontée du niveau de la mer a atteint 40 mm par an. Il a diminué par la suite, pour osciller entre 7 et 15 mm par an jusqu'à ce que le niveau actuel des océans soit atteint, il y a approximativement 7 000 ans.

L'aragonite, constituant du récif, est datée par la méthode de l'Uranium/ Thorium. L'analyse isotopique apporte des informations précieuses comme le rapport O^{18}/O^{16} et le rapport Sr/Ca, qui permettent la construction de courbes paléoclimatiques.

Grâce à la corrélation des datations radiocarbone et Uranium/Thorium, les coraux ont été utilisés pour la calibration de la méthode radiocarbone au-delà des 12 000 ans de la calibration par la dendrochronologie (Bard *et al.* 1993). Une nouvelle calibration remontant jusqu'à 55 000 cal BP a été publiée (Reimer *et al.* 2020). Elle est basée sur différentes données incluant la dendrochronologie jusqu'à 13 900 cal BP puis des varves, des spéléothèmes (dont la grotte Hulu déjà citée) et des coraux pour la partie la plus ancienne et enfin des corrections pour l'effet réservoir.

Le carottage des sédiments du fond des mers et des océans

Les processus qui régissent la sédimentation marine sont liés à la production des particules minérales (détritiques) et biologiques qui vont se déposer sur les fonds océaniques. Ces phénomènes dépendent du climat, du relief et de la répartition des terres émergées, de la morphologie et de la profondeur du fond des océans, des mouvements des masses d'eau et de leur richesse en éléments nutritifs. L'évolution de ces facteurs et du niveau de la mer au cours des temps géologiques explique les changements de nature pétrographique des couches sédimentaires. Selon les milieux, étagés suivant la profondeur, on trouve des associations biologiques et des proportions de particules continentales différentes.

Certains microfossiles calcaires trouvés dans ces sédiments marins peuvent avoir une composition chimique et isotopique qui reflète la température de l'eau, et donc être porteur d'une information paléoclimatique. C'est le cas notamment des foraminifères (un ordre de protozoaires créé et décrit par Alcide d'Orbigny en 1825), plus particulièrement benthiques (c'est-à-dire ceux vivant dans ou sur le sédiment des fonds de mer), des radiolaires (des algues eucaryotes dont le squelette calcaire présente des géométries spectaculaires) et des coccolithophoridés (algues unicellulaires produisant des coccolites calcaires).

C'est en effectuant des carottages au fond des océans que ces fossiles sont obtenus. Les techniques de forage océaniques scientifiques sont issues des techniques de forages pétroliers. Initialisé par les USA dans les années 1960, le programme de forage océanique est devenu international en 1983 (ODP : Ocean Drilling program), puis IODP à partir de 2003 qui représente 26 pays. Le carottier français Marion Dufresne 2 (Ifremer) possède ainsi la capacité de forer une carotte de plus de 60 mètres de longueur à des profondeurs jusqu'à 5 000 m.

En 1971, à l'aube de la paléoclimatologie, une première étude (Imbrie, Kipp, 1971) a établi une courbe de paléotempérature à partir de la

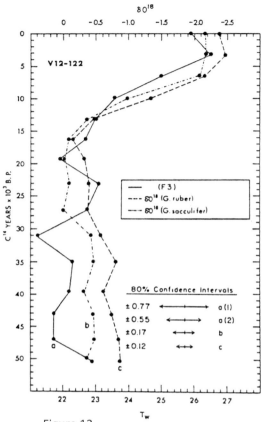

Figure 12. Courbes de paléotempérature obtenues sur la carotte V12-122 : a) à partir des cortèges de foraminifères b) et c) sur le rapport O16/O18 de deux espèces de foraminifères (d'après Imbrie, Van Donk, Kipp, 1973, p.32, fig.10)

composition des foraminifères benthiques (61 cortèges actuels et 110 cortèges fossiles). Trois variables ont été mesurées sur les cortèges actuels : moyenne des températures d'été, moyenne des températures d'hiver, taux de salinité. Les auteurs effectuent une analyse en composante principale sur les cortèges actuels, calculent les coefficients de régression sur les facteurs et projettent en élément supplémentaire les cortèges fossiles pour obtenir la fonction de transfert recherchée (figure 12).

Cette approche a été comparée à la courbe obtenue par la mesure du rapport O^{18}/O^{16} sur les coquilles de foraminifères benthiques (dont l'intérêt avait été découvert par C. Emiliani et S. Epstein en 1953) sur la carotte V12-122 de la mer des caraïbes sur une période de 85 000 ans (Imbrie, Van Donk, Kipp, 1973). Les différences marquent la température de la surface des océans pour la première approche et la température atmosphérique sous laquelle la neige qui constitue la glace des calottes glaciaires s'est formée pour la seconde approche. Les courbes isotopiques reflètent donc l'évolution des calottes glaciaires continentales, quelque soit le lieu de prélèvement et traduise un climat moyen à l'échelle de la planète. Il ne faut donc jamais oublier que les mesures des « proxy » sont des estimateurs et non des mesures réelles. Le rapport Mg/Ca récemment proposé (Rosenthal *et al.* 1997) est ainsi un bon estimateur de la température de surface de l'eau de mer.

Les carottages océaniques fournissent les enregistrements climatiques les plus longs. N.J. Shackleton a été l'un des pionniers de cette révolution paléoclimatologique de la fin des années 1960 et des débuts des années 1970 pour atteindre les 2 millions d'années sur la carotte équatoriale V28-239 (Schackleton, Opdyke, 1975).

La définition de stades isotopiques a été une étape importante en paléoclimatologie et son influence en préhistoire a été considérable. Les numéros impairs marquent les périodes tempérés (interglaciaires, interstades) tandis que les numéros pairs marquent les périodes froides. 19 stades isotopiques ont été définis pour les derniers 700 000 ans (tableau 4). Ils sont désignés sous l'acronyme OIS (Oxygen Isotope Stage) ou MIS (Marine Isotope Stage). A la fin des années 1980, la publication de (Williams *et al.* 1988) corrélait sur 1,88 millions d'années les courbes isotopiques normalisées de quatre carottes océaniques, pour proposer une

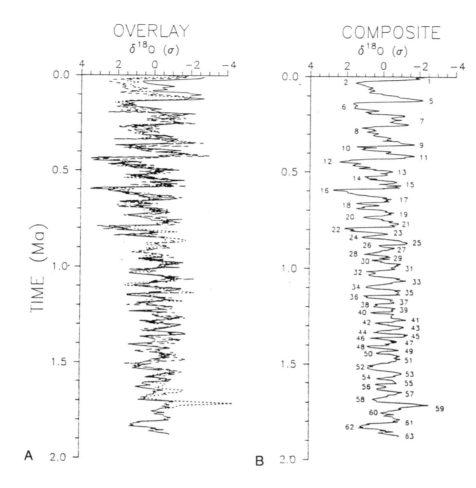

Figure 13. Courbes isotopiques normalisées sur les derniers 1,88 Ma : a) superposition de courbes isotopiques normalisées b) courbe moyenne (d'après Williams et al. 1988, fig. 14a et 14b)

courbe de référence (figure 13). La remontée dans le temps des carottages océaniques est impressionnante, arrivant à la limite Tertiaire/Quaternaire comme le montrent les résultats des projets Prism (Dowcett *et al.* 2013) qui étudient le climat de la fin du Pliocène au-delà des 3 M années par des carottages océaniques, apportant une information précise sur le climat du Villafranchien (figure 14).

Les carottages glaciaires

Les calottes glaciaires ont enregistré le climat depuis au moins 800 000 ans. Les carottages effectués depuis les années 1970 au Groenland et en Antarctique, ont fait considérablement avancer la paléoclimatologie en analysant les bulles d'air contenues dans la glace. De nombreux paramètres peuvent être mesurés dans les carottes de glace : certains dans la phase glace (comme les isotopes de l'eau pour l'estimation de la paléotempérature ou pour déterminer la composition chimique des poussières pour identifier

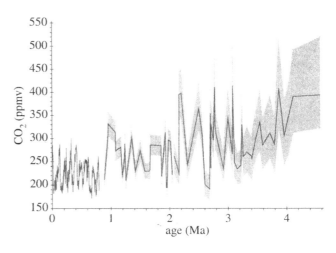

Figure 14. Enregistrement composite des estimations du pCO2 atmosphérique de 4,6 Ma à nos jours. Les valeurs pCO2 tracées d'aujourd'hui à 0,8 Ma sont obtenues à partir des enregistrements des carottes de glace [9-11]. Les valeurs pCO2 de 0,8 à 2,0 Ma sont tracées comme une ligne noire avec une zone ombragée indiquant les incertitudes propagées des procurations utilisées dans le calcul du pCO2 [12]. Les valeurs de pCO2 de 2,0 à 4,6 Ma sont tracées comme une ligne noire et une zone ombragée avec une limite supérieure calculée avec correction de la variation de la température de surface de la mer, et une limite inférieure calculée avec correction de la variation de δ11Bsw (Dowcett et al. 2013, fig.1)

Tableau 4 Les 13 derniers stades isotopiques

Stades isotopiques	Début BP	Glaciations alpines	Industries
MIS 1	11 700	Holocène	Mésolithique/Néolithique
MIS 2	29 000	Würm récent	Paléolithique supérieur
MIS 3	57 000	Interpléniglaciaire	PM/PS
MIS 4	71 000	Würm ancien	Paléolithique moyen
MIS 5	130 000	Riss-Würm	Paléolithique moyen
MIS 6	191 000	Riss	Paléolithique moyen
MIS 7	243 000	Riss	Paléolithique moyen
MIS 8	300 000	Riss	Paléolithique moyen
MIS 9	337 000	Mindel-Riss	Paléolithique Inférieur
MIS 10	374 000	Mindel	Paléolithique Inférieur
MIS 11	424 000	Mindel	Paléolithique Inférieur
MIS 12	478 000	Mindel	Paléolithique Inférieur
MIS 13	533 000	Mindel	Paléolithique Inférieur

les phénomènes de transport atmosphérique et leurs régions d'origine), d'autres dans la phase gaz (comme la concentration de gaz à effet de serre comme le méthane, le dioxyde de carbone ou les isotopes de l'azote et de l'argon). Certains de ces paramètres permettent de reconstruire des changements climatiques locaux (comme $\delta^{15}N$ et $\delta^{40}Ar$ de l'air et $\delta^{18}O$ de l'eau pour la température) alors que d'autres vont refléter des changements plus globaux (comme les concentrations ou rapports isotopiques du méthane ou du dioxyde de carbone) ou bien enregistrer des changements liés aux plus basses latitudes (Landais, 2016).

Plusieurs projets, largement médiatisés, ont fourni des résultats de référence :

Au Groenland, le projet de forage du « *Greenland Ice Sheet Project* » (GISP) a débuté en 1971 sur le site de Dye3. De 1971 à 1983, plusieurs carottages ont été effectués : Dye 2, Dye 3 (jusqu'à 2037 m de profondeur), Summit, Camp Century. Le projet GISP2 a pénétré la glace jusqu'au socle rocheux sur une profondeur de 3 053 mètres. Toujours au Groenland, le projet de forage du « *North Greenland Ice Core Project* » (NGRIP ou NorthGRIP) de 1999 à 2003 a permis d'obtenir une courbe climatique sur les derniers 120 000 ans. Les enregistrements isotopiques sur plusieurs carottes de glace groenlandaises (GRIP, GISP2, NGRIP et NEEM) ont permis de décrire la variabilité climatique à haute résolution de la dernière période glaciaire (Dansgaard *et al.* 1993 ; Grootes *et al.* 1993 ; NorthGRIP comm. Members, 2004 ; NEEM comm. members, 2013). Sur la période allant de 116 000 à 11 700 ans, 25 événements dénommés événements de Dansgaard-Oeschger, ou DO, ont été ainsi identifiés.

En Antarctique, sur la station russe Vostok, en 1984, le carottage 3G a atteint 2 200 mètres, le 4G a atteint 2 546 mètres et le 5G a atteint d'abord 3 623 mètres, puis en 2012 le lac souterrain de Vostok. Toujours en Antarctique, le projet européen EPICA (*European Project for Ice Coring in Antarctica*) a effectué depuis 1995 des sondages à la station Concordia au dôme C (dôme Charlie) et à la station Kohnen. Ces carottes ont permis une reconstitution du climat sur les derniers 740 000 ans (Landais, 2016). Lancé en 2020, le projet « *Beyond Epica* » a pour objet un forage sur le lieu « Little Dome C », jusqu'au million d'années.

Les courbes brutes ne sont pas directement exploitables pour un certain nombre de raisons dont les principales sont un taux de sédimentation variable dans une carotte ou d'une carotte à l'autre, différence entre un âge « glace » et un âge « gaz », qui nécessitent le recours à des datations absolues pour étalonner la carotte et à des traitements mathématiques pour normaliser le signal. Ces traitements qui sont la partie la plus critique du projet ont fait l'objet de constantes améliorations depuis les années 1980 (figure 15).

Peu de datations absolues peuvent être encore obtenues actuellement pour les carottes de glace malgré certains progrès sur l'utilisation du ^{14}C (à partir du méthane CH4) et du rapport 40Ar/39Ar ou de l'U/Th sur certains téphras. L'article de Shackleton de 2004 (Shackleton *et al.* 2004) montre bien les difficultés et les efforts pour étalonner chronologiquement les séquences des carottages glaciaires GRIP et GISP2. Une correction vieillissant de 1 400 ans la période 30 000 et 40 000 BP est proposée. Au Groenland, grâce à un taux d'accumulation relativement élevé (plus de 20 cm de glace par an), il est possible de repérer les cycles annuels sur les profils de composition chimique, d'isotopes de l'eau ou de conductivité électrique. Un important

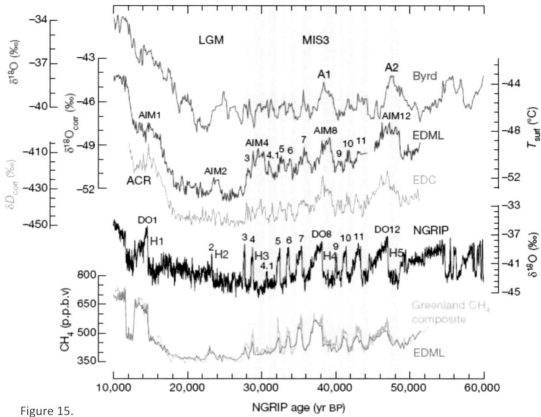

Figure 15. Mise en correspondance des courbes paléoclimatiques glaciaires du Groenland et de l'Antarctique sur les derniers 60 000 ans

travail de comptage de cycles annuels sur la carotte Groenlandaise de NGRIP a ainsi permis d'obtenir une datation absolue de cette carotte jusqu'à 60 000 ans avec une incertitude maximale ne dépassant pas 2000 ans à 60 000 ans (Svensson *et al.* 2008). En plus de ce comptage de couches, quelques horizons repère permettent d'attribuer des âges absolus dans les carottes de glace, notamment l'enregistrement d'événements magnétiques (Laschamp à 41 000 ans, Brunhes-Matuyama à 780 000 ans) détecté par des modifications de la concentration en [10]Be dans la glace (Yiou *et al.* 1997). Enfin, certaines éruptions volcaniques majeures datées sur la période récente permettent d'attribuer une date à des téphras identifiés dans les carottes. La datation orbitale qui prend en compte les périodicités de la théorie de Milankovitch pour le retrouver dans les carottes glaciaires et les synchroniser a été également utilisée : l'approche est cependant paradoxale car la paléoclimatologie à ses débuts avait l'objectif inverse de démontrer la véracité de cette théorie et de mettre en évidence ses périodicités (Berger, 1980). Plusieurs travaux ont eu pour objectif une modélisation glaciologique prenant en compte le taux d'accumulation au cours du temps et l'évolution de la température extérieure pour spécifier des modèles d'écoulement de la glace, permettant d'obtenir une corrélation fiable entre profondeur et âge de la glace (Parrenin *et al.* 2004). Enfin, la synchronisation entre les carottes sur la base des signatures chimiques identiques reste un test de validation *a posteriori* des séquences. In fine, une échelle d'âge cohérente (sinon juste !) pour l'ensemble des carottes peut être obtenue avec l'utilisation d'un outil bayésien comme DATICE qui a été testé pour les carottages antarctiques : EDC, Vostok, EDML, TALDICE et NGRIP (Lemieux-Dudon *et al.* 2010 ; Veres *et al.* 2013).

Dans une carotte glaciaire, les bulles d'air sont piégées dans la glace à environ 100 m de profondeur sous la surface, quand le névé est suffisamment compacté pour devenir de la glace. L'échelle d'âge « glace » (correspondant aux marqueurs de la neige en surface comme la composition isotopique) est différente de l'échelle d'âge « gaz » (correspondant aux éléments chimiques de l'air piégé dans la glace comme le CO_2, le CH_4 ou le $\delta^{18}O_{atm}$). Dans le névé, l'air diffuse en restant en contact avec l'atmosphère. A la base du névé, l'air est donc beaucoup plus jeune que la glace qui l'entoure. Cette différence d'âge entre glace et air emprisonné est notée δage. Elle varie d'une carotte à l'autre et varie aussi au cours du temps en fonction du taux d'accumulation et de la température en surface. Ce δage est généralement estimé par des modèles de densification du névé (Goujon *et al.* 2003) avec une incertitude associée de 20 à 30% en Antarctique. Cette difficulté apporte une incertitude supplémentaire sur la datation des carottes glaciaires. Sur la carotte antarctique EDC, ces erreurs associées ont été estimées à 2 000 ans pour le MIS 5 et à 6 000 ans à 800 000 ans.

Les carottages dans les calottes glaciaires présentent l'avantage de pouvoir mesurer dans les bulles d'air de la carotte de glace des éléments chimiques gazeux, généralement inaccessibles aux autres enregistrements paléoclimatiques. C'est le cas de l'oxygène, de l'hydrogène, du carbone, de l'azote, et de leurs isotopes, mais aussi du gaz carbonique (CO^2), du dioxyde d'azote (NO^2) et du méthane (CH^4). Ils présentent donc l'intérêt supplémentaire d'apporter des informations sur leurs variations dans les cycles interglaciaires/glaciaires actuellement sur les derniers 800 000 ans, et d'alimenter les questions liées au réchauffement climatique actuel. La comparaison entre courbes de température (O^{16}/O^{18}) et les courbes de CO^2 montrent qu'elles sont corrélées (aux pics de température correspondent des pics de CO^2) mais avec un décalage de plusieurs centaines d'années pour le CO^2 qui met en évidence le rôle de la montée en température dans le dégazage du CO^2 des océans, qui sont les plus importants réservoirs de gaz carbonique de la planète (notamment Petit *et al.* 1999 ; Tierney *et al.* 2008). Les variations de CO^2 sur les dernières 12 000 années sont encore plus importantes à connaitre. Une carotte du Taylor Dome en antarctique (Indermühle *et al.* 1999) montre des variations peu significatives du CO^2 au début de l'Holocène qui sont contredites par des mesures de CO^2 obtenus à partir des stomates des enregistrements de tourbières d'Europe du Nord qui mettent notamment en évidence l'épisode 8 200 BP (Wagner *et al.* 2002 ; Wagner *et al.* 2004 ; Rundgren *et al.* 2003), à l'origine d'un débat sur la validité des mesures des deux approches. La question est donc de vérifier si la constance du CO^2 des bulles d'air n'est pas un artefact de lissage liée à des percolations dans le sommet des carottes. Plus généralement, les estimateurs de CO_2 des bulles d'air, des stomates et des mesures de la station d'Hawaï depuis les années 1958 mesurent-ils le même CO_2 ? Et peut-on les représenter sur le même graphique ? Compte-tenu de la sensibilité de cette question, cette mesure de l'amplitude des variations du CO_2 pendant l'Holocène devrait être un sujet prioritaire de recherches (voir aussi Kouwenberg *et al.* 2005 pour les variations de CO_2 aux périodes historiques).

Les événements d'Heinrich

Les événements de Henrich sont des épisodes froids interprétés comme des débâcles d'icebergs résultant du ralentissement de l'AMOC, un réchauffement de sub-surface dans l'Atlantique Nord (Heinrich, 1988). Ils ont été identifiés par des dépôts sédimentaires détritiques du fond de l'Atlantique Nord caractérisés par la présence de grains de taille grossière (supérieure à 150 microns) dans les carottages océaniques. Leur conséquence climatique se manifeste par un pic de froid intense mais bref. Il a été montré que ces événements ne sont pas dus à un forçage orbital. Le plus indiscutable d'entre eux est le H0, ou Dryas récent vers 11 000 BP qui suit le réchauffement d'Alleröd. D'autres événements ont été proposés (H1 à H6), dont les H1 et H2 ont été directement datés par ^{14}C. H1 daté à 16 800 BP (Hemming, 2004) correspondrait au début du Dryas ancien après l'épisode de Lascaux. H2 daté à 24 000 BP correspondrait à une péjoration suivant l'épisode de Tursac. H3 estimé autour de 29 000 BP correspondrait au coup de froid inter Arcy-Maisières. H4 estimé entre 38 000 et 35 000 correspondrait au premier épisode froid du MIS 3, associé à l'Aurignacien ancien. Les événements H5 et H6 sont estimés datés respectivement à 45 000 (entre Hengelo et Moeschfoold ?) et 60 000 (post Odderade ?) dans le MIS 4. L'approche des événements de Henrich est intéressante pour les

Figure 16.
Evénements
d'Heinrich

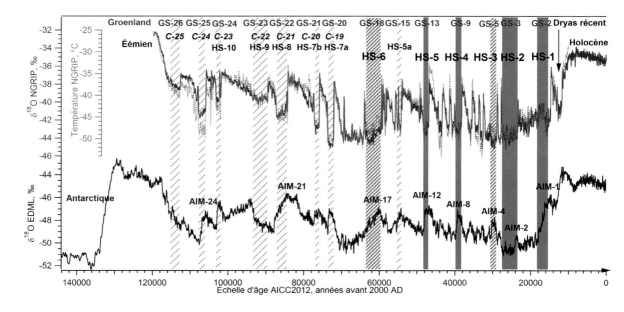

préhistoriens dans la mesure où elle met l'accent sur les épisodes froids plutôt que sur les épisodes tempérés et les incite à mettre en évidence des changements et des adaptations face à ces épisodes climatiques. Les imprécisions quant à la définition, l'interprétation, la datation et la durée de ces épisodes, empêchent cependant d'en faire actuellement un référentiel climatique (figure 16).

Les oscillations climatiques des derniers 100 000 ans

Au paragraphe ci-dessus, le tableau 3 fournit une correspondance simplifiée entre les épisodes de réchauffement climatique du Würm (MIS 4, 3 et 2) décrits dans les différents enregistrements climatiques : séquences océaniques, séquences glaciaires, séquences palynologiques de lacs et de tourbières, séquences de lœss, abris sous roche, spéléothèmes. L'existence, la caractérisation et la datation de ces épisodes climatiques ont fait l'objet d'une très grande littérature scientifique publiée depuis les années 1950 et de nombreuses discussions et remises en cause de ces épisodes. Certaines méthodes les enregistrent d'autres non.

Deux exemples sont particulièrement instructifs.

- La remise en cause dans les années 1990 de l'existence du Dryas moyen, à l'origine de la définition d'un interstade tardiglaciaire regroupant le Bölling, le Dryas moyen et l'Alleröd, liée aux difficultés d'enregistrement du Dryas moyen suivant les méthodes et suivant les endroits de prélèvements des échantillons. Les études récentes ont réhabilité le Dryas moyen et la distinction entre les trois épisodes.
- La remise en cause des interstades palynologiques en abris sous roche (notamment Les Cottès, Arcy, Maisières/Paudorf, Tursac, Laugerie, Lascaux). Cette remise en cause venant de palynologues travaillant dans des séquences lacustres à l'encontre de palynologues travaillant en abris sous roche en milieu anthropique (non d'ailleurs sans de bonnes raisons), n'avait pas pris en compte le fait que ces épisodes avaient été préalablement découverts sous la forme de paléosols dans des séquences de lœss d'Europe centrale et orientale (tableau 3). Et, plus encore, ces épisodes avaient été mis en évidence dans des séquences palynologiques lacustres (Tenaghi-Philippon, La Grande Pile).

Les oscillations climatiques du dernier glaciaire (Würm ou stades isotopiques 4, 3 et 2) sont nombreuses. La carotte KET 8004 en mer tyrrhénienne (Paterne *et al.* 1986) mettait déjà en évidence ces oscillations au début des années 1980.

La publication des courbes paléoclimatiques des premiers carottages glaciaires au Groenland allait donner une nouvelle impulsion à ce débat (Dansgaard *et al.* 1993) en donnant un numéro aux oscillations de plus forte intensité des enregistrements Summit (GRIP, GISP2, NGRIP, NEEM) : sur la période allant de 116 000 à 11 700 ans BP, 25 pics correspondant à des

Figure 17.
Evénements
de Dansgaard-
Oeschger

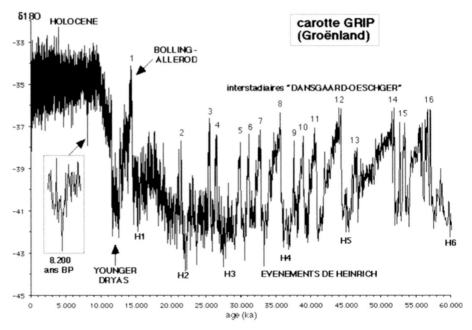

oscillations tempérées, dénommées événements de Dansgaard-Oeschger, ou DO, ont ainsi été définies (figure 17). Cependant, ce phénomène oscillatoire du signal climatique de la calotte glaciaire du Groenland n'a pas la même ampleur dans les signaux de la calotte glaciaire de l'Antarctique. Plusieurs explications ont été données pour expliquer ces oscillations (variations de l'activité solaire, purge cyclique d'icebergs parmi d'autres sans qu'aucune d'entre elles n'ait emporté l'adhésion définitive de la communauté scientifique). L'analyse spectrale de la carotte GISP2 montre une périodicité de 1 470 ans mais seulement pour les derniers 50 000 ans.

L'intérêt pour les événements DO n'est pas le même pour les paléo-climatologues et pour les préhistoriens. Les premiers s'y intéressent pour comprendre les mécanismes complexes de glaciation et de déglaciation tandis que les seconds s'y intéressent pour analyser les relations entre peuplements humains et changement climatique. Une mise en corrélation entre ces événements mesurés dans les carottes glaciaires et les mêmes événements trouvés dans des séquences archéologiques est donc indispensable (figure 18). La figure 18 est d'autant plus intéressante qu'il n'y a pas de correspondance biunivoque entre les événements DO et les épisodes climatiques des séquences archéologiques. Les événements DO sont plus nombreux (12 versus 10). Certains événements ne sont pas numérotés. Ainsi, un événement situé entre DO1 et DO2, pourtant marqué par un pic plus élevé que DO2, n'est pas numéroté DO (Lascaux). En outre, un épisode peut être représenté par plusieurs événements DO.

Cette prolifération dans la numérotation des événements climatiques des derniers 10 000 ans n'est pas sans créer un problème de babélisation

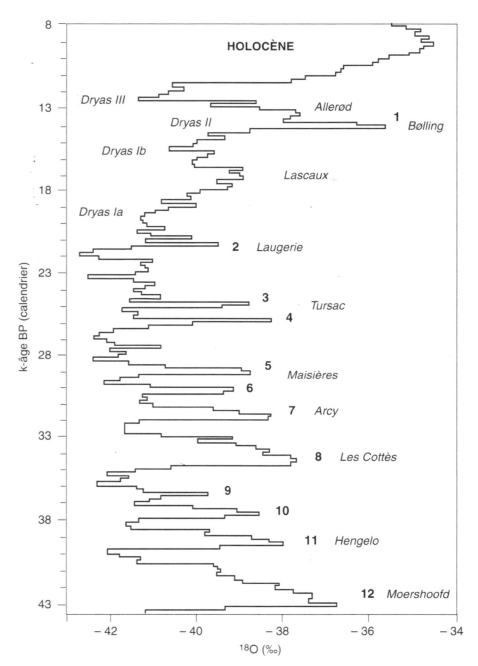

Figure 18. Essai de mise en correspondance des événements de Dansgaard-Oeschger et des interstades climatiques des MIS 3 et 2 à partir des carottes du Groenland (Djindjian et al. 1999, p.41, fig.2.3 d'après Dansgaard et al. 1993)

en paléoclimatologie comme le montre bien un article de point de vue (Rousseau, Kukla, McManus, 2006) qui met en correspondance différentes numérotations.

Les événements DO sont maintenant cités dans la littérature sous le nom de GIS (pour *Greenland Interstadial*). Leur utilisation s'est banalisée en préhistoire depuis les années 2010 en association avec les techniques bayésiennes de calibration des datations ^{14}C : la visualisation des dates calibrées est présentée sous la forme d'une courbe logistique et mise en relation avec une courbe paléoclimatique simplifiée montrant les événements GIS et Heinrich.

La datation précise des événements DO/GIS est critique pour les recherches de préhistoire ancienne. Elle passe par la datation et la corrélation des ces événements enregistrés par les différents approches. C'est le cas pour les séquences de lœss du dernier glaciaire où les datations radiocarbone ont été appliquées à des tests de coquillages et à des granules de calcite de vers de terre (biospéroïdes calcitiques Bcv) qui complètent les datations par OSL ou TL (Moine *et al.* 2017).

Le climat de l'Holocène

La subdivision climatique de l'Holocène a été très longtemps basée sur les travaux d'A. Blytt et R. Sernander de l'école scandinave sur les sols humiques des sédiments postglaciaires des tourbières du Nord de l'Europe au début du XXème siècle, qui ont mis en évidence les 5 subdivisions qui sont devenues la référence climatique de l'Holocène dès 1910 (tableau 5). Cette subdivision a été révisée en 1974 sur la base du zonage palynologique de Jessen et de ses successeurs et des premières datations radiocarbone (pour une discussion Mangerud, 1982).

La paléoclimatologie moderne des carottages glaciaires a rectifié cette subdivision (Walker *et al.* 2012 pour une argumentation) et récemment en 2018, la commission internationale de stratigraphie (ICS) a proposé de la remplacer par une autre subdivision en choisissant comme limites l'événement froid de 8 200 BP et l'événement aride 4 200 BP (tableau 6) :

G. Bond (Bond, 2001) a proposé en 1997 une théorie d'un cycle climatique holocène, d'une période de 1 470 ans, due

Tableau 5 : Subdivision de l'Holocène de Blytt-Sernander (1910)

Blytt-Sernander	Age cal. BP
Préboréal	12 000 - 10 187
Boréal	10 187 - 8 332
Atlantique	8 332 - 5 166
Subboreal	5 166 - 2 791
Subatlantique	depuis 2 791

Tableau 6 : Subdivision de l'Holocène de l'ISC

ISC	Age cal. BP	
Greenlandien	11 700- 8 236	Holocène ancien
Northgrippien	8 236 – 4 200	Holocène moyen
Maghalayen	4 200 - 0	Holocène récent

Tableau 7 : Evénements de Bond

8.   Transition Dryas récent /Préboréal (début de l'Holocène)
7.   10 300 BP
6.   9 400 BP
5.   8 200 BP
4.   5 900 BP
3.   4 200 BP
2.   2 800 BP (800 avant J.C.)
1.   1 400 BP (600 après J.C.)
0.   500 BP   14° siècle   début du petit âge glaciaire

à un forçage solaire, dont l'origine serait la dérive d'icebergs en Atlantique Nord, corrélée avec la baisse des niveaux des grands lacs nord-américains, identifiés par la décharge de leurs débris. Huit événements ont été définis (tableau 7).

Les reculs et les avancées de la calotte glaciaire scandinave en fonction des variations climatiques de l'Holocène, ont été étudiés avec une grande précision (Denton, Karlen, 1973). Denton et Karlen ont notamment mis en évidence les périodes de récessions glaciaires suivantes : 6 175-5 975 BP soit vers 3 000 BC (apogée du néolithique final) ; 4 030-3 330 soit entre 1 900 et 1 300 BP (apogée du Bronze moyen) ; 2 400-1 250 BP soit entre 400 BC et 750 AD (optimum climatique romain) ; 1050-460 BP soit entre 950 et 1500 AD (optimum climatique médiéval).

Les causes de la variabilité climatique de l'Holocène sont multiples, créant des périodicités complexes, avec des cycles de plusieurs années, de plusieurs dizaines d'années ou de plusieurs centaines d'années. Les forçages externes sont le forçage orbital (précession), l'activité solaire et le volcanisme. Les réactions du système climatique (boucles de rétroaction, non linéarité (4 000 ans entre le maximum d'insolation et l'optimum holocène liée à l'inertie des calottes glaciaires ; remontée du niveau des mers), effets de seuil, etc.) vont également agir comme la fonte des banquises, les débâcles d'icebergs et le couplage atmosphérique (mousson asiatique, El Nino, NAO, etc.).

Les cycles solaires, mesurés par les variations de ^{14}C (Stuiver *et al.* 1998) et de ^{10}Be (Vomoos *et al.* 2006), présentent plusieurs périodes : 11 ans (Schabe), 22 ans (Hale), 88 ans (Gleissberg), 211 ans (Suess), 2500 ans (Halstattseit). Plusieurs minima de l'activité solaire ont été identifiés au cours des périodes historiques du denier millénaire : Oort (1010-1050), Wolf (1280-1350), Spörer (1420-1570), Maunder (1645-1715), Dalton (1790-1820).

Le volcanisme, mesuré par présence dans les enregistrements glaciaires de sulfates d'origine stratosphérique, met en évidence des périodes de plus grande intensité éruptive dans les périodes de transition : 35 000 à 22 000 BP ; 17 000 à 6 000 BP (Zielinski *et al.* 1996).

L'étude d'un spéléothème d'une grotte chinoise a permis la reconstitution des variations de la mousson asiatique sur 9000 ans de l'Holocène (Wang *et al.* 2005), étalonnées par 45 datations U/Th. L'étude montre une corrélation de

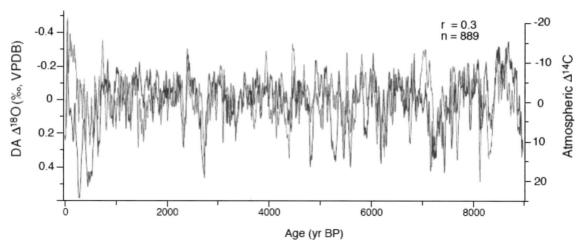

Figure 19.
Variations du
climat Holocène
et activité solaire
à partir d'un
spéléothème
chinois (d'après
Wang et al.
2005)

0,3 entre le rapport isotopique O^{18}/O^{16} et le ^{14}C résiduel marquant l'activité solaire, mais aussi avec les enregistrements Grip et GISP2 (figure 19). L'étude met en évidence la relation étroite entre la mousson asiatique et le climat de l'Atlantique Nord. Ils invoquent, comme Bond, l'influence de l'activité solaire comme facteur principal d'explication des variations climatiques de l'Holocène.

Cette question des forçages externes (principalement l'activité solaire) et des forages internes (principalement liées à la circulation océanique) a été approfondie (Debret, 2008) par des analyses en ondelettes. Il met en évidence un forçage solaire au début de l'Holocène jusque vers 5000 BP qui coïncide avec la fin de la transgression marine, la disparition de la calotte glaciaire des Laurentides et des vidanges d'eau douce induites en Atlantique Nord. Après 5000 BP, des cycles liés à la circulation océanique vont venir s'ajouter à ceux de l'activité solaire.

L'évènement 8200 BP, évènement, ponctuel, est particulièrement caractéristique de ces phénomènes de l'Holocène ancien. Il est du à la déglaciation de la calotte glaciaire des Laurentides qui alimentait les méga-lacs proglaciaires Agassiz et Ojibway jusqu'à ce que le dôme de glace de l'Hudson fonde et vidange les lacs d'eau douce dans l'Atlantique Nord. L'épisode ne durera que 200 ans avec une chute maximale de température de 2° en Europe.

L'Holocène humide (ou Holocène ancien ou Greenlandien) a été plus chaud et plus humide que la période actuelle, favorisant l'émergence de l'agriculture et de l'élevage. L'événement froid 8 200 BP précédemment évoqué a eu des répercussions importantes sur les dernières populations mésolithiques et la néolithisation de l'Europe. L'événement aride 4 200 BP a eu des répercutions non moins importantes sur les sociétés néolithiques (transition néolithique/âge du Bronze en Europe, effondrement des premiers Etats au Proche-Orient). Plusieurs épisodes de péjoration climatique semblent avoir été identifiés les derniers 1500 ans avant J.C. : l'épisode 1250 -1150 BC qui voit, à la fin de l'âge du Bronze, l'effondrement des grands empires méditerranéens (et les siècles obscurs de la Grèce), l'épisode 800-700 BC qui correspond à la transition Age du Bronze / premier Age du Fer en Europe occidentale et l'épisode 400/300 BC qui correspond aux invasions celtes en Italie, Grèce et Asie mineure. Aux époques historiques, l'optimum climatique romain (250 BC à 400 AD), le petit âge glaciaire de la fin de l'antiquité (650-700 AD), l'optimum climatique médiéval (Xème-XIIIème siècle), le petit âge glaciaire (XIVème-XIXème siècle) ont été clairement identifiés (Margaritelli, 2016, 2020 ; Le Roy Ladurie, 2004).

Conclusions

A la lecture de ce chapitre, nous ne pouvons qu'être impressionnés par le volume et la qualité de l'acquisition des connaissances au XXème siècle (et son accélération sur les derniers 70 ans) sur la préhistoire ancienne, la paléontologie du pléistocène, la botanique, la géologie du quaternaire et la paléoclimatologie. Plus encore, une unité apparait entre les différentes disciplines grâce à l'intégration et à la validation croisée de leurs méthodes et de leurs résultats. Il faut leur joindre d'autres disciplines scientifiques comme la géophysique, la physique instrumentale, la chimie, et, bien sûr, inévitables, les traitements mathématiques et l'informatique. Les sciences de l'ingénieur ne sont pas oubliées, que l'on retrouve dans l'infrastructure technique indispensable pour les forages profonds qui atteignent maintenant le Pliocène, ainsi que l'obtention et la conservation des carottes. Il fait également noter la bonne émulation de la concurrence des différentes approches pour obtenir les enregistrements les plus longs et ainsi remonter le temps, comme pour calculer les estimations les plus fiables et les plus précises du plus grand nombre de grandeurs physiques.

Certes, dans ce contexte pluridisciplinaire, la préhistoire s'est faite dépassée par l'enjeu planétaire que constitue le changement climatique du XXème siècle et qui préoccupe la population et leurs dirigeants. Mais connaître le passé pour comprendre le présent et préparer le futur, est et reste la pierre angulaire de l'engagement du préhistorien (à l'échelle de l'Humanité) comme du géologue (à l'échelle de l'histoire de la Terre) et plus globalement de toute démarche scientifique. Et la connaissance des variations du climat de la terre depuis son origine est un des grands enjeux scientifiques du XXIème siècle.

Bibliographie

Adhemar J.A. 1842. *Révolutions de la mer. Déluges périodiques*, Paris
Adolphe J.P. 1987. Formations carbonatées continentales. In « *Géologie de la Préhistoire*, J.C. Miskovsky dir. » Paris, Geopré, p.197-224

Ambrose S.H., 1998. *Late Pleistocene human population bottlenecks, volcanic winter, and differentiation of modern humans. Journal of Human Evolution*, 34, 6, p.623–651

Antoine P., Limondin-Lozouet N., Auguste P., Lamotte A., Bahain J.-J., Falguères C., Laurent M., Coudret P., Locht J-L., Depaepe P., Fagnart J.-P., Fontugne M., Hatté C., Mercier N., Frechen M., Moigne A.-M., Munaut A.-V., Ponel P., Rousseau D.-D. 2003. Paléoenvironnements pléistocènes et peuplements paléolithiques dans le bassin de la Somme (nord de la France. *Bulletin de la Société préhistorique française*, 100, 1, 2003. p. 5-28

Antoine P., Rousseau DD, Degeai J.Ph., Moine O., Lagroix F., Kreutzer S., Fuchs M., Hatté C., Gauthier C., Svoboda J., Lisá L. 2013. High-resolution record of the environmental response to climatic variations during the Last InterglacialeGlacial cycle in Central Europe: the loess-palaeosol sequence of Dolní Vestonice (Czech Republic) *Quaternary Science Reviews* 67 (2013) 17e38

Baales M., Jöris O. Street M. Bittmann F. Weninger B. J. 2002. Impact of the Late Glacial Eruption of the Laacher See Volcano, Central Rhineland, Germany *Quaternary International*, 58, 3, p.273-288

Bard, E., Hamelin, B., Fairbanks, R. *et al.* 1990. Calibration of the ^{14}C timescale over the past 30,000 years using mass spectrometric U-Th ages from Barbados corals. *Nature* 345, p.405–410

Bard E., Arnold M. Fairbanks R.G. Hamelin B. 1993. 230Th 234U and 14C ages obtained by mass spectrometry on corals. *Radiocarbon*, 35, 1, 1993, p.191-199

Bar-Matthews M., Ayalon A. 2004. Speleothems as palaeoclimate indicators, a case study from Soreq cave located in the eastern mediterranean region, Israel In "R.W. Battarbee et al. (eds) 2004. *Past Climate Variability through Europe and Africa.* ». Kluwer Academic Publishers, Dordrecht, The Netherlands, 18, p.363-391

Berger, A. L. 1978. Long term variations of calorie insolation resulting from the earth's orbital elements. *Quaternary research*, 9, p.139-167.

Berger, A., Imbrie, J., Hays, J., Kukla, G., Saltzmann, B. 1984. *Milankovitch and climate*. Dordrecht, D. Reidel Publishing Co, 1984 (NATO ASI : ser. C ; 126). 2 vol.

Bertran P., Caner L., Langohr R., Lemee L., d'Errico F., 2008. Continental palaeoenvironments during MIS 2 and 3 in southwestern France : the La Ferrassie rockshelter record. *Quaternary Science Reviews*, 27, p. 2048-2063.

Birks, H.J.B., Berglund, B.E., 2017. One hundred years of Quaternary pollen analysis 1916-2016. *Vegetation History Archaeobotany* 27(2), p.271–309

Birks H.J.B., Gordon A.D. 1985. *Numerical Methods in Quaternary Pollen Analysis*, London, Academic Press

Birks H.J.B., West R.G. (Eds) 1973. *Quaternary Plant Ecology*. Proceedings of the 14th Symposium of the British Ecological Society. Blackwell Scientific Publications, Oxford

Blanc, F., Blanc-Vernet, L., Le Campion, J. 1972. *Application paléo-écologique de la méthode d'analyse factorielle en composantes principales, interprétation des microfaunes de foraminifères planctoniques quaternaires en Méditerranée. I : Études des espèces de Méditerranée occidentale*, Tethys, 1972

Bond, G. 2001. *Persistent Solar Influence on North Atlantic Climate During the Holocene Science*, 294, 5549, 2001, p.2130–2136

Bond G., Showers W., Cheseby M., Lorn R., Almasi P., De Menocal P., Priore P., Cullen H., Hajdas I., Bonani G., 1997. A pervasive millennial-scale cycle in North Atlantic Holocene and Glacial climates, *Science*, 278, p.1257-1266

Bosselin B., Djindjian F. 2002. Un essai de reconstitution du climat entre 40 000 BP et 10 000 BP a partir des séquences polliniques de tourbières et de carottes océaniques et glaciaires à haute résolution, *Archeologia e Calcolatori*, 13, p. 275-300.

Braun H. 2005. *Possible solar origin of the 1,470-year glacial climate cycle demonstrated in a coupled model. Nature*, 438, 7065, p.208–211

Bridgland D., Westaway R., Cordier S. 2000. Les causes de l'étagement des terrasses alluviales à travers le monde. *Quaternaire,* 20, (1), 2009, p. 5-23

Boch, R., Cheng, H., Spötl, C., Edwards, R. L., Wang, X., and Häuselmann, Ph. 2011. NALPS: a precisely dated European climate record 120–60 ka. *Clim. Past*, 7, p.1247–1259, doi.org/10.5194/cp-7-1247

Bronk Ramsey, C., Staff, R. A., Bryant, C. L., Brock, F., Kitagawa, H., van der Plicht, J., Schlolaut, G., Marshall, M. H., Brauer, A., Lamb, H. F., Payne, R. L., Tarasov, P. E., Haraguchi, T., Gotanda, K., Yonenobu, H., Yokoyama, Y., Tada, R., and Nakagawa, T. A. 2012. Complete Terrestrial Radiocarbon Record for 11.2 to 52.8 kyr BP. *Science*, 338, p.370-374

Campy M., Macaire J.-J. 2003. *Géologie de la surface*. Paris, Dunod.

Chaline J. 1985. *Histoire de l'homme et des climats au Quaternaire*. Paris, Doin

Chaline J. 1972 *Les rongeurs du pléistocène moyen et supérieur en France* Paris, CNRS

Chaline J. Laurin B. 1984. Le rôle du climat dans l'évolution graduelle de la lignée Mimomys Occitanus-Ostramosensis (Arvicolae, Rodentia) au pliocène supérieur. *Géobios*, 8, p.323-331

Cheng, H., Sinha A., Verheyden S., Nader F.H., Li1 X.L., Zhang P.Z., Yin J.J., Yi L., Y. B. Peng Y.B et al 2015. The climate variability in northern Levant over the past 20,000 years, *Geophys. Res. Lett.*, 42, 8641–8650, doi:10.1002/2015GL065397.

CLIMAP 1976. The Surface of the ice-age earth. *Science*, 191, p.1131-1137

CLIMAP 1984. The Last interglacial ocean. *Quaternary research*, 21, p.123-224

Commont, V. 1911. Les terrasses fluviatiles de la vallée de la Somme. *Bulletin archéologique*, p.173– 195.

Couchoud I. 2008. Les spéléothèmes, archives des variations paléoenvironnementales, *Quaternaire*, 19/4, p.255-274.

Dabkowski J., LimondinLozouet N., Andrews J., MarcaBell **A.** Antoine P. 2016. Climatic and environmental variations during the last interglacial recorded in a Northern France tufa (Caours, Somme basin). Comparisons with regional records. *Quaternaire*, 27, 3, p.249-261

Dansgaard W., Johnsen S. J., Clausen H. B., Dahl-Jensen D., Gundestrup N. S., Hammer C. U., Hvidberg C. S., Steffensen J. P., Sveinbjörnsdottir A. E., Jouzel J., Bond G., 1993. Evidence for general instability of past climate from a 250-kyr ice-core record. *Nature*, **364**, p.218–220.

Dansgaard, W., Johnsen, S., Clausen, H. B., Dahl-Jensen, D., Gundestrup, N., Hammer, C. U., Oeschger, H., 1984. North Atlantic climatic oscillations revealed by deep Greenland ice cores, in *"Climate processes and climate sensitivity*, edited by: Hansen, J. E. and Takahashi, T.", Am. Geophys. Union, Washington, p. 288– 298, 1984.

Debret M. 2008. *Caractérisation de la variabilité climatique Holocène à partir de séries continentales, marines et glaciaires.* Climatologie. Université Joseph-Fourier - Grenoble I, 2008. Français. tel- 00535769

Denton, G.H., Karlén, W. 1973. Holocene Climatic Variations. Their Pattern and Possible Cause. *Quaternary Research*, 3, p.155-205

Djindjian F. 1990. *Méthodes pour l'archéologie* Paris, Armand Colin

Djindjian F., Kozlowski J., Otte M. 1999. *Le paléolithique supérieur en Europe*, Paris, Armand Colin

Djindjian F. (dir.) 2018. *La préhistoire de la France* Paris, Hermann

Dobosi, V. T 1988. Le site paléolithique inférieur de Vertesszolos, Hongrie. *L'Anthropologie*, 1988, 92, 4, p. 1041-1050

Dodonov, A.E. 1991. Loess of Central Asia. *Geo Journal*, 24, 185–194 (1991)

Dowsett H.J., Robinson M.M., Stoll D.K., Foley K.M., Johnson A.L.A., Williams M., Riesselman C.R.. 2013. The PRISM (Pliocene palaeoclimate) reconstruction: time for a paradigm shift. *Phil Trans R Soc* A 371: 20120524. doi.org/10.1098/rsta.2012.0524

Ehlers, J., Gibbard, P.L. (Eds.) 2004a. *Quaternary Glaciations—Extent and Chronology, Part I: Europe.* Amsterdam, Elsevier, 2004

Ehlers, J., Gibbard, P.L. (Eds.) 2004b. *Quaternary Glaciations—Extent and Chronology, Part II: North America.* Elsevier, Amsterdam, 2004.

Ehlers, J., Gibbard, P.L. (Eds.) 2004c. *Quaternary Glaciations— Extent and Chronology, Part III: South America, Asia, Africa, Australia*, Antarctica. Elsevier, Amsterdam, 2004.

Evin J., Ferdière A, Lambert G.-N, Langouet L, Lanos P, Oberlin C, 1998. *Les méthodes de datation en laboratoire. Paris, Errance*

Fægri K, Iversen J, Kaland PE, Krzywinski K 1989. *Textbook of Pollen Analysis.* 4th ed.. The Blackburn Press, Caldwell

Gasse, F. 1986. East African Diatoms and water PH *in "Diatoms and lake acidity : developments in hydrobiology* / ed. J. P. Smoll *et al.".* Dordrecht, Junk, 1986, p.149-168.

Gasse, F. 2009. Chapitre 4. Évolution des grands lacs du Rift. In : Le Rift est-africain : Une singularité plurielle. Marseille, IRD Éditions, 2009

Gasse F., Tekaia F. 1979. La paléoécologie des diatomées: évolution des lacs de l'Afar central, *Les Cahiers de l'Analyse des Données*, 4,1, p.81-94.

Golovanova, L.V., Doronichev V.B. Cleghorn N.E., Koulkova M.A, Sapelko T.V., Shackley M.S. 2010. Significance of ecological factors in the Middle to Upper Paleolithic transition. *Current Anthropology*, 51. 5, p.655–691

Goujon C., Barnola J-M., Ritz C. 2003. Modeling the densification of polar firn including heat diffusion: Application to close-off characteristics and gas isotopic fractionation for Antarctica and Greenland sites. *Journal of Geophysical Research*, 108, D24, 4792, doi: 10.1029/2002JD003319, 2003

Grant, K. M., Rohling, E. J., Westerhold, T., Zabel, M., Heslop, D., Konijnendijk, T., Lourens, L. 2017: A 3 million year index for North African humidity/aridity and the implication of potential pan-African Humid periods. *Quaternary Sci. Rev.* 171, p.100–118

Grootes P. M., Stuiver M., White J. W. C., Johnsen S. & Jouzel J., 1993. Comparison of oxygen isotope records from the GISP2 and GRIP Greenland ice cores. *Nature*, **366,** p.552–554.

Guérin C. 2007. Biozonation continentale du plio-pléistocène d'Europe et d'Asie occidentale par les mammifères : état de la question et incidence sur les limites tertiaire/quaternaire et plio/pléistocène. *Quaternaire*, 18, (1), 2007, p. 23-33

Haesaerts, P.,Van Vliet-Lanoë, B., 1981. Phénomènes périglaciaires et sols fossiles observés à Maisières-Canal, à Harmignies et à Rocourt. *Biuletyn Peryglacjalny*, Lodz, 28, p.291-324

Haesaerts, P., Damblon, F., Bachner, M., Trnka, G., 1996. Revised stratigraphy and chronology of the Willendorf II sequence, Lower Austria. *Archaeologia Austriaca*, Vienna, 80, p.25-42

Haesaerts, P., Damblon F., Sinitsyn A., Van Der Plicht J. 2004. Kostienki 14 (Voronezh, Russia): New Data on Stratigraphy and Radiocarbon Chronology. *BAR Int. Ser.* 1240, p. 169-180.

Hatté C., Rousseau D.D., Guiot J. 2009. Climate reconstruction from pollen and δ13C records using inverse vegetation modeling – Implication for past and future climates. *Clim. Past*, 5, p.147–156, 2009

Hatté C., Guiot J. 2005. Palaeoprecipitation reconstruction by inverse modelling using the isotopic signal of loess organic matter: application to the Nußloch loess sequence (Rhine Valley, Germany). *Climate Dynamics* (2005) DOI 10.1007/s00382-005-0034-3

Heinrich, H. 1988. Origin and consequences of cyclic ice rafting in the North-east Atlantic Ocean during the past 13000 years. *Quaternary Res.*, 29, p.143–152, 1988

Hemming, S.R., 2004. *Heinrich events: massive Late Pleistocene detritus layers of the North Atlantic and their global climate imprint.* *Rev. Geophys.*, 42, 1, 2004, RG1005, doi:10.1029/2003RG000128.

Herzschuh U, Birks HJB, Laepple T, Andreev AA, Melles M, Brigham-Grette J., 2016. Glacial legacies on interglacial vegetation at the Pliocene-Pleistocene transition in Asia. *Nature Communications*, 7, p.11967. doi:10.1038/ncomms11967

Hooghiemstra H., Wijninga V., Cleef A. 2006. The paleobotanical record of Colombia: Implications for biogeography and biodiversity *Annals of the Missouri Botanical Garden*, 93, p.297-325

Hughes, M. K., Swetnam, T. W., Diaz, H. F. (Eds.) 2011. *Dendroclimatology. Progress and Prospects.* Springer

Imbrie, J., Van Donk, J., Kipp, N. G. 1973. Palaeoclimatic investigation of a Late Pleistocene Carribean deep-sea cure : comparison of isotopic and faunal methods. *Quaternary research*, 3, p.10-38

Indermühle A., Stocker T.F., Joos F., Fischer H., Smith H.J., Wahlen M., Deck B., Mastroianni D., Tschumi J., Blunier T., Meyer R., Stauffer B. 1999. Holocene carbon-cycle dynamics based on CO_2 trapped in ice at Taylor Dome, Antarctica A. *Nature*, 398, 1999, p.121-126

Ivanova, I.K., 1977. Geology and paleogeography of the site Korman IV on the general background of the geological history of the Paleolithic Middle Dniester Region (in Russian). *In* G.I. Goretski & S.M. Tzeitlin (eds.), *The multilayer Paleolithic site Korman IV on the Middle Dniestr.* Nauka, Moskow, p.126-181.

Ivanova, I.K., Tzeitlin, S.M., 1987. *The multilayerd Paleolithic Site Molodova V. The stone Men and environment* (in Russian). Nauka, Moscow, 183 p.

Jalut, G., Turu i Michels, V. 2006. La végétation des Pyrénées françaises lors du dernier épisode glaciaire et durant la transition Glaciaire-Interglaciaire (Last Termination). Dans : J.M. Fullola, N. Valdeyron et M. Langlais (dir.), *Els Pirineus i les àrees circumdants durant el Tardiglacial. Mutacions i filiacions tecnoculturals, evolució paleoambiental.* Homenatge Georges Laplace. XIV° Colloqui internacional d'arqueologia de Puigcerdà, 10-11 XI 2006, Institut d'Estudis Ceretans.

Jouzel J., Masson-Delmotte V., Cattani O., Dreyfus G., Falourd S., Hoffmann G., Minster,B., Nouet J., Barnola J. M., Chappellaz J., Fischer H., Gallet J. C., Johnsen S., Leuenberger M., Loulergue L., Luethi D., Oerter H., Parrenin F., Raisbeck G., Raynaud D., Schilt A., Schwander J., Selmo E., Souchez R., Spahni R., Stauffer B., Steffensen J. P., Stenni B., Stocker T. F., Tison J. L., Werner M., Wolff E. W. 2007. Orbital and millennial Antarctic climate variability over the past 800 000 Years. *Science*, **317** (5839), p.793–796.

Juillet-Leclerc A., Allemand D., Blamart D., Dauphin Y., Ferrier-Pagès C., Reynaud S., Rollion-Bard C. 2003. Les coraux : archives des océans tropicaux. *Océanis*, 29, 3-4, 2003 p.303-323

Kay, P.A. 1979. Multivariate statistical estimates of Holocene vegetation and climate change, forest-tundra transition zone, NWT, Canada. *Quaternary research*, 11, p.125-140.

Kaplan, J.O., 2001. Geophysical applications of vegetation modeling. Unpublished Ph.D. thesis, Lund University

Kaplan, J.O., Bigelow, N.H., Prentice, I.C., Harrison, S.P., Bartlein, P.J., Christensen, T.R., Cramer, W., Matveyeva, N.V., McGuire, A.D., Murray, D.F., Razzhivin, V.Y., Smith, B., Walker, D.A., Anderson, P.M., Andreev, A.A., Brubaker, L.B., Edwards, M.E., Lozhkin, A.V., 2003. Climate change and Arctic ecosystems: 2; modeling, paleodatamodel comparisons, and future projections. *Journal of Geophysical Research*, 108, 8171

Kouwenberg L., Wagner R. Kürschner W., Vissner H. 2005. Atmospheric CO_2 fluctuations during the last millennium reconstructed by stomatal frequency analysis of Tsuga heterophylla needles. *Geology;* January 2005; 33; 1; p.33–36

Kukla G.J., An Z.S., 1989. Loess stratigraphy in central China, *Palaeogeography, Palaeoclimatology, Palaeoecology* 72, p.203–225

Laforge M., Monnier J.L. 2011. Contribution à la chronostratigraphie du gisement paléolithique inférieur de Menez-Dregan 1 (Plouhinec, Finistère, France). Corrélations avec les dépôts pléistocènes de la falaise de Gwendrez. *Quaternaire*, 22, (2), 2011, p. 91-104

Landais A. 2016. Reconstruction du climat et de l'environnement des derniers 800 000 ans à partir des carottes de glace – variabilité orbitale et millénaire. *Quaternaire*, 27, 3, p.197-212

Laurent M., Falguères Ch., Bahain J.J., Yokoyama Y. 1994. Géochronologie du système de terrasses fluviatiles quaternaires du bassin de la Somme par datation RPE sur quartz, déséquilibres des familles de l'uranium et magnétostratigraphie. *Comptes rendus hebdomadaires des séances de l'Académie des sciences*, Elsevier, 1994, 318 (II), p.521-526.

Laurin, B. Rousseau, D. D. 1985. Analyse multivariée des associations malacologiques d'Achenheim : implications climatiques et environnementales. *Bulletin de l'Association Française pour l'Étude du Quaternaire*, 21, p.21-30.

Laville H. 1975. *Climatologie et chronologie du Paléolithique en Perigord : études sédimentologiques et dépôts en grottes et sous abris*. Université de Provence, Etudes du Quaternaire, mémoire n° 4.

Lemieux-Dudon, B., Blayo, E., Petit, J. R., Waelbroeck, C., Svensson, A., Ritz, C., Barnola, J. M., Narcisi, B. M., Parrenin, F. 2010. Consistent dating for Antarctic and Greenland ice cores. *Quaternary Sci. Rev.*, 29, p.8–20, 2010.

Limondin-Lozouet N., Antoine P., Auguste P., Bahain J.J., Carbonel P., Chaussé C., Connet N., Dupéron J., Dupéron M., Falguères C., Freytet P., Ghaleb B., Jolly-Saad M.C., Lhomme V., Lozouet P., Mercier N., Pastre J.F., Voinchet P., 2006. Le tuf calcaire de La Celle-sur-Seine (Seine et Marne) : nouvelles données sur un site clé du stade 11 dans le Nord de la France. *Quaternaire*, **17**(2), p.5-29.

Lumley H. de (dir.) 1976. *La préhistoire française* I, 1 Paris, CNRS

Magny M. 2004. Fluctuations du niveau des lacs dans le Jura, les Préalpes françaises du Nord et le Plateau suisse, et variabilité du climat pendant l'Holocène. In: *Méditerranée*, 102, 1-2, 2004. Geosystèmes montagnards et méditerranéens, p. 61-70

Mangerud, J. 1982. The Chronostratigraphical subdivision of the Holocene in Norden; a Review In *"Chronostritigraphic subdivision of the Holocene*, Mangerud, J., Birks H.J.B., and Jäger, K.D., Editors". Striae, 16, p. 65-70. Uppsala

Mania, D., Toepfer, V., Vlček, E. 1980. Bilzingsleben I. *Homo erectus— seine Kultur und seine Umwelt. Veröffentlichungen Landesmuseums für Vorgeschichte Halle*, 32, Berlin.

Margaritelli G., Cacho I., Català A., Barra M., Bellucci L.G., Lubritto C., Rettori R. Lirer F. 2020. Persistent warm Mediterranean surface waters during the Roman Period, *Nature Scientific Reports* | (2020) 10:10431, doi. org/10.1038/s41598-020-67281-2

Margaritelli G., Vallefuoco M., Di Rita F., Capotondi L., Bellucci L.G., Insinga D.D., Petrosino P., Bonomo S., Cacho I., Cascella A., Ferraro L., Florindo F., Lubritto C., Lurcock P.C., Magri D., Pelosi N., Rettori R., Lirer F. 2016. Marine response to climate changes during the last five millennia in the central Mediterranean Sea. *Global and Planetary Change,* 142 (2016), p.53–72

Marquet J.C. 1993. *Paléoenvironnement et chronologie des sites atlantiques français d'âge Pléistocène moyen et supérieur d'après l'étude des rongeurs. Les* Cahiers de la Claise, suppl. n° 2

Mcmanus J.F., Bond G.C., Broecker W.S., Johnsen S., Labeyrie L., Higgins S., 1994. High-resolution climate records from the North Atlantic during the last interglacial. *Nature*, **371**, p.326-329

Mein P., 1975. Résultats du groupe de travail des Vertébrés. Report on activity on the RCMNS working group (1971-1975). *IUGS, regional committee on Mediterranean Neogene stratigraphy*, p.78-81

Milankovitch M., 1941. *Canon of Insolation and the Ice-Age Problem (in German). Special Publications of the Royal Serbian Academy*, 132, Israel Program for Scientific Translations, 484 p.

Moine O. 2008. West-European malacofauna from loess deposits of the Weichselian upper pleniglacial: compilation and preliminary analysis of the database. *Quaternaire*, 19, (1), p.11-29

Moine O., Antoine P., Hatté C., Landais A., Mathieu J., et al. 2017. The impact of Last Glacial climate variability in west-European loess revealed by radiocarbon dating of fossil earthworm granules. *PNAS*, 2017, 114 (24), p.6209-6214

Montaggioni L. 2007. *Coraux et récifs, archives du climat*, Paris, Vuibert

Neem Community Members, 2013. Eemian interglacial reconstructed from a Greenland folded ice core. *Nature*, **493**, p.489-494, doi: 10.1038/ nature11789

Northgrip Community Members, 2004. High-resolution record of Northern Hemisphere climate extending into the last interglacial period. *Nature*, **431**, p.147–151

Parrenin F., Remy F., Ritz C., Siegert M. J., Jouzel J., 2004. New modeling of the Vostok ice flow line and implication for the glaciological chronology of the Vostok ice core. *Journal of Geophysical Research - Atmospheres*, 109 (D20). doi:10.1029/2004JD004561.

Parrenin F., Bazin L., Capron E., Landais A., Lemieux-Dudon B. & Masson-Delmotte V., 2015. IceChrono1: a probabilistic model to compute a common and optimal chronology for several ice cores. *Geoscience Model Development*, **8** (5), p.1473–1492, doi:10.5194/gmd-8-1473-2015.

Paterne, M., Guichard, F., Labeyrie, J., Gillot, P.Y., Duplessy, J.C., 1986. Tyrrhenian Sea tephrochronology of the oxygen isotope record for the past 60,000 years. *Marine Geology*, 72, p.259-285

Payette S., Filion L. (eds.) 2010. *La dendroécologie : principes, méthodes et applications Québec*, Presses de l'Université de Laval

Penck, A., Bruckner, E., 1901/1909. *Die Alpen im Eiszeitalter*, 3 volumes. Leipzig, Tauchitz,

Pentecost A., 2005. *Travertine.* Springer, Amsterdam, 445 p

Pérez-Obiol R., Julià R 1994. Climatic change on the Iberian Peninsula recorded in a 30000-yr pollen record from Lake Banyoles. *Quaternary Research*, 41, p.91–98

Petit, J., Jouzel, J., Raynaud, D. *et al.* 1999. Climate and atmospheric history of the past 420,000 years from the Vostok ice core, Antarctica. *Nature* 399, p.429–436

Petit-Maire N. 2012. *Sahara. Les grands changements climatiques naturels.* Paris, Errance

Petraglia M., Korisettar R., Boivin N., Clarkson C., Ditchfield P., Jones S., Koshy J., Lahr M.M., Oppenheimer C., Pyle D., Roberts R., Schwenninger J-L., Arnold L., White, K. 2007. *Middle Paleolithic Assemblages from the Indian Subcontinent Before and After the Toba Super-Eruption. Science*, 317, 5834, 2007, p.114–116

Pross J., Koutsodendris A., Christanis K., Fischer T., Fletcher W., et al. 2015. The 1,35 Ma long terrestrial archive of Tennaghi-Philippon, north eastern Greece : Evolution, exploration and perspectives for future research. *Newletters on stratigraphy*, **48-3, p. 253-276**

Pujol, C., Duprat, J. 1983. Le dernier cycle climatique dans l'Atlantique nord-oriental : estimation des paléotempératures ». In : *Paléoclimats :* actes du colloque AGSQ, Bordeaux, mai 1983. Paris, Éditions du C.N.R.S., 1983 (Cahiers du Quaternaire ; n° spécial), p.199-205.

Puysségur, J. J. 1976. *Mollusques continentaux quaternaires de Bourgogne : significations stratigraphiques et climatologiques.* Dijon, Université de Dijon, 1976. (Mémoire ; 3.)

Quinif Y., Genty D., Maire R., 1995. Les spéléothèmes : un outil performant pour les études paléoclimatiques. *Bull. Soc. Géol. Fr.*, 165, 6, p.603-612.

Raynal J.P., Daugas J.P. 1984. Volcanisme et occupation humaine préhistorique dans le Massif Central français : quelques observations. *Revue archéologique du Centre de la France*, 23, 1, 1984. p. 7-20

Reille M., De Beaulieu J.L. 1988. History of the Würm and Holocene vegetation in Western Velay (Massif Central, France): A comparison of pollen analysis from three corings at Lac du Bouchet. *Review of Palaeobotany and Palynology*, 54, p.233-248

Reimer P.J., Austin W.E.N., Bard E., Bayliss A. 2020. The INTcal20 northern hemisphere radiocarbon age calibration curve (0–55 cal kBP). *Radiocarbon*, 62, 4, 2020, p 725–757

Rohling, E.J., Marino, G., Grant, K., 2015. Mediterranean climate and oceanography and the periodic development of anoxic events (sapropels). *Earth-Sci. Rev.*, 143, p.62-97

Rousseau D.D., Puisségur J.J., Lécolle F., 1992. West-European terrestrial mollusc assemblages of isotopic stage 11 (Middle Pleistocene): climatic implications. *Palaeogeography, Palaeoclimatology, Palaeoecology*, **92** (1-2), p.15-29

Rousseau, D.D., Hatte Ch., Guiot J., Duzer D., P. Schevin P., Kukla G. 2006. Reconstruction of the Grande Pile Eemian using inverse modeling of biomes and d13C. *Quaternary Science Reviews*, 25 (2006), p.2806–2819

Rousseau D.D., Kukla G., McManus J. 2006. Viewpoint, What is what in the ice and the ocean? *Quaternary Science Reviews*, 25 (2006), p.2025–2030

Rundgren M., Björck S., 2003. Late-glacial and early Holocene variations in atmospheric CO2 concentration indicated by high-resolution stomatal index data, *Earth and Planetary Science Letters*, 213, 3–4, 2003, p.191-204

Rush, D., Talbot, H. M., van der Meer, M. T. J., Hopmans, E. C., Douglas, B., and Sinninghe Damsté, J. S. 2019. Biomarker evidence for the occurrence of anaerobic ammonium oxidation in the eastern Mediterranean Sea during Quaternary and Pliocene sapropel formation, *Biogeosciences*, 16, p.2467–2479

Shackleton, N. J., Opdyke, N. D. 1973. Oxygen isotope and palaeomagnetic stratigraphy of Pacific core V28-238 : oxygen isotopes temperatures and ice volumes on a 10^5 year 10^6 year scale. *Quaternary research*, 3, p.39-55

Shackleton N.J, Fairbanks R.G., Chiu T-C., Parrenin F. 2004. Absolute calibration of the Greenland time scale: implications for Antarctic time scales and for Δ^{14}C. *Quaternary Science Reviews* 23 (2004), p.1513–1522

Schwarcz H.P., Grun R.A.G., Latham A.G., Mania D., Brunnacker K. 1988. The Bilzingsleben archaeological site: new dating evidence. *Archaeometry* 30, 1 (1988), p.5-17.

Schweingruber F. H. 1993. *Trees and Wood in Dendrochronology*. Berlin, SpringerVerlag. 402 p.

Stuiver, M., Braziunas, T.F. 1989. Atmospheric ^{14}C and century-scale solar oscillations. *Nature*, 388, p.405- 407

Svensson A., Andersen K.K., Bigler M., Clausen H.B., Dahl-Jensen D., Davies S.M., Johnsen S.J., Muscheler R., Parrenin F., Rasmussen S.O., Rothlisberger R., Seierstad I., Steffensen J.P., Vinther B.M. 2008. Climate of the Past A 60 000 year Greenland stratigraphic ice core chronology. *Clim. Past*, 4, p.47–57

Svoboda, J., Czudek, T., Havlicek, P., Lozek, V., Macoun, J., Prichystal, A., Svobodova, H., Vlcek, E., 1994. *Paleolit Moravy a Slezska*. Dolnovestonicke studie, Archeologicky ustav, Brno, **1**, 209 p.

Tierney J.E., Russell J.M., Huang Y., Damsté J.S., Hopman E.C., Cohen A.S., 2008. Northern Hemisphere Controls on Tropical Southeast African Climate During the Past 60,000 Years. *Science*, 322, 5899, p. 252-255

Texier J.-P. 2009. *Histoire géologique de sites préhistoriques classiques du Perigord : une vision actualisée : La Micoque, la grotte Vaufrey, Le Pech de l'Aze I et II, La Ferrassie, l'abri Castanet, Le Flageolet, Laugerie Haute.* Paris, CTHS.

Tzedakis, P.C., Hooghiemstra, H., Palike, H., 2006. The last 1.35 million years at Tenaghi Philippon: revised chronostratigraphie and long-term vegetation trends. *Quat. Sci. Rev.*, 25, p.3416–3430

Van der Wiel, A.M., Wijmstra, T.A., 1987a. Palynology of the lower part (78–120 m) of the core Tenaghi Philippon II, Middle Pleistocene of Macedonia, Greece. *Rev. Palaeobot. Palynol.*, 52, p.73–88

Van der Wiel, A.M., Wijmstra, T.A., 1987b. Palynology of the 112.8–197.8 m interval of the core Tenaghi Philippon III, Middle Pleistocene of Macedonia, Greece. *Rev. Palaeobot. Palynol.*, 52, p.89–117, doi:10.1016/0034-6667(87)90048-0.

Velichko, A.A., Pisareva, V.V., Sedov, SN, Sinitsyn, A.A,, Timireva, S.N., 2009. Paleogeography of Kostenki-14 (Markina Gora). *Archaeology, Ethnology and Anthropology of Eurasia*, 37, p.35-50

Veres, D., Bazin, L., Landais, A., Toyé Mahamadou Kele, H., Lemieux-Dudon, B., Parrenin, F., Martinerie, P., Blayo, E., Blunier, T., Capron, E., Chappellaz, J., Rasmussen, S. O., Severi, M., Svensson, A., Vinther, B., Wolff, E. W. 2013. The Antarctic ice core chronology (AICC2012): an optimized multi-parameter and multi-site dating approach for the last 120 thousand years. *Clim. Past*, 9, p.1733–1748

Vernet, J.-L., P. Ogereau, I. Figueiral, C. Machado Yanes, Uzquiano P., 2001. *Guide d'identification des charbons de bois préhistoriques et récents, Sud-ouest de l'Europe.* Paris, CNRS

Vilette, P. 1984. *Avifaunes du Pléistocène final et de l'Holocène dans le sud de la France et en Catalogne.* Carcassonne, Laboratoire de Préhistoire, (Atacina ; 11)

Vonmoos, M., Beer, J., Muscheler, R. 2006. Large variations in Holocene solar activity – constraints from [10]Be in the GRIP ice core. *J. Geophys. Res.*, 111, A10105, doi:10.1029/2005JA011500.

Wagner, F., Kouwenberg, L.L.R., van Hoof, T.B., Visscher, H., 2004. Reproducibility of Holocene atmospheric CO_2 records based on stomatal frequency: *Quaternary Science Reviews*, 23, p.1947–1954.

Wagner F., Aaby B., Visscher H. 2002. Rapid atmospheric CO_2 changes associated with the 8,200-years-B.P. cooling event. *PNAS*, 99, 19, p.12011–12014

Wainer K. 2009. Reconstruction climatique des derniers 200 ka à partir de l'étude isotopique et géochimique des spéléothèmes du sud de la France. Thèse Climatologie. Université Paris Sud - Paris XI, 2009. Français. tel-00547900

Walker, M.J.C., Berkelhammer, M., Björck, S., Wynar L.C., Fisher D.A. Long, A. J., Lowe, J.J., Newnham, R.M. Rasmussen S.O., Weiss H. 2012. Formal subdivision of the Holocene Series/Epoch: a Discussion Paper by a Working Group of INTIMATE (Integration of ice-core, marine and terrestrial records) and the Sub-commission on Quaternary Stratigraphy (International Commission on Stratigraphy). *Journal of Quaternary Science* (2012) 27(7), p.649–659

Wang, Cheng, H., Edwards,R. L., He, Y., Kong, X., An, Z, Wu, J., Kelly, M.J., Dykoski, C.A., Li, X., 2005. The Holocene Asian Monsoon: Links to Solar Changes and North Atlantic Climate. DOI: 10.1126/science.1106296, *Science* 308, 854

Wijmstra, T.A., 1969. Palynology of the first 30 m of a 120 m deep section in northern Greece. *Acta Bot. Neerland.*, 18, p.511–527

Wijmstra, T.A., Smit, A., 1976. Palynology of the middle part (30–78 meters) of a 120 m deep section in northern Greece (Macedonia). *Acta Bot. Neerland.*, 25, p.297–312.

Williams, D.F., Thunell, R.C., Tappa, E., Rio, D., Raffi, I. 1988. Chronology of the Pleistocene oxygen isotope record : 0-1,88 my BP. *Paleo*, 64, p.221-240

Woillard, G., 1978. Grande Pile peat bog: a continuous pollen record for the last 140,000 years. *Quaternary Research,* 9, p.1-21

Wulf S., Kraml M., Kuhn T., Schwarz M., Inthorn M., Keller J., Kuscu I., Halbach P. 2002. Marine tephra from the Cape Riva eruption (22 ka) of Santorini in the Sea of Marmara. *Marine Geology,* 183 (2002), p.131-141

Yiou, F., Raisbeck, G. M., Baumgartner, S., Beer, J., Hammer, C., Johnsen, S., Jouzel, J., Kubik, P. W., Lestringuez, J., Stievenard, ΄ M., Suter, M., and Yiou, P. 1997. Beryllium 10 in the Greenland Ice Core Project ice core at Summit, Greenland, J. *Geophys. Res.*, 102, p.26783–26794

Zagwijn W.H., 1961. Vegetation, Climate and Radiocarbon datings in the Late Pleistocene of the Netherlands. Part I : Eemian and Early Weichselian, Mem. *Geol. Found. Neth.*, 14, p.15-45

Zagwijn, W.H., 1974. Vegetation, climate and radiocarbon datings in the Late Pleistocene of the Netherlands. Part II: Middle Weichselian. *Mededelingen Rijks Geologische Dienst, Nieuwe Serie* 25, p.101–110.

Zagwijn, W.H., 1989. Vegetation and climate during warmer intervals in the Late Pleistocene of Western and Central Europe. *Quaternary International* 3–4, p.57–67

Zielinski, G. A., P. A. Mayewski, L. D. Meeker, S. Whitlow, Twickler M. 1996. A 110'000-Yr Record of Explosive Volcanism from the GISP2 (Greenland) Ice Core. *Quaternary Research*, 45, p.109–118.

Le climat a-t-il eu un impact sur le peuplement de l'Europe de l'Ouest des MIS 17 à 11.

Marie-Hélène Moncel[1], Jean-Jacques Bahain[1],
Pierre Antoine[2], Amaëlle Landais[3], Alison Pereira [1, 3, 4],
Anne-Marie Moigne[1], Vincent Lebreton[1],
Nathalie Combourieu-Nebout[1], Pierre Voinchet[1],
Christophe Falguères[1], Sébastien Nomade[3], Lucie Bazin[3]

Resumé

Les premières traces d'industries européennes de type "cores-and-flakes" sont datées de 1,5 à 1,4 Ma, principalement dans la partie méridionale du continent, tandis que les territoires septentrionaux n'auraient été occupés que lors d'événements tempérés. Ces premières occupations peuvent provenir d'Afrique, du Levant ou d'Asie où des traditions similaires ont persisté, alors que les premières dispersions ponctuelles acheuléennes sont parties d'Afrique vers le Levant dès 1,4 Ma. Les conditions environnementales de l'Europe occidentale et l'ouverture conjointe de corridors de circulation ne semblent pas expliquer cette occupation tardive de l'Europe occidentale. La technologie des « cores-and-flakes » a pu persister après l'arrivée de la technologie bifaciale de 900 ka à 700 ka et pourrait avoir été intégrées en raison du contact avec de nouveaux groupes d'hominines. Un Acheuléen développé est daté de 700-650 ka à la fois dans le sud et le nord de l'Europe et trois sites indiquent une expansion rapide de cette tradition quel que soit le climat sur l'ensemble de l'Europe occidentale, non seulement dans le sud mais aussi sous un climat plus froid au nord-ouest. La diversité des traditions en Europe peut être due à l'arrivée successive (avec ou sans extinction) de nouveaux comportements et savoir-faire (par des hominines ou par la diffusion d'idées) et peut-être à l'adaptation des hominines à de nouveaux environnements. Nous proposons dans cet article une revue des principaux sites européens du Paléolithique inférieur depuis les premières occupations jusqu'à l'interglaciaire MIS 11, qui semble marquer le début d'un peuplement continu de l'Europe occidentale, et une réévaluation de la relation homme/climat. Des exemples de sites clés du MIS 17 au MIS 11 sont présentés pour décrire les conditions environnementales en relation avec les occupations. Les variations climatiques

(1) UMR 7194 HNHP, MNHN-CNRS-UPVD, Muséum national d'histoire naturelle, Institut de Paléontologie humaine, 1 rue René-Panhard, 75013 Paris, France.
(2) UMR 8591 CNRS-Univ. Paris I et Paris Est Créteil. Laboratoire de Géographie physique, Environnements quaternaires et actuels. 1 pl. A. Briand 92 195 Meudon, France.
(3) Université Paris-Saclay, CNRS, CEA, UVSQ, Laboratoire des sciences du climat et de l'environnement, 91191, Gif-sur-Yvette, France.
(4) Ecole française de Rome, Piazza Farnese, IT-00186, Rome, Italie

latitudinales peuvent expliquer les différentes densités des occupations humaines après le long glaciaire MIS 12. Au fil du temps, malgré des enregistrements partiels, les données suggèrent que les hominines ont été de moins en moins impactés par le climat malgré l'arrivée tardive de l'utilisation du feu vers 400-350 ka.

Abstract

The earliest evidence of European "cores-and-flakes" industries are dated to 1.5-1.4 Ma, mainly in the Southern part of the continent, while Northern territories would have been occupied only during temperate events. These first occupations may be originating from Africa, the Levant or Asia where persisted similar traditions are known while early Acheulean punctual dispersals went out of Africa to the Levant as soon as 1.4 Ma. Environmental conditions of Western Europe and conjoined opening corridors of circulation do not seem to be the reasons to explain this late occupation of Western Europe. "Cores-and-flakes" technology may have persisted after the arrival of bifacial technology from 900 ka to 700 ka and could have been incorporated due to contact with new hominin groups or ideas. A developed Acheulean is dated to 700-650 ka both in Southern and Northern part of Europe and three sites indicate a rapid expansion whatever the climate on the whole Western Europe, not only in the South but also under colder climate in the North-West. The diversity of traditions in Europe may be due to the successive arrivals (with extinction or not) of new traditions and know-how (by hominins or diffusion of ideas) and perhaps adaptation of hominins to new environments. We propose in this paper a review of the main European Lower Paleolithic sites from the earliest occupations to the MIS 11 interglacial, which seems mark the beginning of a sub-continuous settlement of Western Europe, and a reappraisal of the human/climate relationship. Examples of key sites from the MIS 17 to the MIS 11 are presented to describe the environmental conditions in relation to the occupations. Latitudinal climatic variations can explain the various densities of the human occupations after the MIS 12. Over time, despite partial records, data suggest that hominins were less and less impacted by the climate despite the late arrival of the fire use at around 400-350 ka.

Introduction

Les découvertes faites au cours des deux dernières décennies attestent d'une grande diversité d'assemblages de type Mode 1 « cores-and-flakes » dès 1,4 Ma en Europe (Arzarello et al., 2006) et d'une implantation tardive de ces premiers témoignages de présence humaine par rapport à l'Afrique et l'Asie (Dennell et al., 2011 ; Zhu et al., 2018). Bien que la probabilité de préservation des contextes géologiques susceptibles de conserver les artefacts soit de plus en plus faible pour les sites les plus anciens, la rareté des traces d'occupation attribuables à la fin du Pléistocène inférieur suggère des phases marquées de dépeuplement et de recolonisation. Jusqu'à peu, il était généralement admis que les latitudes septentrionales

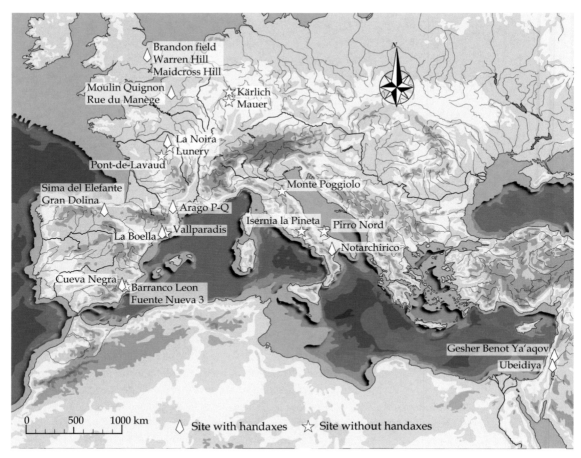

Figure 1.
Carte des sites
acheuléens les
plus anciens et
de quelques sites
de type Mode
1 en Europe de
l'Ouest (modifié
de Moncel et al.,
2019)

n'avaient été occupées que durant des périodes climatiques plus favorables (interglaciaires) (Parfitt et al., 2005, 2010) ainsi que pendant les périodes de transition climatique de type début de stade glaciaire).

Les premiers assemblages contenant des bifaces et plus généralement des Large Cutting Tools (LCTs) sont décrits en Afrique de l'Est à partir de 1,75 Ma, et au Levant et en Inde à partir de 1,5 Ma (Bar-Yosef et Goren-Inbar, 1993 ; Lepre et al, 2011 ; Pappu et al, 2011 ; Beyene et al, 2013). En Europe, les preuves de la technologie bifaciale sont beaucoup plus tardives et datées au maximum de 650 à 700 ka (Moncel et al., 2013, 2019 ; Moncel et Schreve, 2016 ; Antoine et al., 2019). Des découvertes récentes en Espagne, en France et en Angleterre témoignent d'une expansion rapide en Europe occidentale entre 700 et 650 ka : Notarchirico (610-690 ka) en Italie (Pereira et al., 2015 ; Moncel et al., 2019, soumis), la Noira (700 ka) dans le centre de la France (Moncel et al., 2013, 2015) et Abbeville-Moulin Quignon (670 ka) dans le nord de la France (Antoine et al., 2019) **(Figure 1)**. Les niveaux P et Q du Caune de l'Arago dans le sud de la France, datés de 550 ka environ, sont un peu plus jeunes mais pourraient illustrer la fin de cette phase d'expansion (Barsky et Lumley de, 2010 ; Barsky, 2013 ; Falguères et al. 2015). Par ailleurs, la découverte récente de la Barranc de la Boella en Espagne, d'outils bifaciaux grossièrement fabriqués et datés entre environ 1 Ma et 900 ka renforce notre vision du point de départ de la technologie bifaciale européenne et réduit le décalage temporel entre l'Asie et l'Europe (Vallverdu et al., 2014). Les fossiles d'homininés retrouvés en Europe dans des niveaux datant de 1,2 Ma à 500 ka (notamment à Gran Dolina TD6, Mauer, Boxgrove, Caune de l'Arago) sont attribués soit à *Homo antecessor* soit à *Homo heidelbergensis*, et la diversité des caractéristiques anatomiques de ces fossiles suggère une intra ou inter-diversité en Europe (Bermudezde Castro et Martinón-Torres, 2013 ; Martinón-Torrès et al. 2007, 2011). Les âges récemment publiés des sites acheuléens anciens de la Noira, Moulin Quignon et Notarchirico questionnent sur la possible relation entre les *Homo heidelbergensis* et l'apparition de la technologie bifaciale vers 700 ka (Schreve et al., 2015 ; Moncel et Ashton, 2018).

Nous nous concentrons ici sur l'intervalle de temps compris entre 700 et 450 ka se terminant avec l'interglaciaire du MIS 11 corrélé avec l'Holsteinien de la stratigraphie continentale européenne (Cohen et Gibbard 2011 ; Moncel, 2010 ; Moncel et al, 2016, 2018).

Les premières traces d'occupations humaines

Un bref aperçu des premiers assemblages « cores-and-flakes » (Dmanisi, Lunery, Pirro Nord, Monte Poggiolo, Atapuerca Sima del Elefante, Atapuerca Gran Dolina, Orce, Le Vallonnet, Bois-de-Riquet ou Pont-de-Lavaud) indique que des règles techniques communes aux stratégies de débitage ont été appliquées par les homininés les ayant produites, avec des séquences de réduction courtes et mal structurées et une adaptation de ces stratégies aux formes des roches locales (Lumley et al., 1988 ; Peretto et al., 1998 ; Martínez et al., 2010 ; Parfitt et al., 2010 ; Rodríguez et al., 2011; Mgeladze et al., 2011 ; Toro et al, 2011 ; Ollé et al., 2013; Lombera-Hermidade et al., 2015, 2016; Bourguignon et al, 2016 ; Michel et al., 2017 ; Cheheb et al., 2018). Cette adaptation ne peut cependant justifier toute la diversité des choix technologiques observés et l'expression des traditions pourrait expliquer certaines de ces technologies (**Figure 2**).

Figure 2. Nucléus (1) et éclat (2) en roche siliceuse à Lunery (1 Ma, Centre de la France) (photos Moncel M-H.)

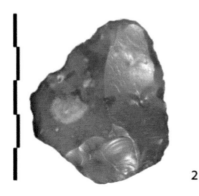

Si on s'intéresse aux données climatiques disponibles pour ces sites anciens du sud vers le nord, à la **Sima del Elefante** (Atapuerca, Espagne), les unités inférieures TE7 à TE16 ont enregistré une polarité paléomagnétique inverse attribuée au Chrone de Matuyama et dont l'âge est estimé entre 1,3 et 804 ± 47 ka/864 ± 88 ka (de Lombera-Hermida et al., 2015). Les occupations humaines sont corrélées sur la base des données paléoenvironnementales avec un climat humide et chaud jugé plus ancien que le refroidissement de la « Mid-Pleistocene Transition » qui se produit principalement à partir du MIS 22 (environ 900 ka). Les unités supérieures TE17 à TE21 présentent pour leur part une polarité normale et les âges TL les plus anciens sont de 724 ± 43 ka et 781 ± 63 ka. Ils ont livré des grains de pollens de *Pinus sylvestris*, marquant le passage à ces conditions plus fraîches (Rodríguez et al. 2011). Le site de **Pont-de-Lavaud** (France) donne l'exemple d'une occupation dont l'âge a été estimé à 1, 055 ± 0, 055 Ma (Despriée et al. 2018). Il présente des cortèges de pollens et de phytolithes indiquant un environnement forestier sous climat tempéré chaud très humide. Ceci a été interprété comme une indication que les homininés étaient présents au centre de la France durant un interglaciaire (Marquer et al., 2011), contredisant les hypothèses d'occupation à la transition et au début d'un interglaciaire. Enfin, plus au nord, à **Happisburgh 3** (Grande-Bretagne, 900 ka), la présence humaine est associée à des pollens, des pommes de pin et des restes xylologiques de *Pinus* et *Picea* indiquant la présence d'une forêt de conifères, alors que la faune constitué de *Equus suessenbornensis*, Bovidae et *Microtusspp* signale l'existence de prairies. Les estimations de température, obtenues par l'analyse des macrorestes végétaux, des pollens et de la microfaune, donnent des températures estivales comprises entre 16° et 18° C et des températures moyennes hivernales comprises entre 0 et -3° C. Ces températures sont similaires à ce qui existe aujourd'hui dans le sud de la Scandinavie et donc sensiblement plus fraiches que les températures actuelles de l'est de l'Angleterre (Parfitt et al., 2010).

Les premiers assemblages avec la technologie du biface de 900 à 600 ka

En Europe du sud, le site de **la Barranc de la Boella** (Espagne), située dans une zone fluvio-deltaïque, a récemment livré quelques grands outils bifaciaux (Vallverdu et al. 2014). La limite géomagnétique Brunhes/Matuyama a été enregistrée à la base de l'unité IV qui est attribuée au Pléistocène inférieur tardif, entre 0,96 et 0,78 Ma. L'assemblage paléontologique, constitué de *Mammuthus meridionalis*, *Dama cf. vallonetensis* et *Equus* sp., indique un environnement tempéré.

A **la Noira**, dans le centre de la France, le niveau inférieur correspond à une occupation acheuléenne (Moncel et al., 2013, 2016 ; Iovita et al, 2017 ; Hardy et al, 2018).La mise en place des artefacts suggère la présence

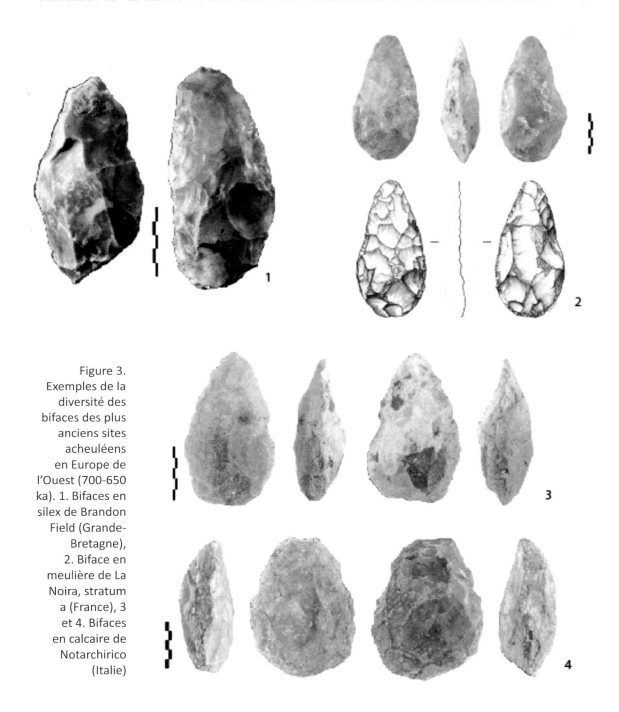

Figure 3. Exemples de la diversité des bifaces des plus anciens sites acheuléens en Europe de l'Ouest (700-650 ka). 1. Bifaces en silex de Brandon Field (Grande-Bretagne), 2. Biface en meulière de La Noira, stratum a (France), 3 et 4. Bifaces en calcaire de Notarchirico (Italie)

d'homininés après la période d'incision de la rivière au début d'un épisode de climat froid que les datations indiquent être le MIS 16 (âge moyen de 655 ± 55 ka) (Despriée et al., 2011). Les homininés ont ensuite quitté le site et même semble-t-il la région lorsque des conditions plus froides et arides sont arrivées (**Figure 3**).

A **Notarchirico** (Italie), de nouvelles études géochronologiques par[40]Ar / [39]Ar et ESR permettent de contraindre la période d'occupation de la partie supérieure de la séquence entre 670 ± 4 ka et 614 ± 4 ka, couvrant ainsi tout le stade glaciaire MIS 16 et la fin du stade interglaciaire précédent MIS 17 (Pereira et al. 2015). Le site documente ainsi l'une des premières occurrences (niveaux A/A1, B, D, F) de technologie bifaciale en Europe du Sud (Piperno ed. 1999 ; Moncel et al. 2019). Les restes fauniques des niveaux inférieurs (E / E1, F et G) correspondent aux taxons *Elephas antiquus, Dama clactoniana, Bos primigenius* et *Bison schoetensacki*. Dans les niveaux supérieurs (α, sub-α, A/A1, B et D), de nouvelles espèces telles que *Megaceros soleilhacus* et *Cervus elaphus*, ainsi que les données de la microfaune, indiquent un climat sec typique dans la péninsule italienne d'une période glaciaire du Pléistocène moyen. Les résultats de l'étude des pollens au sommet de la séquence montrent que la végétation était caractéristique des environnements ouverts et froids principalement constitués de *Poaceae*.

La **Caune de l'Arago** (Tautavel, France) présente une longue séquence enregistrant plusieurs phases climatiques du Pléistocène moyen. Les niveaux P et Q ont été datés entre 580 et 532 ± 106 ka (Falguères et al., 2015). Le spectre faunique comprend *Ursus deningeri, Cuon priscus, Vulpes vulpes, Lynx*

Figure 4. Origine des grands mammifères des différentes phases de dispersion enregistrées à la Caune de l'Arago du début du Pléistocène moyen (dessin Moigne A-M./AIP Tautavel)

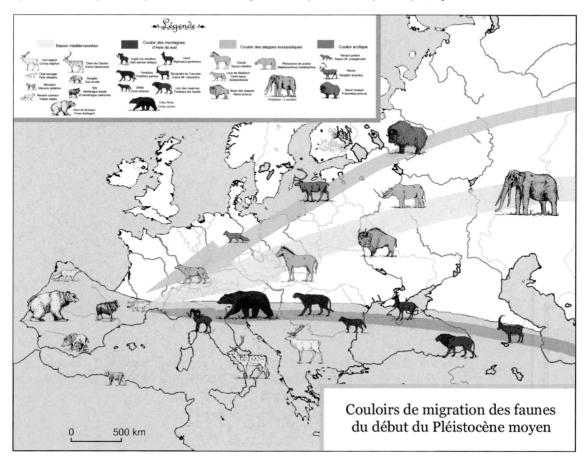

Couloirs de migration des faunes du début du Pléistocène moyen

Figure 5. Caune de l'Arago (580 ka, Tautavel). Biface en quartzite du sol Q2 (AR E15. EGO8.4659) et biface en cornéenne (Durandal) du sol Q1 (photo Denis Dainat EPCC CERP, dessin C. Milizia/AIP Tautavel)

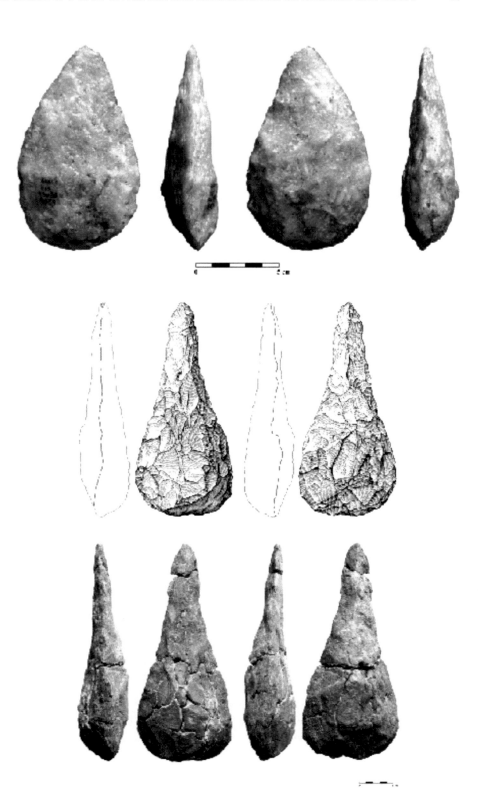

spelaeus, Panthera leo fossilis, Equus mosbachensis, Stephanorhinus hemitoechus, Bison schoetensacki, Ovis ammon antiqua, Hemitragus bonali, Rangifer tarandus et *Cervus elaphus*. Ces niveaux ont donc été attribués à la phase froide et sèche du MIS 14 (**Figure 4**). Ils ont livré des assemblages à bifaces, quelques hachereaux et Large Cutting Tools (LCTs) (Barsky et Lumley, 2010 ; Barsky, 2013). (**Figure 5**). Le sol Q est un habitat pour des occupations humaines de longue durée puis la grotte devient alternativement un repaire d'ours ou d'autres carnivores, et d'occupations humaines de courtes durées (sols P). Dans l'ensemble stratigraphique II, daté du MIS 13, plusieurs niveaux archéologiques se succèdent durant une phase plus humide et tempérée. La végétation est dense avec des espèces forestières comme les cerfs, daims, lynx, chats sauvages, castors et loups.

Enfin, à Atapuerca **Galeria**, dans l'unité GII, datée par TL de 503 ±95 ka (Berger et al. 2008), ou par ESR de 237 à 269 ka (Falguères et al. 2013 ; Garcia-Medrano et al. 2014), la grotte a servi de piège à animaux, utilisée par les charognards et fréquentée sporadiquement par les homininés utilisant des LCTs dans un contexte tempéré.

Dans le nord de l'Europe, plusieurs sites tels que **Brandon Field, Maidscross Hill** ou **Warren Hill** (Grande-Bretagne) sont datés par la géologie du MIS 15 au MIS 13 (Bytham river sediments, Ashton et al, 2011 ; Ashton et Lewis 2012 ; Voinchet et al, 2015). Ces séries sont composées entre autres de bifaces épais grossièrement façonnés et de bifaces ovales et cordiformes. Les données microfauniques placent ces sites dans un paysage d'espèces boréales et de prairies ouvertes.

Dans le Nord de la France, les nouvelles données issues de la redécouverte, de la fouille et de la datation du site historique d'Abbeville-**Moulin Quignon** dans la vallée de la Somme montrent que les plus anciennes traces d'occupation acheuléenne à bifaces au nord du 50ème parallèle remontent à plus de 650 ka (Antoine et al. 2016, 2019) (**Figure 6**). L'âge de ce site, initialement proposé sur la base de sa position par rapport au système de terrasses étagées de la Somme et de sa position stratigraphique antérieure aux dépôts interglaciaires de la Marne blanche de la Carrière Carpentier datée du MIS 15 (Bahain, in Antoine et al. 2016), est confirmé par les datation ESR sur quartz blanchi ayant permis le calcul d'un âge moyen pondéré de 672 ± 54 ka (trois dates) (Antoine et al. 2019). Les bifaces découverts dans les sables et graviers de la nappe alluviale grossière à Moulin Quignon lors de la fouille 2017 sont donc attribuables à la période froide directement antérieure à l'interglaciaire de la Carrière Carpentier, soit au MIS 16 (Antoine et al. 2019) (**Figure 7**). Outre la réhabilitation d'un site historique majeur pour l'histoire de la Préhistoire (un des premiers étudiés par Boucher de Perthes dès 1840), ces nouvelles données repoussent de plus de 100 ka l'âge de la plus ancienne occupation acheuléenne du nord-ouest de l'Europe et comble le fossé entre les archives archéologiques du nord de la France et de l'Angleterre. Les homininés utilisant la technologie bifaciale ne se seraient donc pas uniquement dispersés dans le Nord-Ouest

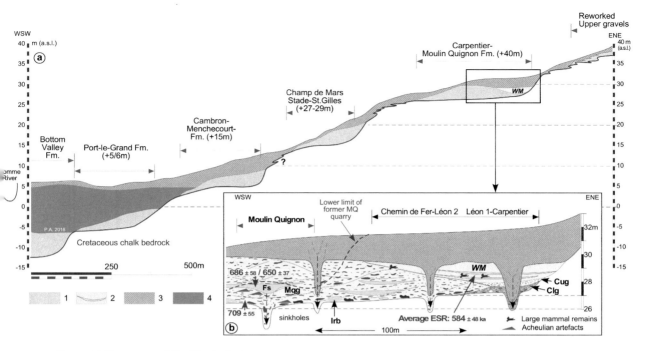

Figure 6. Coupe transversale du système de terrasse de la rive droite de la Somme à Abbeville.

a) Profil général.

1- Dépôts de versant hétérogènes à blocs de craie et silex non roulés avec lentilles de limon fluviatile interstratifié et faunes indiquant un contexte de transition de type «Début-glaciaire » (Gagny-la-Garenne et Carrière Carpentier unité de base U5B en bord de versant).

2- Graviers grossiers (silex) et sables mis en place en contexte périglaciaire dans un système de chenaux en tresses et constituant l'unité sédimentaire principale des différentes nappes alluviales.

3- Limons fluviatiles fins calcaires correspondant à des dépôts de débordement dans la plaine alluviale, en sommet de séquence, et sous climat tempéré à interglaciaire (grands mammifères, pollen, mollusques).

4- Tuf calcaire avec contenu paléontologique (grands mammifères, rongeurs et mollusques) témoignant d'un environnement typiquement interglaciaire (faciès stratifié à oncolithes de la Marne Blanche de la Carrière Carpentier datés du SIM 15).

(b) Relations stratigraphiques détaillées entre les sites Moulin Quignon et Carpentier sur la formation alluviale de + 40 m. La géométrie des dépôts quaternaires et du substrat rocheux de craie s'appuie sur des données issues des travaux pour Moulin Quignon, pour les carrières Carpentier et Léon. Cette figure illustre clairement les relations stratigraphiques entre les séquences de Carrière Carpentier et Moulin Quignon.

1) Gravier fluvial périglaciaire, sables et limons sableux (unité principale des différents corps de terrasse).

2) Complexe Carpentier Marne blanche / Marne blanche (WM): limons calcaires interglaciaires et limons sableux avec des couches de sable oncolitique et de grands restes de mammifères (Cromerian III / MIS 15). 3) Dépôts de pente indifférenciés: graviers et paléosols retravaillés. 4) Limons organiques fluviaux, tourbe et sables estuariens (remplissage holocène). Clg: Carpentier Lower Gravels: graviers de silex mal triés et hétérométriques comprenant de nombreux nodules de silex non enroulés et des blocs de craie emballés dans une matrice sableuse calcaire. Cug: Carpentier Gravier supérieur: gravier silex moyen bien trié à matrice sableuse calcaire, lentilles de limon calcaire interstratifié et restes de grands mammifères. Fs: Lentille de sables fluviaux stratifiés non calcaires. Mqg: graviers sableux non calcaires, grossiers, mal stratifiés avec des revêtements de fer et d'oxyde de manganèse à la base. Irb: gros blocs arrondis de grès Tertiaire (radeau de glace).

5 cm

Figure 7. Bifaces de Moulin Quignon datés de plus de 650 ka (Antoine et al., 2019)

de l'Europe pendant des périodes interglaciaires, comme cela est le plus souvent présenté, mais auraient probablement été capables de surmonter les conditions climatiques froides ou ponctuellement fraîches.

A **Boxgrove** (Grande-Bretagne, fin du MIS 13, Roberts et Parfitt, 1999 ; García-Medrano et al. 2019), les nombreux bifaces sont principalement de forme ovale avec fréquemment un "coup de tranchet". Le site est inclus sous des sédiments périglaciaires, au sein de sédiments de limons d'eau douce et lagunaires attribués à un climat tempéré. La faune, la microfaune (avec *Arvicola*) et les plantes de ce site suggèrent une mosaïque de prairies et forêts associés à un climat relativement frais.

Enfin, **Cagny-la-Garenne** I et II (France, Vallée de la Somme, fin MIS 13/début MIS 12, Antoine et al. 2007) ont fourni plusieurs assemblages sur nodules de silex locaux lors d'occupations se situant dans un contexte tempéré continental de type Début-glaciaire (Tuffreau et Lamotte, 2010). Les nucléus sont principalement unifaciaux avec quelques indices de la technologie Levallois à Cagny-la-Garenne (Moncel et al., 2020).

Assemblages sans LCTs de 800 à 500 ka

Parallèlement à l'apparition de ces assemblages bifaciaux, les industries à nucléus et éclats ont persisté en Europe du Nord et du Sud, comme notamment dans le niveauTD6 du site d'Atapuerca **Gran Dolina** (Espagne) daté d'environ 800 ka (Ollé et al. 2013 ; Parés et al. 2013). La sous-unité TD6-2 est caractérisée par des conditions climatiques chaudes et humides (climat méditerranéen continental). Les données paléoenvironnementales disponibles indiquent ainsi une forêt ouverte et une steppe, corrélées avec une transition climatique froide à chaude (qui pourrait éventuellement être la transition MIS 22/21). Une augmentation modérée de la présence de taxons de pollens de milieux secs ouverts se produit dans les sous-unités TD6-3 à TD6-1, avec des habitats de steppe dans un environnement en mosaïque (Blain et al. 2013).

A **Isernia-la-Pineta** (Italie), l'étude du niveau 3c suggère que les choix et compétences en manière de taille ont été soit opportunistes, soit indépendants de la géométrie des roches, et ceci dans un site de boucherie (Longo et al. 1997 ; Peretto et al. 2004 ; Gallotti et Peretto, 2015).Des dates ^{40}Ar / ^{39}Ar comprises entre 583 et561 ka ont récemment été publiées pour les niveaux archéologiques par Peretto et al. (2015). Le grand nombre d'herbivores de ce niveau t3c indique que pendant la période de transition entre MIS15 et MIS 14, la région d'Isernia était une zone de végétation ouverte de type steppe boisée, riche en pâturages, qui abritait des troupeaux de bisons et de nombreux pachydermes. Ce type d'environnement est typique d'un climat à deux saisons, une saison longue et aride couplée à une saison plus courte humide (Lebreton, 2004; Manzi et al., 2011; Orain et al., 2013; Thun Hohenstein et al., 2009).

L'industrie identifiée dans la Formation de Cromer Forest à **Pakefield** (Grande-Bretagne, ~ 700 ka) comprend peu de pièces (Parfitt et al, 2005). Les macro-restes végétaux (*Trapa natans, Salvinia natans* et *Corema*), les coléoptères *(Cybister latéralimarginalis, Oxytelus opacus* et *Valgus hemipterus*) et la présence d'*Hippopotamus* indiquent des étés plus chauds (entre 18 et 23°C) que l'actuel et des hivers doux. *Mammuthus trogontherii, Stephanorhinus hundsheimensis, Megaloceros savini, M. dawkinsi, Bison* cf. *schoetensacki* et certaines espèces de carnivores (*Homotherium* sp., *Panthera leo, Canis lupus* et *Crocuta crocuta*) composent l'assemblage faunique. L'étude pollinique (*Carpinus*) et micro-faunique (*Mimomys savini* et *Microtus aff. Pusillus*) indique une période interglaciaire du Pléistocène moyen ancien.

Enfin, l'industrie lithique d'**High Lodge** (Grande-Bretagne, MIS 13 ; Ashton et al. 1992) est un exemple d'assemblage ne contenant que des nucléus, des éclats et des outils sur éclat à retouche envahissante. Sur le niveau archéologique se trouve une épaisse séquence de sables et graviers glacio-fluviaux. Les sédiments de la plaine d'inondation contiennent des pollens et des restes de coléoptères qui indiquent la présence d'une forêt de conifères et d'un climat tempéré frais.

L'ensemble stratigraphique II de la **Caune de l'Arago**, daté également du MIS 13, comprend plusieurs niveaux archéologiques. L'exploitation des matières premières est principalement locale, complétée d'apports ponctuels de 30 à 40 km. Les bifaces sont absents.

Conditions environnementales et caractéristiques des comportements humains depuis les premières occupations jusqu'aux premiers assemblages «acheuléens»

Les sites bien datés avant 500 ka sont présents aussi bien dans le sud que dans le nord de l'Europe. La rareté de ces sites sur une aussi longue période suggère des événements de dispersion de courte durée et, éventuellement, une dynamique de peuplement avec des phases de dépopulation et de recolonisation affectées par les conditions environnementales et climatiques (Dennell et al. 2011; McDonald et al. 2012; Cuenca-Bescós et al. 2013; Rodríguez-Gómez et al. 2014).

Le faible nombre de sites explique certainement la diversité des stratégies observées et la composition des assemblages. Les matières premières, locales pour la plupart des sites anciens, indiquent peut-être des groupes peu mobiles et adaptés aux contraintes régionales, comme cela a été observé avec les isotopes du strontium à Isernia-la-Pineta (Lugli et al. 2017). Le mode d'approvisionnement en matière première différencie la Caune de l'Arago d'autres sites comme la Noira, Moulin Quignon ou encore Notarchirico, où l'on n'observe aucune ou peu de trace d'apport de roches lointaines. Par contre, les règles de base régissant le débitage sont similaires entre les différentes séries sans outils bifaciaux (par exemple Happisburgh III à 900 ka et Pakefield à 700 ka en Grande-Bretagne, Vallparadis à 800 ka d'et TD6 Gran Dolina en Espagne à 800 ka) et avec outils bifaciaux (Notarchirico en Italie à 610-670 ka). Cependant, certaines séquences de réduction sont parfois davantage déconnectées de la forme originelle des blocs et sont réalisées sur des matières premières de bonne qualité à partir de 700 ka, comme à la Noira, Moulin Quignon et Isernia-la-Pineta (Longo et al. 2007 ; Carbonell et al. 2010 ; Gallotti and Peretto, 2015 ; Antoine et al. 2019). Ces comportements pourraient révéler un seuil de compétences daté de la fin du Pléistocène moyen/ inférieur (Mosquera et al. 2013).

La période spécifique qui nous intéresse est la fin de la Middle Pleistocene Transition (MPT) entre 1,25 Ma et 700 ka (**Figure 8**). Certaines études régionales suggèrent un rôle essentiel des changements climatiques sur le peuplement humain de l'Europe (Preece et Parfitt, 2012 ; Rodríguez et al. 2011), tandis que d'autres observent simplement l'absence de peuplement humain dans certaines régions sans aucune raison climatique (Despriée et al., 2011). Compte tenu d'une limite géographique de ce peuplement vers environ 40°N, une hypothèse répandue est que l'Europe du Nord aurait été occupée principalement pendant les périodes climatiques favorables (Carrión et al., 2011; MacDonald et al., 2012), bien que cela n'implique pas nécessairement que les températures aient été aussi chaudes ou plus chaudes qu'aujourd'hui (i.e.,Moncel et al., 2018). Les changements climatiques cycliques auraient pu entraîner le dépeuplement ou l'extinction de petits groupes d'homininés, puis la recolonisation subséquente des zones abandonnées, avant et entre les épisodes de froid MIS 16 et MIS 12 (Guthrie,

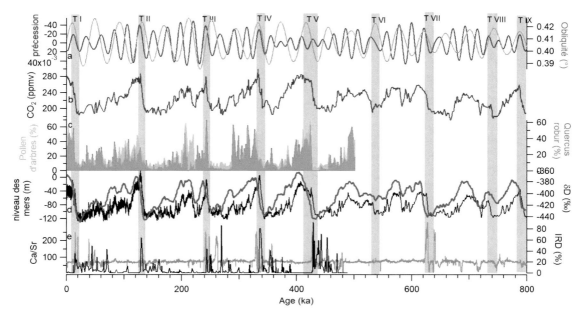

Figure 8. Courbes climatiques illustrant les variations cycliques au cours des dernières 800 000 années

Précession (violet) et obliquité (bleu) calculés à partir des paramètres orbitaux (Laskar et al., 2004)

Concentration atmosphérique en CO_2 (Lüethi et al., 2008; Bereiter et al., 2015)

Pourcentages de pollen de quercusrobur et de pollen d'arbres obtenus dans la séquence du lac d'Ohrid (Sadori et al., 2018)

Niveau des mers en bleu (Spratt&Lisiecki, 2016) et dD de l'eau issus de la carotte de glace Antarctique d'EPICA Dome C (Jouzel et al., 2007)

Ca/Sr issue de la carotte marine U1302 (Channel et al., 2012) et IRD (Ice Rafted Debris) issu de la carotte marine ODP980 (Mc Manus et al., 1999) afin de tracer les débâcles d'icebergs dans l'Atlantique nord.

1984 ; Manzi, 2004 ; Almogi-Labin, 2011 ; Messager et al. 2011 ; Rodriguez et al. 2011 ; Abbate et Sagri, 2012 ; Garcia et al. 2014 ; Chauhan et al. 2017). Les hiatus d'occupation enregistrés en Espagne ou dans le centre de la France entre 800 et 500 ka consolident l'hypothèse de vagues multiples de dispersion avant 500 ka, tant au nord qu'au sud, en relation ou non avec les conditions climatiques locales (Rodríguez et al, 2010 ; Despriée et al, 2011 ; Mosquera et al, 2013 ; Garcia et al, 2014) **(Figure 9)**. L'Europe du Sud aurait été occupée de manière plus continue au fil du temps en raison de variations climatiques plus modérées sous les latitudes méditerranéennes (Rodriguez et al. 2011 ; Orain et al. 2013 ; Muttoni et al. 2015). La MPTest considérée comme ayant conduit à une extension des prairies vers des latitudes plus élevées, ouvrant et/ou fermant ainsi des couloirs de migration dans ces régions. L'association entre les changements dans la guilde des carnivores (environ 500 ka), avec la disparition des méga-chasseurs comme les grands félins à dents de sabre dès 1 Ma, le changement climatique et la dispersion des hominidés fait débat. Ces changements environnementaux auraient

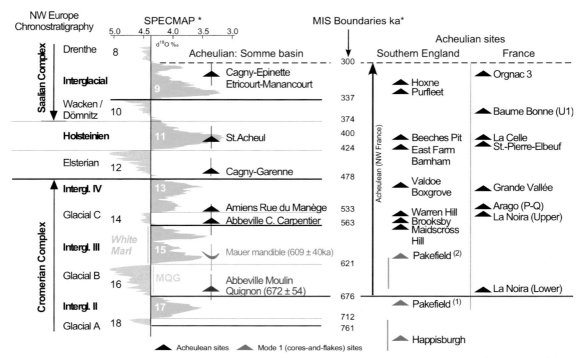

Figure 9. Position chronologique des occupations humaines dans le nord-ouest de la France (Vallée de la Somme), dans le sud de l'Angleterre et en Europe du sud entre les SIM 18 et 9 (Antoine et al., 2016).

pu favoriser l'expansion épisodique des homininés en Europe, avec ou sans succès, aidés par de nouvelles techniques, de nouvelles organisations sociales et par le contrôle sporadique du feu (Roebroeks et Villa, 2011 ; Lebreton et al. 2019).

Les données récemment obtenues à Moulin Quignon suggèrent cependant une expansion rapide de l'Acheuléen à l'échelle de l'Europe de l'ouest dans des conditions non interglaciaires (Antoine et al. 2019). Toutefois le caractère azoïque des sédiments renfermant l'industrie et datés du MIS 16 (672 ± 54 ka), ne permet pas d'affirmer définitivement que l'occupation de Moulin Quignon s'est effectuée dans un environnement de type périglaciaire ; son calage dans une phase un peu plus clémente, comme un interstade, reste envisageable compte tenu de la précision relative de la datation pour ce site ancien. La diversité des assemblages acheuléens et plus généralement du Paléolithique inférieur serait donc liée à une combinaison de facteurs, y compris la persistance de traditions à travers le temps, l'arrivée successive de divers nouveaux groupes d'homininés et le rôle des activités (Stringer, 1996 ; Manzi, 2004 ; Rightmire, 2001 ; Carbonell et al. 2008 ; Mounier et al. 2009 ; Wagner et al. 2010 ; Stringer, 2012 ; Bermúdes de Castro et Martinón-Torres, 2013 ; Hardy et al. 2018).

Différents scénarios sont proposés pour l'émergence de l'Acheuléen en Europe avec l'utilisation de couloirs de circulation dont l'usage n'est pas relié pour le moment à des conditions climatiques particulières : 1) des arrivées progressives de nouveaux homininés ou de nouvelles traditions depuis le

Levant le long des côtes méditerranéennes (Bar-Yosef et Goren-Inbar, 1993 ; Van Peer, 1998 ; Vermeersch, 2001 ; Goren-Inbar et al. 2008 ; Sharon, 2008, 2010 ; Jagher, 2011 ; Sharon et al. 2011) ; 2) des arrivées directes et rapides d'Afrique par le Levant ou l'Afrique du Nord par Gibraltar (Sharon, 2011 ; García et al., 2014). L'hypothèse selon laquelle les homininés se seraient déplacés le long de la côte méditerranéenne en provenance de l'Est doit être prise en compte (découvertes récentes en Anatolie et en Grèce par exemple, Kuhn, 2002 ; Galanidou et al, 2013 ; Harvati, 2016).Les dispersions directes en provenance d'Asie et de Chine semblent devoir être exclues, malgré certaines observations paléoanthropologiques et l'existence de couloirs de circulation Est-Ouest (Pappu et al. 2011 ; Bermúdes de Castro et Martinón-Torres, 2013; Kuman et al. 2014). Néanmoins le changement de comportement charognards /chasseurs entraîne nécessairement des contingences différentes et les hommes doivent suivre des troupeaux de grands herbivores majoritairement migrateurs qui pendant les épisodes plus froids proviennent surtout d'Eurasie. Ces couloirs restent donc à déterminer.

Les conditions environnementales et climatiques influencent-elles vraiment les occupations humaines ?

Les archives archéologiques pour la partie nord-ouest de l'Europe, par exemple les iles britanniques, sont principalement liées à l'évolution de la configuration géographique et à la connexion de ces îles avec le continent. En l'absence du contrôle du feu, les occupations humaines en Europe semblent avoir été principalement situées dans les biotopes tempérés et méditerranéens et aucune preuve d'occupation longue au-dessus de 53 ° de latitude nord n'est connue avant 900 ka (Parfitt et al., 2010). Avant le MIS 12, la Grande-Bretagne était une péninsule de l'Europe continentale avec des liaisons terrestres continues. Les sites de Happisburgh 3 (MIS 25 ou 21) et Pakefield (probablement MIS 17) n'ont pas livré de bifaces, peut-être en raison du petit échantillon lithique qui y a été recueilli, contrairement à des sites similaires sur le continent. Pendant la période glaciaire du MIS 16, il n'y a que de rares preuves d'occupation dans le Nord-ouest et le Centre-ouest de l'Europe, peut-être occupé pendant une phase plus froide (Abbeville-Moulin Quignon à 670 ka et Rue du Manège à 550-500 ka; Antoine et al., 2019). Les enregistrements britanniques pourraient refléter l'incursion de plusieurs populations différentes utilisant la technologie bifaciale après le MIS 15. Il n'y a aucune preuve d'occupation humaine de la Grande-Bretagne pendant le froid extrême du MIS 12.

Il est donc tentant d'établir un parallèle entre la dispersion des homininés, l'évolution culturelle et les changements climatiques et environnementaux mondiaux/régionaux. Cependant, des facteurs limitatifs doivent être pris en compte avant toute discussion :

1) Le lien entre les variations climatiques globales et l'environnement régional est difficile à établir pour la période allant de 1 Ma à 400ka. L'une des raisons est liée au fait que, si les données paléoclimatiques globales et régionales (principalement les enregistrements marins) sont continues, les données paléoenvironnementales (enregistrements polliniques continentaux) restent partielles (**Figure 10**). La rareté des sites peut être liée à la récurrence de la croissance de la calotte glaciaire au cours des périodes glaciaires du Pléistocène inférieur et moyen (Preece et Parfitt, 2012), celle-ci ayant également pu effacer toutes les preuves de sites

Figure 10. Dynamique de la végétation tempérée et méditerranéenne en Eurasie lors d'un cycle climatique entre les stades isotopiques 17 et 11.

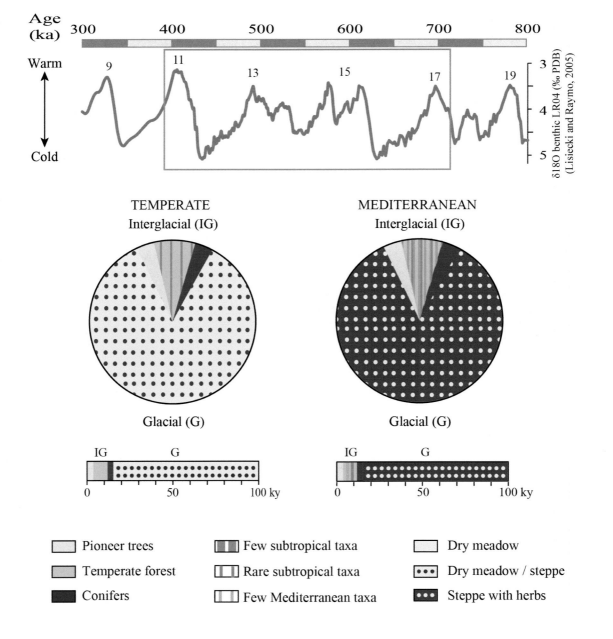

Pioneer trees
Temperate forest
Conifers
Few subtropical taxa
Rare subtropical taxa
Few Mediterranean taxa
Dry meadow
Dry meadow / steppe
Steppe with herbs

humains nordiques. Enfin, les proxies paléoenvironnementaux trouvés sur chaque site archéologique (par exemple micro- et macrofaune, pollens, malacofaune) restent souvent très faibles en nombre et en qualité. Les processus taphonomiques (par exemple l'oxydation, la biodégradation) ont notamment des effets majeurs sur la préservation des grains de pollen (Lebreton et al. 2010, 2017). Les sites archéologiques ne peuvent donc fournir que des instantanés des changements environnementaux passés locaux.

2) De nombreux sites ne sont pas suffisamment datés pour être corrélés d'une manière fiable avec les enregistrements climatiques et paléoenvironnementaux de référence. Par ailleurs la durée de l'occupation n'est pas connue (saisons, les mois, les années ?). Par exemple au cours d'un interglaciaire donné à quelle durée d'occupation peut correspondre un assemblage lithique et (ou) faunistique ? Bien que dans certains cas il soit possible de situer les différents niveaux du Paléolithique par rapport aux différentes phases bioclimatiques d'un interglaciaire (optimum notamment), comme par exemple à Caours pour l'Eémien (Antoine et al. 2006), cet exercice est extrêmement difficile pour les périodes plus anciennes pour lesquelles la qualité des enregistrements sédimentaires de plein-air ne permet que rarement ce genre de reconstitution (Limondin-Lozouet et al. 2015).

3) L'information culturelle livrée par les différents assemblages lithiques et fauniques, parfois peu nombreux (nombre d'artefacts ?), pourrait être biaisée par la nature du site lui-même (par exemple site de boucherie, établissement saisonnier) ou par l'origine de la faune (chasse ou boucherie opportuniste).

Dans le cas des sites du Nord-Ouest de l'Europe, les enregistrements indiquent que les occupations d'homininés ont eu lieu dans des environnements steppiques secs (et) ou proches de zones boisées (sylvo-steppe). Certains sites, tels que celui de Cagny-la-Garenne (vallée de la Somme), montrent que les occupations acheuléennes (atelier) ont eu lieu au début du MIS 12 dans la période de transition de type début-glaciaire qui précède la mise en place des graviers grossiers de la nappe alluviale sous climat périglaciaire. D'une manière générale, les enregistrements ont clairement montré que les homininés avaient quitté la région lorsque les conditions climatiques devenaient trop « dures » pendant la phase Pléniglaciaire du MIS 12 (~ 480-420 ka). Il en va de même pour La Noira (Centre France). Les homininés ont disparu lorsque des conditions très froides et sèches se sont installées au début du MIS 16, considéré comme l'une des périodes glaciaires les plus marquée depuis 1 Ma. L'intensité du MIS 16 (Cromérien b / Don Glacial) expliquerait l'absence d'occupations du Centre de la France entre 700 et 500 ka ("goulot d'étranglement"). Il reste cependant le cas du site de Moulin Quignon à Abbeville, préservé dans des sables et graviers fluviatiles témoignant d'un environnement froid et découvert qui, compte tenu des âge ESR obtenus, serait attribuable au début du MIS 16 comme à La Noira.

En Europe du Sud, les données disponibles sur les sites espagnols suggèrent généralement des environnements humides et chauds contemporains des occupations mais des environnements steppiques sont également trouvés (Rodríguez et al. 2011). En Italie et dans le sud de la France, des occupations humaines sont associées aux environnements frais et secs des MIS 16, 14 ou 12 (Barsky et Lumley, 2010; Pereira et al. 2015), suggérant que les phases glaciaires sont plutôt marquées dans le Sud par une augmentation de l'aridité que par une baisse importante des températures par rapport au Nord comme le suggèrent certains enregistrements régionaux tels que les températures de surface de la mer Méditerranée au cours de ces périodes (Combourieu-Nebout et al. 2015 ; Moncel et al. 2018)**(Figure 10)**.

Le passage à une cyclicité climatique glaciaire-interglaciaire franche et plus contrastée (cycles de 100 ka) au début du Pléistocène moyen est associé à un changement de la couverture végétale depuis des forêts étendues semi-permanentes vers une alternance bien marquée de forêts et d'environnements plus ouverts ainsi qu'à une extension des prairies vers des latitudes plus élevées, ouvrant ou fermant ainsi des couloirs de migration. Ce changement dans le couvert végétal a probablement favorisé l'expansion des homininés en fonction de la tolérance de ces derniers à la variabilité climatique (Abbate et Sagri, 2012 ; Abbazzi et al. 2000 ; Almogi-Labin, 2011; Guthrie, 1984; Martínez et al. 2014; Rodríguez et al. 2011). Le développement de steppes sur les plateaux continentaux a entraîné la dispersion des grands herbivores eurasiatiques vers la Méditerranée et l'Atlantique et favorisé le développement de nouvelles techniques de chasse inutiles lors des épisodes de climats océaniques (Moigne et al. 2006).Comme indiqué par les sites antérieurs à 1 Ma, les occupations d'homininés n'auraient été possibles qu'à la transition des périodes glaciaires aux périodes interglaciaires au début du Pléistocène moyen. Cependant, il ne faut pas oublier que le manque de données pour les périodes froides pourrait être dû à des contraintes taphonomiques et pas seulement à l'absence d'occupations.

Conclusion

Les changements climatiques cycliques très marqués et les glaciations majeures comme celles des MIS 16 et 12, qui ont caractérisé le Pléistocène moyen ancien, auraient conduit, en l'absence d'utilisation du feu (Roebroeks et Villa, 2011 ; Gowlet, 2016), à des peuplements ponctuels, une dépopulation ou à une extinction ultérieure des groupes humains dans le Nord de l'Europe. Les événements de recolonisation ultérieurs auraient pu être aidés par de nouvelles techniques et de nouvelles organisations sociales (Dennell et al. 2011) ou la diffusion des traditions d'un groupe à l'autre (Manzi, 2004). Les données environnementales et climatiques actuelles ainsi que les contraintes chronologiques disponibles pour les sites archéologiques et les enregistrements paléoenvironnementaux locaux et régionaux limitent les modèles qui expliquent la répartition des occupations d'homininés en Europe occidentale. L'événement « Mid-Brunhes (MBE) » produit pendant le MIS 11 est associé à des innovations comportementales importantes, attribuées par certains auteurs au contrôle sporadique du feu tant au Sud que dans le Nord-ouest de l'Europe (sites avec des traces de feu dans le sud avec Terra Amata ou en Grande-Bretagne avec Barnham et Beeches Pit ; Preece et al. 2006 ; Ashton et al. 2016). En examinant les enregistrements paléoclimatiques et paléoenvironnementaux, il peut également être proposé que la succession très particulière d'un interglaciaire long (~ 54 ka) et stable au MIS 11 et d'un intervalle glaciaire relativement court MIS 10 (50ka) et peu marqué dans les enregistrements sédimentaires périglaciaires (loessiques notamment) a contribué à l'expansion des innovations dans toute l'Europe occidentale (Lycett et Gowlett, 2008; Lycett et von Cramon-Taubadel, 2008; Hublin, 2009; Premo et Hublin, 2009; Haidle et Brauer, 2011; Moncel et al., 2011, 2012).Les changements dans la stabilité, l'amplitude et la durée des cycles climatiques pourraient être parmi les facteurs expliquant ces changements de comportement, favorisant l'émergence de traditions régionales et de nouveautés technologiques (par exemple le débitage Levallois) (Moncel et al. 2020), l'expansion démographique et les échanges génétiques (croissance et adaptation régulière sans discontinuités démographiques). Cependant, nous n'excluons pas la possibilité d'une expansion des homininés avant 500 ka en Europe du Nord à la faveur de variations climatiques d'échelle centennale ou annuelle que nous ne pouvons pas percevoir à travers les enregistrements existants. Cela expliquerait pourquoi le feu n'était pas maîtrisé par les groupes qui occupaient les territoires d'Europe du Nord.

Pour conclure, malgré la richesse des informations climatiques et environnementales désormais disponibles à l'échelle locale ou globale montrant les évolutions des gradients environnementaux et climatiques au cours du dernier million d'années, il est encore compliqué de faire le lien entre climat, environnement et homininés. Les interactions hommes-carnivores sont un facteur essentiel pour comprendre la dynamique des migrations ainsi que l'évolution du mode d'acquisition des animaux. De nombreuses informations manquent en effet pour déterminer les facteurs paléoenvironnementaux et climatiques qui peuvent avoir influencés les occupations humaines, les routes et le timing des migrations, et pour comprendre comment les activités et les comportements des homininés ont pu être influencé par les changements climatiques et environnementaux.

Références

Abbate, E., Sagri, M., 2012. Early to Middle Pleistocene Homo dispersals from Africa to Eurasia: Geological, climatic and environmental constraints. Quaternary International 267, 3-19

Almogi-Labin, A., 2011. The paleoclimate of the Eastern Mediterranean during the transition from early to mid-Pleistocene (900 to 700 ka) based on marine and non-marine records: An integrated overview. Journal of Human Evolution 60, 4, 428-436

Antoine, P., Limondin-Lozouet, N., Chaussé, C., Lautridou, J.P., Pastre, J.F., Auguste, P., Bahain, J.J., Falguères, C., Galheb B., 2007. Pleistocene fluvial terraces from northern France (Seine, Yonne, Somme): synthesis and new results.Quaternary Science Reviews 26, 2701-2723.

Antoine, P., Moncel, M. H., Voinchet, P., Locht, J. L., Amselem, D., Hérisson, D., Bahain, J. J., 2019. The earliest evidence of Acheulian occupation in Northwest Europe and the rediscovery of the Moulin Quignon site, Somme valley, France. Nature Scientific reports 9(1), 1-12.

Arzarello, M., Marcollini, F., Pavia, G., Pavia, M., Petronio, C., Petrucci, M., Rook, L., Sardella, R., 2006. Evidence of earliest human occurrence in Europe: the site of Pirro Nord (Southern Italy), Naturwissenschaften 94, 107-112.

Ashton, NM., Cook, J., Lewis, SG., Rose, J., 1992. High Lodge, Excavations by G. de G. Sieveking, 1962-8, and J. Cook, 1988.British Museum Press.

Ashton, N.M., Parfitt, S.A., Lewis, S.G., Coope, G.R., Larkin, N. 2008. Happisburgh Site 1 (TG388307). In I. Candy, J.R. Lee & A.M. Harrison (eds) The Quaternary of Northern East Anglia Quaternary Research Association, Cambridge, pp. 151-156.

Ashton,N., Lewis, J.E., Hosfield, R., 2011. Mapping the Human Record: Population Change in Britain during the Early Palaeolithic. In: Ashton N., Lewis J.E., Stringer C. (eds) The Ancient Human occupation of Britain. Quaternary Science, pp. 39-53.

Ashton, N., Lewis, SG., 2012. The environmental contexts of early human occupation of northwest Europe: The British Lower Palaeolithic record. Quaternary International 271, 50-64.

Ashton, N., Lewis, S. G., Parfitt, S. A., Davis, R. J., Stringer, C., 2016. Handaxe and non-handaxe assemblages during Marine Isotope Stage 11 in northern Europe: recent investigations at Barnham, Suffolk, UK. Journal of Quaternary Science 31(8), 837-843.

Barsky, D., Lumley, H. de, 2010. Early European Mode 2 and the stone industry from the Caune de l'Arago's archeostratigraphical levels "P". Quaternary International 223-224, 71-86.

Barsky, D., 2013. The Caune de l'Arago stone industries in their stratigraphical context. Comptes Rendus Palevol 1(5), 305-325.

Bar-Yosef, O., Goren-Inbar, N., 1993.The Lithic Assemblages of Ubeidiya.A Lower Palaeolithic site in the Jordan Valley, Quedem, Jerusalem.

Bereiter, B., Eggleston, S., Schmitt, J., Nehrbass-Ahles, C., Stocker, T. F., Fischer, H. et al., 2015. Revision of the EPICA Dome C CO2 record from 800 to 600 kyr before present. Geophysical Research Letters 42(2), 542-549.

Bermúdez de Castro, J.M., Martinón-Torres, M., 2013. A new model for the evolution of the human Pleistocene populations of Europe. Quaternary International 295, 102-112.

Beyene, Y., Katoh S., WoldeGabriel G., Hart W.K., Sudo M., Kondo M., Hyodo M., Renne P.R., Suwa G. and Asfaw B., 2013. The characteristics and chronology of the earliest Acheulean at Konso, Ethiopia.
PNAS 110(5), 1584-1591.

Blain, H. -A., Cuenca-Bescos, G., Burjachs, F., Lopez-Garcia, J., Lozano-Fernandez, I., Rosell, J., 2013. Early Pleistocene palaeoenvironments at the time of the Homo antecessor settlement in the Gran Dolina cave (Atapuerca, Spain). Journal of Quaternary Sciences 28, 311–319.

Bourguignon, L., Crochet, J. Y., Capdevila, R., Ivorra, J., Antoine, P. O., Agustí, J., et al., 2016. Bois-de-Riquet (Lézignan-la-Cèbe, Hérault): a late Early Pleistocene archeological occurrence in southern France. Quaternary international 393, 24-40.

Carbonell, E., Bermúdez de Castro, J., Pares, J., Perez-Gonzalez, A., Cuenca-Bescos, G., Olle, A., Mosquera, M., Huguet, R., van der Made, J., Rosas, A., Sala, R., Vallverdu, J., García, N., Granger, D., Martinón-Torres, M., Rodríguez, X., Stock, G., Verges, J., Allue, E., Burjachs, F., Caceres, I., Canals, A., Benito, A., Díez, C., Lozano, C., Mateos, A., Navazo, M., Rodríguez, J., Rosell, J., Arsuaga, J. L., 2008. The first hominin of Europe. Nature 452, 456-470.

Carbonell, E., Sala Ramos, R., Rodríguez, XP., Mosquera, M., Ollé, A., Vergès, JM., Martínez-Navarro, B., Bermúdez de Castro, JM., 2010. Early hominid dispersals: A technological hypothesis for "out of Africa". Quaternary International 223-224, 36-44.

Carrión, JS., Rose, J., Stringer, C., 2011. Early Human Evolution in the Western Palaearctic: Ecological Scenarios. Quaternary Science Reviews 30(11-12), 1281-1295.

Channell, J., Hodell, D., Romero, O., Hillaire-Marcel, C., de Vernal, A., Stoner, J., Mazaud, A., Röhl, U., 2012. A 750-kyr detrital-layer stratigraphy for the North Atlantic (IODP Sites U1302-U1303, Orphan Knoll, Labrador Sea). Earth Planetary Siences Letter 317–318, 218–230.

Chauhan, P., Bridgland, D. R., Moncel, M-H., Antoine, P., Bahain, J-J. , Briant, R., Cunha, P., Despriée, J., Limondin-Lozouet, N., Locht, J-L., Martins, A., Schreve, D., Shaw, A., Voinchet, P., Westaway, R., White, M., White, T., 2017. Fluvial deposits as an archive of early human activity: progress during the 20 years of the Fluvial Archives Group FLAG, Quaternary Sciences Reviews 166, 114-149.

Cheheb, R. C., Arzarello, M., Arnaud, J., Berto, C., Cáceres, I., Caracausi, S., et al. 2019. Human behavior and Homo-mammal interactions at the first European peopling: new evidence from the Pirro Nord site (Apricena, Southern Italy). The Science of Nature, 106(5-6), 16.

Cohen, K. M., Gibbard, P. L., 2011. Regional chronostratigraphical correlation table for the last 270,000 years Europe north of the Mediterranean, ver. 2011 alpha. Report.

Combourieu-Nebout, N., Bertini, A., Peyron, O., Montade, V., Klotz, S., Lebreton, V., Russo-Ermolli, E., Fauquette, S., Allen, J., Fusco, F.,

Goring, S., Huntley, B., Joannin, S., Magri, D., Orain, R., Sadori, L., 2015. Mediterranean vegetation and increasing dryness since the Pliocene. Review of Palaeobotany and Palynology 218, 127-147.

Dennell, R. W., Martinón-Torres, M., de Castro, J. M. B. 2011.Hominin variability, climatic instability and population demography in Middle Pleistocene Europe. Quaternary Science Reviews 30(11-12), 1511-1524.

Despriée, J, Voinchet, P, Tissoux, H, Bahain, J-J, Falguères, C, Courcimault, G, Dépont, J, Moncel, M-H, Robin, S, Arzarello, M, Sala, R, Marquer, L, Messager, E, Puaud, S, Abdessadok, S., 2011. Lower and Middle Pleistocene human settlements recorded in fluvial deposits of the middle Loire River Basin, Centre Region, France. Quaternary Science Reviews 30(11-12), 1474-1485.

Despriée, J., Moncel, M. H., Arzarello, M., Courcimault, G., Voinchet, P., Bahain, J. J., Falguères, C. 2018. The 1-million-year-old quartz assemblage from Pont-de-Lavaud (Centre, France) in the European context. Journal of Quaternary Science 33(6), 639-661.

Falguères, C., Shao, Q., Han, F., Bahain, J. J., Richard, M., Perrenoud, C., Moigne, A. M., 2015.New ESR and U-series dating at Caune de l'Arago, France: A key-site for European Middle Pleistocene.Quaternary Geochronology 30, 547-553.

Galanidou, N., Cole, J., Iliopoulos, G., McNabb, J., 2013. East meets West: the Middle Pleistocene site of Rodafnidia on Lesvos, Greece. Antiquity 336, 87.

Gallotti, R., Peretto, C.,2015. The Lower/early middle Pleistocene small débitage productions in western Europe: new data from Isernia La Pineta t. 3c (Upper Volturno Basin, Italy). Quaternary International 357, 264-281.

García, J., Martinez, K., Cuenca-Bescos, G., Carbonell, E., 2014. Human occupation of Iberia prior to the Jaramillo magnetochron (> 1.07 Myr). Quaternary Science Reviews 98, 84-99.

García-Medrano, P., Ollé, A., Mosquera, M., Caceres, I., Díez, C., Carbonell, E.,2014. The earliest Acheulean technology at Atapuerca (Burgos, Spain): Oldest levels of the Galeria site (GII Unit). Quaternary International 353, 170-194.

García-Medrano, P., Ollé, A., Ashton, N., & Roberts, M. B., 2019.The mental template in handaxe manufacture: new insights into Acheulean lithic technological behavior at Boxgrove, Sussex, UK. Journal of Archaeological Method and Theory 26(1), 396-422.

Goren-Inbar, N., Sharon, G., Alperson-Afil, N., Lashiver, I., 2008.The Acheulean massive scrapers of GBY-a product of the biface chaîne opératoire. Journal of Human Evolution 55, 702-712.

Gowlett, J. A., 2016. The discovery of fire by humans: a long and convoluted process.Philosophical Transactions of the Royal Society B: Biological Sciences 371(1696), 20150164.

Guthrie, R.D., 1984. Mosaics, allelochemics and nutrients: an ecological theory of Late Pleistocene megafaunal extinctions.In: P.S. Martin & R.G.

Klein (Eds), Quaternary extinctions: a prehistoric revolution, University of Arizona Press, pp. 259-298.

Haidle, M., Brauer, J., 2011. From Brainwave to Tradition – How to detect Innovations in Tool Behavior, Special Issue: Innovation and the Evolution of Human Behavior. PaleoAnthropology 144-153.

Hardy, B. L., Moncel, M. H., Despriée, J., Courcimault, G., Voinchet, P., 2018. Middle Pleistocene hominin behavior at the 700ka Acheulean site of la Noira (France). Quaternary Science Reviews 199, 60-82.

Harvati, K., 2016. Paleoanthropology in Greece: Recent findings and interpretations.In Paleoanthropology of the Balkans and Anatolia. Springer, Dordrecht,pp. 3-14

Hublin, J.-J., 2009.The origin of Neandertals.PNAS 106(38), 16022-16027.

Iovita, R., Tuvi-Arad, I., Moncel, M-H., Despriée, J., Voinchet, P., Bahain, J-J., 2017. High handaxe symmetry at the beginning of the European Acheulian: the data from la Noira (France) in context.Plos One 12(5), e0177063.

Jagher, R., 2011. Nadaouiyeh Aïn Askar - Acheulian variability in the Central Syrian Desert. In: Le Tensorer, J-M., Jagher, R., Otte, M. (eds) The Lower and Middle Palaeolithic in the Middle East and Neighbouring. ERAUL. Université de Liège, University of Basel, pp. 209-225.

Jouzel, J., Masson-Delmotte, V., Cattani, O., Dreyfus, G.B., Falourd, S., Hoffmann, G., Minster, B., Nouet, J., Barnola, J.-M., Chappellaz, J., Fischer, H., Gallet, J.C., Johnsen, S., Leuenberger, M., Loulergue, L., Luethi, D., Oerter, H., Parrenin, F., Raisbeck, G., Raynaud, D., Schilt, A., Schwander, J., Selmo, E., Souchez, R., Spahni, R., Stauffer, B., Steffensen, J.P., Stenni, B., Stocker, T.F., Tison, J.L., Werner, M., Wolff, E.W., 2007. Orbital and Millennial Antarctic Climate Variability over the Past 800,000 Years. Science 317, 793–796.

Kuhn, S.L., 2002. Paleolithic Archeology in Turkey, Evolutionary Anthropology 11, 198-210.

Kuman, K., Li, C., Li, H., 2014. Large cutting tools in the Danjiangkou Reservoir Region, central China.Journal of Human Evolution 76, 129-153.

Laskar, J., Robutel, P., Joutel, F., Gastineau, M., Correia, A.C.M., Levrard, B., 2004. A long-term numerical solution for the insolation quantities of the Earth.Astronony Astrophysic 428, 261–285.

Lebreton, V., Messager, E., Marquer, L., Renault-Miskovsky, J., 2010. A neotaphonomic experiment in pollen oxidation and its implication for archaeopalynology.Review of Palaeobotany and Palynology 162, 29-38.

Lebreton, V., Thery Parisot, I., Bouby, L., Chrzavzez, J., Delhon, C., Ruas, M.-P., 2017.Archéobotanique et Taphonomie. In : J.-P. Brugal (Ed), TaphonomieS, Editions des archives contemporaines, 291-328.

Lebreton, V., Bertini, A., Russo Ermolli, E., Stirparo, C., Orain, R., Vivarelli, M., Combourieu-Nebout, N., Peretto, C., Arzarello, M.,2019. Tracing fire in early European Prehistory.Microcharcoal quantification in geological and archaeological records from Molise (southern Italy). Journal of Archaeological Method and Theory 26(1), 247-275.

Lepré, C. L., Roche, H., Kent, D. V., Harmand, S., Quinn, R.L., Brugal, J-P., Texier, P-J., Lenoble, A., Feibel, C., 2011.An earlier origin for the Acheulian. Nature 47, 82-85.

Limondin-Lozouet, N., Antoine, P., Bahain, J.-J., Cliquet, D., Coutard, S., Dabkowski, J., Ghaleb, B., Locht, J.-L., Nicoud, E., Voinchet, P., 2015. Northwest European MIS 11 malacological successions: a key for the timing of Acheulean settlements. Journal of Quaternary Sciences 30 (7), 702-712.

Lombera-Hermida, de A., Bargallo, A., Terradillos-Bernal, M., Huguet, R., Vallverdú, J., García-Anton, M-D., Mosquera, M., Ollé, A., Sala, R., Carbonell, E., Rodríguez-Alvarez, X-P., 2015. The lithic industry of Sima del Elefante (Atapuerca, Burgos, Spain) in the context of Early and Middle Pleistocene technology in Europe. Journal of Human Evolution 82, 95-106.

Lombera-Hermida, de A., Rodríguez-Álvarez, X. P., Peña, L., Sala-Ramos, R., Despriée, J., Moncel, M. H., Courcimaut G., Voinchet P., Falguères, C., 2016. The lithic assemblage from Pont-de-Lavaud (Indre, France) and the role of the bipolar-on-anvil technique in the Lower and Early Middle Pleistocene technology. Journal of Anthropological Archaeology 41, 159-184.

Longo, L., Peretto, C., Sozzi, M., Vannucci, S., 1997. Artefacts, outils ou supports épuisés ? Une nouvelle approche pour l'étude des industries du Paléolithique ancien : le cas d'Isernia la Pineta (Molise, Italie Centrale). L'Anthropologie 101, 4, 579-596.

Lugli, F., Cipriani, A., Arnaud, J., Arzarello, M., Peretto, C., Benazzi, S.,2017. Suspected limited mobility of a Middle Pleistocene woman from Southern Italy: strontium isotopes of a human deciduous tooth.Scientific reports 7(1), 8615.

Lüthi, D., Le Floch, M., Bereiter, B., Blunier, T., Barnola, J.-M., Siegenthaler, U., Raynaud, D., Jouzel, J., Fischer, H., Kawamura, K., Stocker, T.F., 2008. High-resolution carbon dioxide concentration record 650,000-800,000 years before present. Nature 453, 379–382.

Lycett, S.J., Gowlett, J.A.J., 2008. On questions surrounding the Acheulean "tradition". World Archaeology 40(3), 295-315.

Lycett, S.J., Cramon-Taubadel, N. von, 2008.Acheulean variability and hominin dispersals: a model-bound approach. Journal of Archaeological Science 35, 553-562.

MacDonald, K., Martinez-Torres, M., Dennell, RW., Bermúdez de Castro, JM., 2012. Discontinuity in the record for hominin occupation in south-western Europe: Implications for occupation of the middle latitudes of Europe. Quaternary International 271, 84-97.

McManus, J., Oppo, D., Cullen, J., 1999. A 0.5-Million-Year Record of Millennial-Scale Climate Variability in the North Atlantic. Science 283, 971–975.

Manzi, G., 2004. Human Evolution at the Matuyama-Brunhes boundary. Evolutionary Anthrpology 13, 11-24.

Martinez, K., Garcia, J., Carbonell, E., Agusti, J., Bahain, J-J., Blain, H.-A., Burjachs, F., Caceres, I., Duval, M., Falguères, C., Gomez, M., Huguet, R., 2010. A new Lower Pleistocene archaeological site in Europe (Vallparadis, Barcelona, Spain). PNAS 107(13), 5762-5767.

Martinón-Torres, M., Bermúdez de Castro, J.M., Gòmez-Robles, A., Arsuaga, J. L., Carbonell, E.Lordkipanidze, D., Manzi, G., Margvelashvili A., 2007. Dental evidence on the hominin dipersal during the Pleistocene. PNAS 104, 13279-13282.

Martinón-Torres, M., Dennell, R., Bermúdez de Castro, J.M., 2011. The Denisova hominin need not be an out of Africa story. Journal of Human Evolution 60, 2, 251-255.

Messager, E., Lebreton, V., Marquer, L., Russo-Ermolli, E., Orain, R., Renault-Miskovsky, J., Lordkipanidze, D., Despriée, J., Peretto, C., Arzarello, M., 2011. Palaeoenvironments of early hominins in temperate and Mediterranean Eurasia: new palaeobotanical data from Palaeolithic key-sites and synchronous natural sequences. Quaternary Science Reviews 30(11-12), 1439-1447.

Mgeladze, A., Lordkipanidze, D., Moncel, M.-H., Despriee, J., Chagelishvili, R., Nioradze, M. and Nioradze, G., 2011.Hominin occupations at the Dmanisi site, Georgia, Southern Caucasus: Raw materials and technical behaviours of Europe's first hominins.Journal of Human Evolution 60, 5, 571-596.

Michel, V., Chuan-Chou, Shen, Woodhead, J., Hsun-Ming, Hu, Chung-Che, Wu, Moullé, P-E., Khatib, S., Cauche, D., Moncel, M-H., Valensi, P., Yu-Min, Chou, Gallet, S., Echassoux, A., Orange, F., de Lumley, H., 2017.The earliest hominins in Southern Europe: A new chronological framework for Vallonnet Cave. Nature/Scientific Reports 7, 10074.

Moigne, A.-M., Palombo, M., Belda, V., Heriech-Briki, D., Kacimi, S., Lacombat, F., Lumley, M.-A., Moutoussamy, J., Rivals, F., Quilès, J., Testu, A., 2006. Les faunes de grands mammifères de la Caune de l'Arago (Tautavel) dans le cadre biochronologique des faunes du Pléistocène moyen italien. L'Anthropologie 110(5), 788-831.

Moncel, M.H., 2010. Oldest human expansions in Eurasia: Favouring and limiting factors. Quaternary International 223-224, 1-9.

Moncel, M.-H., Moigne, A.-M., Sam, Y. and Combier, J., 2011.The Emergence of Neanderthal Technical Behavior: New Evidence from Orgnac 3 (Level 1, MIS 8), Southeastern France. Current Anthropology 52(1), 37-75.

Moncel, M-H., Moigne, A-M., Combier, J., 2012. Towards the Middle Paleolithic in Western Europe: The case of Orgnac 3 (South-Eastern France). Journal of Human Evolution 63, 653-666.

Moncel, M-H., Despriée, J., Voinchet, P., Tissoux, H., Moreno, D., Bahain, J-J., Courcimault, G., Falguères, C., 2013. Early evidence of Acheulean settlement in north-western Europe - la Noira site, a 700 000 year-old occupation in the Center of France. Plos One 8(11), e75529.

Moncel, M-H., Ashton N., Lamotte A., Tuffreau A., Cliquet D., Despriée J., 2015. The North-west Europe early Acheulian, Journal of Anthropological Archaeology 40, 302-331.

Moncel, M-H., Despriée, J., Voinchet, P., Courcimault, G., Hardy, B., Bahain, J-J., Puaud, S., Gallet, X., Falguères, C., 2016. The Acheulean workshop of la Noira (France, 650 ka) in the European technological context, Special issue First European peopling, Quaternary International 393, 112-136.

Moncel, M-H., Arzarello, M., Peretto, C., 2016.Editorial.The Holstainian Eldorado. Quaternary International 409, 1-8.

Moncel, M-H., Schreve, D., 2016.Editorial.European Acheuleans. The Acheulean in Europe : origins, evolution and dispersal. Quaternary International 411(part B), 1-8.

Moncel, M-H., Ashton, N., 2018.From 800 to 500 ka in Europe.The oldest evidence of Acheuleans in their technological, chronological and geographical framework, Chapter 11.Springer edition, M. Mussi and R. Gallotti eds., The Emergence of the Acheulean in East Africa, pp. 215-235.

Moncel, M.-H., Landais, A., Lebreton, V., Combourieu-Nebout, N., Nomade, S., Bazin,L., 2018. Linking environmental changes with human occupations between 900 and 400 ka. In Western Europe, Quaternary International, special issue, Acheulean and Acheulean-Like Adaptations, P. Chauhan 480, 74-90.

Moncel, M. H., Santagata, C., Pereira, A., Nomade, S., Bahain, J. J., Voinchet, P., Piperno, M., 2019. A biface production older than 600 ka ago at Notarchirico (Southern Italy) contribution to understanding early Acheulean cognition and skills in Europe.PloS one 14(9), e0218591.

Moncel, M-H., Ashton, N., Arzarello, M., Fontana, F., Lamotte, A., Scott, B., Muttillo, B., Berruti, B., Nenzioni, G., Tuffreau, A., Peretto, C.,2020. An Early Levallois core technology between MIS 12 and 9 in Western Europe? Journal of Human Evolution 139.Sous presse.

Moncel, M-H., Santagata, C., Pereira, A., Nomade, S., Voinchet, P., Bahain, J-J., Daujeard, C., Curci, A. Lemorini, C., Hardy, B., Eramo, G., Berto, C., Raynal, J-P., Arzarello, M., Mecozzi, B., Iannucci, A., Sardella, R., Allegretta, I., Delluniversità, E., Terzano, R., Dugas, P., Jouanic, G., Queffelec, A., d'Andrea, A., Valentini, R., Minucci, E., Carpentiero, L., Piperno, M. 2020.The origin of early Acheulean expansion in Europe 700 ka ago: new findings at Notarchirico (Italy).Nature. Scientific Report, soumis

Mosquera, M., Ollé, A., Rodriguez, XP., 2013. From Atapuerca to Europe: Tracing the earliest peopling of Europe. Quaternary International 295, 130-137.

Mounier, A., Marchal, F., Condemi, S., 2009. Is Homo heidelbergensis a distinct species? New insight on the Mauer mandibule. Journal of Human Evolution 56, 219-246.

Ollé, A., Mosquera, M., Rodríguez, X.P., de Lombera-Hermida, A., García-Antón, M.D., García-Medrano, P., Peña, L., Menéndez, L., Navazo,M., Terradillos,M., Bargalló, A., Márquez, B., Sala, R., Carbonell, E., 2013. The Early and Middle Pleistocene technological record from Sierra de Atapuerca (Burgos, Spain). Quaternary International 295, 138-167.

Orain, R., Lebreton, V., Russo Ermolli, E., Sémah, A.-M., Nomade, S., Shao, Q., Bahain, J.-J., Thun Hohenstein, U., Peretto, C., 2013.Hominin responses to environmental changes during the Middle Pleistocene in central and southern Italy. Climate of the Past 9, 687-697.

Pappu, S., Gunnell, Y., Akhilesh, K., Braucher, R., Taieb, M., Demory, F., Thouveny, N., 2011. Early Pleistocene Presence of Acheulian Hominins in South India. Science 331, 1596-1599.

Parès, J.M., Arnold, L., Duval, M., Demuro, M., Pérez-Gonzalez, A., Bermúdez de Castro, J.M., Carbonell, E., Arsuaga, J.L., 2013. Reassessing the age of Atapuerca-TD6 (Spain): new paleomagnetic results.Journal of Archaeological Science 40, 4586-4595.

Parfitt, S.A. et al., 2005. The earliest record of human activity in northern Europe. Nature 438(15), 1008-1012.

Parfitt, S.A., Ashton, N., Lewis, S.G., Abel, R.L., Coope, G. R., Mike, H. F., Gale, R., Hoare, P.G, Larkin, N.R., Lewis, M.D., Karloukovski, V., Maher, B.A., Peglar, S.M., Preece, R.C., Whittaker, J.E., Stringer, C.B., 2010. Early Pleistocene human occupation at the edge of the boreal zone in northwest Europe. Nature 466, 229-233.

Pereira, A., Nomade, S., Voinchet, P., Bahain, J. J., Falguères, C., Garon, H., Lefèvre D., Raynla J-P., Scao V., Piperno, M. 2015. The earliest securely dated hominin fossil in Italy and evidence of Acheulian occupation during glacial MIS 16 at Notarchirico (Venosa, Basilicata, Italy). Journal of Quaternary Science 30(7), 639-650.

Peretto, C., Amore, O., Antoniazzi, A., Bahain, J.J., Cattani, L., Cavallini, L., Esposito, P., Falguères, C., Hedley, C., Laurent, I., Le Breton, V., Longo, L., Milliken, S., Monegatti, P., Ollé, A., Pugliese, A., Renault-Miskosky,J., Sozzi, M., Ungaro, S., Vannucci, S., Vergés, J.M., Wagner, J.J., Yokoyama, Y., 1998. L'industrie lithique de Cà Belvedere di Monte Poggiolo: stratigraphie, matière première, typologie, remontages et traces d'utilisation. L'Anthropologie 102, 343-466.

Peretto, C., Arzarello, M., Gallotti, R., Lembo, G., Minelli, A., Thun Hohenstein, U., 2004. Middle Pleistocene behavioural strategies: the contribution of Isernia La Pineta site. In: Baquedano, E., Rubio Jara, S. (Eds.), Miscelanea en homenaje a Emiliano Aguirre, Volumen IV, Arqueologia. Museo Arqueologico Regional, Alcalá de Henares, pp. 369-381.

Peretto, C., Arnaud, J., Moggi-Cecchi, J., Manzi, G., Nomade, S., Pereira, A., et al., 2015. A human deciduous tooth and new 40Ar/39Ar dating results from the Middle Pleistocene archaeological site of Isernia La Pineta, southern Italy. PLoS One 10(10), e0140091.

Piperno, M. (ed.), 1999. Notarchirico. Un sito del Pleistocene medio iniziale nel bacino di Venosa, Edizioni Osanna.

Preece, R. C., Gowlett, J. A., Parfitt, S. A., Bridgland, D. R., Lewis, S. G., 2006. Humans in the Hoxnian: habitat, context and fire use at Beeches Pit, West Stow, Suffolk, UK. Journal of Quaternary Science 21(5), 485-496.

Preece, R.C., Parfitt, S.A., 2012. The Early and early Middle Pleistocene context of human occupation and lowland glaciations in Britain and northern Europe. Quaternary International 271, 6-28.

Premo, L.S., Hublin, J-J., 2009.Culture, population structure, and low genetic diversity in Pleistocene hominins, PNAS 106, 1, 33-37.

Rightmire, G.P., 2001. Patterns of hominid evolution and dispersal in the Middle Pleistocene.Quaternary International 75, 77-84.

Roberts, M., Parfitt, S., 1999.Boxgrove: A Middle Pleistocene Hominid site at Eartham Quarry, English Herirage, West Sussex, England.

Roche H., 2005. From Simple Flaking to Shaping: Stone-knapping Evolution among Early Hominids. In: Roux, V., Brill, B. (eds) Stone knapping The necessary conditions for a uniquely hominin behavior. MacDonald Institute Monograph, pp. 35-53.

Roche, H., Brugal, J.P., Lefevre, D., Ploux, S., Texier, P-J., 1988. Isenya: état des recherches sur un nouveau site acheuléen d'Afrique orientale. The African Archaeological Review 6, 27-55.

Rodríguez, J., Burjachs, F., Cuenca-Bescós, G., García, N., Made van der, J.., Pérez-González, A., Blain, H.-A., Expósito, I., López-García, J.M., García Antón, M., Allué, E., Cáceres, I., Huguet, R., Mosquera, M., Ollé, A., Rosell, J., Parés, J.M., Rodríguez, X.P., Díez, C., Rofes, J., Sala, R., Saladié, P., Vallverdú, J., Bennasar, M.L., Blasco, R., Bermúdez de Castro, J.M., Carbonell, E., 2011. One million years of cultural evolution in a stable environment at Atapuerca (Burgos, Spain). Quaternary Science Reviews 30, 1396-1412.

Roe, D.A., 1981.The lower and middle Palaeolithic periods in Britain. Routledge and KeganPaul, London.

Roebroeks, W., Villa, P., 2011.On the earliest evidence for habitual use of fire in Europe.PNAS 108 (13), 5209-5214.

Sadori, L., Koutsodendris, A., Panagiotopoulos, K., Masi, A., Bertini, A., Combourieu-Nebout, N., Francke, A., Kouli, K., Kousis, I., Joannin, S., Mercuri, A.M., Peyron, O., Torri, P., Wagner, B., Zanchetta, G., Sinopoli, G., Donders, T.H., 2018. Pollen data of the last 500 ka BP at Lake Ohrid (south-eastern Europe). PANGAEA, https://doi.org/10.1594/PANGAEA.892362.

Schreve D., Moncel M-H., Bridgland D., 2015. Editorial: The early Acheulean occupation of western Europe: chronology, environment and subsistence behaviour. Special issue : Chronology, paleoenvironments and subsistence in the Acheulean of western Europe, Journal of Quaternary Science 30(7), 585-593.

Sharon, G., 2008. The impact of raw material on Acheulian large flake production. Journal of Archaeological Science 35(5), 1329-1344.

Sharon, G., 2009. Acheulian Giant-Core Technology. Current Anthropology 50 (3), 335-367.

Sharon, G., 2010. Large flake Acheulian. Quaternary International 223-224, 226-233.

Sharon, G., 2011. Flakes Crossing the Straits? Entame Flakes and Northern Africa-Iberia Contact During the Acheulean. African Archaeological Review 28, 125-140.

Sharon, G., Alperson-Afil, N., Goren-Inbar, N., 2011.Cultural conservatism and variability in the Acheulian sequence of Gesher Benot Yaaqov. Journal of Human Evolution 60(4), 387-397.

Spratt, R. M., & Lisiecki, L. E., 2016.A Late Pleistocene sea level stack. Climate of the Past 12(4), 1079-1092.

Stringer, C., 1996. The Boxgrove Tibia: Britain's Oldest Hominid and its place in the Middle Pleistocene Record. In: Gamble, C., Lawson A.J. (eds), The English Heritage Reviewed, Wesses Archaeology, pp. 53-56.

Stringer, C., 2012.The Status of *Homo heidelbergensis* (Schoetensack 1908). Evolutionary Anthropology 21, 101-107.

Texier, P-J., Roche, H., 1995. The impact of predetermination on the development of some Acheulean chaînes opératoires.In: Bermúdez de Castro, J., Arsuaga, J.L., Carbonell, E. (eds), Evolucion humana en Europa y los yacimientos de la Sierra de Atapuerca. Junta de Castilla y Leon, Vallaloid, pp. 403-420.

Toro Moyano, I. B.D., Cauche, D., Celiberti V.,Gregoire, S. , Lebegue, F., Moncel, M.H, Lumley, H. De, 2011. The archaic stone tool industry from Barranco León and Fuente Nueva 3, (Orce, Spain): Evidence of the earliest hominin presence in southern Europe.Quaternary International, 1-12.

Tuffreau, A., Lamotte, A., 2010. Oldest Acheulean Settlements in Northern France.Quaternary International 223-224, 455.

Vallverdu, J., Saladié, P., S., Rosas, A., Huguet R., Caceres, I., Mosquera, M., Garcia-Tabernero, A., Estalrrich, A., Lozano-Fernandez, I., Pineda-Alcala, A., Carrancho, A., Villalaın, J-J., Bourle, D., Braucher, R., Lebatard, A., Vilalta Montserrat Esteban-Nadal, J., Lluc Benna, M., Bastir, M., Lopez-Polın, L., Olle, A., Verge, J-M., Ros-Montoya, S., Martınez-Navarro, B., Garcıa, A., Martinell, J., Exposito, I., Burjachs, F., Agustı, J., Carbonell, E., 2014.Age and Date for Early Arrival of the Acheulian in Europe (Barranc de la Boella, la Canonja, Spain).PlosOne 9 (7), e103634.

Van Peer, P., 1998. The Nile Corridor and the Out-of-Africa Model.An examination of the Archaeological Record. Current Anthropology 39, 115-139.

Vermeersch, P. M., 2001. "Out of Africa" from an Egyptian point of view. Quaternary International 75, 103-112.

Voinchet, P., Moreno, D., Bahain, J-J., Tissoux, H., Tombret, O., Falguères, C., Moncel, M-H., Schreve, D., Candy, I., Antoine, P., Ashton, N., Beamish, M., Cliquet, D., Despriée, J., Lewis, S., Limondin-Lozouet, N., Locht, J-L., Parfitt, S., Pope, M., 2015. Chronological data (ESR and ESR/U-series) for the earliest Acheulean sites of northwestern Europe. In: D. Schreve, M-H. Moncel, D. Bridgland, Special issue: Chronology, paleoenvironments and subsistence in the Acheulean of western Europe, Journal of Quaternary Science 30 (7), p. 610-623.

Wagner, G.A., Krbetschek, M., Degering, D., Bahain, J-J., Shao, Q., Falguères, C., Voinchet, P., Dolo, J-M., Rightmire, P., 2010.Radiometric dating of the type-site for *Homo heidelbergensis* at Mauer, Germany.PNAS 107, 46, 19726-19730.

Zhu, Z., Dennell, R., Huang, W., Wu, Y., Qiu, S., Yang, S., Rao Z., Hou Y. Xie J., Han J., Ouyang, T. 2018.Hominin occupation of the Chinese Loess Plateau since about 2.1 million years ago.Nature 559(7715), 608.

Évolution des climats et de la biodiversité au cours des temps quaternaires dans le Sud-est de la France et en Ligurie

Henry de Lumley

Résumé

Plusieurs sites paléolithiques majeurs, qui ont fait l'objet de grands chantiers de fouilles dans le sud-est de la France et en Ligurie, permettent de suivre l'évolution de l'environnement et des climats tout au long des temps quaternaires en prenant en compte les études polliniques et anthracologiques, celles des faunes de grands mammifères et de microvertébrés, les analyses sédimentologiques et les analyses isotopique $\delta^{18}0/^{16}0$.

Abstract

Several main palaeolithic sites, which have been the subject of major excavation projects in the south-east of France and in Liguria, make it possible to follow the evolution of the environment and climates throughout quaternary times by taking into account pollen and anthracological studies, those of large mammal and microvertebrate faunas, sedimentological analyses and isotopic analyses $\delta^{18}0/^{16}0$.

Au pléistocène inférieur

La grotte du Vallonnet, située sur la commune de Roquebrune-Cap-Martin, dans les Alpes-Maritimes, contient des dépôts sédimentaires d'environ 2 mètres d'épaisseur attribués au Pléistocène inférieur. L'étude stratigraphique, en prenant en compte les données sédimentologique, magnétostratigraphique, géochronologique, palynologique et paléontologique, à permis d'individualiser plusieurs ensembles stratigraphiques, en allant de la base au sommet :

Ensemble stratigraphique I : L'étude palynologique du plancher stalagmitique inférieur, bien cristallisé, daté d'environ 1,12 Ma ou 1,22 Ma, indique que lors de sa formation le paysage avoisinant était une forêt dense composée de platanes, de pterocaryas, de taxons méditerranéens et de pins.

Ensemble stratigraphique II : Une plage marine littorale, riche en restes de poissons, en mollusques marins et en foraminifères et la présence du phoque marin (*Monachus monachus*), a été datée d'environ 1,07 Ma. La végétation, dominée par les pins et les taxons méditerranéens, correspond à une forêt moins dense que celle de l'ensemble stratigraphique I. La présence, parmi les poissons, de *Chilomycterus* sp. cf. *acanthode*s (diodon), *Odontaspis taurus* (Requin taureau), *Chrysophrys aurata* (Daurade royale) et *Myliobatis aquila* (raie « aigle des mers »), et parmi les mollusques de *Gryphaea cucullata*, caractéristique des mers tropicales, indique une température moyenne sur le littoral comprise entre 24 °C et 28 °C alors qu'elle est actuellement, dans la baie de Villefranche, de 15,9 °C.

Ensemble stratigraphique III : D'environ 1,50 m d'épaisseur, composé d'argile limono-sableuse rouge-jaune emballant des blocs, des cailloux et des galets issus du pouding miocène juste au dessus de la grotte, il a été subdivisé en trois sous-ensembles stratigraphiques C, BII et BI. De polarité géomagnétique normale et situé entre les dépôts sous-jacents des ensembles stratigraphiques I et II et ceux sus-jacents de l'ensemble stratigraphique IV, cet ensemble pourrait être attribué à l'épisode de Jaramillo dont l'âge est compris entre 1,07 et 0,98 Ma ou celui de Cobb Mountain dont l'âge est compris entre 1,21 et 1,19 Ma.

En effet, des datations récentes par la méthode U/Pb appliquées au plancher stalagmitique supérieur (ensemble stratigraphique IV) de 1,13 ± 0,19 ; 1,14 ± 0,5 ; 1,17 ± 0,00 ; 1,18 ± 0,05 ; 1,19 ± 0,07 ; 1,22 ± 0,09 Ma, c'est-à-dire entre 1,13 et 1,22 Ma, permettent de proposer une date un peu plus ancienne que celle admise antérieurement correspondant à l'épisode de Cobb Mountain (1,29 à 1,19 Ma) au lieu de l'épisode de Jaramillo (1,07 à 0,98 Ma).

Au cours des fouilles, les dépôts de l'ensemble stratigraphique III ont été subdivisés, en prenant en compte la répartition des ossements de grands mammifères en trois sous-ensembles stratigraphiques, en allant de bas en haut, C, BII et BI.

L'étude des pollens a mis en évidence, à la base de cet ensemble stratigraphique, correspondant aux sous-ensembles stratigraphique C, BII et à la partie inférieure de B1, une steppe très pauvre en arbres représentés par des pins maritimes, des oléacées et des chênes méditerranéens. Le climat devait être alors sec et relativement frais.

Dans les niveaux situés au sommet de l'ensemble stratigraphique III correspondant au milieu et à la partie supérieure du sous-ensemble stratigraphique B1, une forêt composée de pins, d'espèces de la chênaie mixte et de taxons méditerranéens, reprend progressivement le dessus, ce qui indique une période de réchauffement climatique.

La faune de grands mammifères comprend : *Macaca sylvanus florentina, Ursus deningeri, Xenocyon lycanoides, Canis mosbachensis, Alopex praeglacialis, Pachycrocuta brevirostris, Homotherium crenatidens, Acinonyx pardinensis, Panthera gombaszoegensis, Panthera pardus, Lynx spelaeus, Felis silvestris, Meles meles, Mammuthus meridionalis, Stephanorhinus hundsheimensis, Equus stenonis s.l., Hoppopotamus* cf. *antiquus, Sus* sp.*, Bison schoetensacki, Praeovibos* sp., *Ammotragus europaeus*, *Hemitragus bonali*, *Rupicaprini* gen. ind. sp. ind., *Praemegaceros* cf. *verticornis* et *Pseudodama nestii vallonnetensis*.

Cette association de faunes est en bon accord avec les datations obtenues pour le site. Les carnivores comme *Pachycrocuta brevirostris*, *Homotherium crenatidens*, *Acinonyx pardinensis*, *Panthera gombaszoegensis*, et parmi les herbivores comme *Mammuthus meridionalis* et *Equus stenonis* s.l., sont bien caractéristiques du Pléistocène inférieur. *Xenocyon lycaonoides* permet d'attribuer le site à la seconde moitié du Pléistocène inférieur. D'autres espèces comme *Ursus deningeri*, *Bison schoetensacki*, *Hemitragus bonali* et *Praemegacros* cf. *verticornis*, annoncent déjà le Pléistocène moyen.

L'association de micromammifères, parmi les rongeurs de *Microtus (Allophaiomys) nutiensis*, *Ungaromys nanus*, *Mimomys* cf. *savini*, *Hustrix major* et, parmi les insectivores, de *Beremendia fissidens*, confirme l'âge du Pléistocène inférieur.

Treize unités archéostratigraphiques ont été individualisées dans les sous-ensembles stratigraphiques C, BII et BI de l'ensemble stratigraphique III à partir des projections d'objets sur des plans verticaux effectuées tous les 10 cm dans le sens transversal et dans le sens longitudinal (Echassoux A., 2001).

La caverne a alors essentiellement servi de repaire à de grands carnivores ainsi que l'attestent les restes de *Xenocyon lycanoides*, *Canis mosbachensis*, *Homotherium crenatidens*, *Acinonyx pardinensis*, *Panthera gombaszoegensis*, *Panthera pardus*, qui y apportaient des carcasses de grands herbivores. L'ours de Deninger (*Ursus deningeri*), l'une des espèces dont les restes sont les plus abondants, venait hiverner. L'hyène géante, *Pachycrocuta brevirostris*, fréquentait régulièrement la grotte pour y récupérer des carcasses abandonnées par les grands carnivores ainsi que le montrent les nombreux ossements qui ont été brisés par ses puissantes mâchoires. Des porcs-épics (*Hystrix major*) qui habitaient la caverne ont laissé les traces de leurs dents sur la plupart des ossements.

En l'absence des grands carnivores, c'est l'Homme, alors charognard, en compétition avec la hyène géante, qui fréquentait la caverne pour avoir également accès aux carcasses et qui a laissé, dans plusieurs unités archéostratigraphiques, des percuteurs et des outils taillés : galets aménagés et petits éclats bruts de taille. Il n'y a pas de petits outils retouchés. Il y apportait également des bois de chute de cervidés qu'il ramassait à l'extérieur, vraisemblablement pour servir de percuteur (Lumley *et al.* 1988).

Des fractures sur os frais, des encoches de percussion et des stries dues à l'utilisation des outils lithiques sur des ossements, notamment de cervidés, attestent de la présence intermittente des Hommes dans la grotte qui venaient y pratiquer des activités de boucherie (Echassoux A., 2001).

L'industrie de la grotte du Vallonnet (figures 1 et 2) peut être comparée à d'autres industries lithiques archaïques de l'Europe méditerranéenne comme celle de Piro Nord (1,4 Ma) à Aprical dans les Pouilles, de Barranco Leòn et de Fuente Nueva 3 à Orce en Andalousie (1,2 Ma), de la Sima del

Elefante dans la Sierra d'Atapuerca près de Burgos dans la province de Castille-Leòn (1,12 Ma). Nous attribuons ces industries à un Préoldowayen ou Oldowayen archaïque.

Ensemble stratigraphique IV : Le plancher stalagmitique supérieur ou plancher stalagmitique de fermeture, qui a colmaté la région postérieure de la caverne, daté par la méthode de l'ESR entre 910 000 et 890 000 ans, ou par la méthode U/Pl de 1 194 000 ans, de polarité géomagnétique inverse, correspond à la période de Matuyama supérieur. La végétation, dont le couvert forestier est constitué de pins, de grands feuillus et de taxons méditerranéens, évoque un climat tempéré chaud et humide.

Ensemble stratigraphique V : Constitué d'argiles limono-sableuses jaune-rouge, ces dépôts colluviés, se sont déposés en surface de la région postérieure de la grotte en arrière du plancher stalagmitique de fermeture de l'ensemble stratigraphique IV.

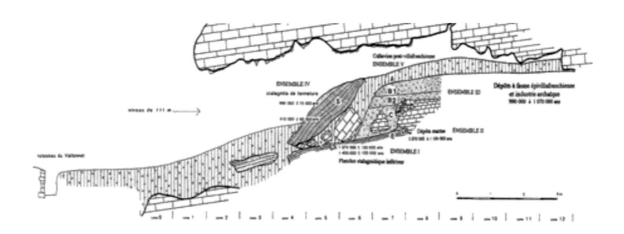

◀ Figure 1. La grotte du Vallonnet s'ouvre sur le territoire de la commune de Roquebrune-Cap-Martin, à 108 m d'altitude, sur la rive gauche d'un thalweg qui débouche dans la baie de Menton. Elle a été occupée alternativement, il y a un peu plus d'un million d'années, par des carnivores qui y installaient leur tanière, et par des Hommes porteurs d'une industrie archaïque qui venaient charogner les carcasses d'herbivores abandonnées par les carnivores.

Au pléistocène moyen

Quelques sites du Pléistocène moyen étudiés dans le sud de la France apportent des informations pour suivre l'évolution des climats et de la biodiversité tout au long du Pléistocène moyen entre 800 000 et 120 000 ans.

La Caune de l'Arago (figure 3), à Tautavel, situé à une trentaine de kilomètres du Nord-ouest de Perpignan, dont le remplissage atteint environ 16 m d'épaisseur et s'est déposé entre 690 000 et 100 000 ans. Plusieurs complexes stratigraphiques ont été individualisés (figures 4 et 5) :

- *Le complexe stratigraphique inférieur*, d'environ 7 mètres d'épaisseur, dont l'âge est compris entre 690 000 ans et 580 000 ans, correspond aux stades isotopiques 17 à 13.
- *Le complexe stratigraphique moyen*, d'environ 10 mètres d'épaisseur, dont l'âge est compris entre 580 000 et 410 000 ans, correspond aux stades isotopiques 14 à 12.
- *Le complexe stratigraphique supérieur*, d'environ 1 mètre d'épaisseur, dont l'âge est compris entre 410 000 et 95 000 ans, correspond aux stades isotopiques 11 à 5.
- *Le complexe stratigraphique sommital*, qui rempli des fissures situées au sommet des dépôts, correspond à la fin du stade isotopique 5 et au début du stade isotopique 4.

Seules les formations du complexe stratigraphique moyen, qui ont fait l'objet essentiel de nos campagnes de fouilles, dont l'âge est compris entre 580 000 et 410 000 ans, correspondant au Pléistocène moyen, sont bien connues. Trois grands ensembles stratigraphiques, en allant de la base au sommet, I, II et III ont été individualisés dans ce complexe moyen.

L'ensemble stratigraphique I du complexe moyen, dont l'âge est compris entre 580 000 et 520 000 ans (stade isotopique 14), est constitué (figures 4 et 5) par des dépôts de sables lités, avec des alternances de lits à grains plus grossiers et de lits à grains plus fins apportés dans la grotte par le vent à

◀ Figure 2. Coupe stratigraphique synthétique du remplissage de la grotte du Vallonnet, Roquebrune-Cap-Martin, Alpes-Maritimes. A la base, le plancher stalagmitique inférieur daté d'environ 1,2 Ma (E). Au-dessus une plage marine littorale du Pléistocène inférieur, datée d'environ 1,07 Ma, correspondant à une mer tropicale (D) surmontée par les dépôts continentaux de l'ensemble stratigraphique III (C), daté d'environ 1 million d'années, ou un peu plus, qui a livré des faunes de grands mammifères du Pléistocène inférieur et des pièces d'une industrie lithique archaïque. Cet ensemble stratigraphique III a été subdivisé en trois sous-ensembles stratigraphiques C, BII et BI. Au sommet le plancher stalagmitique supérieur, ou plancher stalagmitique de fermeture, daté de 950 000 à 900 000 ans environ.

▼ Figure 4. Coupe stratigraphique synthétique du remplissage de la Caune de l'Arago. Son étude a mis en évidence une alternance de dépôts apportés par le vent en période froide et sèche et de dépôts apportés par le ruissellement en période tempérée et humide, correspondant à de grands cycles climatiques d'une durée d'environ 100 000 ans chacun.

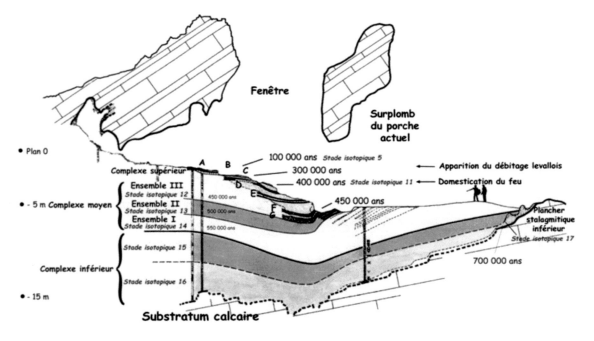

partir des alluvions de la plaine de Tautavel et étalés dans la caverne par le ruissellement. Plusieurs grandes unités archéostratigraphiques ont été reconnues dans ces dépôts : Y, T, S, R, Q, P, N, M, I, K, en allant de la base au sommet. L'étude palynologique met en évidence un paysage découvert

◄ Figure 3. La Caune de l'Arago, située en Roussillon, sur le territoire de la commune de Tautavel, s'ouvre sur une corniche escarpée, à 80 m au-dessus du niveau actuel de la rivière, le Verdouble, un affluent de l'Agly. La grotte contient un remplissage quaternaire de plus de 16 m de hauteur dont l'âge est compris entre 700 000 et 100 000 ans.

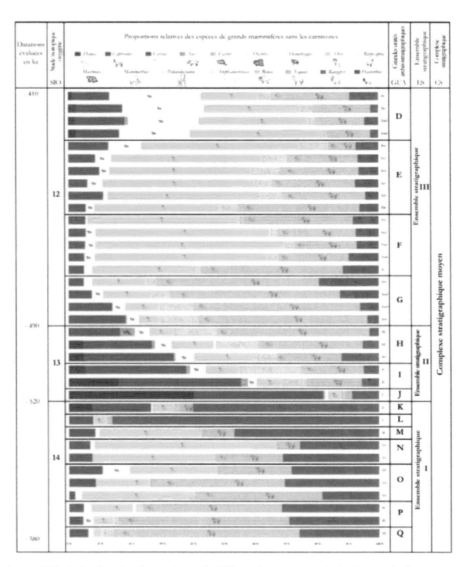

▲ Figure 5. L'étude multidisciplinaire des formations du Pléistocène moyen de la Caune de l'Arago en prenant en compte les données des études sédimentologique, palynologique, paléontologique des faunes de grands mammifères et de microvertébrés, a mis en évidence de grands cycles climatiques d'une durée d'environ 100 000 ans comprenant chacun une période froide d'environ 80 000 ans et une période tempérée d'environ 20 000 ans. Ainsi entre 580 000 et 520 000 ans les Hommes pouvaient chasser le cheval, l'aurochs et le renne (stade isotopique 14), entre 520 000 et 490 000 ans le cerf et le daim (stade isotopique 13) et entre 490 000 et 410 000 ans le cheval, l'aurochs, le renne et même le bœuf musqué un animal qui vit actuellement au-delà du cercle polaire.

▶ Figure 6. L'Homme de Tautavel. Un *Homo erectus* européen évolué en voie de néandertalisation, dénommé souvent *Homo heidelbergensis*. 151 restes humains fossiles ont été mis au jour dans la Caune de l'Arago dans des dépôts dont les âges sont compris entre 580 000 et 300 000 ans. D'une taille d'environ 1,64 m, large d'épaule et de hanche, il avait un crâne bas, un front fuyant, un puissant torus sus-orbitaire, un fort rétrécissement post-orbitaire, des pommettes saillantes, une face prognathe, une capacité crânienne d'environ 1 100 cc plus faible que celle des Néandertaliens et des *Homo sapiens* et une mandibule sans menton.

caractérisé par une steppe à graminées et chicorées attestée par très peu de pollens d'arbres (moins de 15 %), principalement des pins et des genévriers. La faune de grands mammifères comprend *Canis mosbachensis, Cuon priscus, Vulpes praeglacialis, Lynx spelaea, Panthera Leo spelaea, Panthera* cf. *pardus, Ursus deningeri, Ursus arctos, Cervus elaphus, Rangifer tarandus, Hemitragus bonali, Ovis ammon antiqua, Bison schoetensacki, Equus ferus mosbachensis, Stephanorhinus hemitoechus, Mammuthus trogontherii.* Cette association de faune est caractérisée par l'abondance du renne (figure 5), surtout au sommet, où il représente 85 % des restes de grands herbivores dans l'unité archéostratigraphique L et 55 % dans l'unité archéostratigraphique K, mais aussi du cheval et du bison. Le climat correspondant devait être froid et très sec (stade isotopique 14).

L'ensemble stratigraphique II du complexe moyen (figures 4 et 5), dont l'âge est compris entre 520 000 et 490 000 ans (stade isotopique 13), est constitué par des sables limono-argileux apportés par le ruissellement à partir du plateau situé au-dessus de la grotte. Plusieurs grandes unités archéostratigraphiques ont été individualisées dans cet ensemble stratigraphiques : J, I et H en allant de la base au sommet. L'étude palynologique met en évidence une forêt tempérée à pins méditerranéens dominants associés à des cupressacées (conifères et cyprès), à des caducifoliées et à des éléments méditerranéens. La faune de grand mammifères comprend *Canis mosbachensis, Cuon priscus, Vulpes praeglacialis, Felis silvestris, Lynx spelaea, Ursus deningeri, Cervus elaphus, Dama roberti, Hemitragus bonali, Bison* sp., *Stephanorhinus hemitoechus.* Cette association de faune est caractérisée par l'abondance relative des restes de cerfs et de daims. Le climat correspondant devait être tempéré et humide (stade isotopique 13).

L'ensemble stratigraphique III du complexe moyen (figures 4 et 5), dont l'âge est compris entre 490 000 et 410 000 ans (stade isotopique 12) est constitué par des dépôts de sables lités grossiers et moyens apportés dans la grotte par le vent à partir de la plaine de Tautavel et mis en place par le ruissellement. Plusieurs grandes unités archéostratigraphiques ont été individualisées dans cet ensemble stratigraphique : G, F, E, et D en allant de la base au sommet. L'étude pollinique met en évidence un paysage découvert occupé par une steppe à graminées et à chicorées et des bosquets d'arbres. La faune de grands mammifères est représentée par *Canis mosbachesis, Cuon priscus, Vulpes vulpes, Panthera Leo spelaea, Felis silvestris, Lynx spelaea, Ursus arctos, Ursus*

deningeri, Cervus elaphus, Rangifer tarandus, Praeovobivos priscus, Hemitragus bonali, Rupicapra aff. *pyrenaica, Ovis ammon antiqua, Bison priscus, Equus ferus mosbachensis, Stephanorhinus hemitoechus, Palaeoloxodon antiquus.* Cette association de faune, caractérisée par l'abondance des restes de chevaux et la présence du bison, du bœuf musqué primitif et du renne, correspond à un climat très froid et très sec (stade isotopique 12). En effet, la présence du bœuf musqué (figure 5), dans presque toutes les unités archéostratigraphiques de l'ensemble stratigraphique III du complexe moyen et la relative abondance du cheval, du renne et du bison des steppes témoignent d'un climat très rigoureux en Roussillon, pendant le stade isotopique 12.

Au cours de toute la durée du complexe stratigraphique moyen, entre environ 690 000 et 410 000 ans, les associations des industries lithiques des chasseurs acheuléens de la Caune de l'Arago (Lumley *et al.* 2004a) ont peu évolué. Elles sont largement dominées, dans tous les niveaux, par les débris et les éclats non retouchés. Pour le débitage des éclats, la méthode Levallois n'a jamais été utilisée. Les petits outils retouchés aménagés sur débris ou sur éclat, c'est-à-dire les racloirs, les denticulés et les encoches, sont toujours en proportions très supérieures (90 %) au macro-outillage : choppers, chopping-tools, pics, bifaces, hachereaux, polyèdres (seulement 10 %). Dans le groupe des racloirs, ce sont les racloirs simples qui sont les plus nombreux. Les denticulés sont généralement un peu moins nombreux que les racloirs. Les encoches, le plus souvent clactoniennes, ou retouchées, sont en proportions un peu plus faibles. Quelques pointes de Tayac et des points de Quinson caractérisent cette industrie. Les galets aménagés opportunistes, ceux à tranchant continu ou à bords convergents sont bien représentés (4 % du macro-outillage). Les bifaces, présents dans presque tous les niveaux, sauf dans les unités archéostratigraphiques de l'ensemble stratigraphique II, sont en très faible pourcentage.

151 restes humains fossiles ont été mis au jour dans les niveaux du Pléistocène moyen de la Caune de l'Arago. Ils appartiennent à des *Homo erectus* européens évolués (*Homo erectus tautavelensis*) qui se caractérisent par un crâne bas, un front fuyant, un puissant torus-orbitaire non continu avec une dépression glabellaire, un rétrécissement post-orbitaire très fort, des crêtes temporales saillantes avec un *torus angularis*, une face prognathe et une arcade alvéolaire arrondie en avant avec des dents très robustes (figure 6). La capacité crânienne, d'environ 1 100 cm^3, était plus faible que celle des Néandertaliens et des *Homo sapiens* (Lumley *et al.* 2014).

Le site de plein air de Terra Amata (figure 7), est situé à Nice, à environ 200 m à l'est du port de commerce et à environ 26 mètres au-dessus du niveau de la mer.

Au dessus d'une plate forme de calcaire marneux turonien et de marnes cénomaniennes, des formations du Pliocène supérieur constituées de sables limono-argileux gris-bleuté ont été tronquées par une transgression marine du Pléistocène moyen datée d'environ 600 000 ans. D'importants dépôts quaternaires, correspondant à plusieurs grands cycles climatiques, A, B et C, reposent sur la plateforme cénomanio-turonienne et sur les formations pliocènes. Les trois complexes stratigraphiques A, B et C1 correspondant à trois cycles sédimentaires emboîtés les uns dans les autres, dont les lignes de rivage étaient situées à l'altitude d'environ 26 mètres, antérieurs à la plage marine transgressive du stade isotopique 7 reconnue à 23 m dans

la grotte du Lazaret, à 800 m au sud-est, peuvent être attribués à trois périodes transgressives de la mer pendant le Pléistocène moyen. Chacun de ces complexes stratigraphiques A, B et C1, qui correspondent à trois cycles successifs, débutent par une plage marine transgressive constituée de galets, surmontée par une dune littorale, puis par des sables apportés par le vent qui sont altérés en surface.

C'est dans le complexe stratigraphique C1 qu'ont été mis au jour des sols d'occupation acheuléens dont dix-huit dans l'ensemble stratigraphique C1a, constitué de formations marines littorales appartenant à une période transgressive de la mer datée de 400 000 ans et attribuée au stade isotopique 11.3 et onze dans l'ensemble stratigraphique C1b, constitué par une dune littorale de sables grossiers et moyens, attribuée à l'extrême début de la grande régression du stade isotopique 10 (stade isotopique 11.24).

Le site en plein air de Terra Amata permet donc de suivre, sur le littoral méditerranéen la transition entre le stade isotopique 11 et l'extrême début du stade isotopique 10. Les études palynologiques et anthracologiques mettent en évidence un couvert forestier important, constitué d'essences méditerranéennes de la plaine de Nice et des vallées environnantes, en particulier du bassin du Paillon, et d'essences montagnardes des sommets environnants comme le mont Alban et le mont Boron (Renault-Miskovsky, 1972 ; Renault-Miskovsky *et al.* 2011 ; Lumley, 2011a, 2011b). Les faunes de grands mammifères mis au jour dans ces deux grands ensembles stratigraphiques FML et D sont relativement comparables : *Ursus arctos, Palaeoloxodon antiquus, Stephanorhinus hemitoechus, Sus scrofa, Bos primigenius, Hemitragus bonali, Cervus elaphus, Dama dama clactoniana* (Lumley *et al.,* 2011a ; Valensi *et al.,* 2011 ; Moigne *et al.,* 2011 ; Palombo *et al.,* 2011). Ce sont les restes d'éléphants antiques (47 %) et de cerfs élaphes (43 %), qui dominent toujours les assemblages osseux qui étaient le plus souvent apportés par l'Homme avec, occasionnellement, l'aurochs, le tahr, le rhinocéros, le sanglier, le daim et même l'ours brun. Cette association de grands mammifères, qui évoque une importante couverture forestière, correspond à un climat tempéré, et relativement humide à la transition entre le stade isotopique 11 et l'extrême début du state isotopique 10, lorsque le niveau de la mer a commencé à régresser sur le littoral méditerranéen.

Les industries lithiques des chasseurs acheuléens de Terra Amata (Lumley *et al.,* 2009a, 2015) qu'elles proviennent de l'ensemble stratigraphique C1a, dont l'âge est évalué à environ 400 000 ans, ou de l'ensemble stratigraphique C1b, dont l'âge est évalué à environ 380 000 ans, présentent de grandes analogies entre elles. Elles se caractérisent par une forte proportion de

◄ Figure 7. Le site en plein air acheuléen de Terra Amata, à Nice, situé à environ 200 m du port de commerce et à 25 m d'altitude, daté de 400 000 et 380 000 ans (stade isotopique 11 et extrême début du stade isotopique 10) a été fouillé du 28 janvier au 3 juillet 1966. Vingt neuf sols d'occupation des chasseurs acheuléens ont été mis au jour dans ce site.

produits de percussion (galets à enlèvement isolé convexe et éclats à surface totalement en cortex et à talon nul), par l'abondance des choppers primaires (galets à enlèvement isolé concave), une forte proportion de choppers élaborés parmi lesquels les choppers à tranchant continu sans pointe et les choppers à bords convergents sont dominants. Les chopping-tools sont en proportions faibles. Les pics, les bifaces et les hachereaux sont presque toujours présents dans les assemblages mais en très faibles proportions. Les éclats et les petits éclats bruts de taille sont présents en fort pourcentage. Les petits outils retouchés, peu standardisés, n'occupent jamais une position dominante et présentent généralement des proportions inférieures ou comparables à celles des pièces du macro-outillage. Ce sont essentiellement des racloirs, souvent des encoches et parfois des denticulés. Les pointes retouchées, ainsi que les pointes de Quinson et les pointes de Tayac, sont extrêmement rares.

Une incisive déciduale supérieure droite (di1d sup) humaine, ayant appartenu à un enfant de 7 ans, mise au jour dans la dune littorale D, a un

Figure 8. L'abondance de charbon de bois et de fragments d'os brûlés sur tous les sols d'occupation acheuléens du site de Terra Amata montre que les *Homo erectus* savaient allumer le feu à leur gré et qu'ils l'avaient domestiqué. Plusieurs foyers aménagés ont été mis au jour sur ces sols d'occupation. Sur cette photographie, le foyer aménagé du sol d'occupation DM (380 000 ans).

▶ Figure 9. Coupe stratigraphique de la grotte au plafond effondré d'Orgnac 3 en Ardèche. Le remplissage de la grotte d'environ 7 mètres de hauteur correspond à la fin du stade isotopique 10 vers ~ 350 000 ans (froid), au stade isotopique 9 environ ~ 340 000 ans (tempéré), à la transition entre le stade isotopique 9 et le stade isotopique 10 entre ~ 340 000 et 300 000 ans, et à l'extrême début du stade isotopique 8 vers ~ 300 000 ans (froid).

diamètre médio-distal plus élevé que celles des enfants actuels et se situe dans les valeurs moyennes des dents déciduales des *Homo erectus* européens évolués de la Caune de l'Arago (Lumley M.-A. de *et al.*, 2011).

Plusieurs modes d'occupation du site ont pu être mis en évidence sur le site acheuléen de Terra Amata (Lumley *et al.*, 2013a, 2013b) :

- des aires de débitage et de façonnage de galets en surface du cordon littoral inférieur CLi et dans plusieurs niveaux du cordon littoral supérieur CLs,
- des sols d'occupation de huttes dans les sables limono-argileux à lits de galets PM et dans les sables grossiers et moyens de la dune littorale D (figure 8).
- une occupation en bordure d'une plage de sables marins au niveau de l'unité archéostratigraphique SA-SB.

Les foyers mis en évidence sur les sols d'occupation acheuléens des formations marines littorales de l'ensemble stratigraphique C1a datées d'environ 400 000 ans et ceux mis au jour sur les sols d'occupation de huttes de la dure littorale datés d'environ 380 000 ans, sont parmi les plus anciens foyers aménagés actuellement connus dans le monde.

Le site d'Orgnac 3, situé sur le plateau urgonien du Bourg-Saint-Andréol, au lieu dit Mattecarlingue, sur la commune d'Orgnac-l'Aven, en Ardèche, à 800 mètres à l'ouest de l'aven d'Orgnac, est une grotte au plafond en partie effondré, dont le remplissage quaternaire atteint plus de 7 m de hauteur (figure 9). Quatre ensembles stratigraphiques ont été individualisés.

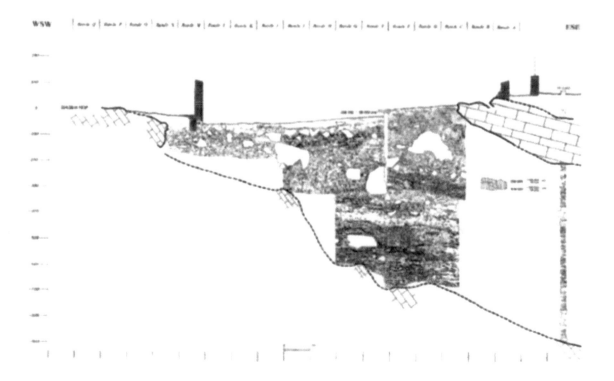

- *L'ensemble stratigraphique I* (couche t à k), d'environ 5 m d'épaisseur, dans lequel alternent des cailloutis anguleux lités (grèze litée) et des niveaux sablo-limoneux, est surmonté d'un niveau à gros blocs correspondant au début de l'effondrement du plafond à l'entrée de la caverne. Cet ensemble stratigraphique, qui n'a pas livré de pièces d'industrie lithique, ni de témoignages d'une activité humaine, mais dans lequel ont été trouvés de nombreux ossements de carnivores (hyénidés et canidés) et quelques restes de renne et de lemming, correspondant à un climat froid, peut être attribué au stade isotopique 10.

- *L'ensemble stratigraphique II* (couche j – niveaux archéologiques 8 et 7), d'environ 60 cm d'épaisseur, est constitué de limons argilo-sableux, riches en cailloux corrodés qui emballent des blocs d'effondrement du plafond et contiennent un important plancher stalagmitique avec des piliers, qui montrent bien que le plafond de la caverne était encore en place. Ce plancher stalagmitique a été daté par la méthode U/Th de 374 000, 356 000, 347 000, 340 000 ans. Cet ensemble stratigraphique, riche en industries lithiques acheuléennes, contient, outre des ossements de carnivore, une dominance des ossements de cerf et la présence de restes de sanglier. Il correspond à un climat tempéré et humide attribué au stade isotopique 9.

- *L'ensemble stratigraphique III* (couches i à e – niveaux archéologiques 6 à 7), d'environ 3 m d'épaisseur, est constitué de limons argilo-sableux à cailloux anguleux associés à la présence de quelques gros blocs qui témoignent de la poursuite de l'effondrement du plafond de la grotte. Cet ensemble stratigraphique, a livré dans toutes les couches, une riche industrie acheuléenne. C'est dans le niveau archéologique 3, daté d'environ 320 000 ans, qu'apparaissent les premiers témoignages du débitage Levallois. La faune est très abondante (Aouraghe, 1962 ; Moigne *et al.* 1999, 2005 ; Sam, 2009 ; Sam *et al.* 2011). Les restes de cerf en proportions dominantes à la base (45 % dans le niveau archéologique 6) diminuent vers le sommet (35 % dans le niveau archéologique 3) alors que ceux du cheval *Equus steinheimensis* (Forsten A. *et al.* 1998) augmentent progressivement passant de 15 % dans le niveau archéologique 6 à 22 % dans le niveau archéologique 3. Les restes des grands bovidés, Bos et Bison, sont dominants dans le niveau archéologique 4 (35 % contre 30 % pour les cervidés et 16 % pour le cheval). La présence de *Canis lupus mosbachensis*, d'une forme archaïque de *Crocuta crocuta,* de *Capreolus sussenbornensis,* d'*Equus steinheimensis* confirment l'âge Pléistocène moyen de cet ensemble stratigraphique, dont l'âge est compris entre 340 000 et 300 000 ans.

- *L'ensemble stratigraphique IV* (couche d à a – niveaux archéologique 2 et 1), est constitué de dépôts argileux à rares cailloux corrodés, correspondant à l'horizon B d'un paléosol rouge avec à sa base son

Figure 10. Les études multidisciplinaires effectuées sur le site d'Orgnac 3 : études sédimentologique, géochronologique, géochimique, isotopique, palynologique, études paléontologiques des faunes de grands mammifères et de microvertébrés, permettent de suivre l'évolution des paléoclimats et de la biochronologie entre la fin du stade isotopique 10 environ ~ 350 000 ans jusqu'à l'extrême début du stade isotopique 8 autour de 300 000 ans. Les proportions de cerf diminuent progressivement alors que celles du cheval augmentent régulièrement de la base au somme du remplissage.

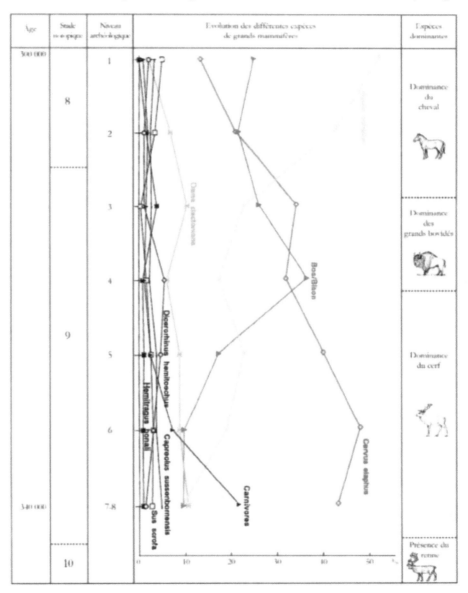

encroûtement calcaire Cca. Des fosses et des terriers au sommet de cet ensemble stratigraphique ont été comblés par des cendres volcaniques riches en zircons, daté par la méthode ^{39}Ar/^{40}Ar de 300 000 ans (298 000 ± 35 000 ans).

▶ Figure 11. Le porche de la grotte du Lazaret à Nice. Au cours du stade isotopique 6, il y a environ 150 000 ans, cette grotte s'ouvrait sur une corniche escarpée à 140 mètres au dessus de la mer. Son seuil rocheux est situé actuellement à 20 mètres seulement au dessus de la ligne de rivage.

Les études stratigraphiques, sédimentologiques et paléontologiques du site permettent de suivre l'évolution des paléoenvironnements et des climats depuis la fin du stade isotopique 10 (environ 380 000 ans), jusqu'au début du stade isotopique 8 (300 000 ans), caractérisé au cours du stade isotopique 9 par un refroidissement progressif du climat avec une diminution, au cours du temps, du couvert forestier occupé par le cerf, au profit des espaces découverts habités par le cheval (Khatib, 1989a ; Aouraghe, 1992 ; Sam, 2009, 2011). Au milieu de cette période, dans un paysage en mosaïque avec des forêts et des espaces découverts, les grands bovidés, *Bos* et *Bison*, étaient dominants alors que les proportions du cerf étaient en régression et que celles du cheval augmentaient (figure 10).

Quelques dents humaines, mises au jour au cours des fouilles, sont proches de celles de la Caune de l'Arago à Tautavel, et peuvent être attribuées à des *Homo erectus* européens évolués.

L'industrie lithique acheuléenne, très riche, comprend de nombreux bifaces d'excellente facture, des galets aménagés et un petit outillage retouché abondant, riche en racloirs associés à la présence d'encoches et de denticulés. La technique de débitage Levallois apparaît au milieu de la séquence, vers 320 000 ans (Moncel, 1989 ; Moncel. *et al.* 2011). Sur plusieurs sols d'occupation acheuléens successifs, la présence de foyers, a été mise en évidence.

La grotte du Lazaret (figure 11), sur les pentes occidentales du mont Boron, à Nice, à son seuil rocheux situé actuellement à environ 20 mètres au-dessus du niveau actuel de la mer. Au cours du stade isotopique 6, lorsque les hommes fréquentaient la grotte, le climat était plus froid que de nos jours, et la ligne de rivage était située 120 mètres plus bas que le niveau actuel. La grotte s'ouvrait alors sur une corniche escarpée à 140 mètres au-dessus du niveau de la mer.

Plusieurs complexes stratigraphiques, A à G, ont été individualisés dans le remplissage de cette caverne qui atteint 10 m de hauteur (figure 12). A la base, la plage marine indurée du complexe stratigraphique A, mise en place lors d'une transgression marine ancienne, correspond peut-être à celle du stade isotopique 9. Au-dessus, une plage marine littorale à gros galets, dont

▶ Figure 12. Coupe stratigraphique synthétique de la grotte du Lazaret, à Nice. Au-dessus des deux plages maritimes transgressives de la mer au cours du stade isotopique 9 (environ 340 000 ans) et du stade isotopique 7 (environ 230 000 ans), les dépôts quaternaires continentaux qui atteignent 6 m de hauteur peuvent être subdivisés en trois ensembles stratigraphiques, de bas en haut CI, CII, CIII, qui contiennent tous des sols d'occupation acheuléens riches en faune et en industrie lithique. Ces dépôts sont recouverts par plusieurs lits stalagmitiques dont l'âge est compris entre 120 000 et 70 000 ans.

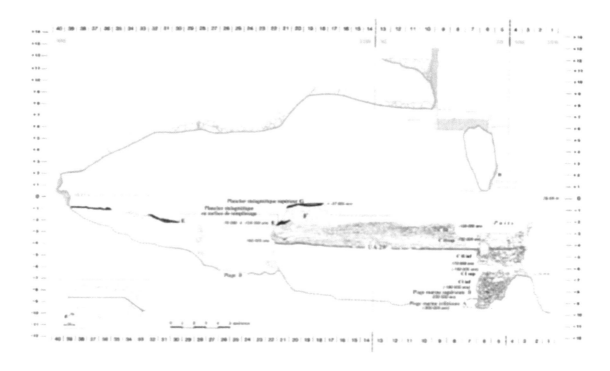

l'âge est compris entre 240 000 et 190 000 ans (en moyenne 230 000 ans), correspond à une mer chaude avec une faune marine abondante comprenant *Melaraphe neritoïdes, Bittium reticulatum, Rissoa simillis, Rissoa variabilis, Spondylus gaederopus, Nassa ferussacei, Ancycla corniculum*. La mesure du $\delta^{18}O$‰ du carbonate organogène de mollusques marins d'une valeur de -1,0 et -0,89 indique une température moyenne du littoral de la mer à 17 °C, plus chaude qu'actuellement (Lumley *et al.* 2004, 2009). Les dépôts du complexe stratigraphique C, d'une épaisseur de près de 6 m, contiennent de haut en bas, de nombreuses unités archéostratigraphiques superposées riches en industrie lithique et en faune quaternaire. Le complexe stratigraphique C, dont l'âge est compris entre 190 000 et 120 000 ans environ, peut-être subdivisé en trois sous-ensembles stratigraphiques, en allant de la base au sommet C1, CII et CIII, correspondant à trois cycles climatiques, chacun d'entre eux débutant par une période de refroidissement suivie d'une période de réchauffement.

Dans les dépôts des ensembles stratigraphiques CII inf et CIII, correspondant à des périodes froides et humides, l'étude des pollens met en évidence que dans l'environnement de la grotte s'étendait une forêt de pins sylvestres présents aujourd'hui dans les Alpes-Maritimes au-dessus de 600 m d'altitude (Lumley *et al.* 2004). En revanche, dans les dépôts correspondants à un climat moins rigoureux (C II sup) les pollens de pins sylvestres sont moins abondants et ceux de la chênaie mixte sont en plus forte proportion. Dans ces dépôts, la marmotte (*Marmota marmota*) est toujours présente, les bouquetins (*Capra ibex*), le chocard à bec jaune (*Pyrrhocorax pyrrhocorax*) ainsi que les littorines de mers froides (*Littorina fabalis* et *Littorina saxatilis*) qui ont été apportées involontairement dans la grotte avec des brassées d'herbes marines ramassées sur le littoral pour entretenir les foyers et aménager des litières, sont en proportions plus élevées (Lumley *et al.* 2004 ; Valensi, 1994 ; Hanquet *et al.* 2010). Au sommet de l'ensemble stratigraphique CII inf., la présence du glouton (*Gulo gulo*), espèce sub-boréale, indique un climat assez froid. En revanche, dans le sous-ensemble stratigraphique correspondant à un climat moins froid CII sup, les proportions de bouquetins sont en régression, les ossements de marmottes sont absents, le chocard à bec jaune et les littorines de mers froides sont en pourcentages moins élevés. La mesure de $\delta^{18}O$‰ du carbonate organogène des coquilles de mollusques marins apportées fortuitement sur le site avec des brassées d'herbes marines confirme que le climat contemporain de la mise en place du complexe stratigraphique C était plus froid qu'actuellement entre 10,5 °C et 14 °C, alors que la température moyenne annuelle de la mer sur le littoral dans la baie de Villefranche est aujourd'hui de 15,9 °C. La température moyenne annuelle du littoral était de 10,5 °C lors des dépôts de l'ensemble stratigraphique CII inf et de 11 °C lors des dépôts de l'ensemble stratigraphique CIII et elle était un peu moins froide lors de dépôts de l'ensemble stratigraphique CII sup : 14 °C et 13,9 °C.

Le plancher stalagmitique du complexe stratigraphique E, qui repose directement, dans le fond de la grotte, sur les dépôts de l'ensemble stratigraphique CIII, daté de 125 000 à 75 000 ans, correspond au stade isotopique 5 et au début du 4, et s'est constitué sous un climat chaud et humide. La plage tyrrhénienne à *Strombus bubonius* de la Villa Marcella, située en contrebas de la grotte du Lazaret, datée de 120 000 ans, correspond à une mer plus chaude que la mer actuelle : 18,0 °C en moyenne (δ^{18}O‰ = -0,5) alors qu'elle est actuellement de 15,9 °C.

28 restes humains ont été mis au jour dans les ensembles stratigraphiques CIII, CII sup et CII inf. Ils appartiennent à des *Homo erectus* européens évolués (*Homo erectus tautavelensis*). Le frontal, Laz24 mis au jour en 2001, dans l'unité archéostratigraphique UA26, présente un torus sus-orbitaire avec une dépression glabellaire et un très fort rétrécissement post-orbitaire. Il y a 160 000 ans des *Homo erectus* en voie de néandertalisation occupaient encore le littoral méditerranéen de l'Europe (Lumley *et al.*, 2011).

L'industrie lithique mise au jour sur les sols d'occupation des différentes unités archéostratigraphiques de la grotte du Lazaret correspond à un Acheuléen supérieur riche en bifaces évoluant vers un Acheuléen supérieur de plus en plus pauvre en bifaces et vers un Protomoustérien sans biface à la fin du stade isotopique 6 (Lumley *et al.*, 2004). Le débitage Levallois, non dominant, est très souvent utilisé. Les petits outils retouchés sur éclat (55 à 80 %) sont assez nombreux, les racloirs et les pointes retouchées dominant largement les outils à encoche et les denticulés. Ce petit outillage est généralement taillé dans des supports peu épais avec une dominante de racloirs peu arqués, la présence significative de pointes et de racloirs convergents, de nombreux racloirs doubles aménagés souvent sur des supports allongés et des denticulés de qualité médiocre. Les choppers primaires (galets à enlèvement isolé concave), les choppers opportunistes et les choppers élaborés sont relativement peu nombreux (8 à 18 %), mais toujours présents. Les bifaces, le plus souvent lancéolés et amygdaloïdes, généralement de bonne facture, ont souvent conservé un talon en cortex ou sont bruts de taille. Ils sont souvent pointus ou à extrémité distale cassée aménageant un tranchant transversal.

Sur chaque unité archéostratigraphique ont été reconnues des structures d'habitat, en particulier la localisation de foyers (figure 13). L'analyse des matières organiques des sols d'occupation des différentes unités archéostratigraphiques permet de localiser l'emplacement de litières d'herbes marines et terrestres, les zones de traitement de la viande, les emplacements ou la viande était consommée crue, ceux où elle était fumée, les zones d'accumulation de déchets (Lumley *et al.* 2004).

Figure 13. Les sols d'occupations acheuléens de la grotte du Lazaret, correspondant au stade isotopique 6, jonchés de charbons de bois et d'ossements brûlés indiquent que le feu était alors omniprésent dans l'univers humain. Les peuples acheuléens avaient domestiqué le feu et savaient l'allumer à leur gré. Plusieurs foyers ont été mis au jour sur les sols d'occupation acheuléens. Ici un foyer mis au jour sur le sol d'occupation acheuléen de l'unité archéostratigraphique UA 27.

Le pléistocène supérieur ancien

La grotte du Prince, s'ouvre sous la falaise des Baousse Rousse, à Grimaldi, commune de Vintimille, à environ 8 m d'altitude absolue et à 75 m du rivage actuel de la méditerranée. S'appuyant sur des brèches anciennes, plaquées contre la paroi au fond de la caverne, fouillées par Louis Barral, Suzanne Simonne et Patrick Simon (Barral *et al.,* 1967), qui y découvrirent des industries acheuléennes, des faunes du Pléistocène moyen et un os iliaque d'*Homo erectus* daté d'environ 220 000 ans (stade isotopique 8 ou 9), un important remplissage (figure 14), de plus de 22 m de hauteur, fouillé à l'initiative du Prince Albert Ier de Monaco, peut être attribué à la première partie du Pléistocène supérieur (stades isotopiques 5 à 3). La plage tyrrhénienne à la base (figure 14), un dépôt de sables marins, d'une épaisseur de plus de 2 m, reposant directement sur le sol rocheux de la caverne, entre

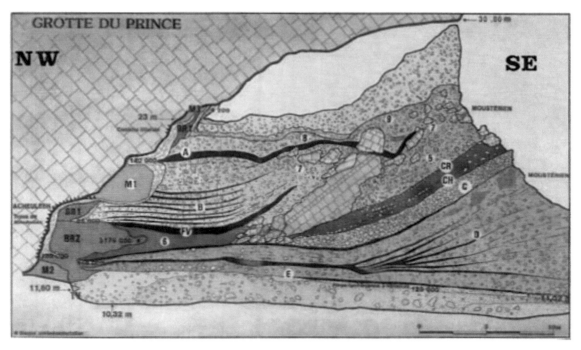

Figure 14. Coupe stratigraphique synthétique de la grotte du Prince, sous la falaise des Baousse Rousse, à Grimaldi, commune de Vintimille. Cette grotte a été fouillée à l'initiative du Prince Souverain Albert Ier de Monaco entre 1901 et 1905. Au-dessus d'une plage marine à *Strombus bubonius* correspondant au stade isotopique 5, les dépôts continentaux qui atteignent 10 m d'épaisseur renferment plusieurs niveaux du Pléistocène supérieur ancien, contenant des industries moustériennes, riches en ossements de faune, dont l'âge est compris entre 95 000 et 40 000 ans.

8 et 12 m d'altitude, a livré une abondante faune de mollusques marins, à *Strombus bubonius* caractéristique de la mer tyrrhénienne (Boule, 1904 et 1906).

Cette plage tyrrhénienne de la grotte du Prince, comme celles de la Barma Grande et du site du Casino, situées également au pied de la falaise des Baousse Rousse, de Madonna dell'Arma près de San Remo, de la Villa Marcella en contrebas du Lazaret ou de la grotte Grosso à Nice, ont des âges mesurés par la méthode ^{230}Th/^{234}U et ESR, compris entre 125 000 et 85 000 ans. Le calcul du δ^{18}O ‰ des carbonates organogènes des coquilles de mollusques marins de la grotte du Prince donne une valeur de -0,65, proche de celle de la plage à Strombes de la villa Marcella (-0,5), correspondant à une température moyenne annuelle de la mer sur le littoral de 18 °C, c'est-à-dire plus chaude que celle de la mer actuelle qui est de 15,9 °C (Lumley H. de *et al.*, 2009).

Les dépôts continentaux du Pléistocène supérieur ancien

Les dépôts continentaux de la grotte du Prince, qui atteignent 10 m d'épaisseur, constituent une séquence remarquable pour suivre l'évolution des paléo-environnements, des associations de faunes et des cultures

▶ Figure 15. Coupe stratigraphique de la grotte de la Madonna dell'Arma. Au-dessus d'une plage tyrrhénienne à strombes, correspondant au stade isotopique 5, datée d'environ 95 000 ans, des niveaux à industrie moustérienne ont livré des restes d'hippopotame, un animal intertropical qui témoigne d'un climat plus chaud que l'actuel. Au sommet, des sols d'occupation moustériens de chasseurs de cerf.

préhistoriques, sur la côte ligure, pendant la première partie du Pléistocène supérieur (figure 14) (Boule, 1906, 1906 ; Moussous, 2014).

Les niveaux E et D, dans lesquels les restes de rhinocéros, de cerf et de sanglier sont les plus abondants, avec la présence de l'éléphant antique et de l'hippopotame, correspondent à un climat chaud et humide. Rappelons que l'hippopotame, *Hyppopotamus amphibius*, qui a été retrouvé non seulement dans la grotte du Prince mais aussi dans la Barma Grande sous la falaise des Baousse Rousse et dans la grotte de Madonna dell'Arma, à San Remo, au-dessus de la plage tyrrhénienne à *Strombus bubonius*, est une espèce qui occupe actuellement les régions tropicales et intertropicales de l'Afrique, où la température moyenne annuelle peut varier de 20 °C à 25 °C, avec une valeur moyenne de 22 °C. Le bouquetin, animal de rocher, est relativement rare et les espèces d'espaces découverts, comme le cheval, sont peu abondants. Les industries moustériennes des foyers E et D de la grotte du Prince correspondent à un Moustérien typique, riche en racloirs, de débitage Levallois, assez riche en pointes, lames et éclats Levallois, qui rappelle l'industrie protomoustérienne au sommet du remplissage de la grotte du Lazaret.

Le niveau C, se caractérise par une dominance du cerf, la raréfaction des rhinocéros et des sangliers et la disparition de l'éléphant antique. Les proportions de restes de bouquetins deviennent plus importantes que dans les couches sous-jacentes.

Le niveau B, se caractérise par une dominance écrasante des restes de bouquetins et la relative abondance du cheval, du bison et de l'aurochs, témoins de l'extension des espaces découverts. Le renne (*Rangifer tarandus*) et l'élan (*Alces alces*) font leur apparition. Dans le foyer vert, situé immédiatement au-dessous de la couche B, le mammouth (*Mammuthus primigenius*) a été reconnu. Le cerf (*Cervus elaphus*) est toujours présent mais en proportion plus faible (6 %). La couche B marquée par une réduction de la forêt et une extension des espaces découverts, correspond à un climat frais et surtout plus sec.

Le niveau A, au sommet du remplissage, présente une dominance du bouquetin (*Capra ibex*) (38,1 %). La présence du cerf (19 %) et celle du sanglier (19 %) annoncent un réchauffement du climat. Les industries moustériennes des couches B et A, dans lesquelles le débitage Levallois paraît moins important, sont plus riches en denticulés. Elles paraissent proches de celles des niveaux moustériens supérieurs de l'abri Mochi également situé sous la falaise des Baousse Rousse.

GROTTE DE LA MADONNA DELL'ARMA
Bussana – **San Remo**
Ligurie italienne

Coupe stratigraphique synthétique

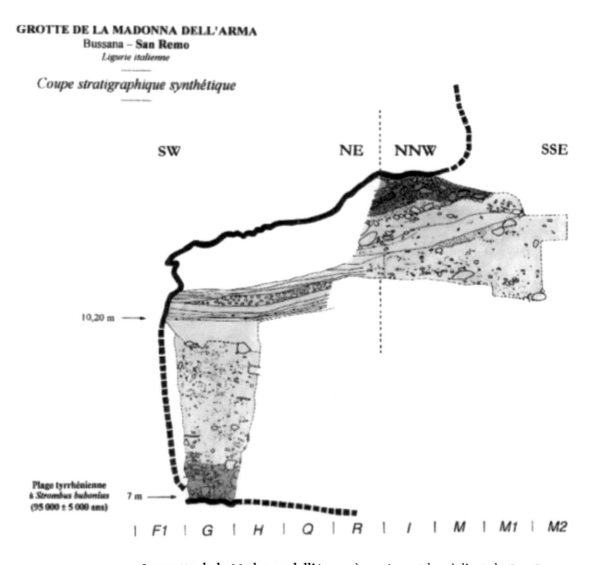

La grotte de la Madonna dell'Arma, à environ 6 km à l'est de San Remo, en Ligurie, et à environ 50 km à l'est de la grotte du Prince, est en fait un vase abri, situé en bordure de mer, ouvert vers l'est, presque entièrement comblé. Le sol rocheux est recouvert par une plage marine tyrrhénienne à strombes datée de près de 120 00 ans (figure 15). Au-dessus, des dépôts sableux apportés par le vent, à l'extrême début de la régression de la mer, contiennent, comme à la grotte du Prince, une faune dominée par le cerf, suivi par de l'aurochs et l'éléphant antique et la relative abondance de l'hippopotame, une espèce tropicale ou inter-tropicale, qui révèle l'existence de sols marécageux à proximité. Au-dessus, dans des dépôts sablo-limoneux, riches en cailloux détachés des parois de l'abri, ont été mis au jour des sols d'occupation de chasseurs moustériens de cerfs.

Les sites moustériens sur le littoral méditerranéen, sont très nombreux en Provence et en Ligurie. Ils sont souvent situés sur des corniches escarpées, habitats naturels des animaux de rocher, comme le bouquetin : caverne delle Fate, grotte de Santa Lucia supérieure en Ligurie, grotte de Pié Lombard à Tourrette sur Loup dans les Alpes-Maritimes, grotte de l'Hortus à Valflaunès dans l'Hérault.

La grotte de l'Hortus, est située dans les garrigues de l'Hérault, à Valflaunès, sur une corniche escarpée, à 260 m au-dessus de la Vallée du Terrieu, un affluent du Lez, au pied d'une paroi verticale de 120 m de hauteur (figure 16). Un profond fossé, sous le porche de la grotte, dans lequel furent conduites les fouilles, a été comblé par un cailloutis anguleux provenant d'une desquamation des parois de la falaise surplombant la caverne, emballé dans des sables grossiers, de plus de 7 m d'épaisseur contenant des industries moustériennes et des faunes du Pléistocène supérieur (figure 17). Les études stratigraphiques, sédimentologiques et palynologiques (figure 18), notamment l'étude granulométrique et morphologique des cailloux, permet de distinguer deux grands complexes stratigraphiques :
- le complexe stratigraphique inférieur qui comprend les phases I, II, III et IVa,
- le complexe stratigraphique supérieur qui comprend les phases IVb, Va, Vb, et VC.

Figure 16. La grotte de l'Hortus, située sur le territoire de la commune de Valflaunès dans l'Héraults s'ouvre au pied d'une paroi verticale de 120 m de haut et à 260 m au-dessus de la vallée du Terrieu. Entre 50 000 et 40 000 ans des chasseurs néandertaliens viennent y traquer des hardes de bouquetins et s'adonnent à la pratique du cannibalisme.

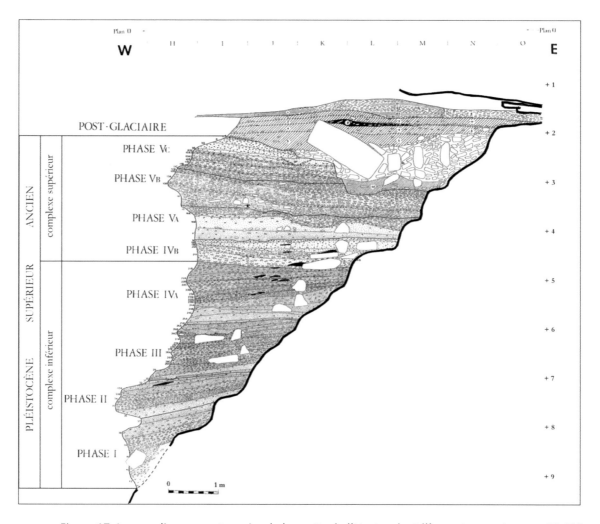

Figure 17. Le remplissage quaternaire de la grotte de l'Hortus dont l'âge est compris entre 60 000 et 40 000 ans comprend deux complexes stratigraphiques : à la base, des niveaux accumulés sous un paysage forestier ; *au sommet* des dépôts accumulés sous un paysage steppique. Les études sédimentologiques et palynologiques ont permis de subdiviser les dépôts en dix complexes distincts correspondant à des paléoenvironnements très différents.

Dans les dépôts du complexe stratigraphique inférieur (phases I, II, III et IVa), constitués d'une alternance de lits de cailloux plus ou moins grands, emballées dans des sables, l'étude des pollens (Renault-Miskovsky, 1972) a mis en évidence un couvert forestier représenté par une chênaie mixte avec *Quercus* et *Ulmus,* accompagnés de *Carpinus, Corylus* et *Alnus,* associés à des pins et à des bouleaux. Ces derniers sont un peu plus abondants à la base, dans les phases I et II, où ils peuvent atteindre 15 %, et plus rares au sommet dans les phases III et IV a (figures 17 et 18). La phase I, est caractérisée par un couvert forestier important essentiellement représenté par des chênes blancs et des

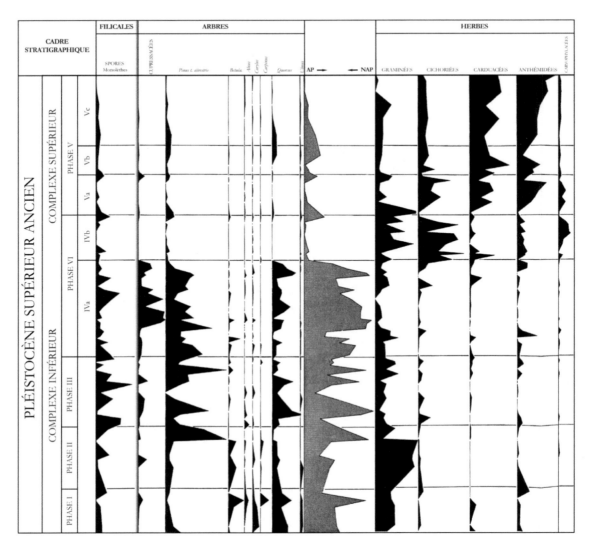

Figure 18. Diagramme pollinique du remplissage de la grotte de l'Hortus. Deux complexes stratigraphiques peuvent être mis en évidence : À la base, des dépôts correspondants à un paysage forestier, Au sommet, des dépôts correspondants à un paysage steppique.

pins. Les herbacées sont essentiellement représentées par des graminées. La phase II, est caractérisée par une légère régression de la forêt et par une forte proportion de graminées. La phase III, pendant laquelle le couvert forestier est toujours important, se caractérise par un développement important des pins sylvestres et des filicales. La phase IVa, pendant laquelle le couvert forestier est dominant, essentiellement représenté par des pins et des chênes, est caractérisée par un fort développement des cupressacées. Outre les restes de bouquetins qui sont largement dominants, la faune est essentiellement représentée par le cerf. Le paysage occupé, par la chênaie mixte et la présence de bouleaux, avec des cerfs relativement abondants, évoque un climat frais et humide qui paraît pouvoir être attribué au stade isotopique 3.3.

Dans les dépôts du complexe stratigraphique supérieur (phase IVb, Va, Vb et Vc), constitué de lits de cailloux anguleux emballés dans des sables grossiers, l'étude palynologique a mis en évidence, à partir du début de la phase IVb (couche 21a D), une disparition brutale et presque totale des arbres, notamment des chênes et des cupressacées. Le pin devient extrêmement rare et seul le noisetier paraît subsister (figures 17 et 18). Le paysage est alors occupé par une steppe à graminées et à composées dominée par les cichoriées (50 %), quelques carduacées et des anthémidées. Au cours de brefs épisodes, les arbres, toujours très rares, notamment les pins, sont un peu plus nombreux. La phase IVb débute brutalement par une disparition presque totale du couvert forestier remplacé par une extension des graminées et des cichoriées et, dans une moindre mesure, des carduacées, des anthémidés et des caryophylacées. La phase Va, pendant laquelle le couvert forestier est réduit, sauf à sa base où peut être observée une poussée des filicales et des pins (interphase Vb-Va), se caractérise par le développement des graminées, des cichoriées, des carduacées, des anthémidés et des caryophylacées. La phase Vb, pendant laquelle le couvert forestier est rare, sauf à sa base où peut-être observée une poussée d'arbres (interphase Vb-Vc), se caractérise par une raréfaction des graminées, des cichoridées et des caryophylacées et une extension des carduacées et des anthémidés. La phase Vc se caractérise par un couvert forestier rare, sauf à la base où peut être observée une poussée d'arbres (filicales, pins, chênes) et une grande extension des carduacés et des anthémidés. L'apparition du cheval, animal d'espaces découverts, la disparition du loir, espèce de forêt, la présence du renne, et l'augmentation des proportions d'oiseaux de climats frais, caractérisent ce complexe stratigraphique supérieur. Le climat devait être froid et extrêmement sec, correspondant vraisemblablement au stade isotopique 3.2.

Les études stratigraphiques, sédimentologiques, palynologiques et paléontologiques (Lumley et al. 1972) du remplissage du grand fossé de l'Hortus, ont mis en évidence une séquence remarquable pour suivre l'évolution des paléoenvironnement et des paléoclimats en Languedoc à la fin du Pléistocène supérieur ancien qui est passé brutalement d'un climat frais et humide (*complexe stratigraphique inférieur*) à un climat encore plus froid et extrêmement sec (*complexe stratigraphique supérieur*).

Un certain nombre de restes humains, correspondant à un minimum de 20 individus, ont été mis au jour dans les dépôts du Pléistocène supérieur ancien de la grotte de l'Hortus. Ils ont appartenu à des Néandertaliens graciles de types méditerranéen (Lumley M.-A., 1972).

L'industrie lithique, relativement homogène de la base au sommet du remplissage correspond à un Moustérien typique, de débitage Levallois, pauvre en lames, avec un pourcentage faible de racloirs, extrêmement pauvres en outils à bords retouchés convergents, et qui peut, selon les

niveaux, posséder un pourcentage faible, moyen, fort et même très fort de denticulés, que nous avons appelé « *Complexe de l'Hortus* », et qui peut être reconnus dans plusieurs autres sites du midi méditerranéen de la France (Lumley et Licht, 1972). A la fin du Pléistocène supérieur ancien, la grotte de l'Hortus a servi de halte de chasse à des groupes néandertaliens qui venaient traquer les bouquetins sur les corniches escarpées du massif (Lumley H. de et coll., 1972). Ils ont parfois pratiqué le cannibalisme, dans le grand fossé situé sous le porche, peut être un cannibalisme rituel comme semble le démontrer les proportions relatives d'ossements humains plus riches en éléments de crânes et de mandibules et des fractures sur os frais.

Figure 19. La grotte du Cavillon, s'ouvre sous la falaise des Baousse Rousse, à Grimaldi, commune de Vintimille.

Au pléistocène superieur récent

La grotte du Cavillon (figure 19), située sous la falaise des Baousse Rousse, à Grimaldi, dans la commune de Vintimille, est un site majeur pour l'étude des cultures du Paléolithique supérieur sur le littoral méditerranéen dans les Alpes-Maritimes et en Ligurie. Au-dessus des dépôts moustériens qui peuvent-être parallélisés en partie avec ceux de la grotte du Prince ou de l'abri Mochi mitoyens, les dépôts du Pléistocène supérieur accumulée sur plus de 11 mètres d'épaisseur dans la grotte du Cavillon, ont livré à la base des industries aurignaciennes, au-dessus des industries gravettiennes et au

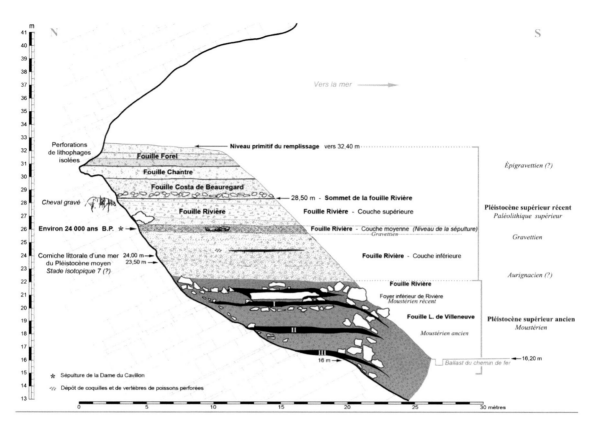

Figure 20. Coupe stratigraphique synthétique de la grotte du Cavillon, sous la falaise des Baousse Rousse, à Grimaldi, Ligurie italienne.

sommet des industries épigravetiennes (figure 20). Les faunes des dépôts du Pléistocène supérieur récent contiennent essentiellement des restes de cerfs et de bouquetins, suivi par de chevaux, des sangliers, des chevreuils, des bovidés et d'élans.

Contemporaines des dépôts supérieurs de la grotte du Cavillon, des plages marines littorales submergées, situées entre 80 m et 120 m au-dessous du niveau actuel de la mer et datées de 18 000 et 14 000 ans B.P., ont été reconnues au large d'Antibes, de Beaulieu-sur-Mer et du Cap Mélé près de Savone (Froget *et al.* 1972 ; Lumley *et al.* 2009a). Dans ces dépôts la présence de diverses espèces de mollusques correspondant à ceux des associations des mers boréales, reconnues dans l'Atlantique Nord, telle que *Arctica islandica, Buccinum groenlandicum*, indiquent une mer assez froide. Le $\delta^{18}O$ ‰ du carbonate organogène des coquilles marines de ces plages de + 4,6 et + 4,5 (figure 50), correspond à une mer assez froide, avec une température moyenne annuelle du littoral inférieure à 10 °C, environ 5 °C pendant les mois d'hiver

Conclusion

L'étude multidisciplinaire de quelques grands sites préhistoriques du littoral méditerranéen, étalés sur quelques centaines de milliers d'années, au moyen de la stratigraphie et de la sédimentologie, de la palynologie et de l'anthracologie, de la paléontologie des grandes faunes quaternaires et des microvertébrés, de la malacologie des coquilles marines et terrestres, des analyses isotopiques de l'analyse $\delta^{18}O/^{16}O$, a mis en évidence que, tout au long du quaternaire le climat a changé en permanence. De grands écarts de températures et d'humidité peuvent être observés. D'autre part, le niveau de la mer a été modifié en fonction de l'accumulation des eaux des océans sous forme de glace sur les continents ou de mouvements propres des continents qui dans certains secteurs se soulèvent dans d'autres s'abaissent. Le but du préhistorien doit être de reconstituer l'évolution morphologique et culturelle de l'Homme, l'histoire de ses comportements de subsistance et de ses modes de vie au sein des paléoenvironnements, des paléoclimats et de la paléobiodiversité en perpétuel renouvellement. Ainsi nous savons aujourd'hui qu'il y a environ 1 million d'années les hommes qui fréquentaient la grotte du Vallonnet, des peuples charognards, étaient installées à proximité d'une mer tropicale dans laquelle vivaient des diodons, qu'il y a 550 000 ans ils chassaient à proximité de la Caune de l'Arago, à Tautavel, le renne, le cheval, l'aurochs qui occupaient alors les plaines du littoral méditerranéen, qu'il y a 500 000 ans, dans la même région, ils traquaient le cerf et le daim, que vers 450 000 ans, au cours de leurs randonnées de chasse, ils pouvaient rencontrer le bœuf musqué, présent actuellement au-delà du

Figure 21. Localisation de quelques sites préhistoriques majeurs dans le cadre chronologique du Quaternaire.

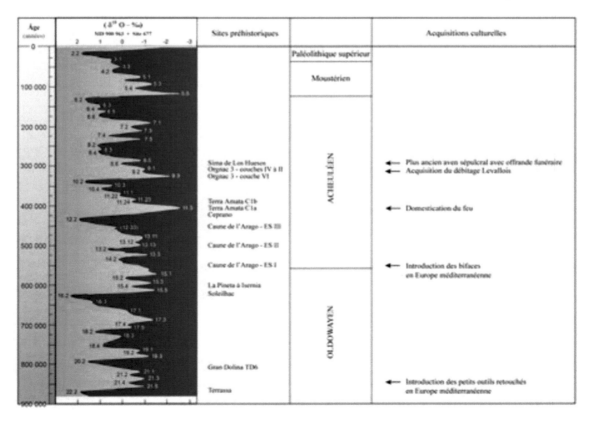

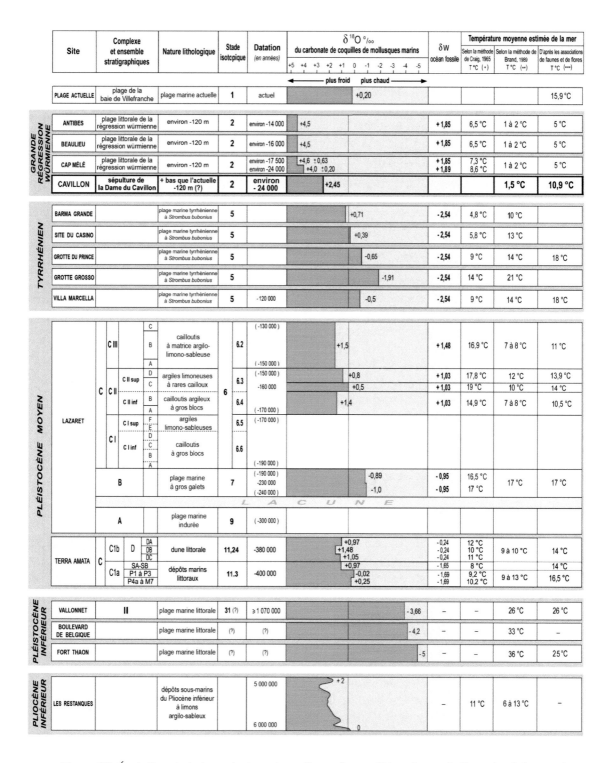

Figure 22. Évolution de la température dans divers sites préhistoriques du littoral méditerranéen, d'après l'analyse du δ¹⁸O/¹¹O °/000 de coquilles de mollusques marins mis au jour dans les dépôts des sites préhistoriques.

cercle polaire. C'est sur le littoral méditerranéen, près de Vintimille et de San Remo, que vers 100 000 ans, ils pouvaient rencontrer l'hippopotame, espèce intertropicale.

Vers 240 000 ans, alors que la ligne de rivage de la Méditerranée s'était abaissée à -120 mètres, ils pouvaient ramasser sur les plages des coquilles de *Buccinum groenlandicum* et d'*Arctica islandica* qui vivent actuellement dans les mers boréales de l'Atlantique nord. Les datations isotopiques (U/Th, ESR, TL, ^{39}Ar/^{40}Ar, etc.), le paléomagnétisme, la biochronologie permettent de replacer les associations de faunes des différents niveaux archéologiques de ces sites les unes par rapport aux autres et de les situer dans le temps. Il est ainsi constaté que l'évolution du climat de la Terre a évolué à un rythme d'environ 100 000 ans avec des périodes froides qui durent environ 80 000 ans et des périodes tempérées ou chaudes qui durent environ 20 000 ans, permettant de distinguer des stades isotopiques qui sont parallélisés avec ceux reconnus dans les grands carottages océaniques (MIS) (figures 21 et 22). Les grands cycles climatiques paraissent liés aux lois de la gravitation. Lorsque les planètes qui tournent autour du soleil, se trouvent en conjonction, l'orbite de la Terre devient elliptique et ses côtés se rapprochent du soleil, la Terre se réchauffe. Lorsqu'elles ne sont plus en conjonction, ce qui est la disposition la plus courante, les bords de l'ellipse s'éloignent et la Terre se refroidit. D'autre part, d'autres, d'autres facteurs interviennent, comme l'inclinaison de l'axe de rotation de la Terre et la position de l'orbite, qui expliquent les variations du climat au sein de chaque grand cycle climatique d'environ 100 000 ans (les stades et les interstades).

References bibliographiques

Aouraghe H. 1992. *Les faunes de grands mammifères du site pléistocène moyen d'Orgnac 3 (Ardèche, France). Etude paléontologique et palethnographique. Implication paléoécologique et biostratigraphiques.* Thèse de doctorat, Muséum national d'Histoire Naturelle, Paris, 20 janvier 1992, 492 p.

Barral L., Simone S. 1967. Nouvelles fouilles la grotte du Prince (Grimaldi, Ligurie italienne). Découverte de Paléolithique inférieur. *Bulletin du Musée d'Anthropologie préhistorique de Monaco*, 14, p. 5 à 24.

Boule M. 1906a. *Les grottes de Grimaldi (Baoussé-Roussé)*, I, fasc. II, Géologie et Paléontologie, Monaco, Imprimerie de Monaco, 156 p., 18 fig., 13 pl., h. t., 1 table.

Boule M. 1906b. *Les grottes de Grimaldi (Baoussé-Roussé).* Résumés et conclusions des études géologiques. *L'Anthropologie*, XVII, p. 247-289.

Combier J. 1967. Le Paléolithique de l'Ardèche dans son cadre paléoclimatique. *Publications de l'Institut de Préhistoire et de l'Université de Bordeaux.* Mém. 4, Bordeaux, Delmas, 462 p.,

Combier J. 1976. *Le gisement acheuléen d'Orgnac 3.* Livret guide de l'excursion A8. Bassin du Rhône paléolithique et néolithique. IXème congrès UISPP, Nice, p.217-224.

Echassoux A. 2001. *Etudes paléoécologique, taphonomique et archéozoologique des faunes de grands mammifères de la grotte du Vallonnet, Roquebrune-Cap-Martin, Alpes-Maritimes.* Thèse de Doctorat du Muséum National d'Histoire Naturelle, Institut de Paléontologie Humaine, 27 mars 2001, 790 p.

Falgueres C., Bahain J.-J., Han F., Shao Q., Duval M., Garcia T., Dolo J.-M., Perrenoud C., Lumley H. de 2008. Direct dating of the Middel Pleistocene hominid-bearing depostis of Arago Cave by combination ESR/U–series method on mammal herbivorous teeth. LED 2008, Poster, *Quaternary Research.*

Froget C., Thommeret J., et Y., 1972. Mollusques septentrionaux en Méditerranée occidentale. Datation par le ^{14}C. *Palaeogeography, Palaeoclimatiology, Palaeoecology,* 12, p.285-293

Khatib S. 1989. *Le site d'Orgnac 3 (Ardche, Frane). Etudes sédimentologique et géochimique. Cadre chronologique et évolution paléoclimatique.* Thèse Doctorat du MNHN, 210 p.

Khatib S. 1994. Datation des cendres volcaniques et analyses géochimiques du remplissage d'Orgnac 3 (Ardèche France). *Quaternaire,* 5 (1), p.13 à 22.

Lumley-Woodyear H. de 1969. *Paléolithique inférieur et moyen du Midi méditerranéen dans son cadre géologique.* tome I ; Ligurie Provence, Vème supplément à Gallia-Préhistoire, 463 p., (Le Vallonnet, p.99-106 et fig. 64-67).

Lumley-Woodyear H. de 1971. *Le Paléolithique inférieur et moyen du Midi méditerranéen dans son cadre géologique.* Tome II ; Bas Languedoc, Roussillon, Catalogne. Vème supplément à Gallia Préhistoire, 445 p., 300 fig., 49 tabl.

Lumley H. de 2016. Évolution des faunes et des climats quaternaire sur le littoral méditerranéen depuis un million d'années. *Bulletin du Musée d'Anthropologie Préhistoriques de Monaco.* Supplément n° 6, 2016, p. 41-90

Lumley H. de 2020. Dépôts du Pléistocène moyen de la Caune de l'Arago, Tautavel, Pyrénées-Orientales, France. *Current Advances in geology and geosciences* (CAGG).

Lumley H. de et collaborateurs 1972. *La grotte moustérienne de l'Hortus.* Etudes Quaternaires, 1, Université de Provence, 668 p.

Lumley H. de et collaborateurs 1988. La grotte du Vallonnet, Roquebrune-Cap-Martin, Alpes-Maritimes, Situation géographique, Description, Historique. *L'Anthropologie,* (Paris), 92, 2, p 387-397

Lumley H. de et collaborateurs 2015. *Terra Amata, Nice, Alpes-Maritimes, France. Tome IV : fascicule 1. Les industries acheuléennes. Etude de l'outillage, Planches de dessins et de photographies de l'industrie lithique. Paris,* CNRS Editions, 806 p.

Lumley H. de, Barsky D. 2004. Evolution des caractères technologiques et typologiques des industries lithiques dans la stratigraphie de la Caune de l'Arago. *L'Anthropologie*, 108, 2, p.185-237

Lumley H. de, Cauche D., Echassoux A. et A., Falgueres C., Gattacceca J., Khatib S., Letolle R., Lumley M.-A. De, Mestour B., Michel V., Imskovsky J.-C., Pollet G., Rochette P., Rousseau L., Roussel B., Vergnaud-Grazzini C., Yokoyama Y., et al. 2009. *Terra Amata, Nice, Alpes-Maritimes, France. Tome I : Cadre géographique – Historique – Contexte géologique – Stratigraphie – Sédimentologie – Datation* ». Paris, CNRS Editions, 488 p.

Lumley H. De, Falgueres C., Michel V., Yokoyama Y., et al. 2009. Datation des formations pléistocènes du site acheuléen de Terra Amata, Nice, Alpes-Maritimes. In « Lumley H. de (dir.), *Terra Amata, Nice, Alpes-Maritimes, France. Tome I : Cadre géographique – Historique – Contexte géologique – Stratigraphie – Sédimentologie – Datation* ». Paris, CNRS Editions 2009, chapitre 11, p. 469-486.

Lumley H. de, Fournier A., Krzepkowska J., Echassoux A. 1988. L'industrie du Pléistocène inférieur de la grotte du Vallonnet, Roquebrune-Cap-Martin, Alpes-Maritimes. *L'Anthropologie*, 92, 1998, 2, p.501-614

Lumley H. de, Gregoire S., Barsky D., Batalla G., Bailon S., Belda V., Brikid., Byrne L., Descaux E., El Guennouvni K., Fournier A., Kacimi S., Lacombat F., Lumley M.-A. de, Moigne A.-M., Moutoussamy J., Faunescu C., Perrenoud C., Pois V., Quiles J., Rivals F., Roger T., Testu A. 2004. Habitat et mode de vie des chasseurs paléolithiques de la Caune de l'Arago (600 000 – 400 000 ans). *L'Anthropologie*, 108, 3, p.159-184.

Lumley H. de, Kahlke D., Moigne A.-M., Moulle P.-E. 1988. Les faunes du Vallonnet, Roquebrune-Cap-Martin, Alpes-Maritimes. *L'Anthropologie*, (Paris), 92, 1998, 2, p.465-495

Lumley H. de, Licht M.-H. 1972. Les industries moustériennes de la grotte de l'Hortus (Valflaunès, Hérault). *Etudes Quaternaires*, 1, p.387-487.

Lumley H. de, Lumley M.-A. de et collaborateurs 2011. *Les premiers peuplements de la Côte d'Azur et de la Ligurie 1 million d'années sur les rivages de la Méditerranée*, Tome I – Le Paléolithique. *Editions Mélis*, Nice 159 p.

Lumley H. de, Lumley M.-A. de, Khatib S., Pollet G., Roussel B. et al. 2009. Stratigraphie des formations pléistocènes et pléistocène du site de Terra Amata, Nice, Alpes-Maritimes. *In* : « *Terra Amata, Nice, Alpes-Maritimes, France. Tome I : Cadre géographique – Historique – Contexte géologique – Stratigraphie – Sédimentologie – Datation* ». Paris, CNRS Editions

Lumley H. de, Pollet G., El Guennouni K., Roussel B., et al. 2013. Description des sols d'occupation acheuléens du site de Terra Amata. *In* « Lumley H. de (dir.), *Terra Amata, Nice, Alpes-Maritimes, France. Tome III : Individualisation des unités archéostratigraphiques et description des sols d'occupation acheuléens* », chapitre 24, p. 295-453.

Lumley M.-A. de 1972. Les Néandertaliens de la grotte de l'Hortus, (Valflaunès, Hérault). *Etudes Quaternaires*, 1, p. 375-385.

Miskovsky J.-C. 1972. Etude sédimentologique du remplissage de la grotte de l'Hortus (Valflaunès, Hérault). *Etudes Quaternaires*, 1, p. 101 à 153.

Moigne A.-M., Palombo M. R., Belda V., Heriech-Briki D., Kacimi S., Lacmbat F., Lumley M.-A. de, Moutoussamy J., Rivals F., Quiles J., Testu A. 2006. Les faunes de grands mammifères de la Caune de l'Arago (Tautavel) dans le cadre biochronologique des faunes du Pléistocène moyen italien. *L'Anthropologie*, 110, p.788-831.

Moncel M.-H. 1989. L'industrie lithique du site d'Orgnac 3 (Ardèche, France). Contribution à la connaissance des industries du Pléistocène moyen et de leur évolution dans le temps. Thèse de Doctorat du Muséum National d'Histoire Naturelle, Institut de Paléontologie Humaine, 1989, 798 p.

Moulle P.-E. 1996. Paléontologie des grands mammifères de la grotte du Vallonnet (Roquebrune-Cap-Martin, Alpes-Maritimes, France). Comparaison avec la faune de la Tour de Grimaldi (Vintimille, Italie). *Actes du XIIIème Congrès UISPP*, Forli, Italie, p. 447-454.

Moulle P.-E. 1997-1998. Les grands mammifères de la grotte du Vallonnet (Roquebrune-Cap-Martin, Alpes-Maritimes, France). Synthèse des études antérieures et nouvelles détermination. *Bulletin du Musée d'Anthropologie Préhistorique de Monaco*, 39, p.29-36.

Moulle P.-E., Echassoux A., Palombo M.R., Caloi L., Vekua A., Kahlike R.D. 2000. Les faunes de la fin du Pléistocène inférieur de la grotte du Vallonnet (Alpes-Maritimes, France), de Ridicicoli (Latium, Italie), d'Untermassfeld (Allemagne) et d'Akhalkalaki (Géorgie) : l'horizon biostratigraphique du Vallonnet. *Actes du colloque de Tautavel*, Avril 2000.

Moulle P.-E., Lacombat F., Echassoux A. 2006. Apport des grands mammifères de la grotte du Vallonnet (Roquebrune-Cap-Martin, Alpes-Maritimes, France) à la connaissance du cadre biochronologique de la seconde moitié du Pléistocène inférieur d'Europe. *L'Anthropologie*, 110, p. 837-849

Palombo M. R. 2011. Large mammals from Terra Amata (Nice- Maritimes Alps) – Biochronological and palaeoeological remarks. Appendice VI, p. 287-293, In « Lumley H. de (dir.), *Terra Amata, Nice, Alpes-Maritimes, France Tome II : Palynologie , Anthracologie, Faunes, Mollusques, Ecologie et Biogéomorphologie, Paléoanthropologie, Empreinte de Pied humain, coprolithes* », Paris, CNRS Editons, 2011, 536 p.

Renault-Miskovsky J. 1972. La végétation pendant le Würmien II, aux environs de la grotte de l'Hortus d'après l'étude des pollens. *Etudes Quaternaires*, 1 p.313-324.

Renault-Miskovsky J., Beaulieu J.-L. de, Vernet J.-L., Beher K.E., Lartigot A.-S., et al. 2011. Etudes palynologique, anthracologiques et des macrorestes végétaux des formations pliocènes et pléistocènes du site de Terra Amata, Nice, Alpes-Maritimes (chapitre 12, p. 13-40). In « Lumley H. de (dir.), *Terra Amata, Nice, Alpes-Maritimes, France Tome II : Palynologie, Anthracologie, Faunes, Mollusques, Ecologie et Biogéomorphologie, Paléoanthropologie, Empreinte de Pied humain, coprolithes* », CNRS Editons, 536 ,2011 p.

Renault-Miskovsky J., Girard M., 1988. Palynologie du remplissage de la grotte du Vallonnet (Roquebrune-Cap-Martin, Alpes-Maritimes, France). Nouvelles données chronologiques et paléoclimatiques. *L'Anthropologie*, (France), 92, 1998, 2, p.437-448, 3 fig.

Rossoni-Notter E. 2011a. Les cultures moustériennes des Balzi Rossi (Grimaldi, Italie). Les collections du Prince Albert Ier de Monaco. *Thèse de Doctorat de l'Université de Perpignan Via Domitia* (UPVD), 2 vol., 460 p.

Sam Y. 2009. Etude paléontologique, archéozoologique et taphonomique des grands mammifères du site Pléistocène moyen d'Orgnac 3 (Ardèche France). *Thèse de Doctorat de l'Université de Perpignan, Via Domitia*, 27 février 2009, 292 p.

Sam Y., Moigne A.-M. 2011. Rôles des hommes et des carnivores dans l'accumulation osseuse des niveaux profonds d'Orgnac 3 (Ardèche France). Exemple des niveaux 7-8. In : « prédateurs dans tous leur état. Evolution, Biodiversité, Interactions, Mythes, Symboles », *Actes des Rencontres internationales d'Archéologie et d'Histoire d'Antibes*, 21-23 octobre 2010, p. 65-81.

Valensi P. 1994. Les grands mammifères de la grotte du Lazaret, Nice. Etude paléontologique et biostratigraphique des Carnivores Archéozoologie des grandes faunes. Thèse de Doctorat du Muséum National d'Histoire Naturelle, Institut de Paléontologie Humaine. Paris, 2 t.

Valensi P., Lumley H. de, Beden M., Jourdan I., Serre F., et al. 2011. Les faunes de grands mammifères des formations des Pléistocène moyen du site acheuléen de Terra Amata, Nice, Alpes-Maritimes, (chapitre 13, p. 41-93), in « Lumley H. de (dir.), *Terra Amata, Nice, Alpes-Maritimes, France. Tome II : Palynologie – Anthracologie – Faunes – Mollusques – Ecologie et Biogéomorphologie – Paléoanthropologie – Empreinte de pied humain – Coprolithes* ». Paris, CNRS Editions, 2011, 536 p.

Changements Climatiques et Peuplements en Sundaland

François Sémah et Anne-Marie Sémah[1]

Résumé

*Le lien entre les cycles glaciaires-interglaciaires du Quaternaire, l'exondation et le peuplement du plateau de la Sonde a été reconnu dès la seconde moitié du dix-neuvième siècle, à la même époque où la complexité biogéographique de l'Asie du sud-est insulaire était révélée. Pour autant, les stades climatiques majeurs sont loin d'être le seul paramètre qui a réglé la colonisation des îles de la Sonde par les faunes de vertébrés et par l'Homme. Volcanisme, tectonique et subsidence ont joué un rôle majeur dans la conformation des archipels et la formation des séries stratigraphiques fossilifères. Durant les dernières décennies, les reconstitutions paléo-environnementales et paléoclimatiques ont beaucoup gagné en précision pour le Pléistocène terminal et l'Holocène. Toutefois, de nombreuses questions se posent pour les périodes les plus anciennes afin de déchiffrer les contraintes climatiques et écologiques auxquelles les groupes d'*Homo erectus *ont dû s'adapter pour coloniser le Plateau de la Sonde dès le Pléistocène inférieur, le peupler pendant plus d'un million et demi d'années, partir dès l'aube du Pléistocène moyen vers les îles situées au-delà de la ligne de Wallace, avant de s'éteindre au Pléistocène supérieur et d'être remplacés par notre espèce.*

Abstract – *Climatic changes and colonization of Sundaland*

The relationships between Quaternary alternating glacial-interglacial cycles and the emergence and colonization of the Sunda shelf were acknowledged as soon as the second half of the nineteenth century. At the same time was disclosed the complexity of Island Southeast Asia in terms of biogeography. However, the major climatic stages are far to represent the only parameter which regulated the colonization of the archipelagos by vertebrate faunas and by humans. Volcanism, tectonics and subsidence played a crucial part in the shaping of the islands and the formation of fossil-bearing stratigraphical series. During the last decades, palaeo-environmental and palaeoclimatic reconstructions underwent major progress, especially for the late Pleistocene and the Holocene. However, numerous questions remain open for former periods, in order to decipher the climatic and ecological constraints Homo

1 francois.semah@mnhn.fr & anne-marie.semah@mnhn.fr
Muséum national d'histoire naturelle, Préhistoire / UMR 7194 « Histoire naturelle de l'Homme préhistorique », Institut de Paléontologie humaine, 1, rue René Panhard F-75013 PARIS

erectus *faced and had to adapt to in order to colonize the Sunda Shelf during the early Pleistocene for more than one and half million years, to conquer islands beyond the Wallace's line as soon as the dawn of the Middle Pleistocene, before disappearing during the Upper Pleistocene and be replaced by our species.*

« De la trouvaille, dans les cavernes des hautes terres de Sumatra, de squelettes d'éléphants, nous croyons pouvoir déduire ce fait important, que les îles de la partie occidentale de l'archipel indien sont les restes d'une grande terre qui était jadis en communication directe avec le continent asiatique ».

C'est ainsi que s'était exprimé Emile Delvaux devant la Société d'Anthropologie de Bruxelles à la réception de la nouvelle des premières trouvailles du médecin néerlandais Eugène Dubois à la fin des années 1880, lorsque ce dernier entreprit ses premiers travaux de terrain à la recherche du *missing-link* (voir Delvaux, 1891, cité *in* Sémah et al. 1990).

Aux confins de l'Eurasie, un archipel...

La conformation de l'archipel dont faisaient partie les «Indes néerlandaises», incluant la mosaïque d'îles de l'Indonésie occidentale, son association vers le Nord-ouest avec l'Asie du Sud-est continentale et sa bordure

Figure 1. Carte d'Asie du sud-est insulaire actuelle et à − 120 mètres de niveau de la mer pendant les périodes glaciaires les plus marquées (stades isotopiques MIS sur colonne de droite).

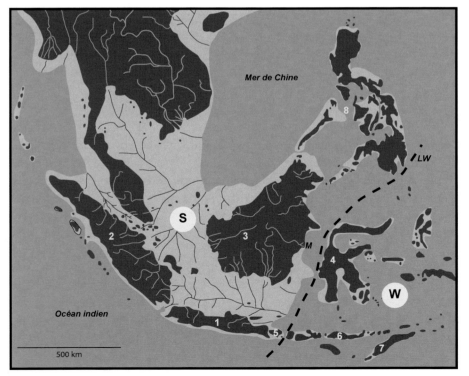
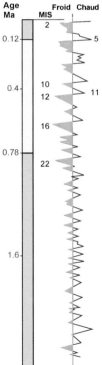

1-Java, 2-Sumatra, 3-Bornéo, 4-Sulawesi, 5-Bali, 6-Flores, 7-Timor, 8-Philippines
S: plateau de la Sonde, W: Wallacea, LW: ligne de Wallace, M : delta de la Mahakam

orientale vers la Wallacea (Figure 1) a certes joué un rôle dans l'approche biogéographique mise en place par Alfred Russell Wallace (1869). C'est à une époque comparable que se sont développés les premiers travaux exhaustifs liant les niveaux marins et leurs oscillations aux englacements quaternaires (voir Molengraaff & Weber, 1921).

d'eaux...

Molengraaff compare ainsi l'amplitude estimée des oscillations (40 brasses, soit environ 75 mètres) à des fonds marins qui, sur le plateau de la Sonde, dépassent rarement 30 brasses, et voit dans la morphologie du plateau de la Sonde la trace d'un aplanissement qui, selon lui, souligne la répétitivité du phénomène d'inondation-exondation. Il est intéressant de noter que Molengraaff, tout en détaillant la morphologie d'un plateau émergé, se concentre beaucoup sur les questions fluviatiles et marines (détroits, deltas, prolongements sous-marins des cours d'eau majeurs actuels) sans porter d'attention soutenue au passage de taxons d'une faune continentale. Dans l'œuvre qu'il publia avec le zoologue Weber (Molengraaff & Weber, *op. cit.*), ce dernier note de façon intéressante, après un long développement sur les poissons, que « *si [son] raisonnement est exact, le cas se produit pour d'autres groupes d'animaux dont la distribution a connu des changements durant le Pléistocène, non seulement ceux d'eau douce mais aussi les animaux terrestres* ».

L'approche paléontologique et paléoanthropologique se concentre quant à elle sur ces derniers, et nécessite donc une connaissance détaillée de l'évolution des niveaux marins durant les derniers millions d'années afin d'établir une chronologie de l'ouverture et de la coupure des ponts terrestres sur le Plateau de la Sonde. Les cartes publiées par H.K. Voris (2000) sont à la base du modèle paléogéographique le plus fréquemment utilisé. Elles mettent en jeu des retraits du niveau marin allant de 10 à 120 m et sont basées sur les données bathymétriques actuelles mais aussi en partie, pour les réseaux fluviatiles aujourd'hui submergés, sur les publications anciennes mentionnées plus haut (e.g. Molengraaff & Weber, *op. cit.*). L'approche chronologique des oscillations du niveau marin de Voris utilise plusieurs publications faisant référence en la matière (e.g. Chappell & Shackleton, 1986 ; Shackleton, 1987). L'un des points importants est la démonstration de la brièveté des exondations maximales (de l'ordre de 100 m et plus) et de l'importance (> 50%) du temps pendant lequel le niveau marin a été au moins 40 m inférieur à l'actuel.

Pour autant, cette chronologie ne remonte que jusqu'à la dernière partie du Pléistocène moyen (c. 250 000 ans), mais l'intérêt de ce modèle pousse la plupart des chercheurs à l'appliquer sur la quasi-totalité de la période Quaternaire. Cette quête est en partie légitime : on sait en effet que la constante de temps / cyclicité des stades isotopiques marins (MIS) ainsi que les contrastes période glaciaire vs. interglaciaire ont profondément changé aux alentours de la transition entre Pléistocène inférieur et Pléistocène moyen, évoquant un Plateau de la Sonde partiellement exondé lors des stades pairs du Pléistocène inférieur, beaucoup plus largement lors de certains stades pairs du Pléistocène moyen et supérieur. Une telle vision doit cependant être relativisée, puisqu'elle ne prend pas en compte d'autres éléments majeurs du paysage. Il s'agit notamment, sur les marches du Plateau de la Sonde, de l'évolution géotectonique de l'arc de la Sonde (voir par exemple Katili, 1973 ; Suhardja et al. 2020) ; ou encore l'impact d'une subsidence relativement récente, du plateau lui-même, qui aurait pu n'être submergé qu'à partir du MIS 11, il y a environ 400 000 ans.

...et de terres

L'interface mer-continent est marquée en région tropicale par des formations de mangrove (Figure 2a), d'arrière mangrove, plage et marais littoraux. Sur le plateau de la Sonde, de tels environnements, et particulièrement les forêts de mangrove, prennent une importance remarquable. Les perpétuels phénomènes de transgressions et régressions marines qui ont marqué le Quaternaire ont amené la formation d'immenses zones de mangrove.

Figure. 2a. Forêt de mangrove, île de Palawan, Philippines (cliché A.-M. Sémah)

Figure 2b.Forêt tropicale humide, Java (cliché A.-M. Sémah)

Certaines ont progressivement émergé, reliant entre elles des langues de terre préexistantes, notamment aux abords de l'arc volcanique de la Sonde, du fait de l'alimentation de ces pièges peu profonds en effluents d'origine volcanique apportés par l'érosion et par le vent. De tels cas sont visibles

Figure 2c. Forêt saisonnière, Java (cliché A.-M. Sémah)

Figure 2d. Savane, Java est (cliché @ vandi1993, taken with NIKON D3100)

notamment le long de la plaine alluviale du nord de Java, tel le rattachement récent, à l'Holocène, du massif du volcan Muria (Figure 3).

On décrit classiquement le climat de l'archipel indonésien comme partagé entre une zone occidentale (incluant par exemple Sumatra et la partie ouest de Java) affectée par un climat équatorial humide et une zone orientale (incluant notamment les petites îles de la Sonde) où le climat est beaucoup plus contrasté et sujet à une longue saison sèche. La frontière entre ces deux régions, quoique sujette à des oscillations (pluri-) annuelles, passe approximativement par le centre de l'île de Java. Le contraste est reflété par celui des précipitations, allant mensuellement de 50 à 200 mm à Banyuwangi jusqu'à 200 à 450 mm à Bogor. Même si le couvert végétal

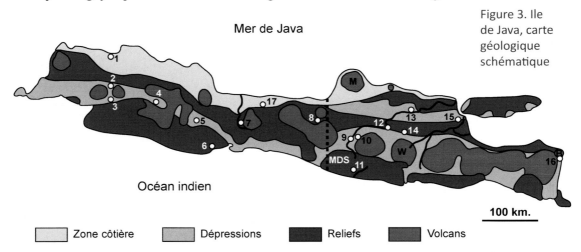

Figure 3. Ile de Java, carte géologique schématique

1-Jakarta, 2-Bogor, 3-Cisande, 4-Bandung, 5-Ciamis, 6-Cijulang, 7-Bumiayu (Ci Saat - Satir), 8-Ambarawa, 9-Sangiran, 10-Djetis, 11-Punung, 12-Trinil, 13-Ngandong, 14-Kedungbrubus, 15-Mojokerto, 16-Banyuwangi-Situbondo, 17-Semedo
MDS: Montagnes du sud - M: volcan Muria, W: volcan Wilis, B: volcan Baluran

climacique a disparu dans son immense majorité du fait d'une anthropisation intense, les formations végétales primaires de l'intérieur des terres sont en phase avec ces conditions climatiques. La forêt tropicale humide (Figure 2b) domine à l'ouest et bien entendu en altitude (où les précipitations sont toujours abondantes), alors qu'une forêt plus ouverte (Figure 2c), incluant des espèces décidues en plus grand nombre est présente à l'est (voir par exemple Whitten et al. 1997). On retrouve même, près de Situbondo à l'extrémité orientale de l'île de Java, une véritable savane (Figure 2d) au pied du petit volcan Baluran.

La distribution temporelle durant le Quaternaire de ces formations végétales fait écho à leur distribution spatiale contrastée actuelle. Comme dans le cas des niveaux marins, les études les plus détaillées concernent les cycles climatiques les plus récents. En altitude, les oscillations climatiques entre stades pairs et impairs ont été associées à des variations corrélatives de la zonation altitudinale des formations végétales, comme le montrent par exemple les analyses polliniques d'I. Stuijts (1984 ; voir aussi van Zeist, 1984) réalisées sur les lacs de moyenne montagne de Java ouest. D'autres travaux, convergents, proposent un abaissement des températures compris entre 4 et 7°C (van der Kaars & Dam, 1995). A plus basse altitude, au centre de Java, dans la région d'Ambarawa (A.-M. Sémah et al. 2004), le dernier maximum glaciaire est marqué par une ouverture de la végétation, suivie par une nette recrudescence de la forêt tropicale humide, postérieure à la reprise d'un régime soutenu de précipitations vers 15 000 ans BP (Figure 4).

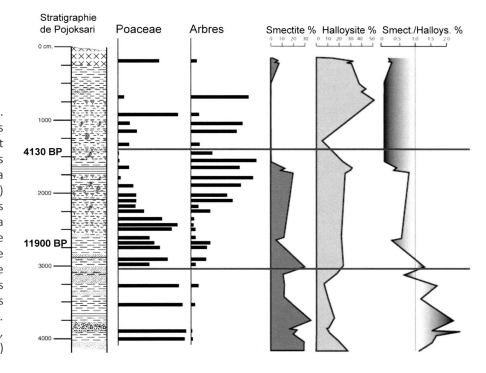

Figure 4. Enregistrements paléobotaniques et sédimentologiques à Ambarawa (Java central) Les lignes rouges soulignent la limite Pléistocène – Holocène et un épisode de conditions sèches 4000 ans BP.*D'après A.-M. Sémah et al., 2004 ; 1992)*

Cependant, les oscillations climatiques majeures sont loin de représenter le seul paramètre influençant le paysage. Le couvert végétal s'avère significativement sensible aux événements climatiques mineurs, tels qu'un épisode plus sec mis en évidence à Ambarawa, vers 4200 ans BP (A.-M. Sémah et al., 2004), ou encore aux perturbations profondes qu'induisent

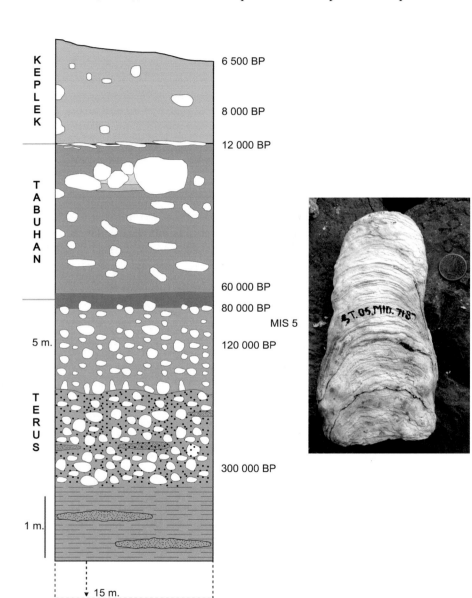

Figure 5. Coupe stratigraphique du remplissage de la grotte de Song Terus (Punung, Montagnes du Sud de Java) et mushroom stalagmite marquant les conditions humides du MIS 5. (cliché Semenanjung)

les éruptions volcaniques, rapidement suivies par le développement de formations végétales de reconquête. Cette sensibilité est d'ailleurs bien illustrée de nos jours par les traces que laissent sur le paysage (perturbation des formations végétales, incendies) les années pour lesquelles le phénomène El Niño induit des saisons sèches très accentuées.

Dans plusieurs de ces analyses réalisées dans des lacs (van der Kaars & Dam, 1995 ; A.-M. Sémah et al. 2004), il est intéressant de noter la corrélation étroite –et logique- entre les enregistrements sédimentologiques et paléobotaniques. L'ouverture de la forêt pendant un épisode glaciaire va de pair avec une érosion accrue des sols lors de la saison humide, nettement marquée, par exemple à Ambarawa, par des dépôts plus grossiers accumulés au pied des reliefs. De même, les traces de l'érosion des paléosols recueillies dans les sédiments démontrent une réaction rapide de la néoformation des argiles aux changements climatiques : le rapport smectite / halloysite (qui peut s'interpréter en termes de conditions climatiques contrastées vs. conditions hyper-humides) s'inverse nettement au niveau de la transition Pléistocène / Holocène (Figure 4).

Parallèlement à la question des niveaux marins, il existe une tendance naturelle à appliquer de tels modèles, construits sur les tout derniers stades isotopiques, à des périodes beaucoup plus reculées, en se référant à la nature des sédiments et des sols ainsi qu'à leur contenu paléobotanique. De fait, certaines observations sur des événements climatiques clés semblent justifier cette approche. C'est en particulier le cas sur le contraste entre la fin du stade MIS 6 et le stade MIS 5, lors de la transition entre le Pléistocène moyen et le Pléistocène supérieur ; cette dernière, passant d'un climat assez sec à une phase plus chaude et surtout beaucoup plus humide, a pu être documentée sur l'enregistrement pollinique du lac de Bandung à Java (van der Kaars & Dam, *op. cit.*) et de façon différente dans les enregistrements karstiques des montagnes du sud de Java (Tu, 2012 ; Sémah et al. 2004 ; Figure 5).

Il convient toutefois de considérer avec prudence, surtout pour les épisodes les plus anciens, les événements repérés dans les stratigraphies qui contrastent brusquement avec les épisodes humides, sans les interpréter automatiquement comme de longues périodes « glaciaires » durant lesquelles la savane a remplacé différentes formes de forêt (mangrove, marécage, forêt tropicale humide etc.). Tel est par exemple le cas de dépôts sableux à Poaceae (graminées), comme le soulignent C. Caratini et C. Tissot (1988), dans le sondage MISEDOR effectué dans le delta de la Mahakam ; ou encore de traces de paléosols (par nature formés hors de l'eau) reflétant des phases sèches découverts dans le dôme de Sangiran au sein de séries alluviales (Brasseur et al. 2011).

Le peuplement des îles

L'île de Java : un gisement privilégié au sein du Plateau de la Sonde

C'est donc dans un contexte paléobiogéographique en perpétuelle évolution que s'est déroulée l'histoire du peuplement du Plateau de la Sonde au Quaternaire. Les moteurs de cette évolution sont connus, mais la chronologie de la conjugaison de leurs effets n'est pas encore décrite en détail, en particulier pour ce qui concerne le Pléistocène inférieur et moyen.

Nous insisterons ici sur l'île de Java, principale source parmi les grandes îles de la Sonde de fossiles d'animaux et de restes humains. Ici, volcanisme, tectonique, subsidence et érosion se sont conjugués pour permettre la mise en place, le plissement et la mise à l'affleurement d'importantes séries stratigraphiques fossilifères : l'île fait partie de l'arc volcanique interne de la Sonde et se présente schématiquement comme une succession longitudinale de rides anticlinales, dépressions et bassins recoupés par de grands cônes volcaniques et des vallées (Figure 3).

Les séries stratigraphiques volcano-sédimentaires ont fait l'objet de nombreuses recherches du temps de la colonisation néerlandaise, notamment en vue de recenser les ressources naturelles de la région (voir van Bemmelen, 1949). Elles ont aussi attiré nombre de recherches plus fondamentales à visée paléontologique, à commencer par celles d'Eugène Dubois, après ses premières tentatives à Sumatra (cf. *supra*). Ce dernier a en effet poursuivi et finalisé sa recherche du « missing-link » en découvrant à Trinil, à l'Est de Java, au sein d'un ensemble de sites où les lettrés javanais situaient de grandes batailles mythiques de la tradition hindouiste, le '*Pithecanthropus erectus*' (Dubois, 1894) dont le fossile est devenu depuis l'holotype du taxon *Homo erectus*.

L'intérêt pour l'histoire du peuplement de l'île s'est développé au vingtième siècle, incluant notamment la première synthèse géologique consacrée au Quaternaire « The Age of Pithecanthropus » (van Es, 1931) et les grandes découvertes coordonnées par R. von Koenigswald (voir par exemple von Koenigswald, 1940), avant que la relève ne soit prise par les spécialistes indonésiens (voir par exemple Jacob, 1975 ; Sartono, 1990). Ces travaux ont permis d'appréhender la richesse paléontologique avérée et potentielle de l'île de Java sur une large étendue, de Ciamis à Mojokerto, dépassant largement les sites orientaux initialement connus et incluant sites de plein air et cavités karstiques (grottes et fissures).

Toutefois, les publications associées, depuis l'origine, ont fait que l'ensemble actuel de l'île de Java est souvent considéré par les chercheurs comme une entité unique. Pourtant, nombre de ces travaux (voir par exemple Djubiantono & Sémah, 1993 ; Sémah et al. 2000) insistent sur l'émersion progressive de différentes parties de Java et sur le fait que leur connexion ne s'est réalisée qu'à différents stades. Cette dynamique de la formation de l'île se poursuit évidemment à l'heure actuelle, plusieurs volcans (y compris « éteints ») poursuivant leur croissance (Chaussard & Amelung, 2010). Il faut donc considérer (voir Sémah et al. 2021) qu'à l'instar d'îles aujourd'hui différenciées, plusieurs provinces faunistiques ont pu exister à Java du point de vue biogéographique pendant le Quaternaire.

Des animaux...

La succession des horizons faunistiques découverts à Java a d'abord été établie par Ralph von Koenisgwald (1933 ; 1934 ; 1935 ; 1940). Outre des faunes de la partie occidentale de l'île (Cisande et Cijulang) et celles de la région de Bumiayu, à la limite entre Java central et Java Ouest (décrites par van der Maarel, 1932), la succession se fonde principalement sur les faunes des gisements de Java Est : Djetis, Trinil et Ngandong, respectivement attribuées au Pléistocène inférieur, moyen et supérieur. Le modèle de von Koenigswald incluant plusieurs faunes 'composites', il fut revu par J. de Vos et P.-Y. Sondaar (voir par exemple de Vos & Sondaar, 1982 ; Sondaar, 1984), et inclut également les découvertes faites dans les fissures du massif karstique de Punung, sur la côte de l'océan indien (Badoux, 1959).

Ce cadre biostratigraphique (Figure 6) fournit une chronologie allant du Pléistocène inférieur, vers 1.6 million d'années (Ma) à Bumiayu (faune de Satir, Sondaar, *op.cit.*), un peu plus ancienne selon les enregistrements paléomagnétiques (Sémah, 1986) jusqu'à la faune de Punung (début du MIS 5, Westaway et al., 2007), en passant par les faunes de Ci Saat (Bumiayu) et de Trinil, toutes deux de la seconde partie du Pléistocène inférieur et celle de Kedungbrubus (Java Est, au début du Pléistocène moyen). P.-Y. Sondaar (*op. cit.*) a appliqué ce cadre biostratigraphique à des sites majeurs tels que le dôme de Sangiran (où il reconnaît les faunes de Satir, Cisaat, Trinil et Kedungbrubus). Au-delà des

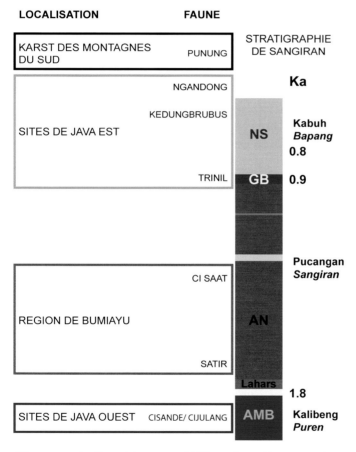

Figure 6. Chronologie des associations faunistiques décrites à Java en regard de la stratigraphie du site de Sangiran.

Niveaux stratigraphiques : AMB : formation marine peu profonde proche du rivage ; AN argile noire dite de Pucangan ; GB : banc-limite conglomératique datant de la transisiton Pléistocène inférieur – Pléistocène moyen ; NS : niveaux volcano-sédimentaires principalement fluviatiles dits de Kabuh

Figure 7a. Crâne de *Stegodon,* site de Pucung (dôme de Sangiran) exposé au musée de Dayu à Sangiran (©Semenanjung/ Puslit Arkenas)

débats chronologiques suscités par cette biozonation (voir Hooijer, 1983 ; Bartstra, 2000), ces relations croisées entre régions différentes posent à nouveau la question de l'unicité de Java en qualité de zone biogéographique au Pléistocène (Sémah et al. 2021) et ne cadrent pas entièrement avec les données récentes réunies sur Sangiran et les sites proches (Ansyori, 2018).

Les associations fauniques livrent d'importantes informations liées aux climats et aux environnements. Que ce soit dans la région de Bumiayu, celle de Sangiran, ou encore vers l'est de Java près du Gunung Wilis ou de Mojokerto, les séries sédimentaires témoignent de l'émersion progressive des terres durant la première partie du Pléistocène inférieur (voir par exemple Sémah, 1986), incluant des dépôts marins peu profonds et des dépôts continentaux littoraux (mangrove, arrière-mangrove, marécage et plage). Ainsi que le note P.Y. Sondaar (*op. cit.*), les premiers mammifères continentaux colonisateurs de Java (faune dite de Satir) appartenaient à des taxons capables de franchir des étendues marines limitées, tels que les proboscidiens (*Mastodon* puis *Stegodon*) (Figure 7a), les hippopotames ou les cervidés, et ont accompagné des reptiles tels que le crocodile ou la tortue terrestre géante *Geochelone*. Cette constatation est en accord autant avec la nature des dépôts qu'avec les reconstitutions des environnements végétaux entre 1,9 et 1,2 Ma, par exemple à Bumiayu et à Sangiran (A.-M. Sémah, 1984 ; 1986). Les mammifères carnivores, probablement arrivés ultérieurement, ne sont significativement représentés que dans la seconde partie de cette période, dans des milieux où l'influence marine est moins prégnante mais où dominent la forêt marécageuse et, dans l'arrière-pays, la forêt tropicale humide.

La situation change de façon significative lors de l'installation des conditions climatiques propres au Pléistocène moyen, vers le MIS 22 (voir par exemple A.-M. Sémah et al, 2010). L'impact des cycles pairs (glaciaires) est devenu beaucoup plus significatif en termes d'abaissement du niveau marin et certainement de contraste saisonnier du climat. Il a toutefois été

Figure 7b.
Bos bubalus palaeokerabau (Pléistocène moyen) exposé au musée de Sangiran (cliché A.-M. Sémah)

accompagné par une importante phase volcano-tectonique qui a déterminé le retrait définitif de la mer du centre de l'île de Java. Dans l'ensemble, l'ouverture de ponts terrestres et donc l'arrivée de nouveaux taxons immigrants s'en sont trouvées facilitées. Les fossiles appartiennent souvent à des taxons adaptés à des milieux ouverts, tel que le bovidé *Bos bubalus palaeokerabau* (Figure 7b) dont l'envergure des cornes (au seul niveau des chevilles osseuses) atteint 1m70 dans la collection de Dubois (Hooijer, 1958), rendant impossible le déplacement au sein d'un couvert forestier dense.

Toutefois, autant les enregistrements polliniques (Sémah & Sémah, 2012) que paléontologiques confirment que le couvert forestier n'a jamais disparu, même pendant les périodes les plus sèches, et s'est maintenu soit sous formes d'isolats, soit encore, cas le plus fréquent, sous la forme de forêts galeries le long des cours d'eaux. Le présence du gibbon dans la faune du site de Trinil (Ingicco et al. 2014) en est un des témoins.

Cette dernière donnée conduit à souligner l'importance des primates non humains dans les reconstitutions paléobiogéographiques et paléoenvironnementales : outre la signification du gibbon de Trinil, la présence au MIS 5 de *Pongo* dans les fissures du massif karstique de Punung (voir par exemple Westaway et al., *op. cit.*) ou du siamang dans la grotte voisine de Song Terus (Ansyori, 2010) va de pair avec le développement de la forêt tropicale humide au début du Pléistocène supérieur et les traces d'une activité karstique intense (Figure 5).

et des Hommes...

Le registre paléoanthropologique de Java a été décrit, au fur et à mesure des découvertes, autour du '*Pithecanthropus erectus*' de Trinil, usant initialement d'un foisonnement d'appellations taxonomiques telles que '*Pithecanthropus modjokertensis*' pour l'enfant de Mojokerto ou '*Meganthropus palaeojavanicus*' pour la mandibule de grande taille découverte dans les couches (Pucangan) du Pléistocène inférieur de Sangiran (Figure 6). Ce développement en lien avec la succession des découvertes est résumé par l'intervention d'H. Alimen (1946) auprès de la Société préhistorique française à propos de la publication de F. Weidenreich (1945) sur les fossiles humains de Chine et de Java : méganthropes et différentes formes de pithécanthropes ont ainsi été identifiés avant que la communauté scientifique ne rassemble tous les spécimens extrême-orientaux sous le terme d'*Homo erectus* (voir Mayr, 1950 ; Antón, 2003).

Au-delà de la question taxonomique, ces identifications, dues pour nombre d'entre elles à R. von Koenigswald (e.g. 1940) présentaient l'intérêt de rendre compte de la longue histoire évolutive des homininés sur le plateau de la Sonde, depuis des formes très archaïques jusqu'aux formes les plus dérivées que sont les Hommes de la Solo (voir le '*Javanthropus soloensis*'de Ngandong présenté par W. Oppenoorth en 1931), en passant par des formes comparables à celles de l'holotype de Trinil (Figure 8).

Mais l'intérêt de ces descriptions était surtout de refléter la perception des inventeurs confrontés à la complexité spatio-temporelle du terrain et à la diversité des formes. Le regroupement au sein des *Homo erectus*, quelle qu'en soit la justification du point de vue paléoanthropologique, a quelque peu gommé cette perception et, pendant une longue période, conduit à sous-entendre la prééminence d'une évolution linéaire sur place, depuis les plus anciens fossiles jusqu'à l'extinction d'*Homo erectus*. Or, si une évolution au sein même de l'île de Java est bien entendu envisageable, la complexité de la dynamique du cadre climatique, géographique et environnemental que nous avons abordée plus haut ne permet pas de l'envisager comme facteur unique ou dominant pour rendre compte du registre fossile.

Les niveaux marins ont certes joué un rôle important, mais il importe de considérer la multiplicité de la nature des passages qui ont pu être ouverts. Certains ont été rappelés par P.-Y. Sondaar (*op.cit.*) et invoqués pour le passage des faunes jusqu'à Java, et le cas des groupes humains s'avère encore plus complexe.

Le modèle le plus simple est celui du contraste entre barrière maritime et couloir de savane ainsi que cela a été proposé pour le dernier maximum

Figure 8. (©Semenanjung) Droite : Calotte crânienne du fossile Sangiran 31, spécimen archaïque d'*Homo erectus* (c. 1.6 Ma) Gauche : Crâne Sangiran 17, âgé d'environ 800 000 ans

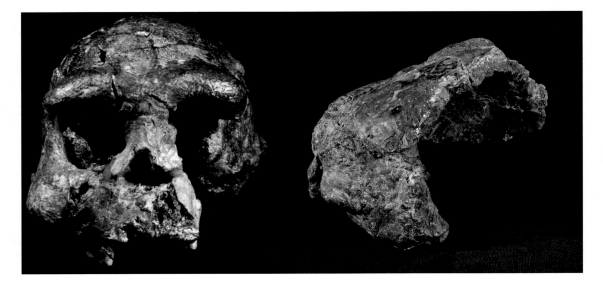

glaciaire (Bird et al. 2005) et souvent suggéré pour des périodes plus anciennes. Il peut être favorable au déplacement des Hommes, mais est loin de recouvrir l'ensemble des possibles et à l'évidence n'a pas permis, pour ce qui est du Plateau de la Sonde, la diffusion depuis l'Asie de plusieurs catégories d'animaux tels que les équidés par exemple. Presque paradoxalement, la forêt elle-même est susceptible de constituer un couloir écologique. Il ne fait aucun doute que les Hommes qui, pour la première fois, ont retraversé vers le Sud la ceinture équatoriale vers Java et d'autres îles ont dû s'adapter à l'exploitation des ressources des formations végétales littorales telles que la mangrove. En ce qui concerne la forêt tropicale humide, sa présence sans aucun doute permanente en galeries le long des cours d'eau majeurs a également dû constituer un couloir écologique de déplacement. C'est d'ailleurs celui qui a dû être suivi par plusieurs grands singes hominoïdes y compris, durant le Pléistocène (date restant à préciser) le Gigantopithèque dont les premiers spécimens ont été découverts à Semedo non loin de Bumiayu (Noerwidi et al. 2016). Il est possible que les hominidés les plus archaïques de Sangiran tels que les 'Méganthropes' aient suivi une telle voie. Ceux provenant des couches du Pléistocène inférieur de Sangiran, à une époque où l'intérieur des terres était principalement forestier (A.-M. Sémah, 1984 ; 1986) ne sont représentés que par des restes fragmentaires (Figure 8) mais se distinguent par la robustesse exceptionnelle des restes dentaires et osseux liés à l'appareil manducateur, les traces relevées sur les dents indiquant une adaptation à la forêt (Lee, 2006).

Dès le MIS 22, on assiste à la coexistence de plusieurs formes, par exemple à Sangiran entre des fossiles très robustes et des spécimens du type de celui de Trinil qui domineront durant la première partie du Pléistocène moyen (Figure 8, et voir par exemple Widianto, 1993). Il est probable que l'on retrouve ici la trace de nouveaux arrivants venus d'Eurasie, d'autant plus que, dès 800 000 ans, les rares sites qualifiables d' « archéologiques », livrant des couches d'occupation humaine, contiennent une industrie lithique assimilable à la tradition acheuléenne (Sémah et al. 1992 ; voir aussi Figure 9), qui aurait ainsi diffusé jusque dans les archipels à la faveur des changements profonds du paysage sur le Plateau de la Sonde. C'est aussi à cette époque que l'Homme a pu franchir des bras de mer jamais exondés mais d'extension plus restreinte et atteindre des contrées à l'est de la Ligne de Wallace, ainsi qu'en témoignent, au-delà des découvertes d'artefacts anciens sur l'île de Flores, les premiers restes humains du début du Pléistocène moyen (van den Bergh et al. 2016).

Qu'elles relèvent toutes ou non de la nappe des *Homo erectus*, force est de reconnaître que plusieurs humanités se sont succédées, ont coexisté ou se sont mêlées à Java et, vraisemblablement, sur l'ensemble du plateau de la Sonde. Elles ont pu contribuer, dans une mesure qui reste à éclaircir, à la naissance de formes endémiques plus tardives découvertes notamment dans les petites îles de la Sonde (e.g. Morwood et al. 2004). Si le climat a été un des moteurs principaux de l'évolution des paysages, seule l'archéologie aidera

Figure 9. (©Semenanjung) Biface découvert à Koboran (massif karstique de Punung, Montagnes du Sud de Java) sur une terrasse alluviale de la fin du Pléistocène moyen.

à comprendre progressivement l'imbrication des mélanges génétiques, de l'adaptation biologique et de l'adaptation culturelle et sociale qui ont affecté ces groupes humains, y compris les *Homo sapiens* qui ont succédé aux *Homo erectus* ; à comprendre aussi les motivations de ces insulaires à entamer une aventure qui se terminera, il y a tout juste quelques millénaires, par la conquête des océans par les peuples austronésiens.

Références

Alimen, H., 1946. Faits nouveaux en Paléontologie humaine. Bull. Société préhistorique française, 43, 3-4, p. 106-108.

Ansyori, M., 2010. *Fauna from the oldest occupation layer in Song Terus Cave, Eastern Java, Indonesia – Biochronological significance of Terus Layer.* Master Thesis, International Master in Quaternary and Prehistory, Paris-Ferrara, 73 p.

Ansyori, M., 2018. *Biostratigraphic significance of Sangiran Dome, Central Java, Indonesia: An insight on Animal Succession of Java during the Lower and Middle Pleistocene.* Thèse de Doctorat, International Doctorate in Quaternary and Prehistory, Paris-Tarragone, 167 p.

Antón, S. C. 2003. Natural history of *Homo erectus*. *American Journal of Physical Anthropology*, n°122, pp. 126-170.

Badoux, M., 1959. *Fossil Mammals from Two Fissure Deposits at Punung (Java).* PhD thesis, Utrecht.

Bartstra, G.J., 2000. L'Indonésie à l'époque de l'*Homo habilis* et de l'*Homoerectus*. *in* C. Julien (Ed.) Histoire de l'Humanité, vol. 1, De la préhistoire au début de la civilisation. UNESCO, Paris, p. 240-256.

Bemmelen, R.W. van 1949. *The Geology of Indonesia and adjacent archipelagos.* Den Haag, Martinus Nijhoff.

Bergh, van den, G., Kaifu, Y., Kurniawan, I., Kono, R.T., Setiyabudi, E., Aziz, F. & Morwood, M.J., 2016. *Homo floresiensis*-like fossils from the early Middle Pleistocene of Flores. *Nature*, 534, 7606, p. 245-248.

Bird, M. I., Taylor, D. & Hunt, C., 2005. Palaeoenvironments of insular Southeast Asia during the Last Glacial Period: a savanna corridor in Sundaland? *Quaternary Science Reviews*, 24, p. 2228–2242.

Brasseur B., Sémah F., Sémah A.-M. & Djubiantono T., 2011. Approche paléopédologique de l'environnement des hominidés fossiles du dôme de Sangiran (Java central, Indonésie). *Quaternaire*, 1, p. 13–34.

Caratini, C. & Tissot, C., 1988. Paleogeographical evolution of the Mahakam delta in Kalimantan, Indonesia during the Quaternary and late Pliocene. *Review of Palaeobotany and Palynology*, 55, 1-3, p. 217-228.

Chappell, J. & Shackleton, N. J., 1986. Oxygen isotopes and sea level. *Nature*, 324, p. 137-140.

Chaussard, E. & Amelung, F., 2010. Monitoring the UPS and Downs of Sumatra and Java with D-Insar Time-Series. *AGU Fall Meeting Abstracts*.

Delvaux, E., 1891. Premiers résultats des recherches anthropologiques entreprises avec le concours du Gouvernement néerlandais dans les grottes de Bovenlanden (Sumatra), par le Dr Dubois. Bulletin de la Société d'Anthropologie de Bruxelles, IX, p. 196-199.

Djubiantono, T. & Sémah, F., 1993. L'évolution de la région de Solo au Quaternaire. *Les Dossiers d'Archéologie*, 184, pp. 46-49.

Dubois, E., 1994. *Pithecanthropus erectus. Eine Menschenaehnliche Uerbersgangform aus Java*. Landesdruckerei, Batavia.

Es, L.J.C. van, 1931. The Age of Pithecanthropus. Ph.D. thesis, Martinus Nijhoff, Den Haag.

Hooijer D.A. 1958. Fossil Bovidae from the Malay archipelago and the Punjab. *Zoologische Verhandelingen,* 38, p. 1-125.

Hooijer, D.A., 1983. Remarks upon the Dubois collection of fossil mammals from Trinil and Kedungbrubus in Java. *Geol. Mijnbouw,* 62, 337-338.

Ingicco, T., de Vos, J. & Huffmann, O. F., 2014. The Oldest Gibbon Fossil (Hylobatidae) from Insular Southeast Asia: Evidence from Trinil, (East Java, Indonesia), Lower/Middle Pleistocene. *PlosOne*, 9, 6, https://doi.org/10.1371/journal.pone.0099531.

Jacob, T., 1975. L'homme de Java. *La Recherche*, 6, 62, p. 1027–1032.

Kaars W.A. van der & M.A.C. Dam, 1995. A 135,000-year record of vegetational and climatic change from the Bandung area, West-Java, Indonesia. *Palaeogeography, Palaeoclimatology, Palaeoecology*, 117, 1-2, p. 55-72.

Katili, J.A.,1973. Geochronology of West Indonesia and its implication on plate tectonics. *Tectonophysics. 19 (3)*, p. *195–212.*

Koenigswald, G.H.R. von, 1933. Beitrag zur Kenntnis der fossilen Wirbeltiere Javas I. Teil. *Wetenschappelijke Mededeelingen*, Dienst van den Mijnbouw in Nederlandsch-lndië, 23, p. 1-127.

Koenigswald, G.H.R. von, 1934. Zur Stratigraphie des javanischen Pleistocän. *De lngenieur in Nederlandsch-Indië* I, p. 185-201.

Koenigswald, G.H.R. von, 1935. Die fossilen Saugetierfaunen Javas. *Proceedings of the Koninklijke Nederlandse Akademie van Wetenschappen*, Amsterdam, 38, p. 188-198.

Koenigswald, G.H.R. von, 1940. Neue Pithecanthropus Funde 1936-1938. Ein Beitrag zur Kentniss der Prae-Hominiden. *Wetenschappelijke Mededeelingen*, Dienst van den Mijnbouw in Nederlandsch-lndië, 28, p. 1-232.

Lee Yi Chuang, A., 2006. Les micro-usures dentairesdes fossiles humains du sud-est asiatique :Implications en termes d'environnement et de subsistence. These de Doctorat du Muséum national d'histoire naturelle, Paris, 405 p.

Maarel, F. H. van der, 1932. Contributions to the knowledge of the fossil mammalian fauna of Java. *Wetenschappelijke Mededelingen, Dienst van den Mijnbouw in Nederlandschlndië* 15, p. 1-208.

Mayr, E. 1950. Taxonomic categories in fossil hominids. *Cold Spring Harbor Symposia on Quantitative Biology*, 15, p. 109-118.

Molengraaff, G. A. F. & Weber, M. (1921) On the relation between the Pleistocene glacial period and the origin of the Sunda Sea (Java- and South China-Sea), and its influence on the distribution of coral reefs and on the land- and freshwater fauna. *Proceedings of the Section of Sciences*, 23, p. 395-439.

Morwood, M.J., Soejono, R.P., Roberts, R.G., Sutikna, T., Turney, C.S., Westaway, K.E., Rink, W.J., Zhao, J.-X., van den Bergh, G.D., Rokus Awe Due, Hobbs, D.R., Moore, M.W., Bird, M.I. and Fifield, L.K., 2004. Archaeology and age of a new hominin from Flores in eastern Indonesia. *Nature*, vol. 431, p. 1087-1091.

Noerwidi, S., Siswanto & H. Widianto, 2016. Giant Primate of Java: a new *Gigantopithecus* from Semedo. *Berkala Arkeologi*, 36, 2, p. 141-160.

Oppenoorth, W.F.F., 1931. *Homo (Javanthropus) soloensis*, Een Pleistoceene Mensch van Java. Voorloopige Mededeeling. Batavia, *Dienst van den Mijnbouw in Nederlandsche-Indië, Wetenschappelijke Mededeelingen*, vol. 20, p. 49-79.

Sartono, S., 1990. A new *Homo erectus* skull from Ngawi, East Java. *Bulletin of the Indo-Pacific Prehistory Association*, vol. 11, p. 14-22.

Shackleton, N. J., 1987. Oxygen isotopes, ice volume and sea level. *Quaternary Science Reviews*, 6, p. 183-190.

Sémah, A.-M., 1984. Palynology and Javanese *Pithecanthropus* palaeoenvironment, *G.H.R. von Koenigswald Memorial Symposium*, Bad Homburg, *Cour. Forsch. Inst. Senckenberg*, Frankfurt, 69, p. 237-243.

Sémah, A.-M., 1986. *Le milieu naturel lors du premier peuplement de Java*. Thèse de Doctorat d'Etat ès Sciences, Université de Provence, 2 vol.

Sémah, A.-M. & Sémah, F., 2012. The rain forest in Java through the Quaternary and its relationships with humans (adaptation, exploitation and impact on the forest). *Quaternary International*, 249, p. 120-128.

Sémah A.M., Sémah F., Djubiantono T. & Brasseur, B., 2010. Landscapes and Hominids' environments: Changes between the Lower and the Early Middle Pleistocene in Java (Indonesia). *Quaternary International*, 223-224, p. 451-454.

Sémah, F., Sémah, A.-M., Djubiantono, T. and Simanjuntak, H.T. 1992. Did they also make stone tools? *Journal of Human Evolution*, 23, p. 439-446.

Sémah, A.-M., F. Sémah, C. Guillot, T. Djubiantono & M. Fournier, 1992. Etude de la sédimentation pollinique durant les quatre derniers millénaires dans le bassin d'Ambarawa (Java Central, Indonésie) - Mise en évidence de premiers défrichements. *C.R. Acad. Sc.Paris,* 315, II, p. 903-908.

Sémah, A.-M. Sémah, F., Moudrikah, R., Fröhlich, F. and Djubiantono, T., 2004. A late Pleistocene and Holocene sedimentary record in Central Java and its palaeoclimatic significance. *in*S.G. Keates & J. Pasveer Eds., "Quaternary Research in Indonesia". *Modern Quaternary Research in Southeast Asia*, Balkema, Rotterdam, 18, p.63-88.

Sémah, F., 1986. Le peuplement ancien de Java - Ébauche d'un cadre chronologique. *L'Anthropologie,* Paris, vol. 90, 3, p. 359-400.

Sémah, F., Féraud, G., Saleki, H., Falguères, F. and Djubiantono, T. 2000. Did early Man reach Java during the late Pliocene? *Journal of Archaeological Science,* 27,p.763-769.

Sémah, F., Sémah A.-M. & T. Djubiantono, 1990. *Il y a plus d'un million d'années, ils ont découvert Java.* Puslit Arkenas / Muséum national d'histoire naturelle, 120 p.

Sémah, F., Sémah, A.-M., Falguères, C., Détroit, F., Simanjuntak, T., Moigne, A.-M., Gallet, X. and Hameau, S., 2004. The significance of the Punung karstic area (Eastern Java) for the chronology of the Javanese Palaeolithic, with special reference to the Song Terus cave. *in* S.G. Keates & J. Pasveer Eds., "Quaternary Research in Indonesia". *Modern Quaternary Research in Southeast Asia*, Balkema, Rotterdam, vol. 18, p. 45-61.

Sémah, F., Sémah A.-M., Simanjuntak T. & Widianto, H, 2021. La conquête de l'Asie du sud-est insulaire au croisement de la nature et de la culture. *in* Y. Coppens & A. Vialet (Eds). *Un bouquet d'ancêtres- Premiers humains : qui était qui, qui a fait quoi, où et quand ?* Acad/ Pontif. Sc. & CNRS Editions, p. 249-267.

Sondaar, P.-Y., 1984. Faunal evolution and the mammalian biostratigraphy of Java. *Courier Forschungsinstitut Senckenberg*, 69, p. 219-235.

Stuijts, I, 1984. Palynological study of Situ Bayongbong, West Java. *Modern Quaternary Research in S-E Asia*, 8, p.17-27.

Suhardja, S. K., Widiyantoro, S., Métaxian, J. -P., Rawlinson, N., Ramdhan, M., Budi-Santoso, A. 2020. Crustal thickness beneath Mt. Merapi and Mt. Merbabu, Central Java, Indonesia, inferred from receiver function analysis. *Physics of the Earth and Planetary Interiors*, 302, p. 106455.

Tu Hua, 2012. *Contextualizing faunal dispersals and early cave hominid bearing occupations in SE Asia during MIS 5: chronologic and palaeoclimatic approaches on speleothems and fossil tooth.* Mémoire de Master – International Master in Quaternary and Prehistory, Paris-Tarragona, 88 p.

Voris, H.K., 2000. Maps of Pleistocene sea levels in Southeast Asia: Shorelines, river systems and time durations. *Journal of Biogeography*, 27, 5, p. 1153-1167.

Vos, J. de & Sondaar, P.-Y., 1982. The importance of the Dubois Collection reconsidered. *Modern Quaternary Research in SE Asia*, 7, p. 35-63.

Wallace, A.R., 1869. *The Malay Archipelago.* McMillan, London, 2 vol.

Weidenreich, F., 1945. *Early Man from Java and South China.* New York, Anthropological Papers of the American Museum of Natural History, XL, 1, 134 p.

Westaway, K.E., Morwood, M.J., Roberts, R.G., Rokus, A.D., Zhao, J., Storm, P., Aziz, F., Bergh, G. van den, Hadi, P., Jatmiko & de Vos, J., 2007. Age and biostratigraphic significance of the Punung Rainforest fauna, East Java, Indonesia, and implications for *Pongo* and *Homo. Journal of Human Evolution*, 53, 6, p. 709-717.

Whitten, T., Soeriaatmadja, E.R. & Afiff S.A., 1997. The *Ecology of Java & Bali.* Oxford Univ. Press, 994 p.

Widianto, H., 1993. *Unité et diversité des hominids fossils de Java: Présentation de restes humains fossils inédits.* Unpublished PhD, Muséum national d'histoire naturelle, Paris.

Zeist, W. van, 1984. The prospects of palynology for the study of prehistoric man in Southeast Asia. *Modern Quaternary Research in S-E Asia*, 8, p.1-15.

Sociétés humaines et changements climatiques : une longue histoire

L'homme de Neandertal pendant les stades isotopiques 11 à 4

Pascal Depaepe

Résumé

Si on se base sur les sites archéologiques découverts, les populations néandertaliennes présentent des densités toujours faibles, mais variables selon les périodes, et certainement en relation avec les cycles climatiques. Par ailleurs, dans l'état actuel de nos connaissances, l'aire de répartition des Néandertaliens est limitée au sud du 53e degré de latitude Nord, pour ce qui est des sites clairement attribués. Cette contribution vise à discuter ces constats.

Abstract

On the basis of the archaeological sites discovered, the Neanderthal populations present densities that are always low, but variable according to the periods, and certainly in relation to the climatic cycles. Moreover, in the current state of our knowledge, the range of Neanderthals is limited to the south of the 53e degree of North latitude, regarding clearly attributed sites. This contribution aims to discuss these topics.

Introduction

Neandertal a souvent été décrit comme parfaitement adapté à des climats rigoureux. Effectivement, ses caractéristiques morphologiques paraissent, pour partie, résulter d'adaptations à des environnements en contexte froid, voire très froid (Trinkaus E., 1983 ; Holliday, T. W., 1997) ; notons que certains défendent une hypothèse d'adaptation à des conditions de chasse favorisant la puissance musculaire et le sprint plutôt que l'endurance (Stewart et al. 2019).

Cependant, durant ses environ 400 000 ans en tant qu'espèce (soit environ 20 000 générations), Neandertal a connu des alternances climatiques importantes, même si la plupart du temps la durée temporelle entre phases glaciaires et phases interglaciaires est défavorable à ces dernières. En effet, plus de la moitié de ces 400 000 ans furent des périodes de grand froid, et seuls quelques milliers d'années connurent un climat tempéré doux (figures 1 et 2).

Ces variations climatiques entraînent des modifications importantes de l'environnement végétal et animal, mais aussi géographique, par la baisse ou la hausse du niveau des mers selon les alternances glaciaires-interglaciaires. Le tracé des côtes fut donc parfois sensiblement modifié (figure 3), et à n'en pas douter, nombre de sites sont maintenant submergés. C'est ainsi que le seul fossile néandertalien des Pays-Bas fut fortuitement découvert au large des côtes, dans le refus de tamisage d'une installation d'extraction de coquillages marins (Hublin et al. 2009).

La couverture végétale a également fortement varié, passant selon les périodes et les régions d'un désert polaire à une forêt de feuillus (figure 4). Il en est de même de la faune : mammouths, rhinocéros laineux, rennes, chevaux peuplant une steppe à mammouth froide ; cerfs, aurochs, sangliers s'épanouissant en climat moins rigoureux, ainsi que des hippopotames durant les interglaciaires les plus doux (Auguste, 1995).

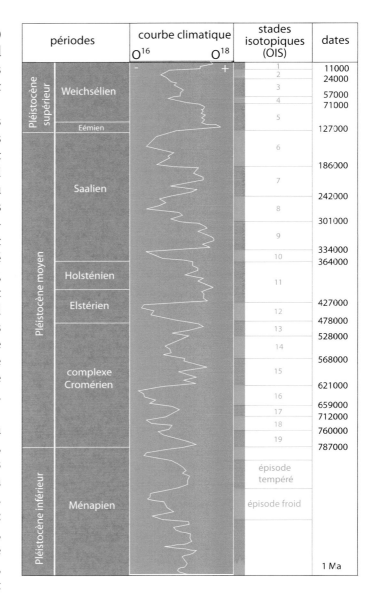

Figure 1. courbe isotopique du stade isotopique11 au stade isotopique 4 (d'après (Depaepe, 2018b)

Plusieurs questions se posent :

- Quels espaces géographiques Neandertal a-t-il occupé, en fonction de ces alternances climatiques ?
- Existe-t-il des variations dans les densités des populations paléolithiques, ou sont-elles restées démographiquement stables ?
- Quels furent les freins, les obstacles ou les opportunités à ces occupations ?

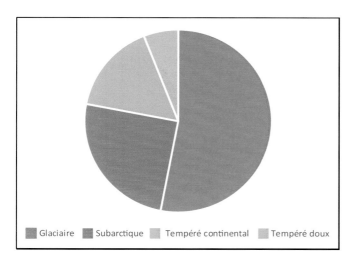

Figure 2. type de climats du stade isotopique 11 au stade isotopique 4, en % de leurs durées cumulées

• Quelles furent les conséquences des changements climatiques sur le peuplement néandertalien ?

Dans cet article nous nous concentrerons sur la partie septentrionale de l'Europe, soit les zones situées au nord du 47e degré de latitude. En effet, les zones plus méridionales semblent être moins sujettes à des variations de peuplement même si les données restent largement lacunaires et si certaines régions ont pu être désertées pendant des durées plus ou moins longues (Moncel ce volume). L'espace temporel concerné est celui de Neandertal en tant qu'espèce, soit environ du stade isotopique 11 à la première moitié du stade isotopique 3, vers -35000.

Contextes

Le stade isotopique 11 (MIS 11), qui débute il y a environ 425.000 ans (voir figure 1), voit l'apparition d'un nouveau type humain : Neandertal (Hublin, 2007 ; Maureille, 2018). Ses plus anciens représentants seraient, à ce jour, ceux découverts à Atapuerca « Sima de los Huesos » (Espagne), datés d'environ 430.000 ans (Arsuaga et al. 2014).

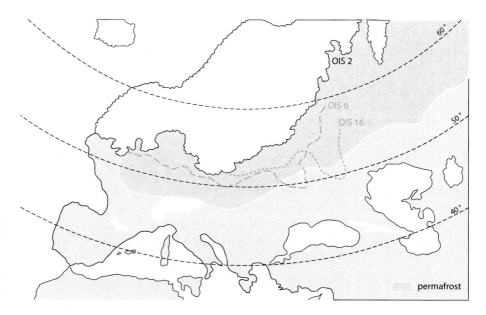

Figure 3. tracé des côtes et extensions de la calotte glaciaire (d'après Depaepe 2009)

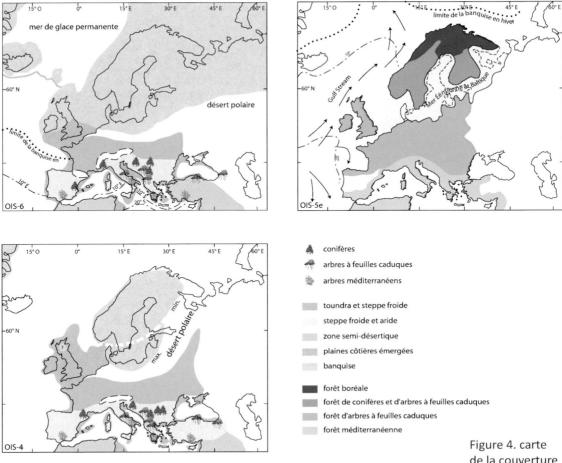

Figure 4. carte de la couverture végétale aux stades isotopiques 6 et 4 (glaciaires) et 5ᵉ (interglaciaire ; d'après (Depaepe, 2009)

Par la suite Neandertal évolue en Eurasie, croisant et se croisant avec deux autres espèces d'*Homo* : Sapiens et Denisova (Green et al. 2010 ; Slon et al. 2018). Cependant Neandertal est à ce jour le seul homininé présent au Pléistocène récent (après 450.000) en Europe occidentale avant l'arrivée d'*Homo sapiens*, vers -40.000.

D'un point de vue typo-technologique, si le stade isotopique 11 est encore pleinement acheuléen, apparaissent dès le stade 10 des racloirs épais de style moustérien (à La Micoque par exemple). Le débitage Levallois est présent au MIS 9 (Picin et al. 2013 ; Jarry et al. 2007), et domine globalement les assemblages lithiques jusqu'à la fin du Paléolithique moyen, à côté de nombreux autres mode de débitage. Dans le nord de la France, l'Acheuléen perdure jusqu'à la fin du stade isotopique 9 (Cagny « l'Epinette » (Tuffreau et al. 2008) ; Etricourt-Manancourt (Hérisson et Goval, 2013), voire après (Gouzeaucourt, Tuffreau et al. 2008).

Durant cette longue période, Neandertal développe une « civilisation » (le Moustérien *sensu lato*) déclinée en de multiples « cultures » s'inscrivant dans le temps et dans l'espace (voir entre autres Depaepe, 2018a ; et Jaubert,

2011 pour des exemples dans le Sud-ouest de la France). Ces expressions typo-technologiques sont assez variées sans que ces différences ne trouvent, jusqu'à présent, d'explications solides.

La disparition de Neandertal a fait couler et fait toujours couler beaucoup d'encre. Les thèses les plus farfelues ont été proposées, en parallèle à d'autres beaucoup plus sérieuses. A l'heure actuelle une hypothèse conjuguant baisse démographique, consanguinité et concurrence (pas forcément violente) avec *Homo sapiens* paraît assez bien argumentée (Patou-Mathis et Depaepe, 2018 ; Ríos et al. 2019). Notons par ailleurs que tous les homininés coexistant sur terre entre 100.000 et 40.000 disparaissent au fur et à mesure de l'avancée d'*Homo sapiens*, lequel aurait pu avoir un rôle dans ces disparitions sans qu'à ce jour cela ne puisse être formellement démontré.

Données

Les régions au nord du 45° de latitude nord semblent peu fréquentées avant le stade isotopique 11. Le nombre d'occurrences est en effet assez faible, quelques-unes seulement, et les sites sont presqu'exclusivement attribuables à des interglaciaires (voir Moncel, ce volume). Cela n'exclut pas la possibilité que des incursions se soient produites lors de brefs interstades, comme pour, semble-t-il, le site de Cagny « la Garenne » au MIS 12 (Tuffreau et al. 2008).

Le nombre d'occupations croît à partir du stade isotopique 11(figures 5, 6 et 7). Sans être pour autant abondantes, elles sont proportionnellement beaucoup plus nombreuses que pour les périodes précédentes : près de 70 sites pour les 150.000 ans cumulés que durent les stades isotopiques 11 à 7, contre six ou sept sites clairement attestés pour les stades isotopiques 27 (vers-982 000) à 12, soit plus de 500.000 ans.

Les occupations des stades isotopiques 11, 9 et 7 ne présentent quant à elles, que d'assez faibles variations dans leurs représentativités numériques.

La glaciation suivante, le Saalien (MIS 6), est relativement longue : environ 60.000 ans. Malgré sa rudesse, on constate la présence de quelques occupations assez au nord de la zone étudiée, même si la Somme semble constituer la limite septentrionale du côté occidental de l'Europe. Notons également l'absence d'occupations dans les Iles britanniques, pourtant peuplées durant les phases antérieures.

Figure 5. nombre d'occupations par tranche de 1000 ans dans le N-O de la France (d'après (Locht et al., 2015) et (Depaepe, 2018b)

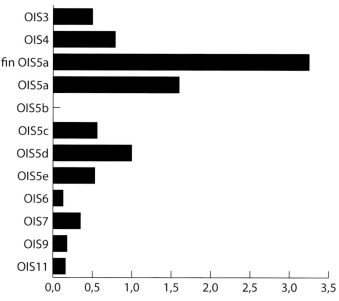

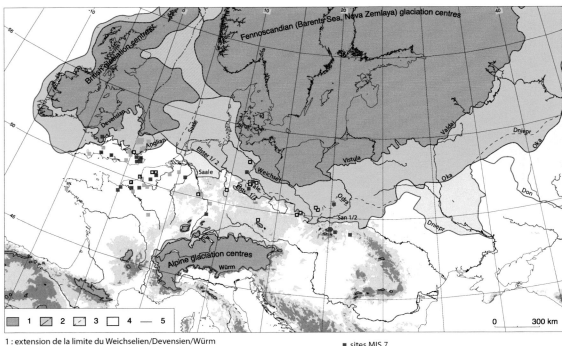

1 : extension de la limite du Weichselien/Devensien/Würm
2 : extension de la limite du Elsterien/Anglian/Mindel
3 : extension de la limite du Saalien/Riss/
4 : zones libres de glaces durant le Weichselien
5 : extension maximum des glaciations du Pléistocène

■ sites MIS 7
□ sites MIS 9
▪ sites MIS 11

Figure 6. sites des MIS 11, 9 et 7 (fond de carte d'après (Van Gijssel K., 2006)

L'interglaciaire éemien (stade isotopique 5e) ouvre le Pléistocène supérieur et est suivi par la dernière glaciation, le Weichsélien (stades isotopiques 5 à 2). Les occupations humaines sont souvent découvertes en bords de lacs comme en Allemagne Taubach (Bratlund, 1999), Lehringen (Thieme et Veil, 1985) et Neumark-Nord 2 (Gaudzinski-Windheuser et al. 2014), ou de rivière comme à Caours, France (Antoine et al., 2006). Il est cependant très possible que le corpus soit biaisé car les conditions de préservation des gisements sur les versants et les plateaux sont alors peu favorables (Roebroeks et al. 1992 ; Roebroeks et Speleers, 2002), et de plus, les cavités karstiques sont rares dans la plaine nord-européenne. D'un point de vue géographique, nous notons l'isolement de la Fennoscandie par extension de la mer baltique éemienne (figure 4).

Le début de la dernière glaciation (Weichsélien stades 5d à 5a) voit une stabilisation puis une augmentation importante du nombre de sites, surtout pendant le sous-stade isotopique 5a. Ce dernier semble correspondre une période de forte occupation humaine, du moins dans le Nord de la France, région qui bénéficie depuis plusieurs années d'importantes recherches archéologiques, pour une grande part dues au développement de l'archéologie préventive (Depaepe et Goval, 2011 ; Locht et al. 2015). Cette phase de transition vers un glaciaire fut certainement très favorable aux implantations néandertaliennes, certainement facilitées par une ressource abondante en grands mammifères herbivores peuplant une steppe riche en

Figure 7. sites des MIS 7 et 6ᵉ (en bas), 5d-a, 4 et 3 (en haut ; fond de carte d'après (Van Gijssel K., 2006)

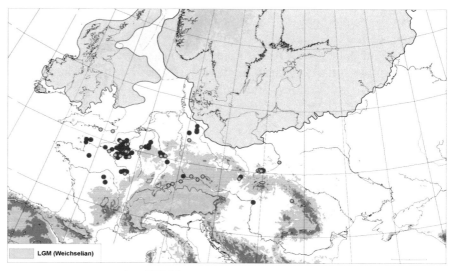

- sites MIS 5d-a
- sites MIS 4 et 3
 en bleu : inlandsis du dernier maximum glaciaire (LGM)

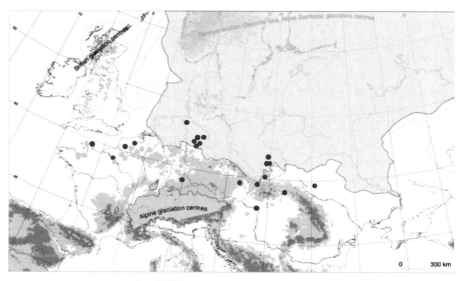

- sites MIS 5e
- sites MIS 6
 en bleu : inlandsis du Saalien

herbacées. On note par ailleurs durant cette période entre l'Eemien et le stade isotopique 4, une sorte d'homogénéité techno-culturelle qui m'a fait nommer ces industries de « Technocomplexe du Nord-Ouest » (Depaepe, 2007).

Par la suite, après ce qui semble être un abandon de la région au début du stade isotopique 4 du fait de conditions climatiques très rigoureuses, a lieu un repeuplement de la région ainsi que des Iles britanniques, avec cependant des traditions culturelles différentes de celles du stade isotopique 5 (Depaepe, 2007). Ce nouveau peuplement perdure jusqu'au stade isotopique 3 marqué par la fin de l'épopée des Néandertaliens et son remplacement par l'homme anatomiquement moderne.

Discussion

Même s'il est extrêmement délicat d'aborder le sujet des densités d'occupation par des populations paléolithiques, qui plus est pour des périodes s'étendant sur des dizaines, voire des centaines, de milliers d'années, l'examen d'une région bien documentée comme le Nord /Nord-ouest de la France (Locht et al. 2015) permet une approche factuelle, évidement conditionnée par l'état de la recherche.

Pourquoi le boom du MIS 11 ?

Avant le MIS 11 le nombre de sites est très faible, moins de 10 pour la période couvrant les MIS 25 à 12 (cf. supra), soit un taux de 0,014 sites par millénaire. L'augmentation est considérable dès le MIS 11 : 0,16 sites par millénaire, soit une multiplication par 10. Ce stade isotopique 11 voit donc une forte augmentation du nombre de sites archéologiques, particulièrement dans le nord de l'Europe occidentale « *la multiplication des gisements dits acheuléens durant les MIS 11 et 9 ... est flagrante* » (Nicoud, 2011 p.256). Comment expliquer cette singularité après des millénaires d'une démographie très faible ?

Il faut évidemment garder présent à l'esprit des facteurs extérieurs à la densité réelle des sites : facteurs taphonomiques, profondeur d'enfouissement, par exemple. Les glaciations des MIS 12 et 16, particulièrement rigoureuses, peuvent avoir détruit certains sites antérieurs. Quoi qu'il en soit, nous ne constatons pas, dans des régions moins ou pas touchées par des cryoturbations (au sens large), la présence d'un nombre aussi élevé de sites antérieurs au stade 11 qu'à partir de cette période. Les phénomènes climato-édaphiques ont certainement joué en défaveur des sites les plus anciens, mais ces facteurs ne peuvent à eux seuls expliquer l'extrême rareté des sites avant le MIS 11. Ce boom à partir de ce stade isotopique correspond certainement à une réalité archéologique et anthropologique.

Le stade isotopique 11 semble être celui de la généralisation de l'utilisation du biface (Nicoud, 2013). Les occurrences les plus anciennes du débitage Levallois sont, dans l'état actuel de nos connaissances, attribuables au MIS 9 (Picin et al. 2013 ; Jarry et al. 2007).

Ce constat soulève la question de l'influence de la généralisation du biface et de l'apparition du débitage Levallois sur la dynamique de population. En procurant à leurs utilisateurs un avantage (facilités dans le traitement des composantes de la vie quotidienne par exemple), ils auraient favorisé une augmentation démographique. En effet, le débitage Levallois est une invention majeure dans l'histoire de l'humanité. La rentabilité de sa production est importante, mais c'est surtout la standardisation des produits qui a sans doute joué un rôle majeur en facilitant l'emmanchement des outils. Plus difficile à produire que les éclats de pierre taillée, le manche pouvait ainsi être réutilisé de nombreuses fois par simple changement de l'éclat ou de la pointe l'équipant. En apportant maniabilité, précision du geste, puissance accrue, l'emmanchement de l'outil a simplifié les gestes quotidiens et augmenté leur efficacité. Notons que certains bifaces du Paléolithique moyen présentent également des traces d'emmanchement (Claud, 2008), mais que dans l'état actuel de la recherche il ne semble pas que ceux du Paléolithique inférieur aient été emmanchés.

Mais peut-être est-ce une vision tronquée : les populations utilisatrices de ces technologies peuvent avoir augmenté pour d'autres raisons et donc nous trouvons plus de sites à bifaces ou Levallois, techniques à qui nous attribuerions à tort cette augmentation ! Difficile de trancher avec certitude entre ces deux explications dans l'état actuel des connaissances, mais l'hypothèse technologique présente des arguments sérieux.

L'anthropologie biologique pourrait être une piste intéressante. Les premiers Néandertaliens apparaitraient/ au début du MIS 11, vers 430.000 (Atapuerca « Sima de los Huesos », (Arsuaga et al. 2014). Ce nouveau type humain, Neandertal, aurait-il été plus apte que son prédécesseur à occuper plus densément l'Europe du Nord-Ouest ? Notons qu'*Homo heidelbergensis* a également occupé ces régions (Abbeville Carrière-Carpentier et Moulin-Quignon par exemple ; Antoine et al. 2016 ; Antoine et al. 2019). La différence résiderait alors dans une démographie plus élevée chez Neandertal que chez *H. heidelbergensis* (ou *H. antecessor*, sans préjuger des filiations entre ces trois populations). Reste à en expliquer les raisons.

La généralisation de l'utilisation du feu pourrait être l'une d'elles. En Europe, les traces les plus solides archéologiquement parlant sont datables d'environ 400.000 ans, du MIS 11 (Beeches Pit en Angleterre, Schöningen en Allemagne); le site de Verteszöllos en Hongrie présente également des traces d'utilisation du feu, mais la datation va du MIS 11 au MIS 9 (Roebroeks et Villa, 2011). Le nombre d'occurrences va par la suite en grandissant, malgré les aléas de la conservation des traces surtout en contexte limono-lœssique (Depaepe, 2007), montrant ainsi une utilisation de plus en plus soutenue du feu, et son intégration dans le répertoire technologique des Néandertaliens (figure 8). Cependant, pour certains auteurs (Dibble et al. 2017), la rareté des traces d'usage du feu durant les périodes les plus froides est le résultat d'une incapacité des Néandertaliens à le produire : ils ne l'utilisaient que pendant des périodes tempérées humides, aux orages fréquents permettant de récupérer des flammes naturelles. Mais cette étude ne repose que sur deux sites du sud-ouest de la France, et la présence de foyers sur le site de Beauvais, en climat froid (MIS 4), démontre l'inverse (Locht et Patou-Mathis,

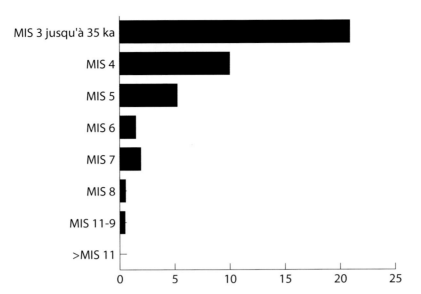

Figure 8.
nombre de sites
présentant des
traces avérées
d'utilisation
du feu (d'après
(Roebroeks et
Villa, 2011)

1998), et même si à l'évidence les climats périglaciaires ne sont pas propices à la récolte de bois morts utilisables comme combustible[1], des stratégies d'approvisionnement peuvent être élaborées (Henry, 2017).

Le feu est évidemment utilisé pour cuisson des aliments (viande et végétaux ; Henry et al. 2011), le chauffage, la protection. Il permet également d'allonger les journées par l'éclairage, d'être un pôle de sociabilité et de communication accrue (le foyer ; voir entre autres Rosell et Blasco, 2019), et de pénétrer au plus profond des grottes : la structure de la grotte de Bruniquel, quoique soit sa fonction, n'aurait pu exister sans l'éclairage permettant d'accéder dans cette salle située à plus de 300 m de l'entrée (Jaubert et al. 2016). Enfin, le feu est une composante du répertoire technologique, son utilisation permettant la fabrication d'adhésifs destinés à l'emmanchement d'artefacts lithiques (Mazza et al. 2006). Toutes ces innovations ont ainsi pu permettre d'améliorer les conditions de vie, et ainsi augmenter la démographie et la possibilité d'occuper plus durablement des zones jusqu'alors climatiquement peu favorables, comme au début des glaciaires ou des interstades froids, et faciliter l'accès à des zones septentrionales lors de bref épisodes de réchauffement durant des glaciaires.

On peut cependant s'étonner que tous les sites ne présentent pas de traces d'utilisation du feu. Il est probable que celui-ci était essentiellement employé sur les seuls les sites aux occupations plus longues (quelques jours, semaines ?) (Hérisson et al. 2013) et que les occupations courtes (*kill site*, lieu de collecte de matière première, etc.) n'en disposaient pas. Une autre possibilité réside dans le fait qu'un foyer de brève durée, installé

---

1   Du bois mort est toujours disponible en climat rigoureux, quoique plus rare qu'en inter-glaciaire. Une fois démarré, un foyer peut être alimenté par des ossements frais.

sur une couche neigeuse, ne laisse sans doute que très peu de traces archéologiquement   décelables.

Quelles occupations humaines au-delà du 53° latitude nord ?

De façon évidente, les zones les plus septentrionales sont les plus impactées par les épisodes glaciaires. Dans l'état actuel de nos connaissances, aucune occupation humaine pléistocène ne semble avoir existé au Nord du 53° de latitude nord (soit une ligne Nottingham-Brême-Torun-Orel), du moins jusqu'à l'irruption d'*Homo sapiens* en Eurasie septentrionale, au moins dans sa partie européenne. Neandertal et ses prédécesseurs auraient-ils été incapables d'affronter ces latitudes élevées ?

Notons que cette latitude correspond peu ou prou à la limite méridionale de la calotte glaciaire durant les glaciations pléistocènes (Van Gijssel, 2006 ; figure 6). Nous pourrions donc invoquer des facteurs taphonomiques : les inlandsis septentrionaux successifs, témoins des épisodes glaciaires, auraient détruit les sites sous-jacents.

Egeland a conclu dans une étude consacrée aux occupations anciennes du Danemark, à l'absence de traces irréfutables de sites du Paléolithique moyen dans ce pays (Egeland et al. 2014). Les sites les plus septentrionaux se trouvent dans le nord de l'Allemagne, à l'ouest de la limite de la calotte glaciaire weichsélienne. Il existe en revanche, plus au nord, de nombreux sites datables de l'Eemien, présentant une faune abondante mais aucune trace d'activité humaine. La destruction des sites archéologiques par la glaciation weichsélienne ne pourrait donc être considérée comme un argument absolu. Nous constatons de plus l'absence de sites du Paléolithique moyen dans l'ouest du Danemark, zone épargnée par l'inlandsis du dernier maximum glaciaire (figure 7, haut) ; ici, l'argument taphonomique ne peut donc être évoqué. Mais il n'en reste pas moins que les limites septentrionales des occupations humaines pré-Holocène, correspondent peu ou prou avec celle des extensions des inlandsis des différentes glaciations.

Nielsen, tout en validant l'absence de sites néandertaliens reportée au-delà du 55° de latitude nord, conclut que les contraintes climatiques ne peuvent expliquer cette absence (Nielsen et al. 2016). Des biais archéologiques et des problèmes taphonomiques expliqueraient ainsi « l'invisibilité » de Neandertal dans ces régions.

La Fennoscandie ne présente qu'une seule occurrence d'une occupation antérieure à l'Holocène : Susiluola Cave, grotte située dans l'ouest de la Finlande. Les inventeurs décrivent une occupation éemienne (sans exclure une attribution à un interglaciaire antérieur ; Schulz, 2005), présentant un foyer et des artefacts lithiques. Cependant, d'autres chercheurs mettent fortement en doute la réalité archéologique de ce site, se fondant sur des arguments géologiques et archéologiques (technologie lithique). Dans l'état actuel des études il semble prudent de ne pas trancher pour l'une ou l'autre hypothèse, mais les artefacts que j'ai pu voir personnellement au musée d'Helsinki ne paraissent pas être indubitablement d'origine anthropique. Notons que durant le dernier interglaciaire, la Fennoscandie était coupée du continent par la mer éemienne.

Dans le nord de la Russie, deux sites, Mamontovaya Kurya (66°34'N) et Byzovaya (65°01'N), ont été découverts. Le premier, qui daterait de l'interstade Hengelo (vers 39.000-36.000 BP), a livré quelques ossements et défenses de mammouth dont l'une, datée de 36.630 ± 1310/1130 BP par ^{14}C, porte des traces anthropiques (Pavlov et al. 2001). Les auteurs ne prennent pas position sur une origine néandertalienne ou *sapiens*. Le second, est quant à lui plus récent : 28.450 ± 820 ^{14}C BP (Slimak et al. 2011 ; Slimak, 2019) ; soit contemporain des derniers Néandertaliens d'Europe occidentale (Muñiz et al. 2019). Se fondant sur l'industrie lithique, les auteurs ouvrent la possibilité d'une attribution à Neandertal. Cependant celle-ci est contestée par plusieurs auteurs qui mettent en avant l'absence de fossiles humains, et proposent une hypothèse selon eux plus parcimonieuse : l'attribution au Paléolithique supérieur ancien, sur la base de comparaisons techno-typologiques de l'industrie de Byzovaya avec celles de la culture Kostienki-*Streletskaya* (Zwyns et al. 2012).

Dans l'état actuel de la recherche, il n'existe donc aucune preuve tangible d'une occupation pléistocène de la Fennoscandie ni des zones au-delà du 53° N en Europe (nord de la Pologne, pays baltes, Ecosse, etc.).

Durant les périodes moins rigoureuses, la limite entre la forêt boréale à *Picea*, *Pinus* et *Betula* et celle incluant quelques arbres à feuilles caduques est à 55° de latitude Nord pour l'interstade de Brørup (MIS 5c), à 50° N. pour celui d'Odderade (MIS 5a) ; cette limite est de nos jours au-dessus de 60°. Ces limites pléistocènes correspondent peu ou prou à la cartographie des occupations néandertaliennes en Europe septentrionale (Emontspohl, 1995).

Quant aux occupations de l'extrême-nord de la Russie, si elles sont avérées archéologiquement, rien ne permet à ce jour de trancher avec certitude pour une attribution à Neandertal plutôt qu'à *Homo sapiens*. La limite septentrionale des occupations néandertaliennes, semble donc bien être autour du 53°N.

Paléogéographie de la Grande-Bretagne

L'absence d'occupation humaine en Grande-Bretagne entre les MIS 6 et MIS 4 pose question. En effet, durant la même période, il en existe dans toute l'Europe du Nord-Ouest, plus particulièrement durant le MIS 5a très peuplé, et même durant le MIS 6 à Ariendorf 2, en Allemagne, par exemple (Turner, 1995).

La Grande-Bretagne voit pourtant une occupation très ancienne, comme les sites de Happisburgh 3[2] entre 950.000 et 850.000 (Ashton et al. 2014) ou Pakefield vers 700.000 (Parfitt et al. 2005). Par la suite, sans être forcément continue, cette occupation est régulière, à l'identique du Nord-Ouest de l'Europe.

La profondeur du fond marin dans la partie sud de la Mer du Nord a varié au cours du temps. Au MIS 11, le fond de la mer semble avoir été très proche de son niveau de surface, facilitant ainsi des passages. Puis, le fond s'est peu à peu creusé, jusqu'à devoir nécessiter des refroidissements importants pour permettre l'émergence de passages pédestres (Ashton et Scott, 2015). La variation de la profondeur du fond marin expliquerait la diminution des populations à partir du MIS 11 jusqu'à leur disparition à la fin du MIS 7, ce qui sous-entend une assez faible démographie locale non-renouvelée par des apports extérieurs

À la fin du MIS 6, la rupture des berges d'un vaste paléo-lac glaciaire situé au sud de la Mer du Nord provoque une énorme inondation créant la Manche (Gupta et al. 2007). Plus aucun passage humain ne se produit alors jusqu'au MIS 4, où le retour à des conditions froides permet une reconquête de l'Angleterre, d'assez courte durée, Neandertal disparaissant définitivement quelques milliers d'années après.

Conclusion

La démographie des Néandertaliens apparaît plus dynamique que celle de leurs prédécesseurs (le boom du MIS 11), même en prenant en compte les biais de la taphonomie. Les explications sont sans doute à la fois techniques et biologiques (« néandertalisation »), les uns entraînant les autres et vice-versa : développement de nouvelles méthodes de taille, de l'emmanchement des outils ; maîtrise du feu. Ces capacités ont permis à cette population d'occuper durablement des régions septentrionales, pour la première fois dans l'histoire du genre *Homo*[3].

L'occupation des régions situées au-delà du 45° de latitude nord sont cependant corrélées au rythme des alternances glaciaire/interglaciaire. Les occupations néandertaliennes semblent particulièrement favorisées par les environnements des fins d'interglaciaire, phases de transition durant lesquelles se développent les steppes herbeuses peuplées de grands troupeaux de mammifères, appréciés par Neandertal. Dans l'état actuel de nos connaissances, l'œcoumène néandertalien se limite au 55° de latitude nord : la Fennoscandie ne fut pas une terre néandertalienne.

---

2   Ce site n'est pas daté d'un interglaciaire mais d'un épisode froid, ce qui démontre des capacités d'adaptation pour ces Homininés très anciens
3   Sans oublier le cousin Denisova en Sibérie orientale mais que nous connaissons surtout par la génétique dans l'état actuel de la recherche

Certains territoires furent donc occupés puis désertés, selon les fluctuations climatiques, telles les Iles britanniques. Les quittant à la fin du MIS 7, Neandertal n'y revint qu'au MIS 4, ce qui pose par ailleurs la question des capacités des néandertaliens à affronter la traversée de bras de mer.

Au final, les connaissances environnementales, techniques, culturelles de Neandertal lui ont permis de s'adapter à des climats et environnements très variés, du tempéré doux au subarctique. Dans le débat sur les causes de sa disparition, l'hypothèse climatique ne paraît pas devoir être mise au premier rang.

Bibliographie

Antoine P., Limondin-Lozouet N., Auguste P., Locht J.-L., Galheb B., Reyss J.-L., Escude É., Carbonel P., Mercier N., Bahain J.-J., Falguères C., Voinchet P. 2006 Le tuf de Caours (Somme, France) : mise en évidence d'une séquence eemienne et d'un site paléolithique associé, *Quaternaire*, 17/4, p.281-320.

Antoine P., Moncel M.-H., Limondin-Lozouet N., Locht J.-L., Bahain J.-J., Moreno D., Voinchet P., Auguste P., Stoetzel E., Dabkowski J., Bello S.M., Parfitt S.A., Tombret O., Hardy B. 2016 Palaeoenvironnement and dating of the Early Acheulean localities from the Somme River basin (Northern France): New discoveries from the High Terrace at Abbeville-Carrière Carpentier, *Quaternary Science Reviews*, 149, p.338-371.

Antoine P., Moncel M.-H., Voinchet P., Locht J.-L., Amselem D., Hérisson D., Hurel A., Bahain J.-J. 2019 The earliest evidence of Acheulian occupation in Northwest Europe and the rediscovery of the Moulin Quignon site, Somme valley, France, *Scientific Reports*, 9, 1, p.13091.

Arsuaga J.L., Martínez I., Arnold L.J., Aranburu A., Gracia-Téllez A., Sharp W.D., Quam R.M., Falguères C., Pantoja-Pérez A., Bischoff J., Poza-Rey E., Parés J.M., Carretero J.M., Demuro M., Lorenzo C., Sala N., Martinón-Torres M., García N., Alcázar de Velasco A., Cuenca-Bescós G., Gómez-Olivencia A., Moreno D., Pablos A., Shen C.-C., Rodríguez L., Ortega A.I., García R., Bonmatí A., Bermúdez de Castro J.M., Carbonell E. 2014 Neandertal roots: Cranial and chronological evidence from Sima de los Huesos, *Science*, 344, 6190, p.1358.

Ashton N., Lewis S.G., De Groote I., Duffy S.M., Bates M., Bates R., Hoare P., Lewis M., Parfitt S.A., Peglar S., Williams C., Stringer C. 2014 Hominin Footprints from Early Pleistocene Deposits at Happisburgh, UK M. D. Petraglia (dir.), *PLoS ONE*, 9, 2, p.e88329.

Ashton N., Scott B. 2015 Le rapport entre la Grande-Bretagne et le continent européen au cours du Paléolithique moyen ancien (stades isotopiques 8 à 6) In « *Depaepe P. et al.. (éds), Les plaines du Nord-Ouest: carrefour de l'Europe au Paléolithique moyen ? » Actes de la table ronde d'Amiens, 28-29 mars 2008*, Paris, p.181-193.

Auguste P. 1995 Révision préliminaire des grands mammifères des gisements du Paléolithique inférieur et moyen de la vallée de la Somme, *Bulletin de la Société préhistorique française*, 92, 2, p.143-154.

Bratlund B. 1999 Taubach revisited, *Jahrbuch des Römisch-GermanischenZentralmuseums Mainz*, 46, p.61-174.

Claud E. 2008 *Le statut fonctionnel des bifaces au Paléolithique moyen récent dans le Sud-Ouest de la France : étude tracéologique intégrée des outillages des sites de La Graulet, La Conne de Bergerac, Combe Brune 2, Fonseigner et Chez-Pinaud / Jonzac*, Thèse de doctorat, Université de Bordeaux 1

Depaepe P. 2007 *Le Paléolithique moyen de la vallée de la Vanne (Yonne, France): matières premières, industries lithiques et occupations humaines*, Paris, Société préhistorique française (Mémoire 41), 298 p.

Depaepe P. 2009 *La France du Paléolithique*, Paris, la Découverte (Archéologies de la France), 177 p.

Depaepe P. 2018a Des cultures lithiques diversifiées, *In* « M. Patou-Mathis et P. Depaepe (dir.), *Neandertal* », Paris, Gallimard, p.122-129

Depaepe P. 2018b Le Paléolithique moyen de la France, *in* « F. Djindjian (dir.), *La Préhistoire de la France* », Paris, Hermann (Collection Histoire et archéologie), p.297-330.

Depaepe P., Goval E. 2011 Regards portés sur les travaux de François Bordes en France septentrionale, *in François Bordes et la Préhistoire*, Delpech F. et Jaubert J. (dirs), p.256-265.

Dibble H.L., Abodolahzadeh A., Aldeias V., Goldberg P., McPherron S.P., Sandgathe D.M. 2017 How Did Hominins Adapt to Ice Age Europe without Fire?, *Current Anthropology*, 58, S16, p.S278-S287.

Egeland C.P., Nielsen T.K., Byø M., Kjærgaard P.C., Larsen N.K., Riede F. 2014 The taphonomy of fallow deer (Dama dama) skeletons from Denmark and its bearing on the pre-Weichselian occupation of northern Europe by humans, *Archaeological and Anthropological Sciences*, 6, 1, p.31-61.

Emontspohl A.-F. 1995 The northwest European vegetation at the beginning of the Weichselian glacial (Brørup and Odderade interstadials) - new data for northern France, *Review of Palaeobotany and Palynology*, 85, p.231-242.

Gaudzinski-Windheuser S., Kindler L., Pop E., Roebroeks W., Smith G. 2014 The Eemian Interglacial lake-landscape at Neumark-Nord (Germany) and its potential for our knowledge of hominin subsistence strategies, *Quaternary International*, 331, p.31-38.

Green R.E., Krause J., Briggs A.W., Maricic T., Stenzel U., Kircher M., Patterson N., Li H., Zhai W., Fritz M.H.-Y., Hansen N.F., Durand E.Y., Malaspinas A.-S., Jensen J.D., Marques-Bonet T., Alkan C., Prüfer K., Meyer M., Burbano H.A., Good J.M., Schultz R., Aximu-Petri A., Butthof A., Höber B., Höffner B., Siegemund M., Weihmann A., Nusbaum C., Lander E.S., Russ C., Novod N., Affourtit J., Egholm M., Verna C., Rudan P., Brajkovic D., Kucan Ž., Gušic I., Doronichev V.B., Golovanova L.V., Lalueza-Fox C., de la Rasilla M., Fortea J., Rosas A., Schmitz R.W., Johnson P.L.F., Eichler E.E., Falush D., Birney E., Mullikin J.C., Slatkin M., Nielsen R., Kelso J., Lachmann M.,

Reich D., Pääbo S. 2010 A Draft Sequence of the Neandertal Genome, *Science*, 328, 5979, p.710.

Gupta S., Collier J.S., Palmer-Felgate A., Potter G. 2007 Catastrophic flooding origin of shelf valley systems in the English Channel, *Nature*, 448, 7151, p.342-345.

Henry A.G. 2017 Neanderthal Cooking and the Costs of Fire, *Current Anthropology*, 58, S16, p. S329-S336

Henry A.G., Brooks A.S., Piperno D.R. 2011 Microfossils in calculus demonstrate consumption of plants and cooked foods in Neanderthal diets (Shanidar III, Iraq; Spy I and II, Belgium), *Proceedings of the National Academy of Sciences*, 108, 2, p.486–491

Hérisson D., Goval E. 2013 Du Paléolithique inférieur au début du Paléolithique supérieur dans le Nord de la France : lumières sur les premières découvertes du Canal Seine-Europe, *Notae Praehistoricae*, 33, p.91-104

Hérisson D., Locht J.-L., Auguste P., Tuffreau A. 2013 Néandertal et le feu au Paléolithique moyen ancien. Tour d'horizon des traces de son utilisation dans le Nord de la France, *L'Anthropologie*, 117, 5, p.541-578.

Holliday T.W. 1997 Body proportions in Late Pleistocene Europe and modern human origins *Journal of Human Evolution*, 32, p.423-447

Hublin J.-J. 2007 Origine et évolution des Néandertaliens, *in* « B. Vandermeersch et Maureille, Bruno (dir.), *Les Néandertaliens: biologie et cultures* », Paris, Comité des travaux historiques et scientifiques (Documents préhistoriques, 23), p.95-107.

Hublin J.-J., Weston D., Gunz P., Richards M., Roebroeks W., Glimmerveen J., Anthonis L. 2009 Out of the North Sea: the Zeeland Ridges Neandertal, *Journal of Human Evolution*, 57, 6, p.777-785.

Jarry M., Colonge D., Lelouvier L.-A., Mourre V. 2007 *Les Bosses (Lamagdelaine, Lot, France): un gisement paléolithique moyen antérieur à l'avant dernier Interglaciaire*, Société préhistorique française (Travaux, 7), 158 p.

Jaubert J. 2011 Les archéoséquences du Paléolithique moyen du Sud-Ouest de la France : quel bilan un quart de siècle après François Bordes ?, *in* « *F. Delpech et J. Jaubert (Dir.) François Bordes et la Préhistoire* ». *Colloque international François Bordes, Bordeaux 22-24 avril 2009*, Paris, CTHS, p.235-253.

Jaubert J., Verheyden S., Genty D., Soulier M., Cheng H., Blamart D., Burlet C., Camus H., Delaby S., Deldicque D., Edwards R.L., Ferrier C., Lacrampe-Cuyaubère F., Lévêque F., Maksud F., Mora P., Muth X., Régnier É., Rouzaud J.-N., Santos F. 2016 Early Neanderthal constructions deep in Bruniquel Cave in southwestern France, *Nature*, 534, 7605, p.111-114.

Locht J.-L., Hérisson D., Goval E., Cliquet D., Huet B., Coutard S., Antoine P., Feray P. 2015 Timescales, space and culture during the Middle Palaeolithic in northwestern France, *Quaternary International*, 411, p. 129-148.

Locht J.-L., Patou-Mathis M. 1998 Activités spécifiques pratiquées par des Néandertaliens : le site de "la Justice" à Beauvais (Oise, France), *in* « *Actes* du XIIIe Congrès de l'Union des Sciences Préhistoriques et Protohistoriques », Forli, 1996, Forli, p.165-187

Maureille B. 2018 Phylogenèse et lignée néandertalienne, in « M. Patou-Mathis et P. Depaepe (dir.), Neandertal », Paris, Gallimard, p.109-114.

Mazza P.A., Martini F., Sala B., Magi M., Colombini M.P., Giachi G., Landucci F., Lemorini C., Modugno F., Ribechini E. 2006 A new Palaeolithic discovery: tar-hafted stone tools in a European Mid-Pleistocene bone-bearing bed, Journal of Archaeological Science, 33, 9, p.1310-1318.

Muñiz F., Cáceres L.M., Rodríguez-Vidal J., Neto de Carvalho C., Belo J., Finlayson C., Finlayson G., Finlayson S., Izquierdo T., Abad M., Jiménez-Espejo F.J., Sugisaki S., Gómez P., Ruiz F. 2019 Following the last Neanderthals: Mammal tracks in Late Pleistocene coastal dunes of Gibraltar (S Iberian Peninsula), Quaternary Science Reviews, 217, p.297-309.

Nicoud E. 2013 Le paradoxe acheuléen, Paris, CTHS Ed. (Bibliothèque des Écoles Françaises d'Athènes et de Rome 356), 309 p.

Nicoud E. 2011 Le phénomène acheuléen en Europe Occidentale : approche chronologique, technologie lithique et implications culturelles. Thèse de doctorat, Université d'Aix Marseille 1

Nielsen T.K., Benito B.M., Svenning J.-C., Sandel B., McKerracher L., Riede F., Kjærgaard P.C. 2016 Investigating Neanderthal dispersal above 55°N in Europe during the Last Interglacial Complex, Quaternary International. 431, p.88-103

Parfitt S., Barendregt R., Breda M., Candy I., Collins M., Coope G., Durbidge P., Field M., Lee J., Lister A., Mutch R., Penkman K., Preece R., Rose J., Stringer C., Symmons R., Whittaker J., Wymer J., Stuart A. 2005 The earliest record of human activity in Northern Europe, Nature, 438, p.1008-12.

Patou-Mathis M., Depaepe P. 2018 Les Néandertaliens ont-ils réellement disparu ?, in « M. Patou-Mathis et P. Depaepe (dir.), Neandertal », Paris, Gallimard, p.140-145.

Pavlov P., Svendsen J.I., Indrelid S. 2001 Human presence in the European Arctic nearly 40,000 years ago, Nature, 413, 6851, p.64-67.

Picin A., Peresani M., Falguères C., Gruppioni G., Bahain J.-J. 2013 San Bernardino Cave (Italy) and the Appearance of Levallois Technology in Europe: Results of a Radiometric and Technological Reassessment, PLOS ONE, 8, 10, p.e76182.

Ríos L., Kivell T.L., Lalueza-Fox C., Estalrrich A., García-Tabernero A., Huguet R., Quintino Y., de la Rasilla M., Rosas A. 2019 Skeletal Anomalies in The Neandertal Family of El Sidrón (Spain) Support A Role of Inbreeding in Neandertal Extinction, Scientific Reports, 9, 1, p. 1697.

Roebroeks W., Conard N.J., vanKolfschoten T., Dennell R.W., Dunnell R.C., Gamble C., Graves P., Jacobs K., Otte M., Roe D., Svoboda J., Tuffreau A., Voytek B.A., Wenban-Smith F., Wymer J.J. 1992 Dense Forests, Cold Steppes, and the Palaeolithic Settlement of Northern Europe [and Comments and Replies], Current Anthropology, 33, 5, p.551-586

Roebroeks W., Speleers B.P. 2002 Last interglacial (eemian) occupation of the North European plain and adjacent areas, In "Tuffreau A., Roebroeks W. (Eds.), Le Dernier Interglaciaire et les occupations humaines du Paléolithique moyen" (CERP 8), p.31-40.

Roebroeks W., Villa P. 2011 On the earliest evidence for habitual use of fire in Europe, *Proceedings of the National Academy of Sciences*, 108, 13, p.5209-5214.

Rosell J., Blasco R. 2019 The early use of fire among Neanderthals from a zooarchaeological perspective, *Quaternary Science Reviews*, 217, p.268-283.

Schulz H.-P. 2005 Susiluola-keskustelu–vastaus Matiskaiselle, *Tieteessa Tapahtuu*, 3, p.57-62

Slimak L. 2019 For a cultural anthropology of the last Neanderthals, *Quaternary Science Reviews*, 217, p.330-339.

Slimak L., Svendsen J., Mangerud J., Plisson H., Heggen H., Brugère A., Pavlov P. 2011 Late Mousterian Persistence near the Arctic Circle, *Science*, 332, p.841-845.

Slon V., Mafessoni F., Vernot B., deFilippo C., Grote S., Viola B., Hajdinjak M., Peyrégne S., Nagel S., Brown S., Douka K., Higham T., Kozlikin M.B., Shunkov M.V., Derevianko A.P., Kelso J., Meyer M., Prüfer K., Pääbo S. 2018 The genome of the offspring of a Neanderthal mother and a Denisovan father, *Nature*, 561, 7721, p.113-116.

Stewart J.R., García-Rodríguez O., Knul M.V., Sewell L., Montgomery H., Thomas M.G., Diekmann Y. 2019 Palaeoecological and genetic evidence for Neanderthal power locomotion as an adaptation to a woodland environment, *Quaternary Science Reviews*, 217, p.310-315.

Thieme H., Veil S. 1985 Neue Untersuchungen zum eemzeitlichen Elefanten-Jagdplatz Lehringen, Ldkr Verden, *Die Kunde*, 36, p.11--.

Trinkaus E. 1983 Neanderthal post-crania and the adaptive shift to Modern Humans., *inThe Mousterian Legacy: Human Biocultural Change in the Upper Pleistocene.*, Oxford, Trinkaus E. p.165-200.

Tuffreau A., Lamotte A., Goval É. 2008 Les industries acheuléennes de la France septentrionale, *L'Anthropologie*, 112, 1, p.104-139.

Turner E. 1995 Ariendorf, *In "Schirmer W. (éd.), Quaternary Field Trips in Central Europe". Actes du XIVe congrès de l'INQUA (Berlin, 3-10 août 1995)*, Munich, Dr. Friedrich Pfeil p.934-936.

Van Gijssel K. 2006 *A continent-wide framewok for local and regional stratigrahies*, PhD Thesis, Leiden, 120 p.

Zwyns N., Roebroeks W., McPherron S., Jagich A., Hublin J.-J. 2012 Comment on "Late Mousterian Persistence near the Arctic Circle", *Science*, 335, p.167

Les peuplements préhistoriques pendant le stade isotopique 3 (57 000- 28 000 BP)

François Djindjian

Résumé

Le stade isotopique MIS 3 est une période d'amélioration climatique datée entre 57 000 et 28 000 BP, située entre les deux épisodes glaciaires (MIS 4 et MIS 2) de la dernière glaciation würmienne. L'Humanité connait pendant cette période une grande révolution avec le remplacement des techniques du paléolithique moyen par celles du paléolithique supérieur, l'émergence d'une industrie en matières dures animales (ivoire, bois de renne, os) et la naissance de l'art mobilier (statuettes anthropomorphes et animales, objets de parure, outils, armes) et de l'art pariétal en habitats (abris sous roche) et en fonds de grottes. Cette transition s'effectue de façon globalement synchrone à l'échelle de la planète. Cette révolution technologique a été longtemps et encore aujourd'hui expliquée par l'arrivée en Eurasie de l'Homo sapiens (« Homme moderne ») qui va remplacer l'Homme de Neandertal, qui disparait avant 37 000 BP grâce à de nouvelles datations qui ont permis de rectifier les anciennes dates radiocarbone qui avaient à tort rajeunies la perduration de Neandertal (péninsule ibérique, Crimée) jusque vers 26 000 BP. La culture matérielle fabriquée par les Hommes modernes colonisant l'Europe a été attribuée depuis les années 1960 à plusieurs auteurs : Aurignacien, Protoaurignacien, Bohunicien, IUP, remontant progressivement dans le temps la date de l'arrivée en Europe, qui se situerait actuellement vers 48 000 BP.

La problématique de l'arrivée de l'Homme moderne est rendue complexe par le fait que Neandertal et Sapiens fabriquent pendant le MIS 5 la même industrie du paléolithique moyen. Dès lors, le processus de passage des industries du paléolithique moyen au paléolithique supérieur et des migrations de l'Homme moderne sont deux processus indépendants mais en partie synchrone, qu'il s'agit d'étudier distinctement pour mieux les comprendre.

Les connaissances sur les sites du MIS 3 progressent rapidement. L'Europe et le Proche-Orient étaient dans les années 1980 les régions les mieux connues. Puis, les données ont commencé à s'accumuler en Asie centrale, en Sibérie, en Asie du Sud-est, en Australie, en Egypte, en Afrique australe et orientale et en Amérique du Sud, permettant les premières synthèses, même parfois fragiles, au niveau mondial.

Le MIS 3 a également vu la colonisation par des Sapiens du Sahul (Australie et Nouvelle-Guinée) en provenance du Sundaland (archipel indonésien), et très probablement de l'Amérique par le détroit de Béring en provenance de Sibérie orientale. Les auteurs de ces colonisations sont des Homo Sapiens. Leurs itinéraires font l'objet de plusieurs scénarios : sorties d'Afrique, arrivées en Europe, progression en Asie du Sud vers l'Asie du Sud-est et le Sahul, progression vers l'Asie centrale, la Sibérie et la Chine. Les dates de ces progressions ne sont pas encore définitivement établies, ayant commencé au MIS 5 et terminé à la fin du MIS 3.

Abstract

The isotopic stage MIS 3 is a period of climatic improvement dated between 57,000 and 28,000 BP, located between the two glacial episodes (MIS 4 and MIS 2) of the last Würmian ice age. Humanity experienced during this period a great revolution with the replacement of the techniques of the Middle Palaeolithic by those of the Upper Palaeolithic, the emergence of a bone industry (ivory, reindeer wood, bones) and the birth of mobile art (anthropomorphic and animal statues, adornment objects, tools, weapons) and parietal art in settlements (rock shelters) and cave bottoms.

This transition is generally synchronized around the world. This technological revolution has long and still been explained by the arrival in Eurasia of a Homo sapiens ("Modern Man") which will replace Homo neanderthalensis, who disappears before 37,000 BP thanks to new dating that allowed to correct the old radiocarbon dates that had wrongly rejuvenated the survival of Neanderthal (Iberian Peninsula, Crimea) until about 26,000 BP. The material culture manufactured by modern men colonizing Europe has been attributed since the 1960s to several authors: Aurignacian, Protoaurignacian, Bohunician, IUP, gradually going back in time the date of arrival in Europe, which is currently around 48,000 BP.

The problem of the arrival of modern man is made complex by the fact that Neanderthal and Sapiens manufacture at MIS 5 the same industry of the Middle Palaeolithic. Consequently, the process of passage from the industries from the Middle Palaeolithic to the Upper Palaeolithic and the migrations of modern man are two independent but partly synchronous processes, which must be studied distinctly to better understand them.

Knowledge of MIS 3 prehistoric sites is growing rapidly. In the 1980s, Europe and the Near East were the best-known regions. Then, data began to accumulate in Central Asia, Siberia, Southeast Asia, Australia, Egypt, Southern and Eastern Africa and South America, allowing the first synthesis, even sometimes fragile, at the worldwide level.

The MIS 3 also saw the settlement by Sapiens of Sahul (Australia and New Guinea) from Sundaland (Indonesian continent), and most likely from America through the Bering Strait from eastern Siberia. The authors of these peopling are Homo sapiens. Their routes are the subject of several scenarios: exits from Africa, arrivals in Europe, progression in South Asia to Southeast Asia and Sahul, progression to Central Asia, Siberia and China. The dates of these progressions have not yet been definitively established, having started at MIS 5 and completed at the end of MIS 3.

Introduction

Le MIS 3 est une période clé pour la connaissance et l'évolution des sociétés préhistoriques de chasseurs-cueilleurs. C'est la période reine de la préhistoire européenne au XIXème siècle et une grande partie du XXème siècle, la période où a été prouvée pour la première fois la grande ancienneté de l'Humanité, la période qui a vu la spectaculaire naissance du premier art, la période qui a vu le remplacement de *Homo neanderthalensis* par *Homo sapiens* en Eurasie, la période qui a vu la conquête des derniers continents inhabités de la planète par les groupes humains, l'Amérique et l'Australie, la période qui a vu des innovations majeures dans la culture matérielle, la période qui a vu l'aboutissement du système d'exploitation d'un vaste territoire par un réseau de groupes humains. Il y a en outre une uniformisation des cultures matérielles de cette période à l'échelon de la planète (le paléolithique supérieur ancien) malgré des différences dues aux environnements changeant suivant les latitudes.

Le climat avant le MIS 3

Le grand interglaciaire du MIS 5 (130 000 -71 000 BP) marque l'apogée du Paléolithique moyen avec le repeuplement des territoires abandonnés durant la grande phase glaciaire précédente : le Moustéro-Levalloisien en Europe avec une expansion géographique sur les régions septentrionales ; l'Atérien en Afrique du Nord et au Sahara, de la Maurétanie à l'Egypte, le Middle Stone Age (MSA) dans le Sud et l'Est de l'Afrique. Cette période voit d'importantes innovations dans l'industrie lithique : développement du débitage Levallois laminaire, apparition du débitage volumique laminaire dans le Moustérien européen, pièces pédonculées dans l'Atérien, etc.

Les hominidés auteurs de ces cultures matérielles sont tous issus d'un fond commun *Homo erectu.s*. L'*Homo neanderthalensis* s'est adapté en Europe à son climat très froid et sec à partir ou en remplacement d'*Homo heidelbergensis*. L'*Homo sapiens archaïque* (souvent appelé aujourd'hui, homme moderne) s'est adapté en Afrique à un climat aride ; enfin l'homme de Denisova a été identifié génétiquement en Sibérie. Les *Homo sapiens* archaïques ont quitté l'Afrique et se retrouvent au Proche-Orient (Qafzeh, Skhul) ayant acquis une mobilité favorisée par le climat interglaciaire du MIS 5 (Bar-Yosef, Meignen, 2001).

Les vestiges osseux des Néanderthaliens du MIS 5 sont plus rares (Krapina en Croatie, Bourgeois-Delaunay, Regourdou, Artenac en Aquitaine, Moula-Guercy en Ardèche) mais suffisamment nombreux pour pouvoir observer une accrétion, c'est-à-dire une accentuation des traits néanderthaliens depuis les néanderthaliens anciens du MIS 6-8 jusqu'à ceux de la fin du MIS 4, voire des débuts du MIS 3 (Maureille, 2018). Le climat interpléniglaciaire n'a donc eu aucun effet sur son évolution morphologique. Les caractères d'adaptation au froid acquis pendant le MIS 8-6 se sont conservés, accentuant une différence morphologique avec *Sapiens*, différence qui a été à tort considérée longtemps comme une infériorité mais qui traduit seulement une adaptation au froid dans un isolat de l'extrémité occidentale du continent eurasiatique (figure 1).

La période glaciaire du MIS 4 (71 000 - 57 000 BP), qui succède à l'interglaciaire, oblige les groupes humains à s'adapter de nouveau à un environnement hostile. En Europe, les groupes humains néanderthaliens refluent vers le sud de l'Europe ; certains d'entre eux émigrent vers le Proche-Orient où leurs sépultures ont été retrouvées (Kebara, Amud, Shanidar, Dederiyeh). L'avancée vers l'Asie centrale de *Neandertal* est enregistrée en Ouzbékistan avec l'enfant de Teshik Tash découvert par Okladnikov en 1938, quoique sa datation ne soit pas précisément connue, et jusque dans l'Altaï, en Sibérie, dans la grotte Okladnikov, où ses restes osseux ont été datés du MIS 4 et identifiés par un séquençage ADN (Derevianko *et al.* 2005).

En Aquitaine, les abris sous-roche ont révélé de nombreux habitats moustériens de cette période avec des sépultures qui ont fourni le morphotype de l'espèce, comme à La Ferrassie, La Chapelle-aux-Saints, Le Moustier, La Quina. Compte-tenu de l'accrétion précédemment citée, ce sont ceux qui présentent les traits néanderthaliens les plus prononcés (Maureille, 2018). Pendant le MIS 4, en Europe, les groupes humains vivent dans des territoires de faible superficie (d'environ 1000 km^2) et ont une mobilité réduite, que révèlent des habitats occupés ou réoccupés sur la longue durée (longues stratigraphies en abris sous roche et entrées de grotte) et la fabrication d'une industrie sur éclats, où dominent les racloirs, encoches et denticulés, où le débitage discoïde est prépondérant et le débitage Levallois a très significativement régressé ou disparu. L'approvisionnement en matières premières est local, donc souvent de qualité variable, où dominent les quartzites et les chailles quand les affleurements en silex de qualité ne sont pas accessibles localement, ce qui a une influence notable sur la variabilité de l'outillage. La chasse aux grands mammifères est opportuniste, utilisant souvent les pièges naturels (figure 2).

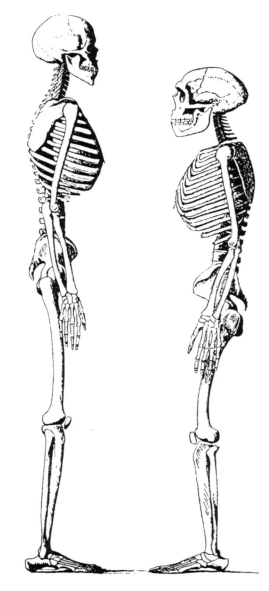

Figure 1. Neandertal et Sapiens

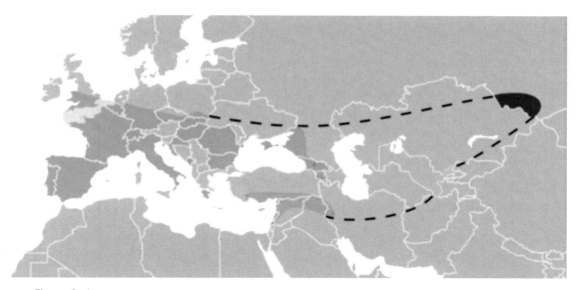

Figure 2 : La répartition géographique du peuplement *Neandertal*

Cependant, ce schéma ne s'applique pas de la même façon partout dans le monde. En Afrique australe, avec un climat plus favorable du fait de sa latitude, les sites côtiers MSA du MIS 4 semblent avoir conservé et développé les innovations d'un MIS 5 encore mal connu et anticipé la culture matérielle du MIS 3 : industrie osseuse, ocre, objets de parure, art géométrique sur coquilles d'œuf d'autruche (Soriano *et al.* 2015).

L'amélioration climatique de la fin du MIS 4 et des débuts du MIS 3 a vu une évolution significative dans la culture matérielle des industries du paléolithique moyen, avec le retour progressif du débitage Levallois et le développement des pointes, des pièces bifaciales et des couteaux (Moustérien de tradition acheuléenne, Micoquien), marquant une dynamique retrouvée en contradiction avec la théorie d'une décadence puis d'une extinction naturelle des néanderthaliens.

L'amélioration climatique du MIS3 (57 000 – 28 000 BP)

La période 57 000 - 40 000 BP voit le réchauffement des débuts du MIS 3, qui est principalement marqué par plusieurs oscillations tempérées : Oerel (GIS 16-17) vers 58 000 BP, Glinde (GIS 14-13) vers 52 000 BP et Moershoofd (GIS 12) vers 48 000 BP. La période (40 000 – 28 000 BP) montre un cycle de plusieurs oscillations climatiques tempérées : Hengelo (GIS 8-9-10-11) , Arcy/Denekam (GIS 7), Maisières (GIS 5-6) avant le retour du grand froid avec le MIS 2, entrainant des flux et reflux de végétation et d'espèces animales qui vont favoriser les repeuplements, les adaptations et les évolutions des peuplements humains. Le niveau de la mer, resté stable dans son étiage bas, et le climat tempéré qui facilite la mobilité des groupes humains est à l'origine d'un grand dynamisme, marqué par des changements importants dans la culture matérielle, des réoccupations de territoires et de nouvelles colonisations et en corollaire un accroissement démographique. Ces 30 000 ans sont une période cruciale dans l'histoire de l'Humanité :

- Réoccupation des territoires de l'Europe moyenne et septentrionale (Angleterre, Pologne, Nord-est de la Russie européenne),
- A partir du Moyen-Orient, redéveloppement des peuplements de l'Iran, de l'Asie centrale et de la Sibérie,
- Peuplement de l'Australie (Sahul) à partir du Sundaland (archipel indonésien),
- Peuplement de l'Amérique (?) à partir de la Sibérie Orientale.

La période 57 000-40 000 BP en Europe

La période 57 000-40 000 BP en Europe marque la fin des industries du paléolithique moyen.

Mais au contraire d'une dégénérescence, ces industries manifestent un dynamisme évolutif qui semble avoir un rapport avec l'amélioration climatique.

Nos connaissances sur la chronologie des industries du paléolithique moyen du MIS 4 et des débuts du MIS 3 sont encore insuffisantes pour identifier les composantes chronologiques dans la variabilité des industries du paléolithique moyen qui reste une énigme à déchiffrer et dont l'approche encore trop typologique de la culture matérielle bloque la compréhension. En outre, ces industries sont mal datées car la datation ^{14}C atteint sa limite d'applicabilité et ne date plus que la pollution de l'échantillon entraînant des rajeunissements qui faussent le diagnostic chronologique. D'une façon générale, même si les groupes néanderthaliens se sont adaptés aux froids glaciaires européens, les maxima glaciaires entrainent des abandons de territoires face à l'expansion de la calotte glaciaire, et tout particulièrement en Europe centrale et en Europe orientale, expliquant l'importance des sites en abris des régions méridionales pendant les périodes froides (comme l'Aquitaine) et les sites de plein air dans les grandes plaines du Nord pendant les périodes tempérées.

Plusieurs colloques sur le sujet, le premier à Nemours en 1988 : « *Paléolithique moyen récent et paléolithique supérieur ancien en Europe* » (Farisy, 1990), le deuxième à Cracovie en 1989 : « *Feuilles de Pierre* » (Kozlowski, 1990) et le troisième à Miskolc en 1991 : « *Les industries à pointes foliacées d'Europe centrale* » (Ringer, 1995) nous ont donné l'état de la question il y a trente ans. Si peu de grandes fouilles ont été réalisées depuis cette époque, la révision des industries tout particulièrement sur les techniques de débitage, et de nouvelles datations plus fiables ont permis de faire progresser les connaissances sur cette période.

Un processus général peut être observé dans la variabilité des industries : les **périodes tempérées, et c'est notamment le cas** du MIS 5 comme du MIS 3, marquent le développement du débitage Levallois tandis que les périodes glaciaires (MIS 8, 6, 4) voient sa raréfaction et parfois sa disparition. Au MIS 3, un autre processus marquant est le développement de pièces bifaciales et des couteaux, souvent à retouche bifaciale.

En Aquitaine, et plus globalement en Europe occidentale, l'industrie du paléolithique moyen récent au MIS 4, est caractérisé par une industrie où dominent les racloirs, encoches et denticulés avec un débitage de type Quina et Discoïde et où le débitage Levallois a fortement régressé ou disparu par rapport au « Levalloisien » de l'interglaciaire Eémien (MIS 5). Le paléolithique moyen final, au MIS 3, est caractérisée en Europe occidentale par la présence d'un faciès, le Moustérien de tradition acheuléenne, dont la dénomination est du à l'apparition de petits bifaces, triangulaires, ovalaires ou cordiformes (Jaubert, 2011 pour un essai de synthèse chrono-stratigraphique sur les industries du paléolithique moyen d'Aquitaine).

En Europe centrale, le Micoquien (dans sa version *stricto sensu* Keilmessergruppen abrévié KMG : groupes à couteaux bifaciaux) est caractérisé principalement par la présence d'outils bifaciaux opposant un dos à un tranchant actif. La chronologie du KMG n'est pas encore définitivement établie (Frick, 2020 pour un historique de la question). Certains y voient une tradition industrielle longue remontant au MIS 7 et parallèle à d'autres traditions du paléolithique moyen (par exemple Kozlowski, 2016). D'autres y voient une tradition plus courte du MIS 5 et du MIS 3 (Jöris, 2003) voire même limitée au seul MIS 3 (Richter, 2018). Ces industries du KMG ont une vaste aire de diffusion de la Bourgogne au Nord du Caucase. La grotte de Kulna, en Moravie, a cependant fourni une séquence de référence pour l'Europe centrale avec 14 niveaux archéologiques sur 15 mètres de puissance avec un Micoquien dans le MIS 3, un Taubachien (moustérien à denticulés) dans le MIS 4 et une industrie levalloisienne dans le MIS 5 (Valoch, 1988).

En Europe orientale, dans l'état actuel des connaissances, le paléolithique moyen y est récent avec de rares sites attribués au MIS 6-8 et au MIS 4 et une très grande majorité dans le MIS 3 (Chabai *et al.* 2004 ; Stepanchuk, 2006). Le faciès dominant est le Micoquien oriental, particulièrement riche en Crimée, chronologiquement situé dans le MIS 3 (et exceptionnellement dans le MIS 5). Il a également été défini une industrie à débitage Levallois important (« Levalloiso-Moustérien oriental »), particulièrement riche dans le bassin du Dniestr dans l'environnement tempéré du MIS 5, mais également présent en Crimée dans le MIS 3.

La présence d'une industrie Levallois laminaire en Europe centrale avait été identifiée en Moravie dans les années 1960 et 1970 par K. Valoch à Stranska Scala et M. Oliva à Brno-Bohunice. Les datations ^{14}C du Bohunicien étant rajeunies par les pollutions, il a fallu attendre d'autres datations comme la thermoluminescence sur le silex brûlé (Richter *et al.* 2008) pour avoir un âge moyen fiable autour de 48 200 ans pour cette industrie, correspondant à l'épisode de Moersfoofd. D'autres sites ont été attribués au Bohunicien, comme le site de Kulychivka en Ukraine occidentale (Stepanchuk, Cohen, 2000), sous le nom de Krémémicien. A Bacho-Kiro, l'industrie de la couche

11 (Bacho Kirien) a été révisée par T. Tsanova qui a souligné l'importance de la composante Levallois et montré que les lames appointées étaient plus probablement des fragments de pointes Levallois rapprochant ces industries du Bohunicien. Des niveaux équivalents dans les grottes voisines de Temnata (couches Vi et 4) et de Kozarnika (niveau VII) l'ont amenée à définir cette industrie sous le nom de Kozarnikien (Tsanova, 2006). L'intérêt de cette industrie Levallois laminaire est majeur pour les partisans de l'arrivée de l'homme moderne du Proche-Orient car elle est également connue sur le site de Boker-Tachtit dans le désert du Neguev (Marks, 1983).

La période 40 000 – 36 000 BP en Europe

La période 40 000 – 36 000 BP en Europe marque les débuts des industries du paléolithique supérieur, qui sont appelées à tort « *industries de transition* » (Djindjian *et al.* 1999 ; Otte, 2014). Elles traduisent un polymorphisme évolutif spectaculaire par leur diversification régionale : Protoaurignacien (Allemagne méridionale, Autriche, Est et Sud de la France, Aquitaine, péninsule ibérique, adriatique) (Laplace, 1966 ; Djindjian, 1993b), Châtelperronien (France occidentale, Espagne cantabrique) (Julien *et al.* 2019 ; Roussel, Soressi, 2014), Uluzzien (Italie, Grèce) (Palma di Cesnola, 2001), Szélétien (Europe centrale) (Ringer, 1995 ; Mester, 2018 ; Neruda *et al.* 2013), Lincombien-Ranisien-Jerzmanowicien (Angleterre, Belgique, Pologne) (Flas, 2002), Ouralien (Nord Europe orientale) (Pavlov, 2008), Strélétien (Europe orientale) (Sinitsyn, 2014) (figure 3).

Figure 3. La mosaïque géographique des « Industries de transition » en Europe autour de 38 000 BP

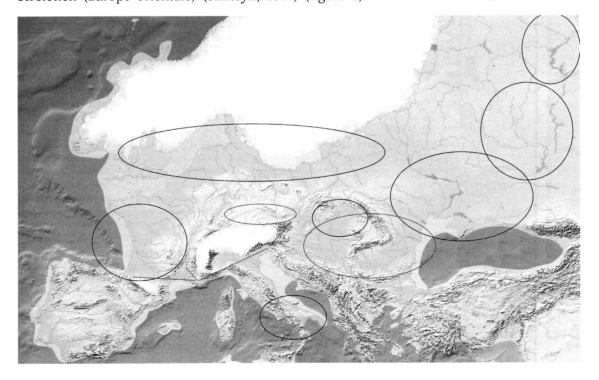

Ces industries appartiennent déjà au Paléolithique supérieur, par le développement prépondérant du débitage laminaire et lamellaire de l'industrie lithique. La présence souvent constatée d'artefacts du paléolithique moyen résulte généralement de mélanges avec des niveaux sous-jacents dans des séquences de grottes et d'abris sous-roche, dus à des ruissellements et des érosions liés à un épisode climatique tempéré et humide, au contraire des sites de plein air qui sont purs de tout mélange. Cependant, en Europe orientale, il existe des cas où le remaniement ne semble pas être à l'origine d'industries et qui présentent des caractères mixtes avec des composantes levallois, micoquiennes, strélétiennes et/ou aurignaciennes (piémont Nord des Carpates, bassin de la Petchora).

Un élément important dans la compréhension des changements de ces systèmes est la relation entre les industries de transition et les industries du paléolithique moyen qui les ont chronologiquement précédées. En Europe centrale et orientale, aux pièces bifaciales du Micoquien succèdent les pointes foliacées du Szélétien, du Jerzmanowicien et du Strélétien. En Europe occidentale, aux couteaux à dos du Moustérien de tradition acheuléenne succèdent les pointes de Châtelperron. Plus généralement, si les procédés de débitage marquent une rupture entre paléolithique moyen et paléolithique supérieur, les procédés de façonnage, par contre, marquent une continuité : les lames à retouche latérale succèdent aux racloirs ; les pointes foliacées succèdent aux pièces bifaciales ; les pointes à dos succèdent aux couteaux à dos ; encoches, denticulés et racloirs persistent dans le paléolithique supérieur ancien.

La question de l'apparition d'une industrie en matières dures animales (bois de renne, ivoire de défense) et d'éléments de parure dans ces industries fait toujours l'objet de discussions quant à d'éventuelles contaminations avec les niveaux aurignaciens sus-jacents. Cependant, les niveaux châtelperroniens du site de Quincay (fouilles F. Lévêque), qui ne sont surmontés par aucun niveau aurignacien, ont livré indiscutablement des éléments de parure (dents percées). La publication récente du Châtelperronien de la grotte du renne à Arcy sur Cure le confirme également (Julien *et al.* 2019). L'Uluzzien a fourni des éléments de parure en coquillages marins, une industrie osseuse et l'usage de l'ocre.

La localité de Kostienki près de Voronej (Russie européenne) a fourni plus d'une vingtaine de sites du paléolithique supérieur stratifiés dans des séquences de lœss du versant de la vallée du Don. Plusieurs sites ont livré des séquences du paléolithique supérieur ancien, dont la valeur exceptionnelle est renforcée par la présence d'une couche de cendres identifiée comme celle de l'éruption il ya 39 000 ans du volcan des Champs phlégréens près de Naples en Italie, qui sépare les niveaux situés en dessous et ceux situés au dessus datés entre 35 000 et 27 000 BP (Aurignacien, Gorotsovien, Gravettien, Strélétien récent). Ce qui est d'un intérêt majeur pour la question de l'arrivée de l'homme moderne, ce sont les niveaux du paléolithique supérieur situés en dessous de la couche de cendres : le Strélétien ancien, le Spitsynien et l'Aurignacien. Le site de Kostienki 14 Markina Gora a fait l'objet de fouilles récentes depuis les années 2000 qui ont approfondit la stratigraphie sous le niveau de cendres : un niveau aurignacien IVb a été découvert dans le niveau cendreux et, en dessous, deux autres horizons IVa malheureusement trop pauvres en industrie pour être diagnostiques.

Le Strélétien ancien est caractérisé par une industrie avec la pointe foliacée triangulaire à base concave qu'accompagnent des pointes foliacées, des racloirs et des pointes moustériennes mais aussi des grattoirs, des burins, des perçoirs et des pièces esquillées (Kostienki 1 niveau V ; Kostienki 6 ; Kostienki 12 niveau-III ; Kostienki 11 niveau V).

L'Aurignacien est connu sur deux sites (Kostienki I niveau III et Kostienki 12 niveau cendreux IVb). Les dates du niveau IVb de Kostienki 12 le situent entre 34 000 et 37 000 BP.

Le Spitsynien (Kostienki 17 niveau II) est une industrie laminaire de grande taille, faite sur un silex crétacé de bonne qualité, des grattoirs en bout de lame, des burins dièdres, sur cassure et sur troncature, des pointes peu nombreuses et des pièces esquillées. L'industrie osseuse a fourni des fragments d'outils en ivoire et perçoirs en os de lièvre. Les éléments de parure sont nombreux : dents percées, coquillages, pendeloques en pierre dure. Le niveau a également livré une dent attribuée à *homo sapiens*. Une seule date au-delà de 36 500 BP confirme l'ancienneté de ce niveau, malheureusement unique en Europe orientale.

A Sungir, le site plus au Nord qui a livré les exceptionnelles sépultures maintenant datées à 30 000 BP (Otte *et al.* 2017), l'industrie lithique, attribuée à un Strélétien récent, offre une mixité inattendue de composantes strélétienne et aurignacienne, mixité que l'on retrouve aussi dans les sites du bassin de la Petchora (Pavlov, 2008). Contrairement à ce qui a été écrit à tort sur la persistance tardive de *Neandertal* en péninsule ibérique et en Crimée, c'est peut-être dans le Nord de l'Europe orientale qu'il faudrait chercher les traces d'acculturation entre *Neandertal et Sapiens*. L'identification de l'auteur du Strélétien est à ce titre prioritaire.

Quels Hominidés pour quelles industries ?

La question de l'extinction de l'Homme de Neandertal en Europe est un sujet particulièrement médiatique, et il faut constater que la réponse à cette question semble plus établie dans le grand public que chez les préhistoriens qui hésitent encore sur la nature de ce processus.

Pour éclairer la difficulté de cette question, il est utile de montrer la paradoxale absence de corrélation entre la culture matérielle et les types humains

- Europe MIS 5 Paléolithique moyen *Neandertal*
- Europe MIS 4 Paléolithique moyen *Neandertal*
- Europe MIS 3 Châtelperronien (PS) *Neandertal* ?
- Europe MIS 3 Uluzzien (PS) *Sapiens* ?

- Europe MIS 3 Szélétien Inconnu
- Europe MIS 3 Strélétien Inconnu
- Europe MIS 3 Jerzmanowicien Inconnu
- Europe MIS 3 Aurignacien (PS) *Sapiens*
- Europe MIS 2 Gravettien (PS) *Sapiens*
- Moyen-Orient MIS 4 Paléolithique moyen *Neandertal*
- Moyen-Orient MIS 5 Paléolithique moyen *Sapiens*
- Asie centrale, Sibérie MIS4 Paléolithique moyen *Neandertal*
- Afrique du Nord MIS 5/4/3 Atérien (PM) *Sapiens*
- Afrique du Nord MIS2 Ibéromaurusien (PS) *Sapiens*
- Afrique australe MIS4 MSA *Sapiens*
- Afrique australe MIS3 LSA *Sapiens*
- Afrique orientale MIS4 MSA *Sapiens*
- Afrique orientale MIS3 LSA *Sapiens*
- Sundaland MIS3 Hoabinhien *Sapiens*
- Australie MIS3 *Sapiens*

Historique de la question

Jusqu'à la fin des années 1970, l'équation « *Paléolithique moyen = Neandertal et Paléolithique supérieur = Sapiens* » était la référence indiscutable en Europe, comme le montre les actes du colloque de l'Unesco organisé à Paris en 1969, intitulé « *Origine de l'homme moderne* » (Bordes, 1972)

Pour F. Bordes, le passage du Paléolithique moyen au paléolithique supérieur était une évolution locale : le moustérien de tradition acheuléenne (un moustérien final à petits bifaces) se transformait en Châtelperronien (alias Périgordien ancien) et le moustérien de type Quina en Aurignacien. Pour G. Laplace (Laplace, 1966), auteur du fameux synthétotype, inspiré de la théorie des foyers d'origine de l'agriculture de N. Vavilov dans les années 1920, l'Aurignacien était une uniformisation du polymorphisme industriel des industries « de transition » marquant le dynamisme évolutif du paléolithique moyen au début du MIS 3.

Pour A. Leroi-Gourhan, la stratigraphie de la grotte du renne à Arcy-sur-Cure révélait dans les années 1950 une transition du Moustérien vers le Châtelperronien, confirmé par la présence de vestiges humains néanderthaliens dans les niveaux châtelperroniens. La découverte en 1979 d'un squelette néanderthalien dans un niveau châtelperronien lors des fouilles de F. Lévêque à Saint-Césaire en Charente maritime allait créer une sensation mais l'association fût admise assez rapidement malgré les objections de F. Bordes.

Les auteurs des industries de transition

Les auteurs des industries de transition seraient donc des Néanderthaliens. Malheureusement l'ambiguïté ou l'absence de vestiges humains découverts dans les niveaux ayant livré des industries de transition allaient laisser subsister un doute : pas de vestiges humains dans le Szélétien, le Jerzmanowicien et le Strélétien, et pour le Châtelperronien l'absence de publications monographiques de la grotte du renne à Arcy-sur-Cure et de l'abri de la Roche à Pierrot à Saint-Césaire.

Les documents anthropologiques des industries de transition ont récemment fait l'objet de révisions. Le squelette néanderthalien de Saint-Césaire, découvert par F. Lévêque dans le niveau châtelperronien, pourrait appartenir au niveau moustérien sous-jacent (Gravina *et al.* 2018). Pour les restes osseux (des dents, quelques fragments osseux matures et probablement un squelette fragmentaire de nouveau-né) trouvés dans le Châtelperronien de la grotte du renne à Arcy-sur-Cure, les doutes sur leur position stratigraphique (Bar-Yosef *et al.* 2010) ont été infirmés dans la monographie récemment publiée (Julien *et al.* 2019).

Les restes osseux trouvés en Italie, dans l'Uluzzien de la grotte de Cavallo anciennement attribués à *Neandertal* ont été réattribués à *Sapiens* (Benazzi *et al.* 2011). Cette publication a entraîné une révision de l'Uluzzien, dont l'aire de répartition était restreinte au Sud de la péninsule italienne, jusqu'à ce qu'il soit trouvé au Nord, à Fumane et en Grèce à Klissoura. De nouvelles datations ont été effectuées qui vieillissent comme attendu des dates rajeunies par la pollution de carbone récent (Douka *et al.* 2014). L'hypothèse d'une migration venue du Proche-Orient (comme toutes les autres migrations d'*homo sapiens*) a été proposée. Ces nouveaux résultats ont créé un débat inévitable, certains doutant de la nouvelle attribution anthropologique, d'autres de l'intégrité stratigraphique de la grotte Cavallo (Zihao *et al.* 2015). Car, l'attribution à *homo sapiens* d'une « industrie de transition » entraine inéluctablement que la même question soit posée pour les auteurs des autres industries de transition.

Les auteurs de l'Aurignacien

Pour l'Aurignacien, il n'y a pas de sépulture connue et notamment pas de crânes associés indiscutablement à un niveau archéologique. L'inventaire récent le plus complet des vestiges humains attribués à l'Aurignacien a été publié par J.J Hublin (Hublin, 2015) qui conclut à une attribution des vestiges humains aurignaciens (essentiellement des dents et des fragments de mandibules ou de pariétaux) à *homo sapiens*.

L'appartenance de la sépulture de Kostienki 14 (Markina Gora) à l'Aurignacien n'est cependant pas démontrée. L'individu a été attribué à un *Sapiens*, confirmé par une analyse génétique. Cependant la fosse ayant été creusée en traversant la couche de cendres, la sépulture est plus probablement associée aux couches III et II attribuées au Gorotsovien (fouilles Rogatchev, 1953-54).

Les restes humains aurignaciens les plus complets, datés autour de 30 000 BP, sont malheureusement hors contexte stratigraphique. Ainsi les grottes de Mladeč, en Moravie, fouillées à la fin du XIX° siècle, ont livré un grand ensemble de vestiges, qui présentent une forte variabilité morpho-crânienne. Les mieux étudiés sont deux crânes féminins, deux crânes masculins et un crâne d'enfant (Teschler-Nicola, 2006). Des artefacts aurignaciens sont présents dans le remplissage de la grotte, mais aucune stratigraphie n'est connue. A Pestera cu Oase, en Roumanie, le crâne de *Sapiens* découvert en 1952 mais daté et réétudié récemment fait partie d'une ensemble de vestiges osseux humains trouvés dans un karst où ils ont été charriés par les eaux, donc sans contexte stratigraphique ni association avec un outillage (Trinkaus *et al.* 2006). Si les vestiges humains partiels trouvés en stratigraphie convergent néanmoins vers le fait que l'auteur de l'industrie aurignacienne soit un *Sapiens*, c'est la connaissance des archaïsmes de sa morphologie crânienne et de sa génétique qui serait un apport fondamental dans la question de l'arrivée de *Sapiens* en Europe. En effet, les crânes de Mlàdec comme celui de Pestera présentent des variabilités importantes et des archaïsmes indiscutables. E. Trinkhaus a conclu que ces individus étaient des hybrides entre *Neandertal* et *Sapiens*, théorie que les généticiens récusent, ne croyant pas possible l'hybridation. J.J Hublin, créateur de la théorie de l'homme moderne et infatigable promoteur de sa théorie, reste donc dubitatif sur l'interprétation des traits archaïques des crânes comme la preuve d'une hybridation entre *Sapiens* et *Neandertal* (Hublin, 2015, p.204).

En Europe orientale (Kostienki, Sungir), les sépultures du Gorotsovien (Kostienki) et du Soungirien ou Strélétien récent (Sungir) sont plus anciennes. Ainsi les dernières dates des sépultures de Sungir ont été vieillies à 30 000 BP environ, ce qui est mieux en accord avec son industrie lithique, et font d'elles les plus anciennes du paléolithique supérieur européen (Nalawade-Chavan *et al.* 2014) et paradoxalement les plus riches (Iakovleva, 2017).

En Europe occidentale, les premières sépultures attribuées indiscutablement au paléolithique supérieur sont datées du Gravettien, à partir de 27 000 BP en Europe occidentale (Paviland, Cro-Magnon, Cussac, Grimaldi, Paglici, Arene Candide, Agnano, Parabita) ainsi qu'Europe centrale (Predmost, Dolni-Vestonice, Pavlov, Brno).

Des Néanderthaliens tardifs ?

La théorie de la perduration pendant le MIS 3 et même les débuts du MIS 2, des industries du paléolithique moyen (moustérien) et de leurs porteurs néanderthaliens dans des refuges méditerranéens (péninsule ibérique, Crimée, Balkans) avaient rencontré un succès certain dans les années 1990 (Djindjian, 1999 pour le compte-rendu du colloque de Foz Coâ en 1998: l'Extinction tardive des Néanderthaliens). Ainsi, J. Zilhao avait même proposé l'existence d'une frontière géographique entre *Neandertal* et *Sapiens* sur le fleuve Èbre en péninsule ibérique entre 35 000 et 30 000 BP et une perduration jusqu'à 27 000 BP au Portugal (Zilhao, 2000). Cette proposition avait été critiquée (Utrilla *et al.* 2004). J. Zilhao a depuis quelque peu corrigé sa position en vieillissant à au moins 37 000 BP la limite *Neandertal/Aurignacien* en péninsule ibérique (Zilhao *et al.* 2017). Le site de Lapa do Picareiro (Portugal) vient de fournir une belle séquence Moustérien/Aurignacien/Gravettien (Haws *et al.* 2020). Le Moustérien (niveau JJ) est daté au-delà de 40 000 BP et un aurignacien ancien vers 36 500 BP (niveau II) et 34 000 BP (niveau GG/FF) révélant la vraie chronologie des peuplements de la fin du paléolithique moyen et des débuts du paléolithique supérieur dans la péninsule ibérique.

La Crimée a été également candidate pour une perduration tardive de Neandertal (Stepanchuk, 2006 ; Stepanchuk *et al.* 2015). Cette perduration de Neandertal dans le MIS 3 est rejetée aujourd'hui car les datations radiocarbone, qui étaient à la limite de leur applicabilité, étaient généralement rajeunies par la pollution de carbone récent, proportionnellement à la profondeur des niveaux, pollution qui n'était pas éliminée à cette époque par les traitements préparatoires des laboratoires de datations (Wood *et al.* 2012).

Les derniers Néanderthaliens s'éloignent donc dans le temps et la cohabitation supposée entre *Sapiens* et *Neandertal* se réduit, à moins que l'arrivée de *Sapiens* ne soit plus ancienne que l'Aurignacien ancien initialement présumé, ce qui fait l'objet des propositions les plus récentes, qui la situe entre 50 000 et 40 000 BP.

Le retour du Protoaurignacien

La question de l'existence du Protoaurignacien de G. Laplace (ou Aurignacien 0 antérieur à l'Aurignacien ancien ou I ou Aurignacien archaïque) était l'objet de débats animés dans les années 1970 et 1980 (Laplace, 1966). Les nouvelles données des fouilles de Geissenklosterle en Jura Souabe (fouilles J. Hahn à partir de 1977), du Piage dans le Lot (fouilles F. Champagne dans les années 1960) et de plusieurs sites de Languedoc oriental (fouilles F. Bazile à La Laouza et L'Esquicho-Grapaou au début des années 1970) allaient progressivement redonner vigueur au Protoaurignacien, avant leur confirmation dans les années 2000, que la mode de la lamelle Dufour voire de toute lamelle retouchée allait d'ailleurs multiplier de façon quelque peu caricaturale, en absence de stratigraphie ou de bonnes datations, sous le nom d'Aurignacien de type Krems/Dufour (Demidenko *et al.* 2012). L'horizon chronologique de l'Aurignacien 0 se situe autour de 36 000 à 38 000 BP, et se trouve en stratigraphie entre Châtelperronien et Aurignacien ancien (I).

La grotte de Bacho Kiro (Bulgarie), découverte par D. Garrod en 1938, avait fait l'objet de fouilles par une équipe polono-bulgare dans les années 1970 (Kozlowski, 1982). Le niveau 11 qualifié de Bacho-Kirien ou de Protoaurignacien avait été daté par une date radiocarbone insuffisante au-delà de 41 000 ans. La théorie de l'arrivée en Europe d'un *homo sapiens* porteur de l'industrie aurignacienne est ainsi née à la fin des années 1970, avec comme relais: Bacho-Kiro et Temnata (Bulgarie), Istallösko (Hongrie), Krems-Hundsstteig (Autriche), Geissenklosterle (Jura Souabe) mettant en évidence la voie du Danube pour la pénétration des groupes humains en Europe. La théorie a été développée par J.K Kozlowski et M. Otte (Kozlowski, Otte, 2000) qui avaient cherché les origines de l'Aurignacien en Asie avec des relais notamment à Siuren en Crimée (Demidenko *et al.* 2012) et au Zagros (Otte, Kozlowski 2007). Un colloque dédié à cette question a été organisée en 1991 au XIIème congrès UISPP à Bratislava (Aurignacien en Europe et au Proche-Orient, 1993). Une première identification technologique et typologique de l'Aurignacien 0 y fut proposée (Djindjian, 1993). Cependant la révision de l'industrie du Bacho-Kirien et des dates d'Istallösko (entre autres) ont remis en cause cette théorie de la voie danubienne.

Les similitudes entre la pointe de Font-Yves, la pointe d'El Wad (Levant) et la pointe d'Arjeneh (Zagros) est à l'origine de la théorie du rapprochement entre Protoaurignacien et Ahmarien ancien du Levant (Bar-Yosef, 2003 ; Mellars, 2004 ; Zilhao, 2006 ; Teyssandier, 2007). Ces pointes se retrouvent cependant à d'autres stades de l'Aurignacien (notamment dans l'Aurignacien récent du site éponyme de Corrèze) et dans l'Aurignacien du Levant. Plus généralement, l'Ahmarien ancien est aussi proche du Protoaurignacien que le Châtelperronien l'est, et ici encore, la motivation de trouver une migration d'homme moderne du Proche-Orient, a été, sans aucun doute implicitement, à l'origine de cette théorie.

Une autre théorie, qui marque le retour du synthétotype aurignacien de G. Laplace, voit dans l'Aurignacien 0, une industrie de transition d'origine européenne, qui aurait réussi à s'imposer sur les autres industries de transition. Le bassin du Haut-Danube (Geissenklosterle, Krems-Hundssteig, Willendorf II) a été la région candidate pour cette innovation (« hypothèse Kulturpumpe ») (Conard, Bolus, 2003). La diffusion du Protoaurignacien se serait alors effectuée d'une part vers l'Ouest dans le bassin de la Saône (Trou de la mère Clochette, grotte du renne à Arcy-sur-Cure) puis descendant le Rhône vers la côte méditerranéenne (Languedoc, Provence, piémont Nord des Pyrénées, Cantabres) et enfin remontant vers l'Aquitaine ; et d'autre part vers l'Est, contournant les Alpes vers l'Adriatique (Fumane) et la plaine de Pannonie. Cette diffusion a été récemment mise en cause (cf. infra). Les nouvelles datations sur plusieurs sites protoaurignaciens de la péninsule ibérique, dont l'ancienneté avait été contestée par J. Zilhao (Zilhao, d'Errico, 2003), notamment la grotte de l'Arbreda en Catalogne (fouilles N. Soler), ont confirmé l'attribution au Protoaurignacien pour l'Arbreda (35 000-36 000 BP) et Labeko Koba (dates 35 400-36 850 BP pour le Protoaurignacien et 38 000 BP pour le Châtelperronien) (Wood *et al.* 2014).

De nombreuses révisions postmodernes sont apparues dans les années 2000, qui ont apporté des points de vue différents sinon solidement argumentés sur l'Aurignacien. F. Bon a cru voir un Aurignacien ancien atlantique et un Protoaurignacien continental comme deux lignées parallèles, sans relations stratigraphiques (Bon, 2002). N. Teyssandier a déconstruit la théorie du noyau Protoaurignacien du Haut-Danube en mettant en doute l'attribution de la couche III de Geissenklosterle au Protoaurignacien (qu'il voit comme Aurignacien ancien plus ancien que le niveau II sus-jacent, position au demeurant plus dialectique que logique !) (Teyssandier, 2007).

Les données disponibles au moment où ces lignes sont écrites confirment néanmoins l'existence de stratigraphies montrant une succession Châtelperronien/Protoaurignacien (0)/Aurignacien ancien (I)/Aurignacien récent (II), Aurignacien final (III-IV) et contredisent ces déconstructions. En outre, ni au Proche-Orient ni en Asie centrale, il n'a pas été trouvé de niveau aurignacien aussi ancien et un consensus semble s'être établi pour considérer que l'Aurignacien de l'Europe orientale (Bulgarie, Roumanie, Russie européenne, Ukraine) est plus récent que l'Aurignacien d'Europe centrale et occidentale. Dès lors, dans le cas où le Haut-Danube ne serait plus le noyau Protoaurignacien, où celui-ci pourrait-il se situer ? Les dates du Protoaurignacien le situent autour de 36 000 à 36 500 BP, légèrement plus récentes que celles imprécises des années 1990. Les principaux sites de cet aurignacien qu'A. Cheynier avait appelé en son temps « Mochien méditerranéen » du nom du site de l'abri Mochi, sont situés sur une latitude 40-45° : côte cantabrique, versant Nord des Pyrénées, côte languedocienne, côte de Ligurie, Vénétie. Leur expansion vers le Nord en Aquitaine et en remontant la vallée du Rhône serait alors l'inverse de celui précédemment considéré. Une autre expansion aurait eu lieu vers le Sud de la péninsule ibérique.

L'hypothèse des auteurs du Levallois laminaire

La présence d'une industrie Levallois laminaire en Europe centrale a été précédemment évoquée. (Bohunicien d'Europe centrale, Kréménicien et Kozarnikien d'Europe orientale).

L'intérêt porté à cette industrie Levallois laminaire est majeur pour les partisans de l'arrivée de l'homme moderne du Proche-Orient car elle est également connue sur le site de Boker-Tachtit dans le désert du Neguev (Marks, 1983) et plus généralement sous le nom d'Emiréen.

La reprise récente des fouilles de la grotte de Bacho-Kiro (Bulgarie) par N. Sirakov et J.J. Hublin a permis de retrouver une molaire inférieure et des fragments osseux identifiés comme humains par la technique Zooms, attribués à *homo sapiens*, qui proviendrait du niveau Bacho-Kirien (Hublin *et al.* 2020). Ces résultats les ont conduit à proposer que le premier *homo sapiens* en Europe serait l'auteur de cette industrie Levallois laminaire, à une date plus ancienne au-delà de 40 000 ans et à en déduire que *Neandertal* et

Sapiens auraient cohabité en Europe plusieurs milliers d'années. Plusieurs chercheurs (Müller *et al.* 2011) ont proposé une interprétation climatique de cette arrivée des *Sapiens*, porteurs de l'industrie Levallois laminaire type Boker-Tachtit/Bohunicien au Proche-Orient et en Europe au cours de deux épisodes tempérés, l'événement GIS 14/13 pour la sortie d'Afrique il y a 50 000 ans et l'événement GIS 12 pour l'arrivée en Europe vers 48 000 BP. Selon ces auteurs, ils auraient profité de l'affaiblissement des groupes *Neandertal* dans les épisodes froids précédent ces événements. Les nouvelles datations de Boker-Tachtit dans le Neguev confirment cet horizon chronologique (Boaretto *et al.* 2021).

L'IUP

En 1983, A Marks (Marks, 1983) avait défini une nouvelle industrie sous le nom d'IUP (« *Initial Upper Palaeolithic* ») pour désigner l'industrie de la couche supérieure (4) du site de Boker-Tachtit, les couches 1 à 3 étant attribuées à l'Emiréen de Ksar Akil (cf. infra). En 2003, S. Kuhn (Kuhn, 2003) utilise ce terme dans une assertion plus large incluant les 4 niveaux de Boker Tachtit et les niveaux émiréens de Ksar Akil (XXV-XXI) et d'Uçagizli (niveaux I à F sous l'Ahmarien ancien) et Umm el Tlel (« *Paléolithique intermédiaire* » d'E. Boeda). C'est le cas également de L. Meignen (Meignen, 2012). Le terme, échappant alors à ses inventeurs, a progressivement dérivé en étant employé à toutes les industries ayant des caractères mixtes situées en Europe orientale, au Proche-Orient, en Asie centrale, en Sibérie et en Chine (Kuhn, Zwyns, 2014 pour une discussion). A. Marks avait proposé la succession suivante : Emiréen autour de 45 000 BP, IUP (Boket Tachtit couche 4, Boker D) sans dates et Ahmarien ancien autour de 38 000 BP. Les nouvelles fouilles menées à Boker-Tachtit par O. Barzilai en 2015-2016 ont fourni les datations plus précises attendues sur les différents sites de Boker. (Boaretto *et al.* 2021) : Emiréen autour de 50-49 ky, IUP entre 47,3 et 44,3 ky, qui confirment l'ancienneté de ces niveaux, désormais compatibles avec les dates obtenues sur les sites européens ayant livré une industrie équivalente. L'existence d'un IUP sur 10 000 ans, entre environ 48 000 et 38 000 BP facilite les thèses basées sur l'arrivée de l'homme moderne au Proche-Orient, en Europe et en Asie mais, ce faisant, elle ne prend pas en compte les différences enregistrées par les stratigraphies et sur la culture matérielle comme l'ont bien souligné Kuhn et Zwyns (Kuhn, Zwyns 2014).

Remarques conclusives

C'est ainsi que tous les faciès industriels datés des débuts du MIS 3, d'Europe centrale, d'Europe orientale et du Proche-Orient ont été tour à tour les candidats de l'arrivée de l'homme moderne en Europe: Aurignacien du Levant, Protoaurignacien, industries de type Boker Tachtit/ Emiréen (et ses équivalents en Europe), industries de transition, Ahmarien ancien, paléolithique supérieur initial (IUP). Chaque nouvelle datation d'une séquence comme chaque nouvelle amélioration de la technique de datation radiocarbone (notamment dans les traitements d'élimination de pollution due à des carbones récents intrusifs) est à l'origine de nouveaux articles faisant la promotion d'une industrie dont l'auteur serait l'homme moderne (Bailey *et al.* 2009 ; Smith *et al.* 2013 ; Rose *et al.* 2014 ; etc.). Ainsi en 2004, P. Mellars (Mellars, 2004) avait imaginé deux voies de pénétration en Europe : l'Aurignacien ancien à pointes à base fendue par la vallée du Danube et le Protoaurignacien par la voie méditerranéenne (Mellars, 2004).

Les argumentations de ces propositions sont cependant fragiles dans l'état actuel des connaissances. Elles font souvent partie du sensationnalisme croissant d'un marketing scientifique rendu nécessaire par la chasse aux crédits, aux postes et à la notoriété de la Science moderne. Car les incertitudes et les imprécisions sur les datations radiocarbone à cet horizon chronologique entre 50 000 et 35 000 BP, font que ces industries ont un « pixel chronologique » d'au mieux 2 000 ans, à mettre en relation avec le temps nécessaire pour traverser l'Europe à un groupe de chasseurs-cueilleurs qui est de l'ordre de quelques années, et rendent de fait ces problématiques superficielles et ces exercices un peu vains.

Des modèles de peuplement

La question de la rencontre de groupes humains de *Neandertal* et de *Sapiens* en Europe a généré plusieurs catégories de modèles :
- Une acculturation des Néanderthaliens par les Sapiens qui se serait manifesté par des apports dans la culture matérielle (d'Errico *et al.* 1998). Dans le modèle « *Chatelperron = Neandertal et Sapiens = Aurignacien* », cette acculturation se traduisait par l'apparition d'une technologie lamellaire, d'objets de parure et d'un début d'industrie en matière dure animale. Mais le Châtelperronien a toujours été trouvé en stratigraphie sous l'Aurignacien. Les propositions d'interstratification entre niveaux du Châtelperronien et de l'Aurignacien sur les sites aquitains de Roc de Combe et du Piage ont été réfutées dans les années 1990 (Djindjian, 2003 au colloque de Ravello 1994 ; Bordes, 2002). ce qui rend chronologiquement impossible cette théorie sauf à comparer des datations ^{14}C rajeunies par du carbone récent. Le débat a été relancé sans suite réelle sur le site de Châtelperron (Allier) où des fouilles récentes de niveaux remaniés ou des déblais des très anciennes fouilles avaient donné l'illusion d'une interstratification (Mellars *et al.* 2007). Enfin, la récente discussion sur l'attribution réelle des restes humains dans les niveaux de transition rendrait cette question obsolète, si *Sapiens* en étaient les auteurs.

- Une extinction des Néanderthaliens dont seraient responsables les *Sapiens*, qui aurait conduit à la généralisation sur toute le territoire européen de l'Aurignacien et la disparition des industries de « transition ». Cette hypothèse est contestée par la culture matérielle qui met en évidence un grand dynamisme évolutif dans les industries de la fin du paléolithique moyen européen, en contradiction avec la dégénérescence supposée de *Neandertal*. Certes, hérités du MIS 4, la démographie faible des groupes Néandertaliens, le cloisonnement géographique révélé par la paléogénétique (Fabre *et al.* 2009), la faible mobilité sur des territoires de moins de 1000 km² environ, des approvisionnements locaux en matière première de fortune, font du mode de vie des groupes humains néanderthaliens un système nettement différent de ce que plusieurs milliers d'années plus tard sera au même endroit le mode de vie des Sapiens de l'Aurignacien et du Gravettien : mobilité, grands territoires, approvisionnements distants en silex de qualité (Djindjian, 2012). Comment alors démontrer ou infirmer une cohabitation entre les deux systèmes ou une évolution vers le second système, indépendamment des types humains ?
- Une fusion par métissage entre les deux groupes humains, qui seraient donc interféconds. Cette théorie est soutenue par de nombreux anthropologues (entre autres Trinkaus, Wolpoff) sur la base des vestiges humains d'Europe centrale rattachés à l'Aurignacien (par les seules datations) et au Gravettien (par des sépultures de sites) : Mladeč, Pestera cu Oase, Predmost, Brno, Dolni-Vestonice, etc., à cause de la résilience de traits morpho-crâniens archaïques considérés comme hérités des Néanderthaliens sur les crânes sapiens d'Europe centrale, d'Europe orientale et du Proche-Orient (mais qui n'existent pas sur les crânes gravettiens de Cro-Magnon en Périgord et de Grimaldi à la frontière franco-italienne). Cette théorie est contestée par les paléogénéticiens qui considèrent que le stock de gènes néanderthaliens est trop faible (même si avec les progrès de ces analyses, ce stock a progressé à quelques pour cent). Il reste cependant toujours un doute technique sur les difficultés opératoires et un doute procédural de pratiquer une analyse ADN sur un échantillon manipulé et donc pollué par l'ADN *sapiens* des archéologues *sapiens* que les laboratoires considèrent avoir maintenant levé (voir Reich *et al.* 2010 pour une exemple de procédure explicitée pour l'étude paléogénétique de la phalange de l'homme de Denisova dans l'Altaï).
- Enfin le modèle d'une évolution *in situ* de l'homme de *Neandertal* vers *Sapiens*, du fait du décloisonnement géographique lié au réchauffement climatique du MIS 3, n'est généralement pas retenu. Le principal argument évoqué est que si le grand interglaciaire du MIS 5 n'avait pas fait évoluer morphologiquement l'homme de *Neandertal*, l'interpléniglaciaire du MIS 3 ne pouvait pas le faire non plus.

Après avoir tenté de résumer le plus simplement possible, un état des connaissances encore lacunaire mais rendu complexe par l'accumulation progressive de données contradictoires, il n'est pas inutile de s'interroger sur la présence de paradigmes sous-jacents aux hypothèses précédemment évoquées. La théorie de l'Homme moderne, un *Sapiens* africain dont les origines remontent de façon attendue à des périodes de plus en plus anciennes, c'est-à-dire jusqu'au MIS 8 ou 10, peut-elle avoir influencé nos résultats sur cette question du devenir de l'homme de *Neandertal* ? En quoi l'homme moderne est-il moderne et par rapport à qui ? L'homme moderne est un *Sapiens* archaïque, descendant d'*homo erectus* puis d'*homo rhodesiensis* et résultat de l'adaptation longue au climat tempéré et aride des épisodes glaciaires des stades isotopiques 8 à 6 en Afrique, tandis que *Neandertal* est un homme, moderne aussi, descendant aussi d'*homo erectus* puis d'*homo heidelbergensis* et adapté au climat froid et sec des mêmes stades isotopiques dans les hautes latitudes de l'Europe. Le qualificatif de moderne est donc gênant car il oriente la question sous un angle plus créationniste qu'évolutionniste. Car l'homme dit moderne a lui aussi évolué à la fois sur un plan morphologique et génétique depuis le MIS 8 jusqu'au MIS 2.

La période 35 000- 28 000 BP en Europe

A partir de 35 000 BP, un processus d'uniformisation des industries, connu sous le nom d'Aurignacien, se développe en Europe et au Proche-Orient (Djindjian *et al.* 2003 ; **Djindjian, 2010 ; Otte, 2010**). L'industrie lithique est caractérisée par un débitage laminaire et lamellaire obtenu à partir de nucléus volumique prismatique à un ou plusieurs plans de frappe. L'apparition et le développement d'une industrie en matière dure animale (ivoire, os, bois de cervidés) marque un changement technologique encore plus radical. Des représentations animales et géométriques apparaissent sur des artefacts (« art mobilier » et objets de parure), ainsi que sur les parois des habitats et des grottes profondes (« art pariétal »). Les oscillations climatiques du MIS 3 se traduisent par des colonisations ou des abandons des territoires des hautes latitudes européennes (Angleterre, Belgique, Pologne, Oural).

Une chronostratigraphie de l'Aurignacien en cinq phases a été mise en évidence en corrélant les stratigraphies de six abris sous roche majeurs du Périgord : La Ferrassie, Pataud, Roc de Combe, Facteur, Caminade, Le Flageolet, une séquence dont la précision n'a pas d'équivalent ailleurs en Europe et dont les changements industriels sont corrélés avec les variations climatiques de la fin du MIS 3 (Djindjian, 1993a, 1993b). Les industries aurignaciennes sont plus laminaires pendant les épisodes plus froids (stades I, III) et plus lamellaires (stades 0, II, IV) pendant les épisodes plus tempérés, sans doute liées à des mobilités différentes, nécessitant un outillage plus léger. Par contre, la technologie du débitage lamellaire change avec l'évolution de l'Aurignacien et tout particulièrement les techniques de taille des burins. Le Protoaurignacien est mis en relation avec les événements GIS 8 à 11 ; l'Aurignacien ancien (I) est situé dans l'épisode froid qui suit, mis en relation avec l'événement de Heinrich 4. L'aurignacien récent (II) correspond à l'interstade Arcy/Denekamp/Stillfried (GIS 7) et l'Aurignacien final IV avec l'interstade de Maisières (GIS 5-6). Ces résultats ont été récemment confirmés (Banks *et al.* 2013).

Le plus ancien aurignacien, le Protoaurignacien (Laplace, 1966) ou Aurignacien 0, dont l'existence a jadis été contestée, est de mieux en mieux connu. Sa présence est désormais confirmé dans le bassin supérieur du Danube (Geisenklosterle, Krems-Hundssteig), dans l'Est de la France (grotte du Renne à Arcy sur Cure), le Nord de la péninsule italienne (Fumane), les rivages de la **Méditerranée** en Ligurie (abri Mochi, grotte de l'Observatoire), en Languedoc (Laouza, L'Esquicho-Grapaou), et en Catalogne (L'Arbreda), le long du piémont Nord des Pyrénées (Isturitz, Gatzarria) et de la côte cantabrique (Morin, Labeko Koba), en Aquitaine (La Ferrassie, Le Piage, Les Cottès). Fait nouveau, un Aurignacien 0 semble avoir été reconnu aussi dans toute la péninsule ibérique (Lapa do Picareiro sur le Tage au Portugal (Haws *et al.* 2020)), Sa présence à l'Est de l'Europe fait toujours l'objet de discussions (Siuren en Crimée, Tibava et Barca dans le bassin de la Hornad en Slovaquie, Tincova, Cosava et Romanesti Dumbravita dans le Banat, Beregovo en Ukraine transcarpatique). La présence de lamelles retouchées **« plus ou moins Dufour »** ne suffit pas **à caractériser un Aurignaci**en 0, mais seul l'ensemble de l'outillage lithique et osseux dans un cadre stratigraphique non remanié et avec des datations absolues cohérentes permet de le faire. On pourrait dire avec humour que trouver un Aurignacien 0 est devenu un sujet de recherches **à la mode et** que bientôt il y aura plus d'Aurignacien 0 que d'Aurignacien ancien (I) alors que dans les années 1930, il n'y avait que la couche E' de l'abri de La Ferrassie (et c'était alors un Périgordien II !) et que dans les années 1960, le Protoaurignacien n'existait que dans l'imagination de G. Laplace ! En outre, la révision des « déchets de taille » des anciennes fouilles permet de faire réapparaitre la composante lamellaire de l'Aurignacien et notamment des lamelles retouchées pouvant même faire naître un « Protoaurignacien à pointe à base fendue » qui n'est autre que l'Aurignacien ancien.

L'uniformisation de l'Aurignacien sur l'ensemble de l'Europe, le Proche-Orient jusqu'en Asie centrale, met en évidence un système d'exploitation des territoires identique avec des contacts intergroupes de proche en proche sur de longues distances, témoignant d'une grande mobilité des groupes humains sur de vastes territoires de déplacements.

La fin de l'Aurignacien se situe avant 28 **000 BP. De nombreuses erreurs ont été rectifiées depuis les années 1990 : un Aurignacien** dont l'évolution est parallèle au Périgordien (Gravettien) jusqu'au maximum glaciaire (théorie de D. Peyrony des années 1930), un Aurignacien plus tardif dans le Sud de la France (théorie de M. Escalon de Fonton et D. Sacchi), un

Aurignacien plus tardif en Europe centrale (Epiaurignacien). Elles étaient dues à des erreurs de corrélation stratigraphique pour la première, à des pollutions rajeunissant les datations radiocarbone pour la deuxième et à la confusion avec une industrie aurignacoïde qui n'est pas un Aurignacien pour la troisième. L'Aurignacien se transforme en fait en Gravettien avec la péjoration climatique du début du MIS 2.

La fin du MIS 3 vers 28 000 BP et le début du MIS2 marquent donc le retour vers la glaciation et se traduit dans la culture matérielle par un processus d'adaptation au froid, connu sous le nom de Gravettien. Les débuts de ce processus apparaissent en Europe centrale dans le haut bassin du Danube. Il est caractérisé par le remplacement des pointes de sagaies en bois de renne et en ivoire par des pointes en silex à emmanchement axial (pédoncule, soie, cran) et à emmanchement latéral (dos abrupt). Rapidement, le processus s'étend vers l'Ouest jusqu'en Périgord et vers l'Est. Puis avec la progression du froid, le cloisonnement géographique de l'Europe, qui sépare les groupes humains, est à l'origine d'une différentiation typologique (faciès ancien, moyen récent et final du Gravettien occidental, gravettien oriental). Le grand effondrement du dernier maximum glaciaire s'annonce (Djindjian, 2011 ; Otte, 2012).

Le peuplement de l'Afrique du Nord au MIS 3

En Afrique du Nord, le climat aride du MIS 4 a été fatal à l'Atérien qui disparait, laissant un territoire désertique vide de peuplement (Garcea, 2018). A son apogée au MIS 5, l'aire de répartition de l'Atérien coïncidait avec le tiers Nord de l'Afrique, et comme limite au Sud le 19ème degré de latitude Nord et d'Ouest en Est, de la côte atlantique à la vallée du Nil. L'hypothèse qui le faisait exister jusqu'à 20 000 ans et être même en contact avec les Solutréens de la péninsule ibérique à travers le détroit de Gibraltar leur transmettant la tradition technique des pointes pédonculées, était basée sur de mauvaises datations radiocarbone rajeunies par la pollution.

Au MIS3, la seule industrie connue est celle du Dabbéen, une industrie laminaire trouvée dans la magnifique séquence d'Haua Fteah en Lybie, fouillée par Ch. McBurney dans les années 1950 (McBurney, 1967) et récemment datée (Jacobs *et al.* 2017). La durée présumée longue du Dabbéen (40 000-20 000 BP) mérite cependant d'être réétudiée et détaillée, si les fouilles de McBurney effectuées en stratigraphie artificielle le permettent. Une récente étude paléogénétique (Olivieri *et al.* 2006) évoque l'hypothèse d'une colonisation d'une population venue du Proche-Orient autour de 40 000 BP.

La vallée du Nil, où de grands préhistoriens comme F. Wendorf, R. Schild, A. Marks ou F. Vermeersch se sont illustrés, longtemps après des précurseurs comme J. de Morgan et E. Vignard, a livré au paléolithique moyen d'une façon attendue des industries du MIS 5, à riche technologie

Levallois puis des industries du MIS 4, à dominante racloirs, encoches, denticulés (Wendorf, Schild, 1976 ; Vermeersch, 2000). De rares traces d'Atérien révèlent sa présence jusqu'en Egypte. Une bonne connaissance du paléolithique de cette région est importante car elle est souvent citée comme une zone de passage (« *Nile corridor* ») entre l'Afrique orientale et le Proche-Orient pour les modèles « *Out of Africa* ». Les débuts du paléolithique supérieur ne sont connus que par le seul site de Nazlet Khater où ont été découvertes deux sépultures d'*Homo Sapiens* datées autour de 33 000 BP sur un site d'extraction du silex (Vermeersch, 2002) ayant livré une industrie laminaire (Leplongeon *et al.* 2011). L'industrie « microlithique » découverte par Marks à Ouadi Halfa et dénommée Halfien est caractérisée par la présence d'un débitage Levallois pour la production de lamelles ; mais les datations actuelles ne la situerait pas plus ancienne que 20 000 BP, date à confirmer ou infirmer. Le Khormusien, défini à partir du site de Khor Musa, situé à la frontière soudano-égyptienne, est caractérisé par une industrie du paléolithique moyen mais avec un nombre important de burins, et aussi de l'ocre et quelques outils en os poli. Les dates radiocarbone autour de 20 000 BP ont été récemment vieillies entre 41 000 et 33 000 BP et même au MIS 4. Mais il n'y a pas de ressemblance particulière entre cette industrie et celle de l'Emiréen du Levant (Rose, Marks, 2014). La grande variabilité des industries lithiques des sites connus dans le bassin du Nil rend particulièrement difficile aujourd'hui toute tentative de synthèse des peuplements de cette région (Midant-Reynes, 1992).

Mais la relation entre Levant et Afrique orientale, et donc l'origine du peuplement *Sapiens* du Levant, n'est-elle pas à chercher plus précocement au MIS 5, comme le proposent J. Rose et A. Marks, dans le paléolithique moyen du complexe Levallois Nubien (Rose, Marks, 2014) par deux itinéraires, le corridor du Nil d'une part et la corne de l'Afrique et la péninsule arabique par le détroit de bab el mandeb d'autre part (Rose, Marks, 2014) ? Mais les intermédiaires à la fois chronologiques et géographiques restent encore à identifier pour le démontrer car l'importance du débitage Levallois au MIS 5 comme au MIS 3 est lié à des processus systémiques généraux et non à des auteurs particuliers, fussent-ils des hommes modernes.

Le peuplement de l'Afrique australe, de l'Afrique orientale et de l'Afrique équatoriale au MIS 3

L'Afrique est un vaste continent qui a connu durant les périodes glaciaires, un climat tempéré mais aride. A l'expansion des calottes glaciaires des zones de haute latitude correspond en Afrique l'expansion des zones désertiques (au Nord, le Sahara et au Sud, le Kalahari). Aux périodes interglaciaires et inter-pléniglaciaires correspondent un climat plus chaud mais humide, laissant dans les séquences stratigraphiques des zones désertiques, des sols fossiles alternant avec des niveaux sableux. En conséquence, en période glaciaire, les peuplements se réduisent avec la végétation et les zoocénoses animales, et en période interglaciaire, ils se développent.

En Afrique du sud, les archéologues A. Goodwin et Cl. Van Riet Lowe avait proposé en 1929 (Goodwin, Van Riet Lowe, 1929) un cadre chronologique pour la préhistoire de l'Afrique du Sud définissant un Early Stone Age (ESA), un Middle Stone Age (MSA) et un Late Stone Age (LSA) peu ou prou équivalent de nos paléolithiques inférieur, moyen et supérieur de l'Europe. En Afrique équatoriale, l'équivalent du MSA est le Sangoen (défini sur le site de Sango Bay sur la rive du lac Victoria en Ouganda en 1920) et l'équivalent du LSA (ou MSA + LSA) serait le Lupembien, quoique insuffisamment défini et daté mais situé après le Sangoen. Ces dénominations ont laissé progressivement la place à la terminologie MSA et LSA en Afrique équatoriale et australe.

En Afrique australe, le MSA récent, au cours du MIS 4, a révélé un peuplement important : Pinacle Point, Diekloof, Blombos, Sibudu, Howiesons' poort, Border cave, Apollo 11. Trois faciès chronologiques y ont été mis en évidence : le faciès Still bay à pointes bifaciales vers 80-70 000 ans, le faciès très particulier « *Howiesons Poort* » vers 70-60 000 ans, qui présente les traits technologiques et typologiques d'une industrie du paléolithique supérieur avec notamment des pièces à dos et le faciès « *post Howiesons Poort* » (ou Sibudu) entre 60 et 40 000 ans (Soriano *et al.* 2015). La découverte de fragments de coquilles d'œuf d'autruche gravés de motifs géométriques révèle pour la première fois l'existence d'un art antérieur au Paléolithique supérieur européen et à son équivalent africain le LSA (niveau Howiesons Poort à Diepkloof). Sur le site de Blombos, associés à des niveaux Still bay, l'usage de l'ocre (et la découverte de morceaux d'ocre gravés), l'émergence d'une industrie en matière dure animale (aiguille, pointe en os), la récolte de coquillages marins percés volontairement et ocrés témoignant d'un usage comme élément de parure, sont des traits de la culture matérielle que l'on ne retrouve en Europe que dans le paléolithique supérieur.

Dans les années 1960-1990, des datations radiocarbone polluées avaient rajeuni le MSA jusque vers 20 000 ans (280 000-20 000) mais les récentes datations (^{14}C, OSL, thermoluminescence, etc.) ont désormais vieilli la fin du MSA qui se situe vers 40 000/50 000 ans soit à la charnière MIS 4/MIS 3 (Jacobs *et al.* 2008), confirmant le parallélisme avec la chronologie nord-africaine, européenne et asiatique. Ce parallélisme est plus large avec la tradition à bifaces (Acheuléen) (qui débute beaucoup plus tôt en Afrique vers 1,5 M années) jusqu'à 300 000 ans, le MSA (avec un stade ancien recouvrant les MIS/8-6 et un stade récent recouvrant le MIS 4) et le LSA.

Les débuts du LSA coïncideraient donc avec les débuts du MIS3. La question a été longtemps obscurci par des mélanges entre des artefacts MSA et LSA dans ces niveaux du début LSA notamment sur le site de Magosi en Ouganda (à l'origine du terme aujourd'hui obsolète de Magosien pour désigner ces industries). Le nombre de sites datés de cette période est encore insuffisant mais ils ont fait l'objet de fouilles récentes ou de révisions récentes de fouilles anciennes, dont les résultats commencent à éclairer notre connaissance.

Les sites les mieux connus du LSA ancien sont situés en Afrique de l'Est (Kenya, Ouganda, Tanzanie, Ethiopie, Somalie) et en Afrique australe (Afrique du Sud, Botswana, Namibie, Mozambique), mais quelques sites sont également connus en Afrique occidentale. L'archéologue J. Desmond Clark a produit la première synthèse des recherches archéologiques de cette période en Afrique orientale (Clark, 1954 ; Tryon, 2015 pour une mise à jour) :

- en Afrique orientale, l'abri 7 à Laas Geel en Somalie (Gutherz *et al.*, 2014), Mochena Borago (Brandt *et al.*, 2012) et Goda Buticha en Éthiopie (Pleurdeau *et al.*, 2014), Enkapune ya Muto (Ambrose, 1998) et Panga Ya Saidi (D'Errico *et al.* 2020) au Kenya, les abris de Nasera et Mumba en Tanzanie (Mehlman, 1989 ; Marks, Conard 2008 ; Diez-Martín *et al.*, 2009 ; Gliganic *et al.*, 2012), Matupi cave (Van Noten, 1977), Mlambalasi (Biitner *et al.* 2017) au Congo,
- en Afrique australe, la grotte de Sibudu en Afrique du Sud (Wadley, 2005 ; Jacobs *et al*, 2008b), Border cave (Villa *et al.* 2010), Apollo 11 cave en Namibie (Vogelsang *et al.* 2010), Tsodillo hills au Botswana (Robbins *et al.* 2016).

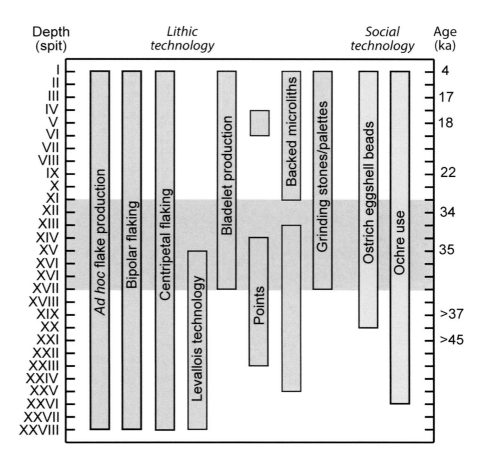

Figure 4. Evolution de la culture matérielle dans la transition MSA/LSA ancien en Afrique

- en Afrique occidentale, Shun Laka au Cameroun (Cornelissen, 2003).

Cette industrie du LSA, bien décrite dans les sites de Nasera (Mehlman 1989), de Mumba et de Kisese II en Tanzanie (Tryon *et al* 2018), est caractérisée par une technique de débitage bipolaire sur quartz produisant des pièces et pointes à dos, de nombreux racloirs, de l'ocre, des perles en coquille d'œuf d'autruche et des outils en pierre polie (figure 4).

Tous les vestiges osseux humains de ces sites LSA ancien ont été attribués à *homo Sapiens*.

Le peuplement du Proche-Orient au MIS 3

Au Liban, au Nord de Beyrouth, le site de Ksar Akil est une exceptionnelle stratigraphie de référence pour l'ensemble du Proche-Orient pour la période 60 000- 10 000 BP, sur plus de vingt-cinq mètres de puissance. Au-dessus des niveaux du paléolithique moyen (XXVIII-XXV), se superposent une industrie « *de transition* » non datée, l'Emiréen (XXV-XXI) caractérisée par la présence du débitage Levallois et d'outils caractéristiques comme la pointe d'Emireh et la pièce à chanfrein, puis, une industrie du paléolithique supérieur, l'Ahmarien ancien (XX-XV) autour de 36 000-35 000 BP et l'Aurignacien (XIII-VIII), à partir de 34 000 BP (Aurignacien du Levant A, B, C) (Douka *et al.* 2013 ; Bosch *et al.* 2015 ; Douka *et al.* 2015 pour la datation du site et sa discussion).

Un autre site de référence, Boker-Tachtit, a été fouillé dans le désert du Negev, par A. Marks dans les années 1970 (Marks, 1983). Les trois niveaux d'une industrie Levallois laminaire ont été attribués à l'Emirien. Le niveau supérieur a été défini comme Paléolithique supérieur initial (IUP). Le site de Boker A a livré un niveau d'Ahmarien ancien daté à 38 000 BP.

Deux fouilles récentes ont apporté des résultats complémentaires à ces séquences : la grotte d'Ucazigli en Turquie (Ozcelik, 2011), à la frontière syrienne, ainsi que la grotte Manot en Israël, à la frontière libanaise (Alex *et al.* 2017). Dans le reste du Proche-Orient, la succession des industries est identique, comme à Umm el Tlell dans le désert syrien avec une séquence paléolithique moyen/IUP/Ahmarien/Aurignacien (Boeda *et al.* 2006) ainsi que dans la grotte de Kebara près du mont Carmel en Israël (Bar Yosef *et al.* 1992 ; Rebollo *et al.* 2011).

La présence d'industries, chronologiquement situées à la transition entre Paléolithique moyen et Paléolithique supérieur, et qui présentent des caractéristiques mixtes avec un débitage Levallois et un débitage laminaire volumique, a toujours fait débat entre ceux qui les considèrent comme des mélanges de deux industries et ceux qui considèrent qu'elles marquent une transition entre le paléolithique moyen et le paléolithique supérieur. Les auteurs potentiels de ces industries, *Neandertal* et *Sapiens*, entrent évidement dans les présupposés implicites de ces deux hypothèses ainsi que l'explication d'une colonisation ou d'une évolution autochtone.

Bien évidement, des cas de mélanges sont connus dans les sites stratifiés, d'autant plus que le climat du MIS 3 plus tempéré et humide favorise les ruissellements et les érosions, entrainant des lacunes et des mélanges dans les séquences stratifiées. Mais dans d'autres cas, notamment des sites de plein air à un seul niveau, cette explication n'est plus justifiée. Ces niveaux identifiés sous le nom d'IUP sont connus en Europe orientale dans les Balkans, sur le Piémont oriental des Carpates (Roumanie, Moldavie) et dans le Nord-est de la Russie européenne (Haute Volga, Petchora). Ils sont trouvés en stratigraphie au Proche-Orient (Levant, Palestine, Syrie). On les retrouve en Asie centrale, en Sibérie et en Chine, où ils alimentent des hypothèses d'évolution locale à partir des niveaux du paléolithique moyen (cf. infra). Il conviendrait donc désormais de distinguer plutôt que de mélanger toutes ces industries qui ne sont pas identiques, loin s'en faut.

Avec la récente publication de nouvelles datations (Boaretto *et al.* 2021), la chronologie du Proche-Orient a été précisée : Emiréen autour de 50-49 000 BP, IUP (Boket Tachtit couche 4, Boker D) entre 47,3 et 44,3 ky et Ahmarien ancien autour de 38 000 BP.

L'Emiréen, défini par D. Garrod, est une industrie mixte produisant des débitages Levallois, lamellaire et laminaire et caractérisée par la pointe d'Emireh et la pièce à chanfrein. Cette industrie a été trouvée dans d'autres sites de Levant, mais souvent mélangé avec les niveaux sus-jacents et sous-jacents. A Ksar Akil, un fragment de maxillaire adulte « Ethelruda »a été trouvé à la base de ces niveaux pour lequel l'attribution à un *Neandertal*, à un Sapiens archaïque ou un hybride est ambigüe (Douka *et al.* 2013).

L'Ahmarien, première industrie du paléolithique supérieur, caractérisée par la présence de pointes d'El Wad, est bien connue au Levant (Erq-El-Ahmar, Ksar Akil, El Wad, Yabroud, Qafseh, Kebara, Ucagizli, Umm El Tlel, etc.). A Ksar Akil, dans le niveau XVII a été trouvé le squelette d'un individu juvénile *Sapiens* (« Egbert ») daté autour de 40 -38 000 BP (Bergman *et al.* 1989).

L'Aurignacien du Levant, est présent partout au Proche-Orient. Au Liban et en Israël, il a fourni de nombreuses séquences datées à partir de 34 000 BP (Ksar Akil, Hayonim, Kebara, Raquefet,). Plus à l'Est, l'Aurignacien du Zagros, ou Baradostien, est connu par de nombreux sites (comme Shanidar, Warwasi ou Yafteh) (Otte, Kozlowski, 2007) jusqu'en Asie centrale (cf. infra) ainsi que plus au Nord dans le Sud Caucase.

Le peuplement de l'Asie du Sud au MIS 3

Entre Afrique, Proche-Orient et Asie du Sud-est, l'Asie du sud (Pakistan, Inde, Bengladesh, Sri Lanka, Népal), à laquelle nous associerons pour les besoins de ce sujet le Sud de l'Iran et la péninsule arabique, est une région stratégique pour la question des migrations des anciens hominidés vers l'Est (les diverses hypothèses « *Out of Africa* »).

Les données à notre disposition sont malheureusement encore fragmentaires, même si les recherches depuis une dizaine d'années ont été particulièrement dynamiques.

La péninsule arabique a fourni des sites MSA datés du MIS 5 (Groucutt *et al.* 2015) dont la technologie lithique à forte composante Levallois possède des équivalents dans des sites MIS 5 en Afrique de l'Est et en Inde. Ces découvertes indiquent une colonisation de *l'Homo sapiens*, qui ne se limite pas au Levant (crânes de Qafzeh et Skhul), mais qui a également colonisé l'Asie du Sud (Inde) et probablement jusqu'en Asie du Sud-est, bien plus anciennement que dans le modèle tardif de colonisation proposé par J. Mellars vers 60 000 BP à la fin du MIS 4 (Mellars *et al.* 2013). En effet, au MIS 4, le désert de Thar, qui défini la frontière entre le Pakistan et l'Inde actuels, a dû être un obstacle majeur au passage des groupes humains en période glaciaire, les obligeant très probablement à un grand détour en remontant l'Indus, en suivant le piémont himalayen puis en descendant le Gange, rendant plus difficile le passage vers l'Est.

Les sites de surface du paléolithique moyen au MIS 4 de la vallée de Jurreru en Andhra Pradesh dans le Sud-est de l'Inde (Clarkson *et al.* 2012) sont scellés par les cendres de la méga-éruption du volcan de Tuba à Sumatra il y a 73 000 ans. Plusieurs sites, situés sous le niveau cendreux, sont datés autour de 80 000 ans tandis que ceux situés au-dessus de ce niveau sont datés autour de 55 000 ans. C'est dans ces niveaux qu'apparait la technologie de débitage laminaire bipolaire. La proposition de S. Ambrose (Ambrose, 1998) d'un dérèglement climatique long ayant provoqué des migrations importantes vers l'Asie du Sud, l'Asie centrale et l'Europe à l'origine d'un goulet d'étranglement génétique dû à une petite population de migrants venus d'Afrique de l'Est, est contredite par ces données de la vallée de Jurreru qui montrent que cette éruption n'a pas provoqué de collapse durable (au-delà de quelques années) en Asie du Sud et du Sud-est. Cependant, cette explosion à Sumatra a pu avoir en Sundaland des conséquences plus graves qui ont pu provoquer des migrations, dont celle de la colonisation de l'Australie.

Des changements technologiques majeurs s'observent dans l'industrie lithique des sites de la fin du MIS 4 et des débuts du MIS 3 aussi bien en Afrique de l'Est qu'en Asie du Sud, que les archéologues désignent sous le nom de « *microlithic industries* », bien qu'il ne s'agisse pas de microlithes dans le sens utilisé pour les industries de l'Europe au paléolithique supérieur. Il s'agit plutôt ici de lamelles ou de petites lames obtenues par des débitages Levallois ou laminaire bipolaire. L'outil le plus caractéristique est une pièce à dos courbe de petite dimension de cinq centimètres en moyenne ou parfois plus petite (Leplongeon 2014), qui n'est pas sans ressembler aux couteaux ou pointes des industries de transition européennes.

Le peuplement de l'Asie centrale, de la Sibérie et de la Chine pendant le MIS 3

En Asie centrale, les travaux de V. Ranov ont très longtemps été la référence pour la connaissance du paléolithique de cette région. A la transition MIS 4/MIS 3, des industries attribuées à un paléolithique supérieur initial (IUP) ont été découverts en Asie centrale, notamment dans la grotte Obi-Rahmat (Ouzbékistan), analogues aux industries de l'Altaï, (cf. infra). C'est le cas également, au Kazakhstan, du site d'Ushboulak qui a fourni un niveau daté entre 36 000 et 41 000 BP

Pour le MIS 3, la séquence de Shugnou (Tadjikistan), bien que mal datée, est la référence pour l'Asie centrale (Ranov *et al.* 2012). Les mêmes industries ont été trouvées en Ouzbékistan (Kulbulak, Samarcande, Dodekatym-2) et en Afghanistan (Kara Kamar). Ce sont des industries aurignaciennes, proches de l'Aurignacien du Levant et du Baradostien du Zagros.

En Sibérie, les sites de l'Altaï fouillés par A. Derevianko et son équipe depuis un quarantaine d'années (Derevianko *et al.* 2005) à la suite des travaux fondateurs d'A. Okladnikov dans les années 1930 fournissent des séquences du paléolithique inférieur, du paléolithique moyen et des débuts du paléolithique supérieur (grotte Denisova, Ust'-Kanskaya, Ust'Karakol, Kara-Bom, grotte Okladnikov, etc.). Les niveaux du paléolithique moyen sont des niveaux à technologie Levallois dominante dans le MIS 5 et des niveaux « moustériens » à débitage non Levallois dans le MIS 4, une chronostratigraphie guère différente du paléolithique moyen européen. Les premiers niveaux attribués au paléolithique supérieur sont datés entre 40 000 et 30 000 ans. Les débuts du paléolithique supérieur sont représentés par un paléolithique supérieur initial (IUP) caractérisé par un débitage Levallois et un débitage laminaire avec des dates autour de 42 000 ans auquel succède un Paléolithique supérieur ancien (EUP) caractérisé par une industrie laminaire et lamellaire, l'apparition d'outils en os et d'objets de parure. L'insuffisance et l'incohérence des datations radiocarbone créent un doute sur la fiabilité des dates et aussi sur la possibilité de remaniements ou de mélanges stratigraphiques.

Des vestiges osseux humains ont été trouvés. Si la présence de Neandertal dans les niveaux du MIS 4, ne fait pas de doute, il n'en est pas de même pour ceux attribués au Dénisovien, qui ont été trouvés dans un niveau du paléolithique supérieur, probablement remanié. Ceux-ci sont certainement beaucoup plus anciens. Pour l'instant, nous ne connaissons pas les auteurs des niveaux du MIS5 ni ceux du Paléolithique supérieur. Pour les préhistoriens de Novossibirsk, ces industries sont à rapprocher des séquences du Proche-Orient et marqueraient une évolution sur place à partir du paléolithique moyen (Derevianko *et al.* 2005). D'autres préhistoriens ont proposé que l'évolution soit plutôt due à des mélanges stratigraphiques (Zwyns, 2014 pour une discussion) et que ces séquences traduisent l'arrivée de deux vagues de groupes humains, les *Néanderthaliens* au plus tard au MIS

4 puis les *Sapiens* à la transition MIS 4/MIS 3, dans une région déjà occupée par les *Dénisoviens*, descendant des *Homo erectus*.

En Mongolie, le site de Tolbor 16 (Zwyns *et al.* 2019) confirme l'expansion vers l'Est du Paléolithique supérieur initial et comble la lacune entre Altaï et Chine du Nord. Situé au Sin Kiang, le site de Luotoshi en Dzoungarie confirme ce peuplement (Derevianko *et al.* 2012).

La présence ancienne de *Sapiens* est affirmée par la découverte en Sibérie, d'un fémur humain malheureusement trouvé isolé à Ust'-Ishim que l'analyse ADN a attribué à un *Sapiens* et qui a été daté autour de 45 000 ans.

En Chine, la situation est plus fragmentaire. Le site de Shuidonggou, découvert par P. Teilhard de Chardin et E. Licent dans les années 1920, a livré des industries mixtes Levallois et laminaires volumétriques entre 40 000 et 30 000 BP, qualifiés de paléolithique supérieur initial, mais qui perdureraient jusqu'au LGM, dans un schéma techno-chronologique qui n'est guère différent de celui de Sibérie, évoqué précédemment. Le paléolithique supérieur ancien est également connu dans plusieurs sites comme la grotte supérieure de Zoukhoudian qui a livré la fameuse sépulture d'*homo sapiens* datée entre 34 000 et 27 000 BP, le site de Xishi (Denfeng) qui a livré une industrie laminaire datée autour de 22 000 BP, et le site de Ma'anshan (Guishou) qui a livré une industrie en matière dure animale datée entre 35 000 et 18 000 BP. Mais il existe aussi parallèlement en Chine du Sud une tradition d'industries sur galets que l'on retrouve en Asie du Sud-est (Hoabinhien et équivalents)

En Sibérie arctique, le site de Yana, localisé à 70° de latitude Nord, est un site de chasse saisonnière daté entre 29 000 et 27 000 BP (Nikolskiy, Pitulko, 2013). Il montre pour la première fois la présence pendant le MIS3 de groupes humains à des latitudes très hautes sur l'ensemble du territoire sibérien, groupes humains qui sont les meilleurs candidats pour la colonisation du continent américain, par la Béringie pendant le MIS3. Cette occupation du vaste espace sibérien est également connu par les célèbres sites de Malta et Buret, datés autour de 24 000 BP, près du la Baïkal, fouillés par M. Guerassimov dans les années 1920-1930, qui ont livré des structures d'habitat, un très riche art mobilier avec notamment des statuettes féminines sculptées en ivoire de mammouth. Le génome séquencé sur les restes humains de l'individu MA-1 de Malta est considéré comme le plus proche des premiers américains (Raghavan *et al.* 2014).

Sundaland et Sahul il y a 50 000 ans

C'est à la fin du MIS 4 ou aux débuts du MIS 3, que s'effectue le premier peuplement de l'Australie. A cette époque, le Sundaland est un vaste continent, qui deviendra à l'Holocène l'archipel indonésien avec la remontée du niveau de l'océan (figure 5). De même, le Sahul (continent australien) s'agrandit en joignant notamment la Nouvelle Guinée et l'île de Tasmanie.

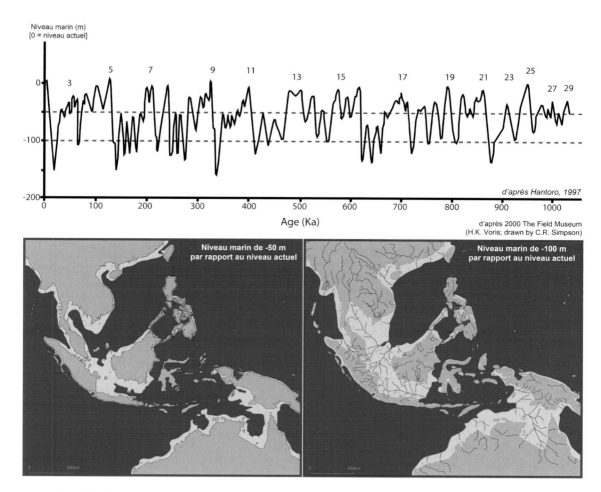

Figure 5. Un nouveau continent apparait en période glaciaire : le Sundaland (évolution des niveaux marins depuis le dernier million d'années)

Les groupes humains profitent alors d'une circonstance exceptionnelle : un climat tempéré et un bas niveau des mers.

Le préhistorien, comme Eugène Dubois à la recherche du chainon manquant au XIXème siècle, s'attend à ce que le Sundaland soit une terre d'accueil des chasseurs-cueilleurs pendant les périodes de maximum glaciaire. Cela est sans doute possible ou probable mais les connaissances que nous en avons aujourd'hui sont encore très fragmentaires. La remontée des eaux aux périodes interglaciaires n'a sans doute pas été favorable à la conservation des sites littoraux qui sont aujourd'hui sous les eaux tronquant significativement la population statistique des peuplements.

L'aventure humaine commença en Sundaland avec un peuplement précoce par *Homo erectus* il y a 500 000 ans. Son dernier descendant, *homo floresiensis*, une forme naine de l'ile de Florès, a disparu il y a au moins 60 0000 ans. Puis *Homo sapiens* arriva. Il est connu dans la grotte de Niah, à Bornéo (« *deep skull* ») il y a environ 50 000 ans (Reynolds *et al.* 2013). C'est sans doute ses congénères qui peuplèrent le Sahul à la même époque. D'autres vestiges humains ont été récemment trouvés, à Sumatra, sur le site de Lida Ajer (Westaway *et al.* 2017), daté vers 68 000 BP, au Laos, sur le site de Tam Pa Ling (Demeter *et al.* 2015) et aux Philippines sur le site de Calao cave (Mijares *et al.* 2010). Les autres restent humains que nous possédons sont plus récents, ils datent des débuts de l'Holocène. Leurs derniers descendants connus sont probablement les Negritos des Iles Andamans, de la péninsule malaise (Semang, Semoï) et des Philippines (Aeta, Ati), et leurs cousins proches de Nouvelle Guinée et d'Australie. Ces populations ont été plus ou moins métissées par des arrivées plus récentes, dont la mieux connue est la population mongoloïde néolithique porteuse du langage austronésien vers 1000 BC.

La culture matérielle des peuplements Sapiens du Sundaland se différentie en deux faciès :

Le Hoabinhien, identifié pour la première fois en 1927 par M. Colani au Tonkin, est une industrie sur galets de rivière dont l'aire de répartition couvre l'ensemble du Sud-est asiatique (Vietnam, Laos, Cambodge, Birmanie, Thaïlande, Malaisie, Sumatra, Chine du Sud (Yunnan, Guangxi, Guangdong)). Cette industrie apparait vers 30 000 BP jusqu'à 5 000 BP et traverse donc les MIS 3, 2 et une partie de l'Holocène, indépendamment des changements climatiques (Forestier *et al.* 2017b). Cette industrie ne connait pas les débitages sur éclat, sur lames et sur lamelles de l'Eurasie et de l'Afrique, ni les grattoirs, les burins ou les pointes, ni l'industrie en matière dure animale. Si l'industrie sur galets a du jouer un rôle fonctionnel important dans le travail du bois végétal, l'industrie en matière dure animale a été remplacée par une industrie en matière végétale, abondante en milieu tropical humide, et en particulier le bambou dont l'aire de répartition recouvre globalement celle du Hoabinhien.

La seconde industrie, dont l'aire de répartition est l'archipel indonésien (sauf Sumatra), est un faciès à grande variabilité sur éclats épais sans procédé de débitage formalisé et le plus souvent sans pointes (industrie de Song Kepek à débitage orthogonal) sauf le Toalien de Sulawesi ou le Sampungien de Java. L'industrie en matière dure animale est par contre riche et diversifiée. Les sites du MIS 3 ayant livré ces industries sont encore rares (Song Keplek, Lang Burung 2) et ne permettent pas la construction d'un cadre chrono-stratigraphique et régional (Forestier *et al.* 2017a). A l'Holocène, la remontée des eaux isole les iles de l'archipel, entrainant sans doute une différentiation qui explique la variabilité de ces industries.

Les routes les plus courtes pour la traversée des bras de mer entre le Sundaland et le Sahul ont été étudiées par de nombreux archéologues. Plusieurs itinéraires ont été mis en évidence, que permet le saut d'îles en îles avec des distances de moins de 30 km, distances praticables par des embarcations de fortune en une journée de navigation (figure 6). L'étude princeps de J. Birdsell (Birdsell, 1977) proposa deux routes avec des sous-routes hypothétiques. La première route (route 1 par le Nord), la plus accessible en termes de distance de franchissement et d'inter-visibilité, est celle qui franchit le détroit de Macassar entre Sundu et Célèbes (l'actuel

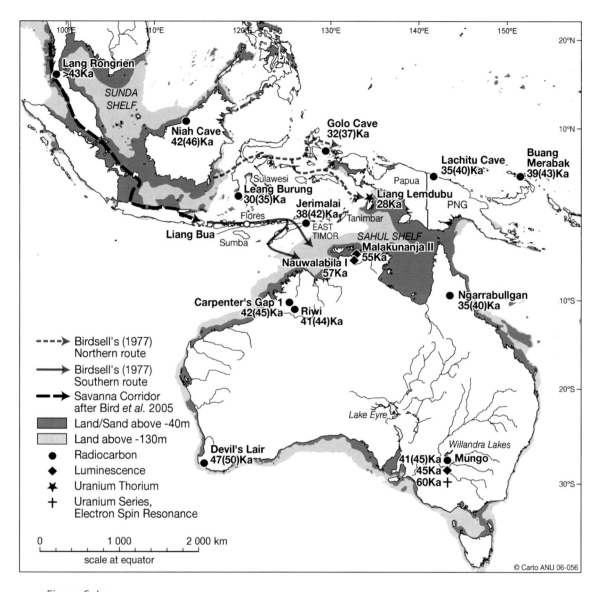

Figure 6. Les routes de navigation pour la traversée du Sundaland vers le Sahul

Sulawesi), puis de proche en proche à travers les iles de l'archipel des Moluques, pour atteindre suivant trois sous-routes (1A, 1B, 1C) la partie nord-ouest du Sahul (Nouvelle-Guinée). Le franchissement maximum en période glaciaire est de l'ordre de 50 km entre les iles Soula et l'ile Obi. La seconde route (route 2 par le Sud) entre Timor et l'Ouest de l'Australie est moins probable par la distance de franchissement supérieur à 100 km et des lacunes d'inter-visibilité. Le peuplement de l'ile de Tasmanie il y a 35 000 ans (Warreen Cave), ile alors rattachée au continent australien, révèle la rapidité de la colonisation de l'Australie. Au Nord, c'est à la même époque que furent franchis les détroits qui séparent du Sahul, la Nouvelle-Bretagne (détroit de Vitjaz, moins de 20 km en période glaciaire), la Nouvelle-Irlande (presque reliée à la Nouvelle- Bretagne en période glaciaire) puis, d'iles en iles par sauts d'une trentaine de kilomètres, jusqu'à l'île de Buka au Nord de l'archipel des Salomon, colonisée il y a 28 000 ans.

Le peuplement de l'Australie a fait l'objet d'études contradictoires : trois vagues de peuplement (Birdsell, Tindale) ou une seule (Larnach, Macintosh). Les études anthropologiques ont souligné l'existence d'un type robuste (Kow Swamp, Talgai, Cohuna, Cossack, Coobool Creek, Willanda lakes n°50, etc.) et d'un type gracile (lac Mungo, lac Tandoo, Keilor, King Island en Tasmanie), dont l'interprétation varie suivant les anthropologues. Les récentes études génétiques sur les populations vivantes (Redd, Stoneking, 1999 ; Hudjashov *et al.* 2007) et fossiles (Adcock *et al.* 2001) soulignent un isolat ancien lié à la remontée du niveau de l'océan et la dérive génétique d'une population d'hommes modernes colonisant le Sahul (Australie et Nouvelle-Guinée), tout en faisant entrevoir la multiplicité des arrivées, pour la première à partir d'environ 60 000 (Adcock *et al.* 2001) ou 45 000 ans (Hiscock, 2008) suivant les auteurs, à la fin du MIS 4 ou au début du MIS 3 ; pour la deuxième vague dans le MIS 2 il y a 20 000 ans (c'est la position de A. Thorne concernant les individus à morphologie crânienne robuste (Kirk, Thorne, 1976)) ; et pour la troisième vague à l'holocène marquée par l'apparition d'un outillage microlithique à pièces à retouche abrupte et l'arrivée du dingo probablement avec les premiers austronésiens (Bellwwod, 1989).

La colonisation des iles pendant le MIS 3

D'autres exemples de peuplement d'iles au MIS 3, profitant du bas niveau de la mer, reliant ces iles au continent, sont connus. C'est le cas notamment de trois iles :

- l'Ile de Formose (Taiwan) connu par les vestiges osseux de l'homme de Zuozhen datés autour de 27 000- 22 000 BP,
- l'Archipel du Japon avec un premier peuplement vers 40 000 -30 000 BP (Paléolithique supérieur I) trouvé sous les cendres de l'éruption du volcan Caldeira d'Aira (figure 5). Deux théories ont été proposées pour l'origine de ce peuplement, la première par le Nord, l'archipel étant relié au continent sibérien, la seconde par le Sud, par un saut d'iles en iles le long de l'archipel Nansei qui relit sur 1 200 km l'île de Taiwan à l'île de Kyushu et qui formait un pont terrestre encore praticable au MIS 3 comme l'indiquent les datations obtenues sur de nombreux sites des iles de cet archipel comprises entre 32 000 et 15 000 BP. Les deux théories ne sont pas exclusives l'une de l'autre et les deux voies de peuplement ont été empruntées. La deuxième théorie est soutenue en outre par les résultats d'une étude génétique sur les haplogroupes.
- Les iles Andamans et Nicobar ont été peuplées par des populations Négritos, actuellement reliques dans ces iles. On ne sait pas

précisément quand elles sont arrivées, mais il est probable que ce soit à la fin du MIS 4 ou au début du MIS 3, à pied sec au moment où ces iles étaient reliées au continent.

Les iles de l'océan indien (Madagascar, Réunion, Maurice, etc.) n'ont été peuplées qu'à l'Holocène. La proximité de l'ile de Ceylan du continent indien est à l'origine d'un peuplement ancien au moins dès le paléolithique moyen et au paléolithique supérieur (Deraniyagala 1998).

Les iles isolées ne sont généralement pas les cibles de prédilection des groupes de chasseurs cueilleurs pléistocènes car elles ne contiennent que des faunes endémiques (mammifères nains, rongeurs et oiseaux géants, absence de prédateurs) qui ne peuvent alimenter un groupe humain sur le cycle annuel sans activer un processus d'extinction comme on a pu l'observer à l'Holocène. C'est ainsi que par exemple plusieurs iles de la méditerranée qui étaient pourtant accessibles (Corse, Sardaigne, Malte, Lampedusa, Crête, etc.) n'ont pas été colonisées au Pléistocène, selon nos connaissances actuelles.

Le peuplement de l'Amérique

La question du peuplement de l'Amérique est un sujet toujours en débat. Les archéologues Nord américains en majorité considèrent toujours que le peuplement de l'Amérique est tardif, caractérisé par les porteurs de la culture de Clovis (du nom de la pointe foliacée de Clovis caractéristique) vers 13 000 BP. Les groupes humains auraient traversé à pied le détroit de Béring alors englacé et pénétré dans le continent entre les glaciers des montagnes rocheuses et l'inlandsis des Laurentides, qui aurait laissé un corridor étroit mais praticable.

Une vingtaine de sites archéologiques ont été publiés comme pré-Clovis depuis les années 1950. La plupart de ces sites ont été contestés pour des raisons variées : datations invalidées, niveaux non anthropiques, problèmes stratigraphiques et remaniements post-dépositionnels. En Amérique du Nord, une dizaine de sites connus ont fourni des dates jusqu'à 30 000 BP : Lewisville (Texas), Meadowcroft (Pensylvanie), Topper (Caroline du Sud), Pendejo (Nouveau-Mexique), Cactus hill (Virginie), Blue Fish (Yukon) (Bourgeon *et al.* 2017). Au Mexique, la grotte de Chiquihuite (Ardelean *et al.* 2020) mais aussi El Cedral, Hueyatlao, Cerro Toluquilla, Baja California indiquent une présence entre 30 000 et 40 000 BP. Au Brésil, le site de Pedra Furada (Boëda *et al.* 2014, Boëda *et al.* 2021) et au Chili, le site de Monteverde (Dillehay *et al.* 2015) confirment la présence humaine à partir de 30 000 BP.

Dans l'état actuel des connaissances, c'est l'hypothèse d'une arrivée vers 40 000 BP, qui est la plus probable. Elle correspond à un passage à sec du détroit de Béring et à un corridor entre Rocheuses et Laurentides plus praticable que vers 13 000 BP. Installés dans la grande plaine d'Amérique du Nord au MIS 3, les groupes humains en sont chassés à l'approche du dernier maximum glaciaire et descendent vers le Sud en Amérique centrale et en Amérique du Sud.

La culture de Clovis ne serait donc alors pas le peuplement initial mais la reconquête du continent nord-américain après le dernier maximum glaciaire quand l'inlandsis des Laurentides recule progressivement à la fin de la période glaciaire. De nouvelles datations de sites nord-américains montrent une remontée dès 14 000-15 000 BP de sites pré-Clovis (Becerra-Valdivia *et al.* 2020). La difficulté de trouver les sites datés d'avant le LGM peut s'expliquer par l'avancée considérable de l'inlandsis des Laurentides qui recouvre la plus grande partie du continent nord-américain et qui a détruit les sites de plein air préexistants.

Les innovations du MIS 3

Le MIS 3 voit un changement drastique dans la culture matérielle, qui pourrait être considérée comme une révolution dans l'histoire de l'humanité au même titre que la révolution néolithique ou la révolution industrielle. Ce changement survient de façon quasiment synchrone en Afrique, en Europe et en Asie.

Plusieurs de ces inventions technologiques sont apparues plus tôt, au MIS 5, il y a 100 000 ans, au cours d'un grand interglaciaire. Au cours de la glaciation su MIS 4, les groupes humains les ont abandonnées. Elles réapparaitront au MIS 3 et résisteront cette fois au retour glaciaire du MIS 2 et au dernier maximum glaciaire.

L'industrie lithique joue un rôle majeur dans la technologie des débuts de l'Humanité, jusqu'à l'invention de la métallurgie. Le mode 1 (chopper, chopping-tool) correspond à l'invention du tranchant, indispensable pour couper, trancher et scier aussi bien la matière animale (carcasse) que végétale (bois) ; il est obtenu en cassant un galet de rivière facile à se procurer. Cette industrie du plus ancien paléolithique inférieur se perpétue en zone tropicale humide jusqu'à l'Holocène avec le Hoabinhien en Asie du Sud-est (mais aussi à Pedra Furada au Brésil vers 24 000 BP). Le mode 2 invente le biface, artefact dont le génie est d'être à la fois nucléus et outil à tout faire. Les éclats extraits du biface servent à couper (dépeçage) tandis que la pointe du biface sert de pointe d'épieu et ses côtés de tranchant. Il est l'outil idéal pour des groupes humains mobiles *d'homo erectus* des stades climatiques chauds et humides qui les premiers ont fait la conquête du monde (sauf l'Amérique et l'Australie). Le grand épisode glaciaire des stades isotopiques 8 à 6 voient l'invention de nombreuses techniques de débitage produisant des éclats de forme plus ou moins bien standardisée dont la plus aboutie est la technique Levallois qui peut produire des éclats laminaires et même des lames. Dans les épisodes interglaciaires, les groupes humains deviennent plus mobiles et le Levallois se développe, comme au MIS 5 (à l'origine du terme Levalloisien parfois toujours employé), tandis que dans les épisodes de maximum glaciaire, il se raréfie jusqu'à disparaitre comme en plein MIS 4. Il réapparait à la fin du MIS 4 et se développe dans les débuts du MIS 3. Le débitage laminaire volumique apparait au MIS 5 dans les industries du paléolithique moyen en Europe et au Proche-Orient (et peut-être encore plus tôt au MIS 11 en Afrique de l'Est et au Proche-Orient avec le pré-Aurignacien de Yabroud) et il disparait au MIS 4. Le besoin de supports plus laminaires réapparait aux débuts du MIS 3 avec l'amélioration climatique et ils s'obtiennent avec une technique Levallois laminaire (Boker Tachtit, Bohunicien, Kréménicien) et avec une technique volumique prismatique. Le débitage lamellaire apparait simultanément et même plus précocement que le débitage laminaire qui s'épanouira rapidement dès l'Aurignacien avec l'usage d'un percuteur tendre sur du silex de bonne qualité. Le débitage lamellaire apparait ponctuellement dans le MIS 4 (Néronien de la vallée du Rhône qui pourrait alors marquer l'arrivée la plus précoce d'homo sapiens en Europe et MSA africain).

Le passage du chopper au biface, puis au débitage d'éclat discoïde et Levallois, puis au débitage volumique laminaire et lamellaire ne se fait pas par des sauts cognitifs majeurs mais comme le résultat d'hasards heureux assez élémentaires (Djindjian, 2014b). Dans la variabilité de l'industrie lithique des sociétés préhistoriques, plusieurs processus entrent en jeu, comme la légèreté du support lié à la mobilité (biface, lame, lamelle) elle-même liée à la superficie des territoires de déplacements, la productivité de la taille (nombre de supports obtenus à partir d'un rognon de silex de volume donné), une solution fonctionnelle à des besoins liés à l'environnement et à l'économie, l'invention d'outils et de procédés de percussion et la qualité et la richesse de l'approvisionnement en matières premières. Le modèle d'évolutionnisme technologique, comme l'avait proposé G. de Mortillet au XIXème siècle, qui plus est associé avec un type anthropologique, ne correspond plus à la réalité observée aujourd'hui par les archéologues. Cette réalité est plus complexe. Entre en jeu, également par substitution, la disponibilité d'autres matériaux comme la matière dure animale (ivoire, bois de cervidés, os, corne) et végétale (bois, bambou) qui sont des alternatives au silex, et avec laquelle il alterne dans la fabrication des pointes. La variété des activités cynégétiques, qui dépendent de l'environnement (steppe froide, savane, forêt, steppe-forêt), et des espèces animales chassées (troupeaux migrateurs, espèces grégaires), influe sur l'arsenal des armes de chasse (épieu, javelot, propulseur, arc, pièges, filets). Enfin, le rôle de la cueillette dans la diète des groupes humains, qui est quasiment inconnu de l'archéologue, s'intensifie dans les régions de basse latitude (climat méditerranéen, climat tropical humide, etc.) et le végétal intervient dans l'inventaire de l'outillage des sociétés préhistoriques. Cependant, au MIS 3, l'usage du débitage volumique prismatique pour la production de lames et de lamelles devient la technique de débitage dominante sinon exclusive. L'abandon de la technique Levallois est alors très rapide voire immédiat (paléolithique supérieur européen, Aurignacien du Levant), ou progressive (comme dans le LSA ancien en Afrique, les industries « microlithiques » asiatiques, certaines industries du paléolithique supérieur ancien d'Europe orientale, l'Emiréen du Levant ou le Paléolithique supérieur initial de Sibérie et d'Asie centrale) posant toujours la question d'éventuels mélanges avec les niveaux du paléolithique moyen sous-jacents ou de faciès ayant conjointement utilisé les deux techniques de débitage pour un temps plus ou moins long.

L'apparition d'une industrie en matières dures animales (ivoire, os, bois de cervidés pour celles qui se fossilisent) est cette fois une invention indiscutable des groupes humains du MIS 3. Certes, dans des régions où le climat du MIS 4 leur était plus favorable, cette industrie est apparue plus tôt comme en Afrique australe dans le MSA récent (cf. supra). La matière dure animale est utilisée pour la fabrication d'armes de jet (pointes de sagaies, harpons), d'outils (marteaux, pics, perçoirs, lissoirs, aiguilles à chas), d'objets de parure (perles en ivoire, dents, coquillages). Il faut également signaler les artefacts fabriqués dans des matériaux périssables comme la corne, la peau, la fourrure et la laine animale, le bois végétal, la fibre végétale (vannerie, tissus), qui ne sont découverts que dans des conditions exceptionnelles de conservation (milieu gorgé d'eau, désert, glace). Cette industrie ne cessera de se développer sous climat tempéré et humide, et notamment à l'Holocène.

Les objets de parure apparaissent également au MIS 3. En Europe, l'Aurignacien est particulièrement riche en objets de parure : coquillages percés, dents percées ou rainurées, perles, pendentifs en os et en ivoire. Les sépultures de Sungir, désormais les plus anciennes datées du paléolithique supérieur en Europe, mettent en évidence un spectaculaire développement des objets de parure et de la décoration des vêtements par des milliers de perles en ivoire (Iakovleva, 2017). Les débats sur l'apparition plus précoce des objets de parure et d'une industrie en matière dure animale dans le Châtelperronien semblent confirmer la précocité à la grotte du renne à Arcy-sur Cure (Julien *et al.* 2019) et à Quincay. Une industrie osseuse rare est présente dans l'Uluzzien. Une industrie osseuse et des objets de parure sont indiscutablement présents en Europe orientale dans les niveaux les plus anciens de Kostienki (Sinitsyn, 2010), dans le Spitsynien de Kostienki 17 (niveau 2) et dans le niveau aurignacien de Kostienki 14 (niveau 4b). Objets de parure et industrie osseuse apparaissent plus tôt dans le MSA d'Afrique australe et d'Afrique de l'Est au MIS 4, mais aussi un premier art géométrique sur des fragments de coquilles d'œufs d'autruche et l'usage de l'ocre, indiquant probablement ainsi que la cause de cette innovation est plus à rechercher dans l'environnement que dans le type humain.

L'art paléolithique apparait indiscutablement en Europe dès l'Aurignacien ancien sous la forme d'un art mobilier, d'un art peint sur les parois des habitats en abri-sous-roche (abri Castanet en Dordogne), et d'un art peint et gravé en grotte profonde (dont la plus célèbre est la grotte Chauvet en Ardèche). Récemment des datations par la technique de l'Uranium-Thorium sur la calcite recouvrant les peintures dans les grottes ont donné des dates plus anciennes qui vieilliraient certaines peintures au paléolithique moyen (et dont l'auteur serait donc *Neandertal*). Ces datations ont été remises en cause par 44 spécialistes de l'art préhistorique européen (White *et al.* 2019 et pour une réponse : Hoffmann *et al.* 2020). Il est vrai que les conditions d'application de la méthode U-Th nécessitent un système fermé ce qui ne serait pas le cas d'un écoulement d'eau sur les parois d'un karst et sur des spéléothèmes plus anciens, pouvant expliquer à la fois la variabilité des dates obtenues pour une même figure et leur vieillissement.

Un art pariétal paléolithique est connu dans de nombreuses régions du monde, notamment en Afrique australe, en Afrique orientale et en Sundaland. Récemment, la même méthode Uranium-Thorium a été utilisée pour dater des peintures de sanglier et des mains négatives dans l'ile de Sulawesi et fourni une grande variabilité de dates dont une date de 45 500 a été médiatisée (Brumm *et al.* 2021). Dans ce cas également, la validité de ces dates pose problème, car ces peintures à Sulawesi comme à Bornéo étaient jusqu'à présent mise en relation avec des niveaux archéologiques plus récents.

Les structures d'habitat des sites du MIS 3 sont constituées de foyers, zones d'activités, zones de dépeçage, dépotoirs, fosses, et parfois de vestiges d'habitation (cabanes) dont l'identification est souvent délicate. Au MIS 3, les structures d'habitat trouvées dans les niveaux archéologiques sont fréquentes. Ce n'est pas le cas des cabanes qui restent encore aujourd'hui des vestiges rares, à la reconstitution d'autant plus difficile que leur construction a employé des matériaux périssables (bois, feuillages, terre) ou démontables (perches, peaux). Evénement dans les années 1960 suite aux travaux d'A. Leroi-Gourhan dans le bassin parisien qui était inspiré par les fouilles des archéologues soviétiques entre les deux guerres, la révision critique des structures d'habitats publiées depuis cinquante ans doit faire la part entre l'imagination créatrice et enthousiaste des archéologues et la réalité de l'enregistrement des données spatiales. C'est ainsi qu'il faut contester l'existence de cabanes au paléolithique inférieur, au paléolithique moyen et au châtelperronien. Nous n'avons pas non plus de structures d'habitats à l'Aurignacien, sauf sur le site de Climauti 2 en Roumanie, malheureusement découverte et démontée dans le cadre d'une fouille de sauvetage (Chirica *et al.* 1996). Les premières structures indiscutables apparaissent dans le Gravettien, au MIS 2 (Djindjian, 2012b).

La multiplication des résultats sur la saisonnalité des sites, l'identification des gîtes de matière première, l'archéozoologie des sites spécialisés dans une chasse saisonnière révèlent progressivement les déplacements des groupes humains et en corollaire l'exploitation dans le cycle annuel d'un territoire de plus ou moins grande superficie qui connait au paléolithique moyen et supérieur des modes variés (Djindjian, 2014a). Il faut en effet rappeler qu'un groupe de chasseurs-cueilleurs, estimé à une trentaine de personnes fait partie d'un réseau de groupes qui se croisent et se rencontrent au cours de leurs déplacements sur des sites de chasse (passages de gué au temps des migrations saisonnières des troupeaux), sur les gîtes d'approvisionnement en matière première, et qui échangent, non pas des objets comme plus tard au Néolithique, mais des savoirs et des fiancés, processus qui est à l'origine de l'identité de leur culture matérielle au paléolithique supérieur.

Les résultats des recherches montrent que les groupes du paléolithique moyen au MIS 4 ont des déplacements pour des approvisionnements à courte distance de matériau de qualité variable à l'intérieur d'un territoire de 1 000 km^2 environ, ce qui entraine une faible mobilité, moins de rencontres avec les autres groupes, une forte variabilité de la culture matérielle et une démographie basse (0,007 h/km^2). Les conditions climatiques des débuts du MIS 3 sont favorables à un décloisonnement géographique des territoires, déclenchant un processus qui marque une plus grande mobilité des groupes humains sur un territoire plus vaste de déplacements, l'approvisionnement à longue distance sur des affleurements de silex de qualité (et l'abandon des autres matières premières lithiques) et une plus grande variété dans la gestion des ressources alimentaires dans le cycle annuel. En corollaire, la démographie augmente jusqu'à atteindre 0,035 h/km^2. Ce processus démarre encore lentement en Europe à la fin du MIS 4 et au début du MIS 3 avec la dynamique marquant la fin du paléolithique moyen, puis avec l'apparition des industries « de transition » dont la mosaïque géographique sur l'ensemble du territoire européen marque les débuts d'une territorialité encore empreinte de cloisonnements géographiques. L'Aurignacien ancien à partir de 35 000 BP marque le résultat spectaculaire d'un processus d'uniformisation de la culture matérielle de l'Atlantique à l'Asie centrale, qui s'explique par le contact de proche en proche et l'interfonctionnement de groupes humains qui se déplacent sur des territoires qui peuvent atteindre jusqu'à 500 000 km^2. La question est alors posée de savoir si cette révolution est de nature systémique (c'est-à-dire indépendante du type humain) ou de nature anthropologique (c'est-à-dire liée à l'arrivée de « l'homme moderne »), question que nous allons développer dans le prochain paragraphe.

Discussion et conclusions

Avec le réchauffement du MIS 3, le peuplement du monde par *Homo sapiens*, quelque soit son origine, achève celui commencée par *Homo erectus* et ses successeurs pendant les grand épisodes interglaciaires précédent le stade isotopique 8. L'Amérique et l'Australie connaissent leurs premiers peuplements.

Alors qu'en Europe, le climat glaciaire du MIS 4 a des conséquences drastiques sur la survie des groupes néanderthaliens, les forçant à abandonner une partie du territoire européen ou à émigrer vers le Proche-Orient, en Afrique australe, le climat plus favorable permet un développement d'un peuplement MSA récent où apparaissent de nombreuses innovations, qui anticipent celles du paléolithique supérieur eurasiatique.

Le schéma évolutif de la culture matérielle, cependant, quelque soit le type humain, *Neandertal ou Sapiens* (« homme moderne »), présente des similitudes, mais qui se déclinent différemment suivant les latitudes et qui montre bien l'importance de l'environnement et du climat dans ces différences.

Pour les similitudes, le développement des pièces foliacées et le retour du débitage Levallois en fin de MIS 4 et au début de MIS 3, l'émergence d'un débitage volumique lamellaire (Afrique, Asie, Europe, Proche-Orient) et laminaire quand la disponibilité d'une matière première de qualité le permet (Europe, Proche-Orient), l'uniformisation de la culture matérielle (Aurignacien en Europe et au Proche-Orient ; Hoabinhien en Asie du Sud-est, industries « microlithiques » dans le LSA africain et en Asie du Sud).

L'apparition d'une industrie en matière dure animale, des objets de parure, de l'ocre, d'un art mobilier et pariétal, qu'accompagne la généralisation d'un débitage lamellaire et laminaire, constitue une révolution technique dans l'histoire de l'Humanité. Ces innovations sont globalement synchrones, aux différences soulignées ci-dessus, ou se sont rapidement répandues sur la surface du globe.

Dans toutes les régions qui ont été précédemment étudiées, la question a été posée par les archéologues d'une transition autochtone à partir des industries du paléolithique moyen ou bien l'arrivée d'une nouvelle population, en l'occurrence celle de « l'homme moderne ». La remontée dans le temps joue ici un rôle critique, car la région où la transition sera la plus ancienne sera forcément le point d'origine de la migration de l'homme moderne, les extrémités de continents (Afrique Australe, Europe) exceptées. Les techniques de datations complexifient la solution de la question car la période de temps 60 000 – 30 000 BP est à la limite de la méthode radiocarbone, en outre sensible aux pollutions de carbone récent non éliminées, qui doivent être relayées par d'autres techniques de datations, comme l'OSL qui date le sédiment et la thermoluminescence ou l'ESR, mais qui sont moins précises même si leur fiabilité s'est améliorée.

Par contre, pour les paléogénéticiens, l'arrivée d'une nouvelle population est une certitude. Et l'Afrique est le candidat déjà retenu et il ne resterait plus donc qu'à décliner les scénarios « *Out of Africa* » mais lesquels ? Il ne reste par défaut qu'un seul scénario, celui de l'arrivée en Méditerranée en descendant la vallée du Nil. Cependant cinquante années de recherches de plusieurs équipes internationales en Egypte n'ont pas réussi à reconstituer un cadre chronostratigraphique précis qui permettrait d'identifier les industries ayant un lien avec celles du Levant. L'Afrique du Nord, en fait seul le site d'Haua Fteah avec le Dabbéen, ne semblent pas offrir, malgré des études de la culture matérielle qui demandent à être révisées, de relations avec le Levant.

Les anthropologues se partagent en deux écoles ; la première voit, en accord avec les paléogénéticiens, l'arrivée d'un homme moderne remplacer *Neandertal* en Eurasie ; la seconde voit dans les vestiges humains des débuts du MIS 3 des archaïsmes qui seraient la manifestation d'une hybridation entre *Neandertal* et *Sapiens.*

Les archéologues, qui ne sont pas seulement des spécialistes de la culture matérielle mais qui cherchent à reconstituer les systèmes de chasseurs-cueilleurs dans toute leur complexité, ont abandonné dans les années 1990 le modèle caricatural « *Sapiens*= PS et *Neandertal* = PM ». Ils se partagent entre deux approches ; la première approche cherche la culture matérielle dont l'auteur serait l'homme moderne ; la seconde approche considère qu'il n'y a pas de relation entre la culture matérielle et le type humain. Les changements de culture matérielle ne seraient pas dus à un changement de type humain mais à des changements systémiques dont le changement climatique du MIS 3 est une des causes. Les migrations de groupes humains seraient un autre processus, mais qui sont aussi liés à des changements climatiques (expansions, zones refuges, colonisations) glaciaires et interglaciaires.

Scénario 1 Début MIS 3

Le scénario de la migration de l'« homme moderne » depuis le Proche-Orient vers l'Europe au début du MIS 3 est le scénario le plus souvent évoqué. Mais, avec l'amélioration des techniques de datations absolues, son auteur présumé remonte dans le temps : Aurignacien ancien (34 000 BP), puis Protoaurignacien (38 000 BP), puis Bohunicien/Boker Tachtit alias IUP (48 000 BP). La migration vers l'Est : l'Asie centrale, la Sibérie et la Chine serait également le résultat des auteurs de l'industrie IUP.

La date d'arrivée des premiers groupes humains en Australie fixe un *ante quem* encore imprécis entre 60 000 et 45 000 ans suivant les auteurs. Et la fin du MIS 4 vers 57 000 BP fixe un *post quem.* Dans ce scénario, la colonisation aurait donc été extrêmement rapide entre L'Afrique et/ou le Proche-Orient et le Sahul. Car une alternative à la voie du Nil pourrait être la corne de l'Afrique, la mer rouge et la péninsule arabique vers l'Inde et l'Asie du Sud-est.

Scénario 2 MIS 5

Les vestiges humains d'*Homo Sapiens* archaïques datés du MIS 5 au Levant (Skuhl, Qafseh) prouvent leur présence il y a 100 000 ans au Proche-Orient, auteurs d'une industrie du paléolithique moyen. Au MIS 4, leurs vestiges humains n'y ont pas été découverts. Par contre, l'émigration de *Neandertal* en provenance d'Europe au MIS 4 au Proche-Orient et jusqu'en Sibérie est confirmée, L'absence de vestiges d'*Homo Sapiens* archaïques au MIS 4 et la fabrication par les deux *Homo* d'une même industrie du paléolithique moyen nous masquent la compréhension précise de ce processus. Y a-t-il eu au MIS 4 au Proche-Orient, une hybridation entre *homo sapiens* archaïque et *Neandertal* ? L'indétermination du maxillaire d'« Ethelruda » à Ksar Akil (cf. supra) serait, à ce titre, particulièrement instructive. La migration vers l'Europe au début du MIS 3 serait alors le fait non pas d'un *homo sapiens* archaïque mais déjà d'une population hybride venue du Levant. Le changement de culture matérielle entre le paléolithique moyen et le paléolithique supérieur serait alors déconnecté des migrations de population et son processus serait lié à un changement progressif (il dure environ dix mille ans) dans le système de fonctionnement des réseaux de groupes de chasseurs-cueilleurs, et pour lequel l'environnement climatique favorable des débuts du MIS 3 aurait joué un rôle d'accélérateur.

A quel moment, les migrations vers l'Asie centrale pourraient-elles avoir débuté ? Le scénario du MIS 5 est aussi crédible que celui du MIS 3, car l'environnement de l'Asie centrale et de la Sibérie y a été plus favorable qu'au MIS 3. Un Neandertal y est connu au MIS 4, comme au Levant. L'auteur des industries du MIS 5 n'y est pas connu : *Neandertal* ou *Sapiens* ?

A quel moment, les migrations vers l'Asie du Sud et l'Asie du Sud-est pourraient-elles avoir débuté ? L'aridité du MIS 4, qui entraine une expansion des zones désertiques, est un frein pour la circulation des groupes humains dans la péninsule arabique, le sud de l'Iran et le désert de Thar qui verrouille l'entrée du sous-continent indien. Ces difficultés sont moindres à au MIS 5. En outre, une migration dès le MIS 5 rend plus compatible la chronologie de la migration jusqu'en Sahul.

Scénario 3 Vagues multiples

Les données actuelles n'empêchent pas de considérer les deux scénarios simultanément, avec une colonisation en plusieurs vagues au MIS 5 et au début du MIS 3.

Ainsi, paradoxalement, une des clés de la compréhension de ces processus de changements au début du MIS 3 est une meilleure connaissance des peuplements du grand interglaciaire du MIS 5. Pourquoi les innovations technologiques du MIS 5 n'ont-elles pas perduré dans le MIS 4. ? Pourquoi l'industrie en matière dure animale, les objets de parure et l'art ne sont ils pas, comme le débitage laminaire, une innovation du MIS 5 ?

Une autre clé de compréhension est l'intégration et la mise en cohérence des travaux des différentes approches scientifiques : ceux des archéologues de la culture matérielle, ceux des anthropologues physiques, ceux des généticiens et ceux des laboratoires de datations absolues, oubliant quelque peu les archéologues qui effectuent les fouilles et sont au premier chef les responsables des stratigraphies, de l'intégrité des niveaux archéologiques et des artefacts qui en sont issus. Il faut malheureusement constater que chacun développe ses modèles sans trop se préoccuper des autres, rendant particulièrement difficile les tentatives de synthèses dont seules les relevés des incohérences peuvent faire progresser la recherche scientifique.

Bibliographie

Afrique du Nord et Egypte

Garcea E. 2009. L'adaptation atérienne entre sources d'eau et sécheresse. *Africa*, LXIV, 3-4, 2009, p. 412-421

Leplongeon A., Pleurdeau D. 2011. The Upper Palaeolithic Lithic Industry of Nazlet Khater 4 (Egypt): Implications for the Stone Age/Palaeolithic of Northeastern Africa. *Afr. Archaeol. Rev.* (2011), 28, p.213–236

McBurney C.M.B. 1967. *The Haua Fteah (Cyrenaica) and the Stone Age in the South-East Mediterranean.* Cambridge, Cambridge University Press, 1967

Midant-Reynes B., 1992. *Préhistoire de l'Egypte.* Paris, Armand Colin

Olivieri A., Achilli A., Pala M., Battaglia V., Fornarino S., Al- Zahery N., Scozzari R. *et al.* 2006. The mtDNA legacy of the Levantine early Upper Paleolithic in Africa. *Science* 314, p.1767–1770.

Tryon C. A., 2015. L'Aurignacien vu de l'Afrique, in « White R., Bourrillon R. (dir.) Aurignacian Genius : art, technologie et société des premiers hommes modernes en Europe », *P@lethnologie*, 7, p.19-33.

Wendorf F. 1968. *The palaeolithic of the lower Nile valley*, (2 vol.), Dallas, Southern Methodist University Press

Wendorf, F., Schild, R. 1976. *Prehistory of the Nile Valley. Studies in archaeology.* New York, Academic.

Wendorf S., Schild R. 1986. *The Wadi Kubbaniya Skeleton: A Late Paleolithic Burial from Southern Egypt.* In "The Prehistory of Wadi Kubbaniya, Vol. 1, A. E. Close, ed." Dallas, Southern Methodist University Press

Wendorf S., Schild R. 1986. *The Wadi Kubbaniya Skeleton: A Late Paleolithic Burial from Southern Egypt.* In "The Prehistory of Wadi Kubbaniya, Vol. 1, A. E. Close, ed." Dallas, Southern Methodist University Press

Vermeersch, P. M. (Ed.) 2002. *Palaeolithic quarrying sites in Upper and Middle Egypt. Egyptian prehistory monographs.* Leuven, Leuven University Press.

Vermeersch, P. M. (Ed.). 2000. *Palaeolithic living sites in Upper and Middle Egypt. Egyptian prehistory monographs.* Leuven, Leuven University Press.

Vermeersch P., Van Per P. 1988. The early upper palaeolithic in Egypt. In "*The Early Upper Palaeolithic Evidence from the Europe and the Near East*, Hoffecker J.F. & Wolf C.A." BAR intern series, 437, p.1-22

Afrique Orientale

Ambrose S.H. 1998. Chronology of the Later Stone Age and Food Production in East Africa. *Journal of Archaeological Science* (1998) 25, p.377–392

Biittner K. M., Sawchuk E. A., Miller J. M., Werner J. J., Bushozi P. M., Willoughby P. R. 2017. Excavations at Mlambalasi Rockshelter: a Terminal Pleistocene to Recent Iron Age Record in Southern Tanzania. *Afr. Archaeol. Rev.* (2017) 34, p.275–295

Brandt S.A., Fisher E.C., Hildebrand E.A., Vogelsang R., Ambrose S.H., Lesur J., Wang H. 2012. Early MIS 3 occupation of Mochena Borago Rockshelter, Southwest Ethiopian Highlands: Implications for Late Pleistocene archaeology, palaeoenvironments and modern human dispersals. *Quaternary International* 274 (2012), 38e54

Clark J.D., 1954. *The Prehistoric Cultures of the Horn of Africa: an analysis of the Stone Age cultural and climatic succession in the Somalilands and eastern parts of Abyssinia.* Cambridge, Cambridge, at the University Press, 1954.

D'Errico F., Martí A.P., Shipton C., Le Vraux E., Ndiema E., et al.. 2020. Trajectories of cultural innovation from the Middle to Later Stone Age in Eastern Africa: Personal ornaments, bone artifacts, and ocher from Panga ya Saidi, Kenya. *Journal of Human Evolution*, 2020, 141, p.102737.

Duller G.A., Tooth S., Barham L., Tsukamoto S. 2015. New investigations at Kalambo Falls, Zambia: Luminescence chronology, site formation, and archaeological significance. *Journal of Human Evolution* 85 (2015) 111e125

Gliganic, L.A., Jacobs, Z., Roberts, R.G., Domínguez-Rodrigo, M., Mabulla, A.Z.P., 2012. New ages for Middle and Later Stone Age deposits at Mumba rockshelter, Tanzania: Optically stimulated luminescence dating of quartz and feldspar grains. *Journal of Human Evolution*, 62, p. 533-547.

Grove M, Blinkhorn J. 2020. Neural networks differentiate between Middle and Later Stone Age lithic assemblages in eastern Africa. *PLoS ONE* 15(8), e0237528

Gutherz G., Diaz A., Ménard C., Bon F., Douze K., Léa V., Lesur J., Sordoillet D., 2014. The Hargeisan revisited: Lithic industries from shelter 7 of Laas Geel, Somaliland and the transition between the Middle and Late Stone Age in the Horn of Africa. *Quaternary International*, 343 (2014) 69e84

Okeny C.K., Kyazike E., Gumoshabe G. 2020. Critical analysis of archaeological research trends in Uganda: 1920-2018. *African Journal of History and Culture*, 12(1), p.14-27, DOI: 10.5897/AJHC2019.0459

Pleurdeau D., Hovers E., Assefa Z., Asrat A., Pearson O., Jean-Jacques Bahain J.J., Lam Y.M. 2014. Cultural change or continuity in the late MSA/Early LSA of southeastern Ethiopia ? The site of Goda Buticha, Dire Dawa area, *Quaternary International* 343 (2014), p.117-135

Prendergast M.E., Luque L., Domínguez-Rodrigo M.D., Diez-Martín F., Mabulla A.Z.P., Rebeca Barba R. 2007. New Excavations at Mumba Rockshelter, Tanzania. *Journal of African Archaeology*, 5 (2) 2007, p.217-243, DOI: 10.3213/1612-1651-10093

Tryon Ch., Lewis J.E, Ranhorn K.L., Kwekason A., Alex B., Laird M.F., Marean C.W., Niespolo E., Nivens J., Mabulla A.Z.P. 2018. Middle and Later Stone Age chronology of Kisese II rockshelter (UNESCO World Heritage Kondoa Rock-Art Sites), Tanzania. *PLoS ONE,* 13(2), e0192029.

AFRIQUE AUSTRALE

Jacobs Z., Roberts R.G., Galbraith R.F., Deacon H.J., Grün R., Mackay A., Mitchell P., Vogelsang R., Wadley L. 2008. Ages for the Middle Stone Age of Southern Africa: Implications for Human Behavior and Dispersal. *Science* 322, 733 (2008) DOI: 10.1126/science.1162219

Mackay A. 2011. Nature and significance of the Howiesons Poort to post-Howiesons Poort transition at Klein Kliphuis rockshelter, South Africa. *Journal of Archaeological Science,* 38 (2011) 1430e1440

Robbins L.H., Murphy M.L, Brook G., Ivester A. 2000. Archaeology, Palaeoenvironment, and Chronology of the Tsodilo Hills White Paintings Rock Shelter, Northwest Kalahari Desert, Botswana. *Journal of Archaeological Science* 27 (11), 1085-1113

Robbins L.H., Brook G.A, Murphy M.L., Ivester A.H., Campbell A.C. 2016. The Kalahari during MIS 6-2 (190–120 ka): Archaeology, Paleoenvironment, and Population Dynamics. In "Stewart B.A, Jones S.C edts 2016. *Africa from MIS 6-2*" Springer Netherlands, chap.10

Soriano S, Villa P, Delagnes A, Degano I, Pollarolo L, Lucejko JJ, et al. 2015. The Still Bay and Howiesons Poort at Sibudu and Blombos: Understanding Middle Stone Age Technologies. *PLoS ONE* 10(7): e0131127. doi:10.1371/journal.pone.0131127

Villa P., Soriano S., Tsanova T., Deganof I., Higham T., d'Errico F. et al. 2012. Border Cave and the beginning of the Later Stone Age in South Africa. *PNAS*, 109, 33, 13208-13213

Vogelsang R., Richter J., Jacobs Z., Eichhorn B., Linseele V., Roberts R.G. 2010. New Excavations of Middle Stone Age Deposits at Apollo 11 Rockshelter, Namibia: Stratigraphy, Archaeology, Chronology and Past Environments *Journal of African Archaeology*, DOI: 10.3213/1612-1651-10170

Wadley L. 2005. A typological study of the final Middle Stone Age stone tools From Sibudu Cave, Kwazulu-Natal. *South African Archaeological Bulletin* 60 (182): 51–63, 2005

Proche-Orient

Alex B., Barzilai O., Hershkovitz I., Marder O., Berna F., Caracuta V., Abulafia, T., Davis L., Goldberger M., Lavi R., Mintz E., Regev L., Bar-Yosef Mayer D., Tejero J.M., Yeshurun R., Ayalon A., Bar-Matthews M., Yasur G., Frumkin A., Latimer B., Hans M. , Boaretto E. 2017. Radiocarbon chronology of Manot Cave, Israel and Upper Paleolithic dispersals. *Science Advances*, 2017; 3: e1701450

Bailey SE, Weaver TD, Hublin J-J. 2009. Who made the Aurignacian and other early Upper Paleolithic industries? *Journal of Human Evolution*, 57(1), p.11–26.

Bar-Yosef, O., B. Vandermeersch, B. et al. 1991. *Le squelette moustérien de Kébara 2*, Paris, CNRS, Cahiers de Paléoanthropologie, 197 p.

Bar-Yosef, O., B. Vandermeersch, B. Arensburg, A. Belfer-Cohen, P. Goldberg, H. Laville, L. Meignen, et al. 1992. The Excavations in Kebara Cave, Mt. Carmel. *Current Anthropology* 33 (5) (December), p. 497-551

Bar-Yosef O., Meignen L. 2001. The Chronology of the Levantine Middle Palaeolithic Period in Retrospect *Bull. et Mém. de la Société d'Anthropologie de Paris*, n.s., 13, 2001, 3-4, p.269-289

Belfer-Cohen A., Goring-Morris N. 2003. chapter 1. Current Issues in Levantine Upper Palaeolithic Research In *"More Than Meets The Eye. Studies on Upper Palaeolithic Diversity in the Near East*, A. Nigel Goring-Morris and Anna Belfer-Cohen, Editors" Oxford: Oxbow Books, 2003.

Bergman C.A., Stringer C. B. 1989. Fifty years after: Egbert, an early Upper Palaeolithic juvenile from Ksar Akil, Lebanon. *Paléorient*, 1989, 15, 2. p.99-111

Boaretto, E., Hernandez M., Goder-Goldberger M., Aldeias V., Regev L., Caracuta V., McPherron S.P., Hublin J.J., Weiner S., Barzilai O. 2021. The absolute chronology of Boker Tachtit (Israel) and implications for the Middle to Upper Paleolithic transition in the Levant *PNAS*, 2021, 118, 25 e2014657118

Boëda E., Bonilauri S. 2006. The Intermediate Paleolithic: The first bladelet production 40,000 years ago. *Anthropologie,* 44, 1, p.75-92

Bon F. 2002. *L'Aurignacien entre mer et océan.* Réflexion sur l'unité des phases anciennes de l'Aurignacien dans le sud de la France. Paris, Société Préhistorique Française, (Mémoire, 29).

Bosch M., A. Mannino M,. Prendergast A.L., O'Connell T., Demarchi B., Sheila M. Taylor S., Laura Niven L., van der Plicht J., Hublin JJ. 2015. New chronology for Ksâr 'Akil (Lebanon) supports Levantine route of modern human dispersal into Europe. *PNAS*, 2015, 112, 25, p.7683–7688

Douka K, Bergman CA, Hedges REM, Wesselingh FP, Higham TF. 2013. Chronology of Ksar Akil (Lebanon) and implications for the colonization of Europe by anatomically modern humans. *PLoS ONE,* 8(9), e72931.

Douka K., Higham T.F.G., Bergman C.A. 2018. Statistical and archaeological errors invalidate the proposed chronology for the site of Ksar Akil. *PNAS*, 12015, 12 (51) E7034

Gilead, I., 1991. The upper Paleolithic period in the Levant. *Journal of World Prehistory,* 5, p.105-154.

Groucutt H., White T., Balzan L.C., Parton A., Crassard E., et al.. 2015. Human occupation of the Arabian Empty Quarter during MIS 5: evidence from Mundafan Al-Buhayrah, Saudi Arabia. *Quaternary Science Reviews*, Elsevier, 2015, 119, p.116-135

Jacobs Z., Li B., Farr L., Hill E., Hunt C., Jones S., Rabett R., Reynolds T., Roberts R.G., Simpson D., Barker G. 2017. The chronostratigraphy of the Haua Fteah cave (Cyrenaica, northeast Libya). Optical dating of early human occupation during Marine Isotope Stages 4, 5 and 6. *Journal of Human Evolution*, 105 (2017) 69e88

Kuhn S., Stiner M., Güley E. 1999. Initial upper palaeolithic in south-central Turkey and its regional context, a preliminary report. *Antiquity*, 73, 505-517

Kuhn S.L., Zwyns N. 2014. Rethinking the initial Upper Paleolithic. *Quaternary International*, 347, 1, p.29-38

Marks A.E. 1983. The sites of Boker and Boker Tachtit. A brief introduction. In "Marks A.E. ed; *Prehistory and paleoenvironments in the Central Negev, Israel. The Avdat/Auev area.* Part 3, vol. 3. Dallas, Southern Methodist University Press,

Marks, A.E., Ferring, C.R., 1988. The Early Upper Palaeolithic of the Levant. In: "Hoffecker, J.E., Wolf, C.A. (Eds.), *The Early Upper Palaeolithic: Evidence from Europe and the Near East*", British Archaeological Reports International Series, 437. Oxford, p. 43e72.

Otte M., Kozlowski J. 2007. *L'Aurignacien du Zagros.* Liège, ERAUL 118

Özçelik K. 2011. Le Paléolithique supérieur de la Turquie. Essai de synthèse. *L'anthropologie* 115 (2011) p.600–609

Rebollo N.R. , Weiner S., Brock F., Meignen L., Goldberg P., Belfer-Cohen A., Bar-Yosef O., Boaretto E. 2011. New radiocarbon dating of the transition from the Middle to the Upper Paleolithic in Kebara Cave, Israel. *Journal of Archaeological Science,* 38 (2011) 2424e2433

Rose J.I., Marks A E. 2014. "Out of Arabia" and the Middle-Upper Palaeolithic transition in the southern Levant. *Quartär* 61, p.49-85

Smith F.H., Ahern C.M. 2013. *The Origins of Modern Humans: Biology Reconsidered.* John Wiley & Sons, Inc.

Asie du Sud

Ambrose S.H. 1998. Late Pleistocene human population bottlenecks, volcanic winter, and differentiation of modern humans, *Journal of Human Evolution*, 34, 6, 1998, p.623–651

Clarkson C., Petraglia M., Harris C. Shipton C. 2018. The South Asian Microlithic: Homo sapiens Dispersal or Adaptive Response? In "*Lithic Technological Organization and Paleoenvironmental Change*, **Robinson**, E., **Sellet**, F. (Eds.)" Springer p.37-61

Deraniyagala S.U. 1998. *Pre- and protohistoric settlement in Sri Lanka. In* " Volume 5 / Section 16 (The prehistory of Asia and Oceania) UISPP congress 1996" Forli, A.B.A.C.O. s.r.l, p. 277-285

Groucutt H., White T., Balzan L.C., Parton A., Crassard R., et al. 2015. Human occupation of the Arabian Empty Quarter during MIS 5: evidence from Mundafan Al-Buhayrah, Saudi Arabia. *Quaternary Science Reviews*, Elsevier, 2015, 119, p.116-135

Mellars P., Goric K.C., Carre M., Soares P.A., Richards M.B. 2013. Genetic and archaeological perspectives on the initial modern human colonization of southern Asia. *PNAS*, 2013, 110, 26, 10699–10704

Petraglia MD, Alsharekh A, Breeze P, Clarkson C, Crassard R, et al. 2012. Hominin Dispersal into the Nefud Desert and Middle Palaeolithic Settlement along the Jubbah Palaeolake, Northern Arabia. *PLoS ONE* 7(11): e49840. doi:10.1371/journal.pone.0049840

Europe

Angelucci D.E., Villaverde V., Zapata J. 2017. Precise dating of the Middle-to-Upper Paleolithic transition in Murcia (Spain) supports late Neandertal persistence in Iberia Heliyon, 3, 11, 2017

Banks WE, d'Errico F, Zilhão J. 2013. Human-climate interaction during the Early Upper Paleolithic: testing the hypothesis of an adaptive shift between the Proto-Aurignacian and the Early Aurignacian. *Journal of Human Evolution.* 2013 Jan; 64 (1) p.39-55

Bar-Yosef, O. 2000. *The Geography of Neandertals and Modern Humans in Europe and the Greater Mediterranean* (eds Bar-Yosef, O. & Pilbeam, D.) p.107–156 Peabody Museum, Harvard Univ., Cambridge, Massachusetts, 2000.

Bar-Yosef O. Bordes. J-G, 2010. Who were the makers of the *Châtelperronian* culture? *Journal of Human Evolution,* 59, p.586–593

Benazzi S., Douka K., Fornai C., Bauer C.C., Kullmer O., Svoboda J., Pap I., Mallegni F., Bayle P., Coquerelle M., Condemi S., Ronchitelli A., Harvati K., Weber G.W. 2011. Early dispersal of modern humans in Europe and implications for Neanderthal behaviour. *Nature* 479, p.525–529.

Bordes F. ed. 1972. *Origine de l'Homme moderne.* Actes du colloque de Paris 2-5 septembre 1969 Paris, Unesco

Bordes J.G. 2002. *Les interstratifications Châtelperronien / Aurignacien du Roc-de-Combe et du Piage (Lot, France). Analyse taphonomique des industries lithiques ; implications archéologiques.* Thèse Université Bordeaux I; Université Sciences et Technologies - Bordeaux I, 2002.⟨tel-00431853⟩

Chabai V.P., Marks A.E., Monigal K. 2004. Crimea in the context of Eastern European Middle Paleolithic and Early Upper Palaeolithic In *"The middle Palaeolithic and Early upper Palaeolithic of Eastern Crimea* , V; Chabai, K; Monigal, A. Marks eds" Liège, ERAUL 104, p.419-460

Chirica V., Borziak I., Chetraru N. 1996. *Gisements du Paléolithique supérieur ancien entre le Dniestr et la Tissa.* Iasi.

Churchill, S.E., Smith, F.H. 2000. Makers of the early Aurignacian of Europe. 2000. *Physical Anthropol.* 43, p.61–115 (2000)

Conard, N., Grootes, P.M, Smith, F.H. 2004. Unexpectedly recent dates for human remains from Vogelherd. *Nature* 430, p.198–201 (2004)

Conard, N.J. & Bolus, M. 2003. Radiocarbon dating the appearance of modern humans and timing of cultural innovations in Europe: new results and new challenges. *Journal of Human Evolution,* 44, p.331–371 (2003)

Davies,W. 2001. A very model of a modern human industry: new perspectives on the origins and spread of the Aurignacian in Europe. *Proc. Prehist. Soc.* 67, p.195–217 (2001)

d'Errico, F., Zilhao, J., Julien, M., Baffier, D. & Pelegrin, J. 1998. Neanderthal acculturation in western Europe? A critical review of the evidence and its interpretation. *Current Anthropology*, 39, p.1–44 (1998)

Dirk L. Hoffmann D.L. et al. 2020. Response to White et al.'s reply: 'Still no archaeological evidence that Neanderthals created Iberian cave art', *Journal of Human Evolution,* (2020) doi: 10.1016/j.jhevol.2020.102810

Djindjian F. 1993a. L'Aurignacien du Périgord : une révision. *Revue de Préhistoire européenne*, 3, Janvier 1993, p.29-54.

Djindjian F. 1993b. Les origines du peuplement aurignacien en Europe. In : «*Actes du XII° Congrès de l'UISPP-Bratislava 1991*», Nitra, Inst. Archéol. de l'Académie Slovaque des Sciences, 1993, 2, p.136-154.

Djindjian F. 1999. Compte-rendu colloque « *L'extinction tardive des Néandertaliens et l'art rupestre paléolithique* ». Foz Côa (Portugal) Octobre 1998. *Bulletin de la Société Préhistorique Française*, 96, 1, 1999, p.85-88.

Djindjian, F. 2003. Chronologie et climato-stratigraphie du Paléolithique supérieur ancien français à partir des données du Périgord. In « *Chronologies géophysiques et archéologiques du Paléolithique supérieur*, F. Widemann, Y. Taborin édts », Actes du colloque International de Ravello (mai 1994). Archeologia, storia, cultura, n°3. Edipuglia: 2003. p.283-298.

Djindjian F. 2010. La chronologie de l'Aurignacien. In : M. Otte édt., *Les Aurignaciens* ». Paris, Errance, « Civilisations et Cultures », chapitre 1, p.17-27.

Djindjian F. 2011. *Chronostratigraphie du Gravettien d'Europe occidentale : Un modèle à réviser ?* Table ronde « À la recherche des identités gravettiennes : actualités, questionnements et perspectives ». 8-6 octobre 2008, Aix-en-Provence. Mémoire de la Société Préhistorique française n°53 : « A la recherche des identités gravettiennes ». p.185-195.

Djindjian F. 2012a. Is the MP-EUP transition also an economic and social revolution ? In "Middle to Upper Palaeolithic Biological and Cultural Shift in Eurasia, édt L. Longo". International congress EAA, 15-20 September 2009, Trente. *Quaternary International,* 259, p.72-77

Djindjian F. 2012b. Les structures d'habitat du Gravettien en Europe, in « *Les Gravettiens* » sous la direction de M. Otte, Paris, Errance, p.175-149.

Djindjian F. 2013. Le franchissement des détroits et des bras de mer aux périodes pré- et protohistoriques. In « *Understanding Landscapes, from land discovery to their spatial organization*, Djindjian F., Robert S. edts". Actes du XVI° Congrès UISPP, Florianopolis, septembre 2011, sessions C19 et C22 BAR Intern. Series, 2441, p. 3-14

Djindjian F. 2014a. Contacts et déplacements des groupes humains dans le Paléolithique supérieur européen : les adaptations aux variations climatiques des stratégies de gestion des ressources dans le territoire et dans le cycle annuel. In « *Modes de contacts et de déplacements au Paléolithique eurasiatique*, M. Otte & F. Lebrun-Ricalens edts ». Colloque UISPP commission 8 de Liège, mai 2012. MNHA-CNRA et Université de Liège : ERAUL 140, p.645-673

Djindjian F. 2014b. Invention and Innovation Processes in Prehistoric Societies. In "*A sense of the Past*; H. Kammermans, M. Gojda, A. Posluschny edts". BAR Intern. Series 2588, Oxford : Archaeopress, p.155-163

Djindjian, F., Kozlowski, J., Otte, M 1999. *Le Paléolithique supérieur en Europe.* Paris, Armand Colin

Djindjian F., Kozlowski J., Bazile F. 2003. Europe during the early Upper Palaeolithic (40 000 -30 000 BP) : a synthesis. IN « *The chronology of the Aurignacian and of the transitional Technocomplexes : Dating, Stratigraphies, Cultural Implications*, J. Zilhao, F. D'Errico edts". Proceedings of Symposium 6.1 of the XIVth Congress of the UISPP (Liège, Belgium, September 2001). Lisboa : Instituto Português de Arqueologia, 2003. Trabalhos de Arqueologia, 33, p.29-48

Douka K., Higham T., Wood R., Boscato P., Gambassini P., Karkanas P., Peresani M., Ronchitelli A.M. 2014. On the chronology of the Uluzzian. *Journal of Human Evolution*, 68, p.1-13

Fabre V, Condemi S, Degioanni A. 2009. Genetic evidence of geographical groups among Neanderthals. *PLoS One* , e5151.

Flas D. 2002. Les débuts du paléolithique supérieur dans le Nord-Ouest de l'Europe : le Lincombien-Ranisien-]erzmanowicien État de la question *Anthropologica et Præhistorica*, 113, 2002, p.25-49

Forster, P. 2004. Ice ages and the mitochondrial DNA chronology of human dispersals: a review. *Phil. Trans. R. Soc. Lond.* B 359, p.255–264 (2004)

Frick J.A. 2020 Reflections on the term Micoquian in Western and Central. Change in criteria, changed deductions, change in meaning, and its significance for current research *Archaeological and Anthropological Sciences* (2020) 12, 38 doi.org/10.1007/s12520-019-00967-5

Gravina B., Bachellerie F., Caux S., Discamps E., Faivre J.Ph., Aline Galland A., Michel M., Teyssandier N., Bordes J.G. 2018. No Reliable Evidence for a Neanderthal-Châtelperronian Association at La Roche-à-Pierrot, Saint-Césaire. *Scientific Reports*, Nature Publishing Group, 2018, 8 (1), p.15134.

Haws J.A., Benedetti M.M., Talamo S., Bicho N., Cascalheira J., Ellis M.G., Carvalho M.M., Friedl L., Pereira T., Zinsious B.K. 2020 The early Aurignacian dispersal of modern humans into westernmost Eurasia *PNAS*, October 13, 2020, 117, 41, p.25414–25422

Hublin J.J. 2015. The modern human colonization of western Eurasia: when and Where ? *Quaternary Science Reviews,* 118 (2015), p.194-210

Hublin J.J., Sirakov N., Aldeias V. et al. 2020. Initial Upper Palaeolithic *Homo sapiens* from Bacho Kiro Cave, Bulgaria. *Nature,* May 2020 doi: 10.1038/s41586-020-2259-z

Iakovleva, L. 2017. Langage socio-culturel des sépultures de Sungir. In: Vasilyev, S.,Sinitsyn, A., Otto, M. (eds.). Le Sungirien. The Sungirian and Streletskian in the Context ofthe Eastern European Early Upper Paleolithic. Act of the Conference of the UISPPCommission 8 in Saint-Petersbourg, ERAUL, 147. Liege, p. 99–106

Jaubert J. 2011. Les archéoséquences du paléolithique moyen du Sud-ouest de la France : Quel bilan un quart de siècle après F. Bordes ? In « *François Bordes et la Préhistoire*, F. Delpech et J. Jaubert edts » Paris, CTHS, p.235-253

Jöris O., 2003. Zur chronostratigraphischen Stellung der spätmittelpaläolithischen Keilmessergruppen: Der Versuch einer kulturgeographischen Abgrenzung einer mittelpaläolithischen Formengruppe in ihrem europäischen Kontext. *BerRGK* 84, p.49–153

Julien M., David F., Girard G., Roblin-Jouve A. 2019. *Le Châtelperronien de la grotte du Renne (Arcy-sur-Cure, Yonne, France) : les fouilles d'André Leroi-Gourhan (1949-1963)*, Les Eyzies-de-Tayac, Société des Amis du Musée national de Préhistoire et de la Recherche archéologique

Kozlowski J.K. (ed.) 1982. *Excavation in the Bacho Kiro Cave (Bulgaria), Final Report*, Panstwowe Wydawnictwo Naukowe, Warszawa 1982

Kozlowki J.K., Otte M. 2000. La formation de 1'Aurignacien en Europe, *L'Anthropologie* 104, p.3-15

Kozłowski J.K., 2014. Middle Palaeolithic variability in Central Europe: Mousterian vs Micoquian. *Quaternary International* 326–327, p.344–363.

Krings, M., et al. 2000. A view of Neanderthal genetic diversity. *Nature Genet.* 26, p.144–146

Lahr, M.M., Foley, R. 1998. Towards a theory of modern human origins: geography, demography and diversity in modern human evolution. *Physical Anthropol.* 41, p.127–176

Laplace G., 1966. *Recherches sur l'origine et l'évolution des complexes leptolithiques* Paris, de Boccard

Maureille B. 2018. La lignée néandertalienne : apport des fossiles mis au jour en France. In : Djindjian F. éd. *La Préhistoire de la France* », Paris, Hermann

Mellars, P. ed. 1990. *The Emergence of Modern Humans* Edinburgh Univ. Press, Edinburgh, 1990.

Mellars P., Gravina B., Bronk Ramsey G. 2007. *Confirmation of Neanderthal/ modern human interstratification at the Chatelperronian type-site*, PNAS, 104, 2007, p.3657-3662

Mester Z. 2018 The problems of the Szeletian as seen from Hungary *Recherches Archéologiques* 9, 2017 (2018), p.19–48

Müller U.C., Pross J., Tzedakis P.C., Gamble Cl., Kotthoff U., Schmiedl G., Wulf S., Christanis K. 2011. The role of climate in the spread of modern humans into Europe *Quaternary Science Reviews* 30 (2011) 273e279

Nalawade-Chavan S, McCullagh J, Hedges R., 2014. New Hydroxyproline Radiocarbon Dates from Sungir, Russia, Confirm Early Mid Upper Palaeolithic Burials in Eurasia. *PLoS ONE* 9(1): e76896. doi:10.1371/ journal.pone.0076896

Neruda P., Nerudová Z. 2013. The Middle-Upper Palaeolithic transition in Moravia in the context of the Middle Danube region, *Quaternary International*, 294, p.3–19

Otte M. édt. 2010. *Les Aurignaciens*. Paris, Errance, « Civilisations et Cultures »

Otte M. éd. 2012. *Les Gravettiens*, Paris, Errance, « Civilisations et Cultures »

Otte M. (dir.) 2014. *Néandertal/Cro Magnon - La Rencontre* Paris, Errance

Otte M., Sinitsin A., Vasilliev S. (Eds) 2017. *The Sungirian and Streletskian in the Context of the Eastern European Early Upper Paleolithic. Liège, ERAUL 147*

Palma di Cesnola A. 2001. *Le paléolithique supérieur en Italie.* Grenoble, Jérôme Millon

Pavlov P.Yu. 2008. the palaeolithic of northeastern Europe: new data. *Archaeology Ethnology and Anthropology of Eurasia*, 33/1 (2008) p.3–45

Richards, M., et al. 2000. Tracing European founder lineages in the near Eastern mitochondrial gene pool. *Am. J. Hum. Genet.* 67, 1251–1276 (2000)

Richter J 2018. *Altsteinzeit: Der Weg der frühen Menschen von Afrika bis in die Mitte Europas.* Verlag W. Kohlhammer, Stuttgart

Richter D., Tostevin G., Skrdla P. 2008. Bohunician technology and thermoluminescence dating of the type locality of Brno-Bohunice (Czech Republic) *Journal of Human Evolution* 55 (2008) p.871–885

Rougier H, Milota Ş, Rodrigo R, Gherase M, Sarcină L, Moldovan O, Zilhão J, Constantin S, Franciscus RG, Zollikofer CPE, Ponce de León M, Trinkaus E. 2007. Peştera cu Oase 2 and the cranial morphology of early modern Europeans. *Proc Natl Acad Sci USA,* 104(4), p.1165–1170.

Ringer A. ed. 1995 *Les industries à pointes foliacées d'Europe centrale.* Actes du colloque de Miskolc septembre 1991. PALEO, supplément n°1

Roussel M., Soressi M. 2014. Le Châtelperronien In **« *Néandertal / Cro Magnon La Rencontre*,** M. Otte ed ; »**, Paris, Errance, Chapitre 2, p.31-59

Serre D, Langaney A, Chech M, Teschler-Nicola M, Paunović M, Hofreiter M, Possnert G, Pääbo S, Mennecier P. 2004. No evidence of Neandertal mtDNA contribution to early modern humans. *PLoS Biol* 2(3), p.313–317.

Sládek V., Trinkaus E, Hillson SW., Holliday TW., 2000. *The People of the Pavlovian: Skeletal Catalogue and Osteometrics of the Gravettian Fossil Hominids from Dolní Věstonice and Pavlov.* Brno: Czech Academy of Sciences

Sinitysn A. 2014. L'Europe orientale In "Otte M. (dir.) *Néandertal/Cro Magnon - La Rencontre*" Paris, Errance, chapitre 8, p.189-220

Stepanchuk V.N. 2006 *Lower and Middle Palaeolithic of Ukraine.* Chernivtsy, Zelena Bukovyna (en Ukrainien)

Stepanchuk V., Cohen V. 2000. The Kremenician A middle to Upper Palaeolithic transitional industry in the western Ukraine. *Préhistoire européenne*, 16-17, p.75-110

Stepanchuk, V.N., Vasilyev S.V., Khaldeeva N.I., Kharlamova N.V., Borutskaya S.B. 2015. The last Neanderthals of Eastern Europe: Micoquian layers IIIa and III of the site of Zaskalnaya VI (Kolosovskaya), anthropological records and context, *Quaternary International* (2015), doi.org/10.1016/j.quaint.2015.11.042

Stringer, C. 2002. Modern human origins: progress and prospects. *Phil. Trans. R. Soc. Lond.* B 357, p.563–579 (2002)

Tattersall, I. 2002 The Case for Saltational Events in Human Evolution. In *"The Speciation of Modern Homo sapiens*, ed. Crow, T. J." London, British Academy, p.49–59

Teschler-Nicola M., ed. 2006. *Early Modern Humans at the Moravian Gate: The Mladeč Caves and Their Remains*. Vienna, Springer

Teyssandier N. 2007. L'émergence du Paléolithique supérieur en Europe : mutations culturelles et rythmes d'évolution », *PALEO*, 19, p.367-389

Trinkaus E, Moldovan O, Milota S, Bilgar A, Sarcina L, Athreya S, Bailey SE, Rodrigo R, Mircea G, Higham T, Ramsey CB, Plicht Jcd. 2003. An early modern human from the Peștera cu Oase, Romania. *Proc Natl Acad Sci USA,* 100(20), p.11231–11236

Trinkaus E, Svoboda J, editors. 2006a. *Early Modern Human Evolution in Central Europe: The People of Dolní Věstonice and Pavlov*. Oxford: Oxford University Press.

Trinkaus E, Zilhão J, Rougier H, Rodrigo R, Milota Ș, Gherase M, Sarcină L, Moldovan O, Băltean IO, Codrea V, Bailey S, Franciscus RG, Ponce de Léon M, Zollikofer C. 2006b. The Peștera cu Oase and early modern humans in southeastern Europe. In: Conard NJ, editor. *When Neanderthals and Modern Humans Met*. Tübingen: Kerns Verlag. p. 145–164.

Tsanova T. 2006. *Les débuts du Paléolithique supérieur dans l'Est des Balkans. Réflexion à partir de l'étude taphonomique et techno-économique des ensembles lithiques des sites de Bacho Kiro (couche 11), Temnata (couches VI et 4) et Kozarnika (niveau VII)* Université de Bordeaux 1, Thèse de doctorat, 545 p.

Underhill, P. et al. 2001. The phylogeography of the Y-chromosome binary haplotytes and the origins of modern human populations. *Ann. Hum. Genet.* 65, p.43–62 (2001)

Utrilla, P.; Montes, L. & González-Sampériz, P. 2004. Est-ce que c'était l'Ebre une frontière à 40-30 Ka ? "BAR International Series" 1240, p.275-284.

Valoch, K., 1988. *Die erforschung der Kůlna-Höhle 1961-1976*, Brno, Morawske muezum, Anthropos Institut, 318 p.

Villa P., Pollarolo L., Conforti J., Marra F., Biagioni C., Degano I., Lucejko J.J., Tozzi C., Pennacchioni M., Zanchetta G., Nicosia C., Martini M., Sibilia E., Panzeri L. 2018. *From Neandertals to modern humans: New data on the Uluzzian. Plos One,* 13(5): e0196786

White, T. D. et al. 2003. Pleistocene Homo sapiens from Middle Awash, Ethiopia. *Nature* 423, p.742–747

White, R et al. 2019. Still no archaeological evidence that Neanderthals created Iberian cave art, *Journal of Human Evolution*, doi.org/10.1016/j.jhevol.2019.102640

Wolpoff M.H., 1999.. *Paleoanthropology*, 2nd ed. New York, McGraw-Hill.

Wood R.E., Barroso-Ruíz C., Caparrós M., Jordá Pardo J., Galván Santos B., Higham T. 2012. Radiocarbon dating casts doubt on the late chronology of the Middle to Upper Palaeolithic transition in southern Iberia. *PNAS,* 110 (8) doi/10.1073/pnas.1207656110

Wood, R.E., et al. 2014. The chronology of the earliest Upper Palaeolithic in northern Iberia: New insights from L'Arbreda, Labeko Koba and La Viña, *Journal of Human Evolution* (2014), p.1-14

Zilhao, J. 2000. The Ebro frontier: a model for the late extinction of Iberian Neanderthals, in "Stringer, C.; Barton, R.N.E.; Finlayson, C. (eds.), *Neanderthals on the edge: 150th anniversary conference of the Forbes' Quarry discovery, Gibraltar*", Oxford, Oxbow Books, 2000, p. 111-121.

Zilhão J., D'errico F. 2003. The chronology of the Aurignacian and of the Transitional technocomplexes. Where do we stand ? *In* : J. Zilhão et F. d'Errico (Eds.), *The chronology of the Aurignacian and of the transitional technocomplexes. Dating, stratigraphies, cultural implications.* Lisbonne, Instituto Portuguese de Arqueologia, p.313-349, (Trabalhos de Arqueologia, 33).

Zilhão J., Banks W.E., d'Errico F., Gioia P. 2015. *Analysis of Site Formation and Assemblage Integrity Does Not Support Attribution of the Uluzzian to Modern Humans at Grotta del Cavallo. Plos One*, 10, 7, doi:10.1371/journal.pone.0131181

Zilhão J., Anesin D., Aubry Th., Badal E., Cabanes D., Kehl M., Klasen N., Lucena A., Lerma I.M., Martínez S., Matias H., Susini D., Steier P., Wild E.M.,

Australie / Sahul

Adcock G, Dennis E, Easteal S, Huttley G, Jermilin L, Peacock W, Thorne A. 2001. Mitochondrial DNA sequences in ancient Australians: implications for modern human origins. *Natl. Acad. Sci.* USA 98(2):537–542.

Allen, J., Gosden, C., Jones, R., White, J.P. 1988. Pleistocene dates for the human occupation of New Ireland, northern Melanesia. *Nature,* 331, p.707–709

Allen, J; O'Connell, J. F. 2008, Getting from Sunda to Sahel, In "Clark, G., O'Connor, S.; Leach, B.F. (eds.) *Islands of Inquiry: Colonization, Seafaring and the Archaeology of Maritime Landscapes*". Australian National University, p.31–46

Birdsell J. B. 1933. *Microevolutionary Processes in Aboriginal Australia.* Oxford, Oxford University Press

Field J., Fullagar R., Lord G. 2001. A large area archaeological excavations at Cuddie Springs. *Antiquity*, 75, p.696-702

Hudjashov G., Kivisild T., Underhill PA. Endicott P., Sanchez J.J., Lind A., Sheng P., Oefnerh P., Renfrew C., Villems R., Forster P. 2007. Revealing the prehistoric settlement of Australia by Y chromosome and mtDNA analysis. *PNAS*, 2007, 104, 21

Hiscock, P. 2008. *Archaeology of ancient Australia.* London, Routledge

Kirk R.L., A.G. Thorne A.G. 1976. *The Origin of the Australians.* Canberra, Australian Institute of Aboriginal Studies ; Atlantic Highlands, N.J. : Humanities Press, 1976

Rasmussen, M., Guo, X., Wang, Y., Lohmueller, K. E., Rasmussen, S., Albrechtsen, A., Skotte, L., Lindgreen, S., Metspalu, M., Jombart, T., Kivisild, T., Zhai, W., Eriksson, A., Manica, A., Orlando, L., De La Vega, F. M., Tridico, S., Metspalu, E., Nielsen, K., Willerslev, E. 2011. An Aboriginal Australian Genome Reveals Separate Human Dispersals into Asia. *Science*, *334* (7 October 2011), p.94-98. doi.org/10.1126/science.1211177

Redd A. J. Stoneking M. 1999. Peopling of Sahul: mtDNA Variation in Aboriginal Australian and Papua New Guinean Populations *Am. J. Hum. Genet.* 65, p.808–828, 1999

Wickler S., Spriggs M. 1988. Pleistocene human occupation of the Salomon islands, Melanesia. *Antiquity*, 62, 237, p.703-706

Sundaland

Bellwwod, P. 2007. *Prehistory of the Indo-Malaysian Archipelago*. Australian National University Press

Brumm A., Oktaviana A.A., Burhan B., Hakim B., Lebe R., Zhao J.X., Sulistyarto P.H., Ririmasse M., Adhityatama S., Sumantri I., Aubert M. 2021. Oldest cave art found in Sulawesi. *Sciences Advances*. 2021; 7, eabd4648 13 January 2021

Colani, M. 1927. L'Âge de la Pierre dans la province de Hoa-Binh, Tonkin. *Mémoires du service géologique d'Indochine (Hanoi)*, 14, p.1-47.

Demeter F, Shackelford L, Westaway K, Duringer P, Bacon A-M, Ponche J-L, et al. 2015. Early Modern Humans and Morphological Variation in Southeast Asia: Fossil Evidence from Tam Pa Ling, Laos. *PLoS ONE* 10(4): e0121193. doi:10.1371/ journal.pone.0121193

Forestier H., Grenet G., Borel A., Celiberti V. 2017a. Les productions lithiques de l'Archipel indonésien. *Journal of Lithic Studies* (2017), 4, 2, p. 231-303

Forestier F., Sophady H., Vincenzo Celiberti V. 2017b. Le techno-complexe hoabinhien en Asie du Sud-est continentale : L'histoire d'un galet qui cache la forêt. *Journal of Lithic Studies* (2017), 4, 2, p. 305-349

Matsumura H., Pookajorn S. 2005. A morphometric analysis of the Late Pleistocene Human Skeleton from the Moh Khiew Cave in Thailand. *Homo*, 2005, 56(2), p.93-118

Movius, H.L. 1948, The Lower Palaeolithic cultures of Southern and Eastern Asia. *Transations of the American Philosophical Society*, 38(4), p. 329-420.

Reynolds, T., Barker, G., Barton, H., Cranbrook, G., Farr, L., Hunt, C., Kealhofer, L., Paz, V., Pike, A., Piper, P. J., Rabett, R. J., Rushworth, G., Stimpson, C., Szabo, K. 2013. The first modern humans at Niah, c. 50,000-35,000 years ago. In 'G. Barker (Eds.), *Rainforest Foraging and Farming in Island Southeast Asia: the Archaeology of the Niah Caves, Sarawak*', Volume 1. United Kingdom, McDonald Institute for Archaeological Research. p. 135-172.

Westaway, K., Louys, J., Awe, R. *et al.* 2017. An early modern human presence in Sumatra 73,000–63,000 years ago. *Nature* **548,** 322–325 (2017). https://doi.org/10.1038/nature23452

Amérique

Ardelean, C.F., Becerra-Valdivia, L., Pedersen, M.W. et al. 2020. Evidence of human occupation in Mexico around the Last Glacial Maximum. *Nature,* 584, p.87–92 (2020)

Becerra-Valdivia, L., Higham, T. 2020. The timing and effect of the earliest human arrivals in North America. *Nature,* 584, **p.**93–97 (2020)

Boëda E., Clemente-Conte I., Fontugne M., Lahaye C., Pino M., Felice Daltrini G., Guidon N., Hoeltz S., Lourdeau A., Pagli M., Pessis A-M. , Viana S., Da Costa A., Douville E. 2014. A new late Pleistocene archaeological sequence in South America: the Vale da Pedra Furada (Piauí, Brazil), *Antiquity,* 88, 2014, p. 927-955.

Boëda E, Ramos M, Pérez A, Hatté C, Lahaye C, Pino M, et al. 2021. 24.0 kyr cal BP stone artefact from Vale da Pedra Furada, Piauı´, Brazil: Techno-functional analysis. *PLoS ONE* 16(3): e0247965. doi.org/10.1371/journal.pone.0247965

Bourgeon L., Burke A., Higham T. 2017. Earliest Human Presence in North America Dated to the Last Glacial Maximum: New Radiocarbon Dates from Bluefish Caves, Canada. *PLoS ONE* 12 (1): e0169486. doi:10.1371/journal.pone.0169486

Davison A, Chiba S, Barton NH, Clarke B. 2005. Speciation and Gene Flow between Snails of Opposite Chirality. *PLoS Biology* 3 (9, e282). doi:10.1371/journal.pbio.0030282

Dillehay T.D., Ocampo C., Saavedra J., Sawakuchi A.O., Vega R.M., et al. 2015. Correction: New Archaeological Evidence for an Early Human Presence at Monte Verde, Chile. *PLOS ONE* 10(12): e0145471.

Sibérie Asie Centrale

Anoikin A.A., Pavlenok G.D., .Kharevich V.M., Shalagina A.V.,· Zotkina L.V., Taimagambetov Z.K. 2019. Nouveau site Paléolithique supérieur ancien au nord de l'Asie Centrale. *L'Anthropologie*, 123, 2, 2019, p.438-451

Derevianko A.P., Postnov A.V., Rybin E.P., Kuzmin Y.V. Keates S.G. 2005. The Pleistocene peopling of Siberia: a review of environmental and behavioural aspects. *Indo-Pacific Prehistory Association Bulletin* 25, 2005 (Taipei Papers, Volume 3), p.57-68

Derevianko A.P., Xing G., Olsen J.W., Rybin1 E.P. 2012. The palaeolithic of Dzungaria (Xinjiang, Northwest China) based on materials from the Luotuoshi site. Archaeology *Ethnology & Anthropology of Eurasia* 40/4 (2012), p.2–18

Kozlowski J, Otte M. 2017. *L'Aurignacien du Zagros.* Liège, ERAUL 118

Nikolskiy P. Pitulko V. 2013. Evidence from the Yana Palaeolithic site, Arctic Siberia, yields clues to the riddle of mammoth hunting. *Journal of Archaeological Science*, 40, 12, 2013, p.4189-4197

Pitulko V. V., Nikolsky P. A., Girya E. Yu., Basilyan A. E.,, Tumskoy V. E., Koulakov S. A., Astakhov S. N., Pavlova E. Yu., Anisimov M. A. 2004. The Yana RHS Site: Humans in the Arctic Before the Last Glacial Maximum, *SCIENCE*, 2004, 303, p.52-56

Raghavan M., Skoglund P., Graf K.E., Metspalu M., Albrechtsen A., Moltke I., Rasmussen S., Stafford Jr T.W., Orlando L., Metspalu E., Karmin M., Tambets K., Rootsi S., Mägi R., Campos P.F., Balanovska E., Balanovsky O., Khusnutdinova E., Litvinov S., Osipova L.P., Fedoroval S.A., Voevoda M.I., DeGiorgio M., Sicheritz-Ponten T., Brunak S., Demeshchenko S., Kivisild T., Villems R., Nielsen R., Jakobsson M., Willerslev E., 2014. Upper Palaeolithic Siberian genome reveals dual ancestry of Native Americans. *Nature*. 2014 January 2; 505(7481): 87–91. doi:10.1038/nature12736.

Ranov V.A., Kolobova K.A., Krivoshapkin A.I. 2012. The upper palaeolithic assemblages of Shugnou, Tadjikistan. *Archaeology Ethnology & Anthropology of Eurasia* , 40/2 (2012), p.2–24

Reich D., Green R.E., Kircher M., Krause J. Patterson N., Durand E., Viola B., Briggs A.W., Stenzel U., Johnson Ph. L., Maricic T., Good J.M., Marques-Bonet T., Alkan C., Fu Q., Mallick S., Li H., Meyer M., Eichler E. E., Stoneking M., Richards M., Talamo S., Shunkov M.V., Derevianko A.P., Hublin J.J., Kelso J., Slatkin M., Pääbo S. 2010. Genetic history of an archaic hominin group from Denisova Cave in Siberia. *Nature*. 2010 December 23; 468(7327), p.1053–1060.

Shuangquan Zhang, Francesco d'Errico, Lucinda R. Backwell, Yue Zhang, Fuyou Chen, Xing Gao, 2016. *Ma'anshan cave and the origin of bone tool technology in China*, Journal of Archaeological Science, 65, 2016, p. 57-69 doi 10.1016/j.jas.2015.11.004

Zwyns N. 2014. Altai: Palaeolithic. In « *Encyclopedia of Global Archaeology*, C. Smith edt" Springer

Zwyns N., Paine C. H., Tsedendorj B., Talamo S., Fitzsimmons K.E., Gantumur A., Guunii L., Davakhuu O., Flas D., Dogandžić T., Doerschner N., Welker F., Gillam J.C., Noyer J.B., Bakhtiary R.S., Allshouse A.F., Smith K.N., Khatsenovich A.M., Rybin E.P., Byambaa G., Hublin J.J. 2019. The Northern Route for Human dispersal in Central and Northeast Asia: New evidence from the site of Tolbor-16, Mongolia. Scientific reports, *Nature, (2019) 9, p.11759*

Les peuplements préhistoriques pendant le dernier maximum glaciaire (LGM)

François Djindjian

Résumé

Le dernier maximum glaciaire (22 000-17 000 BP), « Last glacial maximum » ou LGM, a été l'événement climatique le plus dramatique de l'histoire récente de l'Humanité, qui a vu l'expansion des calottes glaciaires, des glaciers de montagnes et des zones périglaciaires d'une part, et des zones désertiques et semi-désertiques d'autre part, entrainant l'abandon de vastes régions de peuplement et des cloisonnements géographiques séparant les populations dans leurs zones refuges.

En Europe, les groupes humains abandonnent l'Europe moyenne pour les régions méditerranéennes. Ils remontent vers le Nord à la bonne saison pour des chasses aux troupeaux migrateurs et pour des approvisionnements en silex de bonne qualité. Les épisodes d'amélioration climatique du LGM voient des réinstallations provisoires en Europe moyenne (Badegoulien, Sagvarien).

Le continent africain est le plus touché. Le Nord de l'Afrique est déserté. Le peuplement de l'Afrique australe se réduit à une occupation côtière. La zone tropicale humide s'est réduite au profit d'une savane occupée par les groupes humains en Afrique orientale et centrale.

Au Proche-Orient, les groupes humains se replient dans les zones côtières et les oasis reliques de l'intérieur. La péninsule arabique, l'Asie centrale, la Sibérie, la Mongolie sont désertées.

Nos connaissances du peuplement du Sundaland sont encore fragmentaires à cause de la remontée des eaux à l'Holocène qui ont englouti les habitats côtiers mais ce continent tropical humide où les variations climatiques sont plus atténuées a certainement été une zone de peuplement significative au dernier maximum glaciaire. L'Australie s'est désertifiée obligeant les groupes humains à se refugier au Nord dans le golfe de Carpentarie où la mer s'est retirée avec la baisse du niveau des eaux et au Sud dans l'ile de Tasmanie, alors reliée au continent.

Sur le continent américain, récemment colonisé, les groupes humains fuient vers le Sud (notamment au Brésil) devant l'expansion de la calotte glaciaire des Laurentides. Ils ne remonteront au Nord qu'à la fin du dernier maximum glaciaire (sites pré-Clovis et Clovis).

La culture matérielle a changé pendant le dernier maximum glaciaire révélant l'effort d'adaptation des groupes humains. Les industries lithiques sont devenues plus lamellaires. En Europe, les pointes foliacées en silex ont remplacé les sagaies en bois de renne et en ivoire. Le Proche-Orient voit le début des industries épipaléolithiques, l'Afrique australe la faciès « microlithique » de Robberg et l'Extrême-Orient, le début du débitage par pression (« microblade technology »).

La densité de population humaine a fortement régressé du fait de l'abandon des territoires mais aussi des changements dans l'exploitation de territoires plus restreints et la mobilité saisonnière. Les simulations ont estimé une diminution des populations au minimum dans un facteur 4. Les savoir faire acquis dans l'adaptation comme ceux hérités du stade isotopique 3 permettront aux groupes humains un redéveloppement rapide après la fin du dernier maximum glaciaire, qui verra une reconquête des territoires et une expansion démographique rapides.

Abstract

The last glacial maximum (22,000-17,000 BP) was the most dramatic climatic event in the recent history of Humanity, which has seen the expansion of ice caps, mountain glaciers and periglacial areas on the one hand, and desert and semi-desert areas on the other, resulting in the abandonment of vast areas of peopling and geographical fragmentation separating populations in their refuge areas. In Europe, human groups are abandoning the Middle Europe for the Mediterranean regions. They go back north to the right season for migratory herd hunts and good quality flint procurement. Episodes of climate improvement in the LGM see temporary resettlements in average Europe (Badegoulian, Sagvarian).

The African continent is the most affected. Northern Africa is deserted. The settlement of southern Africa is reduced to coastal occupation. The tropical wetland has been reduced in favor of a savannah occupied by human groups in East and Central Africa. In the Near East, human groups occupy coastal areas and relic oases of the Interior. The Arabian Peninsula, Central Asia, Siberia and Mongolia are deserted. Our knowledge of Sundaland settlement is still fragmentary because of the rise of sea level in Holocene that have engulfed coastal settlements, but this humid tropical continent where climatic variations are more attenuated has certainly been an important peopling area at the last glacial maximum. Australia has deserted forcing human groups to refuge north to the Gulf of Carpentaria, where the sea has folded, and to the South in the island of Tasmania connected to the continent.

On the recently colonized American continent, human groups are fleeing south (particularly in Brazil) due to the expansion of the Laurentian ice sheet. They will go up to the North after the end of the last glacial maximum (pre-Clovis and Clovis sites). Material culture changed during the last glacial maximum revealing the effort of human groups to adaptation. The lithic industries have become more lamellar. In Europe, flint foliated points have replaced reindeer and ivory points. The Near East saw the beginning of epipalaeolithic industries, southern Africa the "microlithic" facies of Robberg and the Far East, the beginning of microblade technology (pressure knapping).

The density of human population has declined sharply due to the abandonment of the territories but also to changes in the exploitation of smaller territories and seasonal mobility. The simulations estimated a minimum population decrease in a factor of 4. The know-how acquired in adaptation as well as those inherited from the isotopic stage 3 will allow human groups a rapid redevelopment after the end of the last glacial maximum, which will see a rapid reconquest of territories and demographic expansion.

Introduction

Le dernier maximum glaciaire est le deuxième évènement climatique le plus dramatique de l'histoire de l'humanité. Le premier a eu lieu pendant l'avant-dernière glaciation (Riss, stades isotopiques 6 à 8), il y a environ 200 000 ans environ. Pour preuve, au Riss, le glacier du Rhône était alors descendu jusqu'aux monts du Lyonnais, bloquant le Rhône et la Saône créant ainsi le lac des Dombes (figure 1). En Europe orientale, l'inlandsis était descendu jusqu'aux rives du Dniepr et du Don dont le front de moraine a défini les cours postérieurement. Le dernier maximum glaciaire n'a pas été aussi rude. Le glacier alpin n'était descendu que jusque dans la banlieue Est de Lyon (Coutterand, Buoncristiani 2006). Et en Europe orientale, l'inlandsis était descendu en dessous des frontières actuelles des pays baltes (figure 2). Le dernier maximum glaciaire a eu cependant des répercutions drastiques sur le peuplement de la planète dont une grande partie des territoires a été abandonnée par les groupes humains, du fait de l'expansion des calottes glaciaires, des glaciers de montagne et du pergélisol d'une part, et des zones désertiques d'autre part (figure 3), et des conséquences importantes sur la faune et la flore.

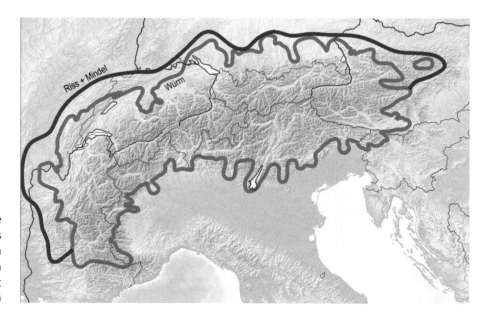

Figure 1. Le glacier des Alpes au Maximum de la glaciation Riss (en bleu) et Würm (en violet)

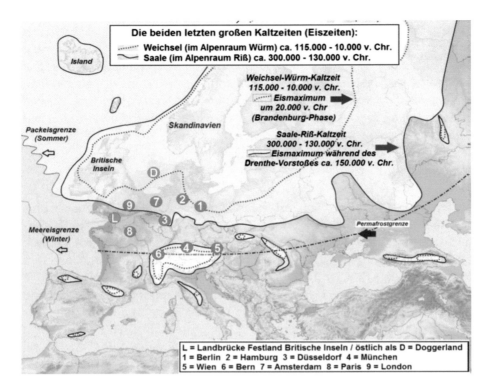

Figure 2. Extension de la calotte glaciaire scandinave en Europe au maximum de la glaciation Riss (en rouge) et de la glaciation Würm (en pointillé bleu)

Le dernier maximum glaciaire (22 000 - 17 000 BP)

Le dernier maximum glaciaire correspond au pic glaciaire du stade isotopique 2 et ses effets sont nombreux sur l'environnement :

- Le climat devient très froid et très sec.
- Les rivières ne sont plus alimentées par la fonte des neiges ou par les pluies. La neige ne recouvre plus d'un manteau protecteur le sol et sa végétation.

Figure 3. Expansion des zones désertiques au LGM

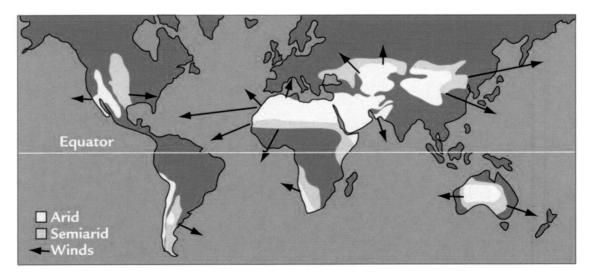

- Le pergélisol se développe avec sa géomorphologie périglaciaire. L'absence de végétation ne tient plus le sol qui est enlevé par les vents, trié en altitude et redéposé en couches épaisses de lœss.
- Les glaciers de montagne descendent les vallées. En Europe, des glaciers sont présents dans les Pyrénées, le Massif central, les Apennins, les Balkans, les Carpates, l'Oural et en Corse.
- Les zones semi-désertiques et désertiques se développent considérablement avec la sécheresse (Sahara, Kalahari, Asie centrale, Takla-Makan, Moyen-Orient, Thar, Mexique, Pérou, Australie).
- La surface des mers intérieures se réduit et les lacs s'assèchent.
- En zone méditerranéenne, la végétation arbustive se raréfie, faute d'humidité. Mais les arbres à feuilles caduques y trouvent un refuge.
- Les zones tropicales humides se réduisent (Amazonie, Afrique équatoriale, Sundaland) au profit de savanes.
- L'expansion des territoires côtiers survient avec l'abaissement du niveau de la mer, descendu jusqu'à -130 m par rapport au niveau actuel. Les golfes rétrécissent, les iles rejoignent les continents (Ceylan, Japon, Taïwan, Corfou, Tasmanie), des mers deviennent lacs (comme la Mer Noire), des mers intérieures se constituent (comme la mer Egée, la mer d'Andaman, la mer du Japon, la mer de Chine orientale ou le golfe du Mexique), les détroits se ferment (comme le détroit de Malacca ou le Bosphore), des continents surgissent (Sundaland, Sahul).

Le climat du dernier maximum glaciaire présente des variations, tout en restant toujours très froid. Deux épisodes plus humides ont été identifiés notamment dans les séquences de lœss d'Europe centrale et orientale où sont visibles des petits sols fossiles (Ivanova, 1969 ; Haesaerts *et al.* 2003) , notamment dans les séquences de Molodova et de Cosaoutsy sur le Dniestr ainsi que dans les analyses palynologiques de sondages de lacs (notamment à Tenaghi-Philippon en Macédoine), de sondages de tourbière (La Grande Pile dans les Vosges) et dans les carottages des calottes glaciaires (GRIP Summit au Groenland) et en Méditerranée (KET 8004). Ces deux épisodes humides (figure 4) vont permettre des retours de peuplement saisonniers ou définitifs en Europe moyenne à partir des refuges méditerranéens (Bosselin, Djindjian, 2002). Ces épisodes ont des durées courtes de l'ordre de 1 000 à 1 500 ans. Aussi l'imprécision des datations radiocarbone due à des pollutions de carbone récent non entièrement éliminées par les préparations chimiques, empêche parfois de situer précisément le site dans un de ces épisodes climatiques, sauf en présence d'une séquence stratigraphique.

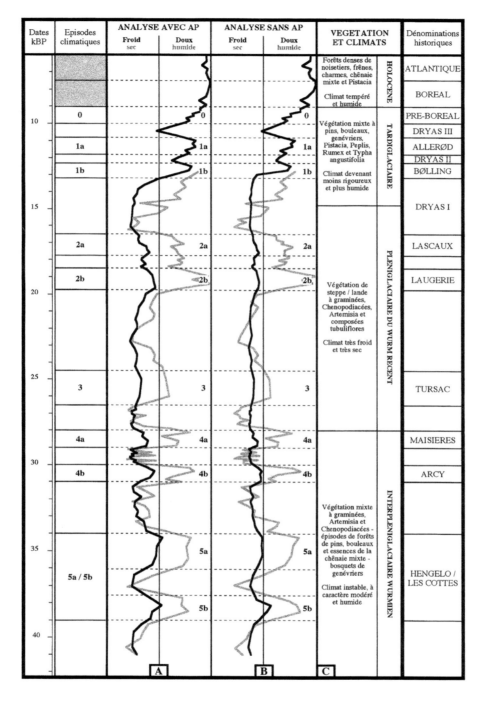

Figure 4.
Courbes de paléotempératures et de paléohumidité du MIS 3 calculées sur la séquence pollinique de la tourbière de Tenaghi-Philippon en Macédoine (d'après Bosselin et Djindjian, 2002)

L'Europe au LGM : végétation et faune

En Europe occidentale, le pergélisol et la toundra sont descendus jusqu'à la Loire. En Europe centrale, la progression de l'inlandsis a été maximale, entraînant l'abandon du peuplement dans la plaine de Pannonie. En latitude moyenne, la steppe froide est refoulée vers le Sud et les zones forestières réduites à des isolats le long des rivières.

En Europe, les changements dans la faune ont commencé dès 27 000 BP avec le reflux vers le Sud méditerranéen de l'aurochs, de l'âne hydrontin, de l'élan et du cerf (sauf pour ce dernier dans des isolats forestiers de l'Europe moyenne). Le territoire du bison se réduit aux zones steppiques de la plaine aquitaine, de la plaine du Pô et du pourtour septentrional de la Mer Noire. Les rennes résistent bien au LGM, et leurs migrations Nord-Sud et des hauts de vallée vers les bas de vallée continuent (Vézère, Dordogne, Lot en Aquitaine ; Dniestr, Prut, Boug dans la grande plaine orientale). Les chevaux résistent moins bien. A Solutré, dans le bassin de la Saône, les chasseurs de chevaux qui ont rendu célèbre le site du Moustérien à la fin du Magdalénien, sont devenus chasseurs de rennes le temps du LGM au Solutréen.

Au plus fort du maximum glaciaire, le mammouth disparait même totalement d'Europe occidentale à cause du développement de la toundra sur la moitié nord de l'Europe, bloquant la zone de déplacement des mammouths au nord des Alpes et des Carpates. Ils sont toujours présents à l'Est et reviendront vers l'Ouest dès la fin du LGM.

Par contre, les espèces arctiques font leur apparition à des latitudes plus basses, comme le bœuf musqué et l'antilope saïga en Aquitaine. Les rongeurs arctiques migrent plus au Sud (lemming à collier, lemming de Norvège).

Le peuplement de l'Europe à l'approche du LGM

Le Gravettien est une adaptation des groupes humains en Europe moyenne au refroidissement climatique à partir de 28 000 BP. Le cloisonnement géographique qui survient vers 26 000 BP les sépare et les différentie entre l'Europe occidentale d'un côté et l'Europe centrale et orientale de l'autre. En Europe occidentale, les stratigraphies mettent en évidence un Gravettien ancien à pointes pédonculées et gravettes, un Gravettien moyen à burins de Noailles et burins du Raysse (deux nucléus à microlamelles), un Gravettien récent à microgravettes et un Gravettien final (ex Protomagdalénien). En Europe centrale, la fin du Gravettien est mal connue et les groupes humains semblent avoir été les premiers à abandonner cette latitude. En Europe orientale, un Gravettien final est connu dans le bassin du Dniepr à Pouchkari sur la Desna et dans le bassin du Don à Kostienki 21 (III) et Kostienki 11 (II). Les groupes humains se replient progressivement sur les régions méditerranéennes (péninsule ibérique, péninsule italienne, Balkans, Mer Noire).

L'adaptation au changement climatique du LGM en Europe

Vers 22 000 BP, en abandonnant leur territoire de l'Europe moyenne, les groupes humains gravettiens abandonnent également leur système de ressource alimentaire, leurs gites d'approvisionnement en matières premières (silex, colorants, coquillages, etc.), leurs mode de circulation dans le cycle annuel et de rencontres intergroupes. C'est tout leur système d'exploitation du territoire qui est alors remis en cause.

Si les cours d'eau et les golfes deviennent plus facilement franchissables, au contraire les massifs montagneux deviennent des obstacles. L'altitude de 600 mètres semble être leur limite de passage (Djindjian, 1995). Ces obstacles sont les Alpes évidemment, mais aussi le Massif central accessible seulement par le Nord (en remontant les vallées de la Loire et de l'Allier), les Pyrénées (sauf à l'Ouest au niveau du pays basque par le col de Puerto de Echegarate ou à l'Est en suivant la côte méditerranéenne ou par le col du Perthus), les Apennins (qui coupent la péninsule italienne en deux côtes, tyrrhénienne et adriatique, sauf au Nord, près de Gènes (passe dei Giovi) et au Sud de la péninsule), les Alpes dinariques (par le col de Postjona en Slovénie et en suivant certaines rivières en Croatie, en Bosnie et en Albanie), les Balkans (via les rivières Velika Morava et le Vardar à travers la Macédoine), les Carpates (par les Portes de Fer). La vallée du Rhône entre Lyon et Montélimar n'est plus une voie de passage entre la fin du Gravettien ancien vers 26 000 BP et le Magdalénien supérieur.

Les régions méditerranéennes, bien que climatiquement plus clémentes, n'offrent pas les mêmes ressources. La faune est grégaire et dispersée ; elle demande donc potentiellement plus d'énergie pour la chasse (cerf, cheval, aurochs, bouquetin, sanglier). Le silex est rare, obligeant de recourir à des matériaux de moins bonne qualité (quartzite, calcédoine, chaille, etc.). Le débitage sur éclat réapparait. Le renne et le mammouth, absents de ces contrées, n'offrent plus ni bois ni ivoire pour la fabrication des armes de jet, obligeant d'innover dans la fabrication de pointes en silex qui offrent des morphologies différentiées par le cloisonnement géographique (pointes à face plane, feuilles de laurier, pointes à cran, pointes aréniennes, pointes d'Amvrosievka, pointes d'Anetovka). Les territoires deviennent petits et la mobilité faible. C'est ainsi que les premiers groupes solutréens (Solutréen ancien) fabriquent une industrie régressive qui pour certains préhistoriens présentait des similitudes avec le paléolithique moyen au point de croire à une évolution locale à partir des derniers moustériens.

L'adaptation au dernier maximum glaciaire se déroule suivant trois principaux processus (Djindjian *et al.* 1999) :

- L'apparition, vers 21 000 BP, d'un faciès aurignacoïde général dans toute l'Europe, mais qui présente des particularités régionales liées au cloisonnement géographique. Ce faciès a été souvent expliqué dans le passé comme une continuité de l'Aurignacien parallèlement au Gravettien (« Aurignacien V » du Périgord et « Epiaurignacien » d'Europe centrale) malgré un hiatus de plus de six mille ans que les datations radiocarbone plus fiables infirment depuis plus de vingt ans. Ce faciès aurignacoïde n'est dû en fait qu'au développement d'un débitage lamellaire et aux résidus de nucléus à lamelles qui ont été à tort rapprochés des grattoirs carénés, alors que le reste de l'industrie lithique et osseuse ne ressemble en rien à l'Aurignacien. Ces faciès aurignacoïdes sont connus en Europe occidentale (« ex Aurignacien V » du Périgord ou des Cantabres, Aurignacien terminal du Languedoc oriental, et désignés dorénavant sous le nom de Protosolutréen), en Europe centrale (« Epiaurignacien » en Basse-Autriche et en Moravie) et en Europe orientale (Muralovkien de la zone des steppes, culture de Zamiatnine de la vallée du Don, Radomyshl dans le bassin du Dniepr).

- L'adaptation des groupes gravettiens à leur environnement dans les refuges méditerranéens, qui se traduit en Aquitaine et dans la péninsule ibérique par le Solutréen, à l'Est du Rhône, sur la côte tyrrhénienne et le golfe adriatique par un Epigravettien ancien méditerranéen, et en Europe orientale par un Epigravettien ancien oriental (zone des steppes, vallées du Dniestr, Prut et Bistrita). Profitant d'épisodes climatiques plus cléments, les groupes humains remontent vers le Nord à la bonne saison.

- La recolonisation des latitudes moyennes par des habitats permanents sur le cycle annuel. C'est le cas en Europe occidentale du Badegoulien, en Europe centrale du Sagvarien et en Europe orientale, des industries de type Rachkov VII et Bolshaia Akkarjah. Ces industries présentent pour les mêmes raisons que précédemment des traits aurignacoïdes mais également le retour à une industrie osseuse en bois de renne liée au retour de la chasse au renne.

En Europe orientale, les groupes gravettiens se sont installés sur la rive septentrionale de la Mer Noire, qui était devenue un lac. Leur culture matérielle se transforme en une industrie aurignacoïde puis en Epigravettien ancien. La chasse marque alors une préférence pour le bison, dont les troupeaux sont piégés dans des ravines comme à Amvrosievka. A la bonne saison, les groupes remontent les vallées du versant Nord des Carpates orientales : Dniestr, Prout, Bistrita, pour la chasse au renne. Si les vallées du Boug méridional et du Dniepr ne semble guère avoir été fréquentées, la vallée du Don l'a été au moins jusqu'à Voronej (culture de Zamiatnine à Kostienki). La région du bas Danube, semble avoir été également un refuge de peuplement, permettant une remontée aisée du Danube à la bonne saison par les Portes de Fer.

En Europe occidentale, la transition entre Gravettien et Solutréen passe également ici comme ailleurs en Europe par un faciès aurignacoïde (Protosolutréen, ex–Aurignacien V). Les groupes solutréens franchissent les Pyrénées à la bonne saison, aux deux points précédemment cités, pour s'installer en Aquitaine et en Ardèche. Les études archéozoologiques de saisonnalité indiquent que les sites solutréens d'Aquitaine ne sont occupés qu'à la bonne saison (Castel *et al.* 2005). L'information n'est malheureusement pas connue pour les sites solutréens d'Ardèche. Il reste cependant une synthèse à faire sur la saisonnalité du Solutréen ancien et du Solutréen récent à partir des sites connus et suivant leur localisation dans leur territoire de déplacement. Si les groupes du Solutréen ancien ne dépassent pas l'Aquitaine, les groupes du Solutréen récent, profitant de l'amélioration climatique, font des incursions saisonnières plus au Nord jusque dans le bassin de la Loire, dans le bassin parisien et dans le bassin de la Saône (le site de Solutré, qui a donné son nom à cette culture essentiellement ibérique étant paradoxalement le site le plus septentrional sur la carte de distribution des sites solutréens).

Le Badegoulien, qui succède au Solutréen, montre un changement important dans la culture matérielle, qui se traduit par la disparition des pointes foliacées (pointes en feuille de laurier, pointes à cran) et le retour d'une industrie osseuse en bois de renne, marquant une réinstallation définitive en Aquitaine des groupes solutréens tout au long du cycle annuel. Si les groupes du Badegoulien ancien ont un territoire de déplacement limité à l'Aquitaine, les groupes du Badegoulien récent se retrouvent dans une aire de circulation beaucoup plus vaste au Nord, dans le bassin de la Loire, le bassin parisien, le bassin de la Saône jusque dans la bassin du Rhin et du Rhône, profitant de nouveau d'une amélioration climatique.

Sur la côte méditerranéenne, en Catalogne et au Levant espagnol (Parpallo) comme en Languedoc (La Salpétrière), les groupes solutréens continuent leur tradition technologique (Episolutréen) dans le même environnement.

A l'Est du Rhône, en Provence, puis sur la côte tyrrhénienne, les groupes gravettiens se sont adaptés en innovant également avec des pointes en silex (pointes foliacées, pointes à cran), culture connu sous le nom d'Epigravettien ancien. La côte tyrrhénienne a ainsi fourni en Ligurie plusieurs séquences stratigraphiques montrant la séquence Gravettien final, Epigravettien ancien : Grotte des Enfants et abri Mochi (Balzi Rossi), Grotte des Arene Candide, montrant l'apparition des pointes foliacées (pointes aréniennes) puis des pointes à cran.

Le golfe adriatique, dont les dimensions se sont fortement réduites et la sortie s'est rétrécie, est, sur la côte italienne comme sur la côte dalmate et de l'Epire une grande zone de refuge des groupes gravettiens devenus épigravettiens dans la continuité de peuplement et de technologie. Côté italien, dans les Pouilles, la grotte Paglici, fouillée par A Palma di Cesnola et son équipe, est la grande séquence de référence du paléolithique supérieur adriatique de l'Aurignacien à l'Epigravettien final : Gravettien final (niveau 19 et 18 entre 21 000 et 20 000 BP), Epigravettien ancien à pointe foliacée (niveau 17 autour de 17 000 BP), Epigravettien à pointes à cran (niveaux 16 à 12 de 17 000 à 16 000 BP). Les datations radiocarbone effectuées dans les années 1970 sont probablement rajeunies (Palma di Cesnola, 2003). En outre, une mise à jour de la chronostratigraphie de l'Epigravettien ancien et évolué italien est sans doute aujourd'hui nécessaire, car l'état de l'art date des années 1970, en prenant en compte à la fois les différences observées entre l'espace tyrrhénien et l'espace adriatique et de nouvelles datations radiocarbone.

Sur la côte opposée, nos meilleures connaissances sont situées en Epire, où les sites (Asprochaliko, Kastritsa, Klithi, Grava) ont été fouillés par l'école paléogéographique anglaise (E. Higgs, D. Vita-Finzi, G. Bailey, C. Gamble). Les niveaux gravettiens y sont suivis par des niveaux épigravettiens à pointes à cran (Bailey *et al.* 1983). L'ile de Corfou, sur laquelle se trouve l'abri de Grava, était au LGM rattachée à l'Epire. La station de Kadar en Bosnie montre la pénétration saisonnière des groupes de l'Epigravettien ancien dans les Alpes dinariques.

Le peuplement du golfe égéen, presque fermé du fait de la baisse du niveau de la mer (130 mètres en dessous du niveau actuel) et de l'agrandissement des iles et souvent leur fusion, dans les Cyclades et dans le Dodécanèse, est peu connu, du fait sans doute de la disparition des sites avec la remontée des eaux à la fin de la glaciation.

La Mer Noire, devenue un lac, par la fermeture du détroit du Bosphore, connait des peuplements épigravettiens sur son rivage occidental le long de la basse vallée du Danube dans les actuelles Bulgarie et Roumanie, sur le piémont septentrional des Carpates orientales dans les vallées de la Bistrita, du Prut et du Dniestr (Molodova V, Cosaoutsy) et dans la zone des steppes dans les actuelles Ukraine et Russie méridionales (Amvrosievka, Anetovka II).

En Europe centrale comme en Europe orientale, des déplacements saisonniers vers les altitudes plus hautes de l'Europe moyenne sont pratiqués au cours des épisodes plus cléments, à la recherche de sources d'approvisionnement en silex et pour des chasses spécialisées saisonnières. Mais, à l'instar du Badegoulien en Europe occidentale des réoccupations permanentes surviennent, comme le Sagvarien en Europe centrale dans la plaine de Pannonie (Sagvar, Pilismarot, Grubgraben, Moravany-Zakorska, etc.).

La fin du dernier maximum glaciaire voit le retour d'un climat et d'un environnement du début du stade isotopique 2, qui entraîne le recul de la calotte glaciaire, de la toundra et l'expansion de la steppe froide, favorable au renne, au bison et au mammouth. La reconquête de l'Europe moyenne se fera progressivement en Europe occidentale par le Magdalénien, à partir d'un noyau aquitaino-cantabrique et en Europe orientale par le Mézinien, dans le bassin moyen et supérieur du Dniepr.

L'existence d'un Art paléolithique pariétal pendant le dernier maximum glaciaire a été longtemps sous-estimée aussi bien par H. Breuil (et ses deux cycles aurignaco-périgordien et (Solutréen)-Magdalénien) que par A. Leroi-Gourhan (style III à la chronologie imprécise). Cette vision, trop centrée sur l'art franco-cantabrique, n'a pas suffisamment pris en compte l'art des régions de la péninsule ibérique subcantabrique et subpyrénéenne et de la péninsule italienne. Une révision récente (Djindjian, 2018) réattribue au Solutréo-Badegoulien en Aquitaine plusieurs grottes ornées (Lascaux, Gabillou, Le Placard, Villars, Saint-Cirq, Sous-Grand-Lac) et les abris sous roche sculptés d'Aquitaine (Fourneau du Diable, Chaire à Calvin, Roc de Sers,

Cap Blanc, Reverdit, retaillés ensuite au Magdalénien). Certaines régions sans massifs calcaires n'offrent plus les réseaux karstiques aux nombreuses grottes que les Gravettiens avaient l'habitude d'orner pour marquer leur territoire. Alors, ce sont les rochers de plein air qui sont gravés dans les régions schisteuses et granitiques de la péninsule ibérique (Foz Coa, Siega Verde, etc.).

Enfin, il est important de remarquer l'absence de données indiscutables sur l'anthropologie humaine en Europe durant le LGM. Les sépultures du paléolithique supérieur européen sont pré-LGM, attribuées au Gravettien (France, Italie, Moravie pour l'essentiel) et post-LGM attribuées au Magdalénien et à l'Epigravettien final. Les datations radiocarbone ont remis en cause l'ancienneté des squelettes ou fragments de squelettes anciennement attribués au Solutréen (Roc de Sers) ou au Badegoulien (Rond du Barry) qui sont des intrusions récentes. Et il faudra attendre les résultats de l'étude des récentes découvertes encore inédites (Rochefort, Piage), la confirmation de l'appartenance de l'enfant du Figuier (Ardèche) au Gravettien ou au Solutréen, et la révision des fragments crâniens de la grotte du Placard (Charente).

L'Amérique du Nord au LGM

L'extension maximale de l'Inlandsis et des glaciers de montagnes rendent la plus grande partie de l'Amérique du Nord invivable et obligent les populations à migrer vers le sud.

Le glacier des Montagnes Rocheuses et l'Inlandsis des Laurentides se rejoignent bloquant l'accès à la Béringie et à la Sibérie orientale, avec des conséquences plus fortes encore sur les zoocénoses de grands mammifères originaires d'Asie que sur les peuplements humains, qui vont migrer vers le Sud ou s'éteindre (figure 5). En effet, la jonction récente (à l'échelle de l'histoire de la terre) du continent sud-américain avec l'Amérique du Nord il y a environ dix millions d'années a mis en contact des faunes asiatiques au Nord et une faune issue du l'ancien continent du Gondwana au Sud. Si les migrations de faune Sud vers Nord ont été limitées et n'ont pas échappé à l'extinction de la fin de la glaciation, il n'en est pas de même des migrations Nord vers Sud qui ont permis la survie de nombreuses espèces : camélidés, équidés, cervidés, pécaris, tapirs, ours, félins (pumas, jaguars), gomphothères, loutres, loups et procyons, ainsi que les colons humains.

Le développement de l'Inlandsis a détruit les sites de plein air du peuplement humain antérieurs au LGM, réduisant la probabilité d'en trouver des vestiges ou dans le meilleur des cas, il les a remaniés par des processus périglaciaires, expliquant ainsi les débats polémiques sur l'ancienneté de la colonisation du continent américain.

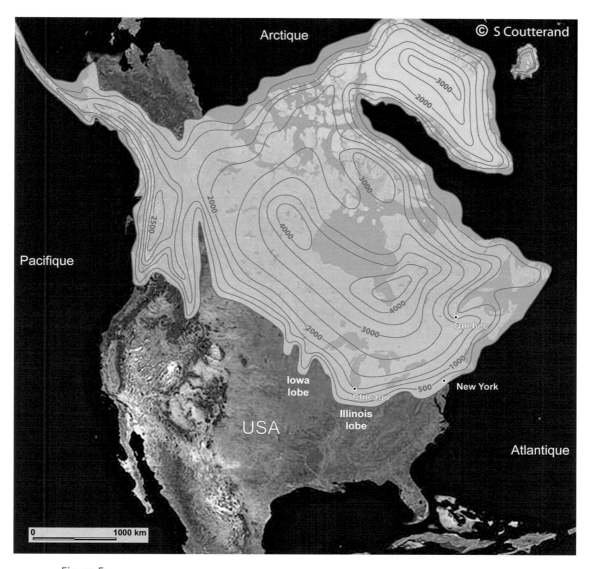

Figure 5. Expansion de la calotte glaciaire des Laurentides au LGM en Amérique du Nord

Une compilation des datations radiocarbone des sites nord-américains a été récemment publiée (Becerra-Valdivia *et al.* 2020), qu'il faut considérer avec toute la prudence nécessaire pour une telle entreprise où chaque date doit être validée individuellement, et ce d'autant plus avec l'utilisation des « moulinettes » bayésiennes actuellement à la mode. Les données disponibles ne permettent pas de réaliser une synthèse sur le peuplement au LGM, sinon l'absence de données sur le continent nord-américain et plusieurs sites indiquant une probable présence au Mexique à Chiquihuite (Ardelean *et al.* 2020), au Brésil (Vale da Pedra Furada) et au Chili (Monteverde) mais elles annoncent le repeuplement progressif du continent nord-américain à partir de 16 000 BP.

L'Afrique du Nord au LGM

C'est dans un territoire apparemment déserté depuis la disparition de l'Atérien au cours du MIS 4 (Barton *et al.* 2004), que se pose la question du peuplement de l'Afrique du Nord et du Sahara au MIS 3 et au début du MIS 2 connu seulement aujourd'hui par le Dabbéen de la grotte d'Haua Fteah en Lybie et par le niveau Y4 de la grotte des pigeons à Taforalt au Maroc.

La datation précise de l'Ibéromaurusien est une longue histoire depuis la synthèse de G. Camps (Camps, 1974). A ses débuts une industrie épipaléolithique tardiglaciaire, les premières datations radiocarbone l'ont vieilli jusqu'au LGM avec la couche 85 de Tamar Hat : 20 600 ± 500 BP (Saxon *et al.* 1974), et celles de l'abbé J. Roche pour les niveaux XV et XVI de Taforalt : 21 900 ± 400 BP/21 100 ± 400 (Roche, Delibrias, 1976). Les récentes fouilles et les nouvelles dates de la grotte des pigeons à Taforalt (Barton *et al.* 2013) remettent en cause les deux plus anciennes dates de l'abbé Roche. La synthèse des dates (Sari, 2012) montre que les plus anciennes dates de l'Ibéromaurusien, se placent entre 16 000 et 17 000 BP. L'Ibéromaurusien n'est donc pas une industrie du LGM mais une industrie postérieure au LGM. Il n'est donc pas une adaptation d'un Atérien perdurant jusqu'au LGM mais une colonisation post-LGM venue probablement de l'Est comme le proposent les analyses génétiques récentes. En Cyrénaïque, l'Ibéromaurusien est présent dans la grotte d'Haua Fteah et dans d'autres sites de la région (cf. Barich, ce volume). Une lacune a été soulignée entre la fin du Dabbéen et le début de l'Ibéromaurusien confirmant l'absence de peuplement au maximum glaciaire, malgré deux dates douteuses qui nécessitent d'être confirmées.

L'Afrique du Nord était donc dépeuplée au LGM, dans l'état actuel de nos connaissances.

L'Egypte préhistorique, et plus particulièrement la vallée du Nil, est connue à travers de nombreux sites de surface dans les systèmes de terrasses alluvionnaires de la vallée. La difficulté d'obtenir des datations absolues fiables est à l'origine d'une impossibilité aujourd'hui d'établir une synthèse chronostratigraphique précise sur la fin du paléolithique moyen et le paléolithique supérieur. Cette difficulté est accentuée par la grande diversité des industries paléolithiques découvertes à ce jour (Midant-Reynes, 1992). Les études géologiques révèlent en période glaciaire une aridification de la vallée du Nil, dont le lit s'est encaissé réduisant la superficie de sa zone d'inondation, et en conséquence réduisant la zone de vie de la faune, de la flore et du peuplement humain. La question d'une continuité de peuplement de la vallée du Nil au dernier maximum glaciaire se pose donc. Nous ne connaissons pratiquement pas de sites paléolithiques dans la région du delta du fait sans doute de l'épaisseur des alluvions, absence de données qui gène pour la mise en relation de la vallée du Nil avec le Levant.

La présence la plus probable d'un peuplement humain au dernier maximum glaciaire est le site de Wadi Kubbaniya, situé au niveau de la première cataracte (Wendorf *et al.* 1988) qui a livré un ensemble d'une trentaine de dates radiocarbone entre 17 300 et 18 500 BP. Les ressources alimentaires sont basées sur la pêche (poisson-chat), les oiseaux, les mammifères (chèvre sauvage, gazelle), les moules (unio) et la cueillette de céréales. L'industrie est dominée par des lamelles avec une retouche de type Ouchtata, des perçoirs, encoches, denticulés et pièces esquillées sur une chaille de galets du Nil. Le nombre important de meules en grès confirme le rôle alimentaire des céréales. Cette industrie est à rapprocher avec les sites du Fakhurien (Lubell, 1971) situés près d'Esna. An Nord, du Soudan (Nubie), une industrie équivalente est le Halfien. La cause du faible nombre de sites connus est à mettre en relation avec le colluvionnement des berges à la fin du pléistocène avec le retour de l'humidité qui a recouvert une grande partie de ces habitats.

L'hypothèse de l'origine de l'Ibéromaurusien dans une expansion géographique de ces industries de la moyenne et haute vallée du Nil a été proposée par plusieurs spécialistes de la préhistoire égyptienne. Le manque de relation avec le Kébarien du Levant a été également souligné.

Le Proche-Orient au LGM

A partir de 27 000 BP, l'aridité croit entrainant une déforestation au profit d'une steppe plus ou moins arborée. Au maximum glaciaire, les lacs s'assèchent (Damas, Palmyre) et le niveau de la Mer Morte s'abaisse sensiblement. La température devient plus froide à l'intérieur du continent (moins 10° par rapport à l'actuel), mais de façon moins marqué sur la façade littorale (la température de la Méditerranée ne s'est abaissée que de 2 à 3°). Les sites occupés sont moins nombreux que dans la période précédente du MIS 3.

La première question est celle de la continuité de l'Aurignacien du Levant aux débuts du MIS 2 et jusqu'au LGM. Les principaux sites de référence pour l'Aurignacien du Levant sont au Liban l'abri de Ksar-Akil près de Beyrouth, en Israël, les grottes du Mont Carmel (Kebara, El-Wad, Sefunim, Rakefet) et de Galilée (Quafseh, Hayonim) et en Syrie, le site d'Umm el Tiel dans l'oasis d'El Kowm.

A Ksar-Akil, stratigraphie de référence du Proche-Orient, l'Aurignacien du Levant (niveaux XIII-VI), a été subdivisé en trois ensembles, l'Aurignacien du Levant A (niveau XIII-IX), l'Aurignacien du Levant B (niveaux VIII- VII) et l'Aurignacien du Levant C (niveau VI). Malheureusement, ces séquences sont très mal datées par le radiocarbone, avec peu de dates et qui sont souvent incohérentes. Le faciès A semble se situer autour de 32 000 BP et le faciès B autour de 30 000 BP (Douka *et al.* 2013 ; Molist, Cauvin, 1990 ; Tixier, Inizan, 1981).

L'industrie du niveau VI (ou Aurignacien du Levant C ou Atlitien de D. Garrod) a été également trouvée à Meged C, el-Wad C, Nahal Ein Gev I, Fazael IX et el-Khiam E (9–10), Manit cave (2,1). Elle est caractérisée par une industrie sur éclat et une industrie lamellaire en relation avec une grande abondance de burins et de grattoirs nucléiformes, où la pointe d'El Wad a disparu. La question de l'attribution de cette industrie à l'Aurignacien du Levant est une question toujours ouverte. Sa datation est encore incohérente aujourd'hui (dates erratiques des niveaux 7 et 8 des fouilles Tixier à Ksar Akil entre la plus ancienne de 29 300 OxA 1798 ou 30 250 OxA 1799 du niveau 8ac et la plus récente de 21 100 OxA 1796 du niveau 7bb). Plus récemment, à la grotte Manot, un niveau du même faciès (appelé « Post-Levantine Aurignacian ») a été daté autour de 29 000 BP.

Deux hypothèses peuvent alors être proposées :

- Le faciès C est un faciès terminal de l'Aurignacien du Levant à la fin du MIS 3. Dans ce cas il existerait une lacune de près de 10 000 ans dans nos connaissances entre ce niveau VI et les niveaux suivants du Kébarien ancien (IV-II) qui n'est pas plus ancien que 20 000 BP à Ksar Akil. Et aucune autre séquence au Proche–Orient ne nous donnerait donc des niveaux du début du MIS 2 (dont l'équivalent en Europe est le Gravettien).
- Le faciès C n'est pas un Aurignacien et dans ce cas, le terme d'Atlitien semble mieux adapté. Il serait alors plus récent car daté entre 29 300 et 21 100 BP (fouilles Tixier à Ksar Akil). Il y aurait alors une continuité d'occupation au Proche-Orient au début du MIS 2.

A un moment non encore bien daté du dernier maximum glaciaire (le début ou la fin ?), apparait le Kébarien. Le paléolithique supérieur cède ici la place à l'Epipaléolithique, une industrie qui est caractérisée par la grande abondance de microlithes : des lamelles retouchées avec des retouches abruptes pour un emmanchement latéral, des lamelles appointées, des lamelles tronquées etc., lamelles qui deviendront géométriques avec le Kébarien géométrique (rectangles, triangles, trapèzes, etc.) au moment du Bölling.

Le Kébarien, est principalement connu au Liban par trois sites, Ksar Akil, Jita II et l'abri Bergy, dont F. Hours a réalisé la synthèse (Hours, 1972) dans laquelle il définit un Kébarien ancien (Ksar Akil, niveaux IV-II ; Jita II niveaux 4,3) et un Kébarien classique (Ksar Akil niveau I, Jita II niveau I, Abri Bergy niveau 5). En 1970, O. Bar-Yosef (Bar Yosef 1981) soutient une thèse qu'il intitule « *Les cultures épipaléolithiques de Palestine* » et met en évidence la variabilité des industries du Kébarien sur le Proche-Orient, qu'il structure en plusieurs faciès.

A partir des années 1990, de nouvelles fouilles et des révisions des sites anciennement fouillés commencent à fournir des datations radiocarbone plus fiables (Maher *et al.* 2010 pour un récent inventaire des datations) et de nouvelles synthèses (Belfer-Cohen, Goring-Morris, 2014). Ces résultats confirmeraient la datation du Kébarien au dernier maximum glaciaire et une variabilité des assemblages épipaléolithiques différente sur la côte méditerranéenne et dans les oasis de la zone aride intérieure.

Le site d'Ohalo II sur le rivage de la mer de Galilée est un habitat de plein air qui a laissé les vestiges de six cabanes ovalaires, de six foyers extérieurs et une sépulture. Il a été daté entre 21 000 et 18 000 BP. Le site submergé sous les eaux est remarquable pour avoir exceptionnellement conservé les matériaux organiques d'environ dix mille graines et pépins d'une centaine d'espèces végétales. Poissons, tortues, oiseaux, lièvre, renard, gazelle, cerf ont fait partie des animaux consommés (Nadel *et al.* 2012). Les plantes comprennent des herbes, des arbustes et des fleurs, en particulier l'orge sauvage (*Hordeum spontaneum*), la mauve (*Malva parviflora*), le séneçon (*Senecio glaucus*), le chardon (*Silybum marianum*), le mélitot (*Melilotus indicus*). Les végétaux consommés sont les graines de graminées et de céréales sauvages, mais aussi les noix, les fruits et les légumineuses. La surface de travail d'une meule trouvée sur le site était recouverte de graines de blé, d'orge et d'avoine. Mais la majorité des végétaux retrouvés ont été utilisés pour la construction des habitats. Des outils en silex, en os et en bois, des plombs de filet de basalte et des centaines de perles de coquillages provenant de la mer Méditerranée ont également été identifiés. Ce site montre le rôle de la cueillette dans le système de ressources alimentaires des sociétés de chasseurs-cueilleurs, qui le plus souvent n'est révélé que par la présence de meules, dont l'existence au paléolithique supérieur n'est pas si rare, mais dont le rôle est sous-estimé faute de ne pouvoir identifier les espèces végétales cibles. Il annonce en outre le passage à l'agriculture à partir de la connaissance déjà millénaire de l'importance des végétaux dans le régime alimentaire des groupes épipaléolithiques au Proche-Orient.

L'aridité du dernier maximum glaciaire au Proche-Orient entraine par ailleurs une réduction des territoires de peuplement. De nombreuses régions semblent désertées comme le Sud-Caucase, le Zagros où le Zarzien, équivalent local du Kébarien et du Kébarien géométrique, succède au Baradostien après probablement un hiatus au LGM (Olszewski, 2012) et l'Asie centrale. Les peuplements semblent s'être réduits aux régions les plus humides (côtes, lacs, fleuves, oasis).

Le Nord de l'Asie au LGM

La Sibérie illustre bien les difficultés de corréler un peuplement de longue durée (30 000 ans) avec un événement climatique court (4 000 à 5 000 ans) sans longues stratigraphies ni datations radiocarbone fiables, même avec de nombreux sites fouillés (et pourrait-on dire « surtout », car plus le nombre de sites augmente, plus la variabilité des dates aussi, masquant ainsi les corrélations). Il faut renvoyer ici à deux études récentes. La première étude (Graf, 2009) liste les mauvaises dates qui induisent en erreur le discours archéologique (en insistant sur celles des laboratoires russes de datations radiocarbone). La seconde étude (Kuzmin *et al.* 2018) les défend. La première étude conclut à l'absence de peuplement au LGM en

Sibérie jusqu'à la latitude 45° Nord (à comparer à l'Europe 45-48° Nord) et la seconde que le peuplement s'est étendu de la latitude 70° Nord (le site de Yana daté du MIS3), à la latitude 58° Nord. Nous suivons ici les conclusions de la première étude, qui était déjà celle de P. Dolukhanov (Dolukhanov *et al.* 2002), en indiquant que la culture matérielle, dont les protagonistes de ce débat ne sont pas spécialistes, contribue à réfuter de nombreuses dates et indiquer un peuplement important du MIS 3 et au début du MIS 2 d'une part, et une recolonisation post-LGM à la fin du MIS2. Pour la Mongolie, une récente étude (Rybin *et al.* 2016) conclut à l'absence de peuplement dans cette région au LGM.

Cette question est également liée à celle de l'apparition dans ces régions de la « *microblade technology* », une courte et étroite lame produite principalement par des nucléus coniques ou en forme de coin, de son origine et de ses diffusions, jusque dans le Nord du continent américain. Pour les préhistoriens soviétiques, la technologie de la microblade apparait dès les débuts du paléolithique supérieur vers 35 000 BP dans l'Altaï en Sibérie tandis que pour les préhistoriens chinois, elle apparait dans le Nord de la Chine à Shuidonggou et Youfang (Kuzmin *et al.* 2007). Pour d'autres préhistoriens (Buvit *et al.* 2016), l'apparition de cette technologie apparaitrait dans le Nord de l'archipel japonais (Sakhaline, Hokkaido, Kouriles) au début du LGM, comme le résultat d'une migration venue du continent, qui aboutit à un abandon de la Transbaïkalie à l'approche du LGM. La fin du LGM verrait le retour sur le continent en plusieurs phases. En fait, ce désaccord provient du manque de définition précise de la « *microblade technology* », débitage lamellaire pour les premiers, débitage par pression par une technique de type Yubetsu pour les autres. C'est ce second point de vue qui est généralement adopté par les praticiens de la taille du silex (Gomez Coutoulis, 2011).

Les sites bien datés les plus anciens sont localisés sur l'ile de Sakhaline (Pirika-1, Kashiwadai-1et Ogonki-5) et sont indiscutablement du LGM. Des sites du LGM sont connus dans la vallée de l'Amour (Ust'Ulma), en Yakoutie (Verkhne-Troitskaya) et en Corée (Jangheungni, Shinbuk). Le débitage par pression perdure après le LGM jusqu'à l'Holocène et se retrouvera dans le continent nord-américain. C'est pourquoi, derrière la technologie lithique, c'est la question des auteurs et des vagues de peuplement de l'Amérique qui est l'autre sujet de ces débats.

L'Afrique orientale et centrale au LGM

Les conséquences climatiques du dernier maximum glaciaire sont la réduction de la superficie de la zone tropicale au profit de la savane dans la zone équatoriale (figure 6) et l'expansion de la zone désertique dans la zone australe (Kalahari).

La difficulté d'obtenir des séquences non remaniées et bien datées dans la zone tropicale de l'Afrique explique certainement notre incapacité

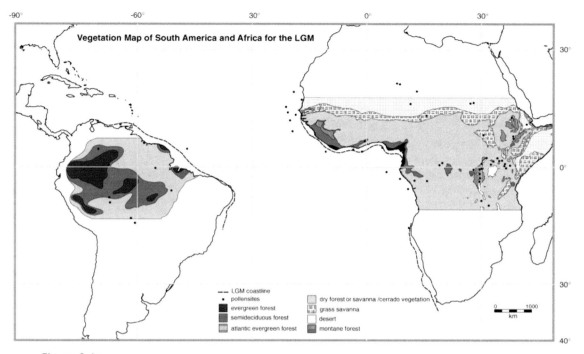

Figure 6. La réduction des zones de forêt tropicale en Amazonie et en Afrique durant le LGM

d'avoir encore aujourd'hui une vision claire du peuplement LSA à la fin du pléistocène. Une synthèse publiée à la fin des années 1980 illustre bien ces difficultés (Brooks, Robertshaw, 1989). Les fouilles, révisions et datations récentes apportent cependant un peu plus de clarté. Dans le Sud, au Bostwana, en Namibie et au Zimbabwe, l'absence de peuplement au LGM confirme les conclusions de l'Afrique australe. La situation ne semble pas différente en Zambie et au Malawi. En Tanzanie, Kenya, Uganda et Zaïre, où une continuité de peuplement continu au LGM peut être observée mais peu de sites ont fourni des résultats indiscutables.

Le site Gvjm-22 dans les Lukenya Hill au Kenya (Tryon *et al.* 2015) a fourni une industrie comprenant un débitage Levallois, un débitage lamellaire et laminaire, des pièces à retouche abrupte, de l'ocre et des meules dans un niveau daté entre 15 500 et 20 000 BP. Un fragment de crâne attribué à un homo sapiens archaïque y a été également découvert.

Le site d'Ishango au Zaïre, fouillé par J. de Heinzelin de Braucourt dans les années 1950 a fait l'objet de nouvelles fouilles et révisions (Crèvecoeur et al. 2016). L'industrie du principal niveau daté entre 19 540 et 24 145 BP a fourni une industrie lithique où les microlithes sont présentes, une riche industrie osseuse (harpons, pointes en os barbelées et non barbelées, manches), des meules indiquant une économie basée sur la pèche dans le lac, la chasse et une importante cueillette de végétaux. Les 12 squelettes humains fragmentaires fournissent un ensemble sans équivalent pour *l'homo sapiens* de la fin du Pléistocène. Comme pour le site Gvjm-22, les individus sont plus proches des *homo sapiens* du MSA que de l'Holocène.

l'Afrique australe au LGM

En Afrique australe, le peuplement abandonne l'espace intérieur du continent et se concentre sur la zone côtière (Mitchell, 1989) où l'aridité se fait moins sentir (figure 7). Le nombre de sites connus datés du LGM par le radiocarbone ne dépasse cependant pas la dizaine.

La chronostratigraphie de l'Afrique australe documente un MSA dans le MIS 4 et le début du MIS 3, suivi d'une industrie désignée sous le nom de LSA ancien (ELSA). Une chronologie de plus en plus fiable et précise a permis de mieux dater le MSA. La question d'une fin du MSA vers 40 000 ou de son prolongement jusqu'à 25 000 BP fait toujours débat, ainsi que la question du début du LSA. Nous considérons ici que le début du LSA ancien se situe entre 40 000 et 35 000. Les débuts de la technique « microlithique » désigné par le faciès Robberg datent du dernier maximum glaciaire. Ce faciès perdure apparemment sans changement jusqu'au Tardiglaciaire qui voit alors les industries évoluer (faciès Oakhurst ou Abany).

Le faciès Robberg a été pour la première fois reconnu sur le site de Rose Cottage Cave et défini sur le site de Nelson Bay cottage situé sur la péninsule de Robberg (Deacon, 1984, 1989). Il est caractérisé par une industrie lithique sur silcrete, calcédoine ou quartz, de production de lamelles à partir de nucléus

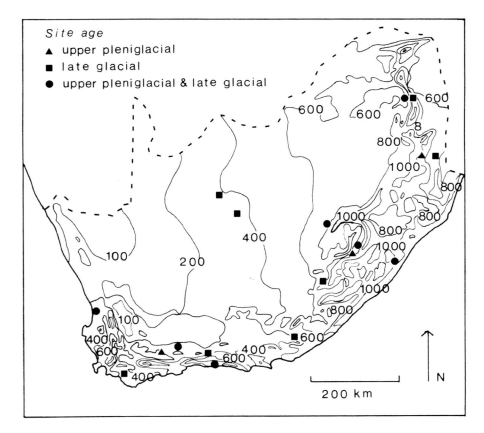

Figure 7. Réduction du peuplement humain en Afrique australe sur la zone côtière au LGM

unipolaire, permettant de façonner des lamelles à dos qui représentent seulement une faible part de l'industrie (pour une analyse technologique, Porraz *et al.* 2016). Une industrie sur matière dure animale est également connue sur os poli. Les fragments de coquilles d'œufs d'autruche gravées sont également présents.

Le Sundaland

Du fait de la latitude du Sundaland, le dernier maximum glaciaire a de plus faibles conséquences sur l'environnement qui offre une végétation de forêt tropicale humide de plaine, avec une expansion de la forêt tropicale montagneuse qui descend en altitude.

Paradoxalement, nos connaissances actuelles sur le peuplement du Sundaland au LGM sont presque inexistantes comme l'avait conclu, en 1990, la synthèse proposée par P. Belwood (Belwood, 1990). Pourtant, la baisse du niveau des mers avait découvert un vaste continent en reliant les iles de l'archipel indonésien au continent. Les études de l'industrie lithique sur l'ensemble du Sundaland (Forestier *et al.* 2017) semblent mettre en évidence une constance dans le temps des faciès lithiques. Les sites chronologiquement datés du LGM sont cependant peu nombreux : Bornéo (Niah, Tingkayu, Hagop Bilo) et Sulawesi (Lang Burung 2) pour pouvoir tenter une synthèse à l'échelle du continent.

Le Sahul

Le continent Australien, accueillant au MIS 3, voit son environnement se dégrader progressivement à l'approche du LGM ; son climat aride entraine une expansion des zones désertiques sur la quasi-totalité de la superficie du continent australien et de grandes zones de sables éoliens s'y développent (figure 8) et son climat froid (de 5 à 8° en dessous de l'actuel température moyenne) entraine l'expansion des glaciers en Nouvelle-Guinée (863 km^2) au sommet de montagnes qui culminent à 5 000 m et à un degré moindre, en Tasmanie, à 1600 m. La Nouvelle-Guinée est reliée par la terre ferme au Nord du continent australien avec un grand lac qui offre un environnement favorable aux groupes de chasseurs-cueilleurs (actuel golfe de Carpentarie). La Tasmanie est également reliée au continent par un isthme entre 23 000 BP et 12 000 BP (et probablement pendant l'épisode froid du MIS 3 vers 34 000 BP à l'origine du premier peuplement de l'île), isthme qui enferme un lac (lac de Bass), dont les rives ont dû accueillir des habitats (figure 9).

Au LGM, de nombreuses régions de l'Australie sont abandonnées et les peuplements se réfugient dans le Nord (Terre d'Arnhem et golfe

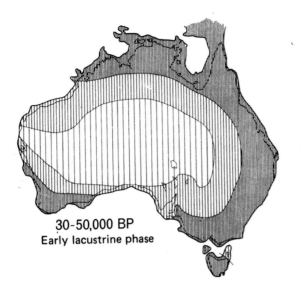

30-50,000 BP
Early lacustrine phase

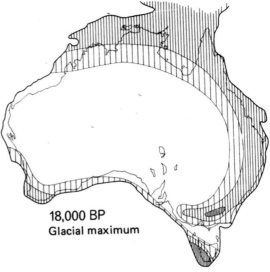

18,000 BP
Glacial maximum

de Carpentarie) et dans l'extrême Sud en Tasmanie (Jones, 1989 ; Hiscock, 2008). Dans le Sud-est, la région des Villandra Lakes qui a révélé de nombreux sites dans le MIS 3, semble désertée, les lacs s'étant asséchés devant l'aridité du LGM, mais elle sera réoccupée post-LGM. Seule contradiction apparente, le site de Puritjara, situé en zone aride, est un abri sous roche qui possède un art pariétal daté à partir de 13 000 BP, qui aurait connu une occupation continue entre 22 000 et 13 000 BP (Smith, 1989). Mais il pourrait également s'agir de peuplements pré-LGM et post-LGM masqués par des datations déficientes.

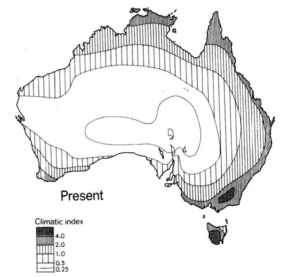

Present

Climatic index
4.0
2.0
1.0
0.5
0.25

Figure 8. Le climat d e l'Australie (Sahul) : vers 30 000 BP (a), au LGM (b) et à l'Holocène (c) selon l'indice climatique de Prescott

Cette période correspond également à l'extinction des grands mammifères (cf. volume 2). Progressivement, la fin de la glaciation permet la reconquête progressive du continent australien, qui sera maximum à l'Holocène ancien, jusqu'au retour de la sécheresse il y a 7000 ans.

Conclusions

Le dernier maximum glaciaire a eu des impacts majeurs sur les peuplements de chasseurs-cueilleurs sur l'ensemble de la planète, à des degrés cependant variable suivant les latitudes.

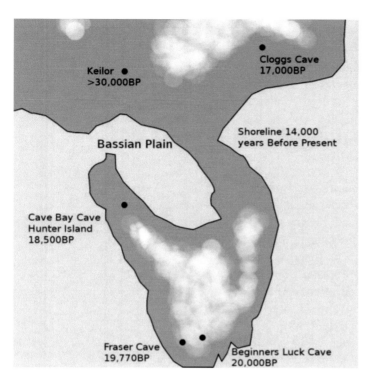

Figure 9. Le rattachement de l'île de Tasmanie au continent australien pendant le LGM

Dans les hautes latitudes du continent eurasiatique et américain, la progression de la calotte glaciaire du Pole Nord et des glaciers de montagne, a entrainé un abandon des territoires en Europe septentrionale et moyenne, en Asie centrale, en Sibérie et en Amérique du Nord et un reflux des groupes humains vers les latitudes plus basses.

Les sones semi-désertiques et désertiques de l'hémisphère Nord (Sahara, Proche-Orient, Asie centrale, Thar, Takla-Makan) comme de l'hémisphère Sud (Kalahari, Australie), dont les superficies se sont agrandies au dernier maximum glaciaire, sont également abandonnées.

L'Afrique est un des exemples les plus significatifs car l'Afrique du Nord est désertée, y compris la côte méditerranéenne. Les peuplements sont réduits et cloisonnés dans des refuges comme la région côtière de l'Afrique australe, la vallée du Nil, une partie de l'Afrique orientale. La forêt équatoriale, qui a diminué de superficie au profit d'une savane plus accueillante aux groupes humains, a pu également servir de zone de peuplement, mais son expansion à l'Holocène masquerait alors la présence des sites archéologiques.

L'abandon de territoires est un changement brutal qui oblige les groupes humains à mettre en place un nouveau système de gestion des ressources alimentaires dans le cycle annuel et de nouvelles sources d'approvisionnement (lithique, matière dure animale, coquillages, colorants, etc.). Ces nouveaux systèmes sont à l'origine de changements majeurs dans la culture matérielle.

Le dernier maximum glaciaire a donc engendré plusieurs processus, qui ont été assez bien mis en évidence en Europe grâce à l'ancienneté des recherches, au nombre de chercheurs et à la richesse des peuplements même pendant le dernier maximum glaciaire :
- Un processus d'adaptation à la péjoration climatique, en tentant de rester sur le même territoire, qui se traduit par des modifications légères dans la culture matérielle. En Europe, ce sont les industries du Gravettien final.
- un processus d'abandon progressif du territoire qui oblige à trouver d'autres approvisionnements souvent de moins bonne qualité et une

grande mobilité pour trouver de nouveaux territoires, à l'origine des faciès aurignacoïdes européens.

- un processus d'adaptation aux nouveaux territoires, aboutissant à la stabilisation d'un nouveau système de gestion de ressources alimentaires, de nouveaux approvisionnements en matière première et de nouveaux territoires de déplacements. Ce sont les industries du Solutréen, de l'Epigravettien ancien méditerranéen et de l'Epigravettien ancien oriental.

- Un processus d'acquisition pour compléter des ressources locales insuffisantes ou manquantes, qui amène les groupes à des déplacements saisonniers sur leurs anciens territoires : chasse aux troupeaux migrateurs, approvisionnement en bon silex, etc.

- Un processus de réinstallation permanente restreinte dans les anciens territoires, qui entraine de nouveau des changements majeurs dans la culture matérielle, tandis que les groupes qui restent sur les nouveaux territoires continuent la même culture matérielle. C'est le cas du Badegoulien en Europe occidentale et de l'Episolutréen sur la côte de Méditerranée occidentale.

- Un processus de recolonisation totale post-LGM, à l'issue duquel la culture matérielle et le système d'exploitation du territoire retrouve au pléniglaciaire supérieur récent (fin MIS 2) le même environnement qu'au pléniglaciaire supérieur ancien (début MIS 2), et adopte les mêmes solutions d'exploitation du territoire. C'est le cas du Magdalénien en Europe occidentale.

Dans les latitudes tropicales (Afrique centrale et orientale, Sundaland), où le changement climatique a l'amplitude la plus faible, la culture matérielle ne révèle pas de changements majeurs dans l'état actuel des connaissances entre le pré-LGM, le LGM et le post-LGM.

Les changements de culture matérielle se traduisent par des régressions et des innovations.

D'une façon générale, le débitage lamellaire se développe au détriment de la composante laminaire, un phénomène lié sans doute à plusieurs facteurs, dont la difficulté d'approvisionnement d'une matière première en volume et en qualité et mais aussi aux changements de pratiques cynégétiques.

Au Proche-Orient, l'industrie lithique du Kébarien montre une transformation majeure par rapport aux industries précédentes (Aurignacien du Levant C) au point que le terme Epipaléolithique a été proposé pour désigner ces industries où la composante microlithique se développe   significativement.

En Afrique australe, c'est le débitage lamellaire du faciès Robberg. En Extrême-Orient, c'est l'innovation de la « microblade technology », obtenue avec un débitage par pression.

En Europe, le développement des pointes en silex finement taillées avec une retouche foliacée bifaciale du Solutréen (feuille de laurier, feuille de saule, pointes à cran), dont la pratique est cependant présente quoique très rare au Gravettien, marque la rupture d'approvisionnement du bois de renne et de l'ivoire de défense de mammouth. Il en de même avec l'Epigravettien ancien méditerranéen (pointe arénienne, pointe à cran), et oriental (pointe d'Amvrosievka, pointe d'Anetovka). La finesse de ces pointes a fait naitre l'hypothèse de leur utilisation en pointe de flèches et donc associée avec l'innovation de l'arc, complétant l'arme de jet dans les espaces plus forestiers méditerranéens.

Mais des régressions apparaissent également dans les périodes les plus extrêmes du maximum glaciaire. C'est le cas du Solutréen ancien où la pointe à face plane, prototype des pointes foliacées ressemble aux pointes Levallois, morphologiquement sinon techniquement. C'est aussi le cas du Badegoulien ancien en Europe occidentale, où apparaissent des types particuliers comme le burin transversal sur encoche (un nucléus à lamelles particulièrement frustre) ou le burin d'Orville (un nucléus à microlamelles sur la face ventrale du support). Des outils dits « archaïques » car provenant d'un fonds moustérien et des débuts du paléolithique supérieur (encoches, denticulés, racloirs, pièces esquillées) sont présents à des taux élevé, jusqu'à 40% de l'outillage. Les lamelles à dos sont présentes. Le débitage sur éclat réapparait à partir de nucléus sans procédé bien défini. Plus tard, la raclette, un éclat avec une retouche abrupte circulaire, caractérise le Badegoulien récent. L'opposition entre la « belle » industrie du Solutréen ancien (mais en fait seulement les pièces foliacées) et la « laide »industrie du Badegoulien ancien qui lui succède a pu ainsi désarçonner les préhistoriens qui ne pouvaient imaginer que les mêmes groupes humains soient les auteurs de ces industries, les premiers restés dans la péninsule ibérique et les seconds ayant fait le choix d'une réinstallation définitive au Nord des Pyrénées.

Enfin, au Proche-Orient, dans la vallée du Nil et en Afrique orientale, il faut noter l'importance de la pêche dans la diète des groupes humains et la présence de meules qui confirment l'existence d'une nourriture végétale significative.

L'effectif de la population mondiale a fortement régressé pour deux raisons principales. D'une part, la superficie des territoires précédemment occupés s'est fortement réduite, de plus de la moitié. D'autre part, la baisse de mobilité des groupes de chasseurs-cueilleurs entraîne une réduction de leurs territoires de déplacements. Les simulations (Djindjian, 2014) mettent en évidence une densité variant de 0,01 h/km^2 pour les groupes humains du MIS 4 (stratégie opportuniste locale) à 0,1h/km^2 pour les groupes humains pré-LGM (Aurignacien, Gravettien) et post-LGM (Magdalénien). Les densités de peuplements du dernier maximum glaciaire suivent plusieurs stratégies : stratégie opportuniste locale, stratégie planifiée restreinte, stratégie de mobilité saisonnière. Leur densité se situe entre 0,01 et 0,05 h h/km^2.

C'est donc dans un facteur au moins de 4 que la démographie humaine a baissé au dernier maximum glaciaire.

Même si de grands territoires ont été perdus et la démographie de l'Humanité a été très diminuée, la capacité d'adaptation et d'innovation technique a été conservée. Et sans aucun doute, face à la nécessité de survivre au dernier maximum glaciaire et de s'y adapter, des connaissances ont été acquises. Tout est donc prêt pour la reconquête post-LGM et plus tard avec l'Holocène, à l'innovation de l'agriculture et de l'élevage.

Bibliographie

Ardelean C. F., Becerra-Valdivia L., Willerslev E. 2020. Evidence of human occupation in Mexico around the Last Glacial Maximum *Nature*, 584, p.87–92 (2020)

Barton R.N.E., Bouzouggar A., Collcutt S.N., Schwenninger J.L., L. Clark-Balzan L. 2009. OSL dating of the Aterian levels at Dar es-Soltan I (Rabat, Morocco) and implications for the dispersal of modern Homo sapiens. *Quaternary Science Reviews* 28 (2009), p.1914–1931

Barton, R.N.E., Bouzouggar, A., Hogue, J.T., Lee, S., Collcutt, S.N., Ditchfield, P. 2013. Origins of the Iberomaurusian in NW Africa: New AMS radiocarbon dating of the Middle and Later Stone Age deposits at Taforalt Cave, Morocco. *Journal of Human Evolution*, 65, 3, p.266-281

Bailey G.N., Carter P., Gamble Cl., Higgs H. 1983. Asprochaliko et Kastritsa. Further investigations of Palaeolithic settlement and economy in Epiras (North-West Greece). *Proceedings of the Prehist. Soc.*, 49, p.15-42

Becerra-Valdivia L, T Higham. 2020. The timing and effect of the earliest human arrivals in North America, *Nature* 584, p.93-97.

Belfer-Cohen A., Goring-Morris N., 2014. The Upper Palaeolithic and Earlier Epi-Palaeolithic of Western Asia. In " *The Cambridge World Prehistory*, C. Renfrew & P. Bahn eds.", Cambridge, Cambridge University Press, p.1381-1407

Boëda, E., Clemente-Conte, I., Fontugne, M., Lahaye, C., Pino, M., Felice, G., Guidon N., Hoeltz S., Lourdeau A., Pagli M., Plessis A.M, Viana S., Da Costa A., Douville, E. 2014. A new late Pleistocene archaeological sequence in South America: The Vale da Pedra Furada (Piauí, Brazil). *Antiquity*, 88 (341), p.927-941

Bourgeon L, Burke A, Higham T 2017. Earliest Human Presence in North America Dated to the Last Glacial Maximum: New Radiocarbon Dates from Bluefish Caves, Canada. *PLoS ONE* 12(1): e0169486.

Bosselin B., Djindjian F. 2002. Un essai de reconstitution du climat entre 40 000 BP et 10 000 BP à partir des séquences polliniques de tourbières et de carottes océaniques et glaciaires à haute résolution. *Archeologia E Calcolatori*, 13, p.275-300

Brooks A., Robertshaw P. 1990. The glacial maximum in Tropical Africa 22 000-12 000 BP In *"The World at 18 000 BP*, Cl. Gamble & O. Soffer eds" London, Unwin Hyman, p.121-169

Buvit I., Izuho M., Karisa Terry K., Konstantinov M.V., Konstantinov A.V. 2016 Radiocarbon dates, microblades and Late Pleistocene human migrations in the Transbaikal, Russia and the Paleo-Sakhalin-Hokkaido-Kuril Peninsula *Quaternary International*, 2016, 425, p.100-119

Camps G. 1974. *Les civilisations préhistoriques de l'Afrique du Nord et du Sahara.* Paris, Doin

Castel J.C., Chadelle J.P., Geneste J.M. 2005. Nouvelle approche des territoires solutréens du Sud-Ouest de la France, *in :* Jaubert J., Barbaza M. (ed.), *Territoires, déplacements, mobilité, échanges pendant la préhistoire. Terres et hommes du Sud*, Paris, CTHS, p.279-294

Cheng, H., et al. 2015. The climate variability in northern Levant over the past 20,000 years. *Geophys. Res. Lett.*, 42, p.8641–8650, doi:10.1002/2015GL065397.

Coutterand S., Buoncristiani J.F. 2006. Paléogéographie du dernier maximum glaciaire du Pléistocène récent de la région du Massif du Mont Blanc, France, *Quaternaire*, 17, 1, 2006, p.35-43.

Crevecoeur I., Brooks A., Ribot I., Cornelissen E., Semal P. 2016, Late Stone Age human remains from Ishango (Democratic Republic of Congo): New insights on Late Pleistocene modern human diversity in Africa, *Journal of Human Evolution* 96 (2016) p.35-57

Deacon, J. 1984. *The Later Stone Age of southernmost Africa.* Cambridge Monographs in African Archaeology 12. International Series 213. Oxford, BAR

Deacon, J. 1990. *Changes in the archaeological record in South Africa at 18 000 BP.* In "*The World at 18 000 BP*, Cl. Gamble & O. Soffer eds" London, Unwin Hyman, p.170-188

Dillehay T.D., Ocampo C, Saavedra J, Sawakuchi A.O., Vega R.M., et al. 2015. Correction: New Archaeological Evidence for an Early Human Presence at Monte Verde, Chile. *PLOS ONE* 10(12): e0145471.

Djindjian, F. 1995. L'influence des frontières naturelles dans les déplacements des chasseurs cueilleurs au Würm récent. *Prehistoria Alpina*, 28, 2, 1992, p.7-28

Djindjian F. 2018. Art during the last glacial maximum in western Europe. In "*The Grotte du Placard at 150. New considerations on an exceptional prehistoric site*; Ch. Delage edt", Oxford, Archaeopress, p.170-185

Djindjian, F., Kozlowski, J., Otte, M 1999. *Le Paléolithique supérieur en Europe.* Paris, Armand Colin

Dolukhanov, P.M., Shukurov, A.M., Tarasov, P.E., Zaitseva, G.I., 2002. Colonization of Northern Eurasia by modern humans: radiocarbon chronology and environment. *Journal of Archaeological Science* 29, p.593–606.

Gómez Coutouly Y. A. 2011. *Industries lithiques à composante lamellaire par pression du Nord Pacifique de la fin du Pléistocène au début de l'Holocène : de la diffusion d'une technique en Extrême-Orient au peuplement initial du Nouveau Monde.* Archéologie et Préhistoire. Thèse Université Paris Ouest Nanterre La Défense.

Graf K.E. 2009. The good, the bad, and the ugly : evaluating the radiocarbon chronology of the middle and late Upper Paleolithic in the Enisei River valley, south-central Siberia. *Journal of Archaeological Science* 36, p.694–707

Haesaerts, P., Borziak, I., Chirica, V., Damblon, F., Koulakovska, L., Van Der Plicht, J. 2003. The east Carpathian loess record: a reference for the middle and late pleniglacial stratigraphy in central Europe. *Quaternaire*, 14, (3), p.163-188.

Hope, G.S, *et al* Eds. 1976, *The Equatorial Glaciers of New Guinea (Results of the 1971-1973 Australian Universities' Expeditions to Irian Jaya: survey, glaciology, meteorology, biology and palaeoenvironments)*, Rotterdam, A.A. Balkema.

Ivanova I. 1969. Etude géologique des gisements paléolithiques de l'U.R.S.S. *L'Anthropologie*, 73, 1969, p.5-48.

Jones R. 1990. From Kakadu to Kutikina : the southern continent at 18 000 years ago. In "*The World at 18 000 BP*, Cl. Gamble & O. Soffer eds" London, Unwin Hyman, p.264-295

Kabacinski J., Chlodnicki M., Kobusiewicz M., Winiarska-Kabacinska M. eds. 2018. *Desert and the Nile, Prehistory of the Nile Basin and the Sahara*, Papers in honour of Fred Wendorf, Studies in African Archaeology, vol. 15, Poznań 2018

Kuzmin Y.V., Keates S.G. 2018. Siberia and neighboring regions in the Last Glacial Maximum: did people occupy northern Eurasia at that time? *Archaeological and Anthropological Sciences* (2018) 10, p.111–124

Kuzmin Y.V., Keates S.G., Shen C. 2007. Introduction: microblades and beyond. In: *Origin and Spread of Microblade Technology in Northern Asia and North America*. Y.V. Kuzmin, S.G. Keates, C. Shen, Eds. Burnaby, B.C. (Canada): Archaeology Press, Simon Fraser University, p.1-6.

Lubell D. 1971. *The Fakhurian: A Late Palaeolithic Industry from Upper Egypt and Its Place in Nilotic Prehistory*. Columbia University

Maher L.A., Banning E.B., Chazan M. 2010. Oasis or Mirage? Assessing the Role of Abrupt Climate Change in the Prehistory of the Southern Levant. *Cambridge Archaeological Journal* 21:1, p.1–29

Mitchell P. 1990. A palaeo-ecological model for archaeological site distribution in southern South-Africa during the Upper Pleniglacial and Late Glacial, In "*The World at 18 000 BP*, Cl. Gamble & O. Soffer eds" London, Unwin Hyman, p.189-205

Molist M., Cauvin M-Cl. 1990 Une Nouvelle séquence stratifiée pour la préhistoire en Syrie semi-désertique. *Paléorient*, 1990, 16, 2. p.55-63

Nadel D., Piperno D.R., Holst I., Snir A., and Weiss E. 2012. New evidence for the processing of wild cereal grains at Ohalo II, a 23 000-year-old campsite on the shore of the Sea of Galilee, Israel. *Antiquity* 86 (334), p.990-1003.

Olszewski D.I., 2012. The Zarzian in the Context of the Epipalaeolithic Middle East, *Intl. J. Humanities* (2012), 19 (3), p.1-20

Palma di Cesnola A. 1993. *Il Paleolitico superiore in Italia*. Firenze, Garlatti & Razzai Editori

Palma di Cesnola A., Bietti A. 1983. Le Gravettien et l'Epigravettien ancien en Italie. In «La position taxonomique et chronologique des industries à pointes à dos autour de la méditerranée européenne». *Rivista di Scienze Preistoriche*, 38/1, 2, p.181-228

Porraz G., Igreja M., Schmidt P., Parkington J. 2016. A shape to the microlithic Robberg from Elands Bay Cave (South Africa). Southern African Humanities, KwaZulu-Natal Museum-South Africa, Elands Bay Cave and the Stone Age of the Verlorenvlei, South Africa, 29, p.203-247.

Roche J., Delibrias G. 1976, Datations absolues de l'Epipaléolithique marocain, *Bulletin d'Archéologie Marocaine*, 10, p. 11-24.

Rybin E.P., Khatsenovich A.M., Gunchinsuren B., Olsen J.W., Zwyns N. 2016 The impact of the LGM on the development of the Upper Paleolithic in Mongolia. *Quaternary International* 425 (2016) 69e87

Sari L. 2012. L'Ibéromaurusien, culture du paléolithique supérieur tardif. Thèse de l'université de Paris X-Nanterre.

Saxon E.-C, Close A.-E., Cluzel C., Morse V., Shackleton N.-J. 1974. Results of recent investigations at Tamar Hat. *Libyca*, 22, p.49-91

Smith, M.A., 1989. The case for a resident human population in the Central Australian Ranges during full glacial aridity. *Archaeology in Oceania* 24, p.93-105

Tixier J. Inizan M.L. 1981 Ksar-Akil. Fouilles 1971-1975. In « *La préhistoire du Levant,* Colloque international CNRS n°598, 10-14 juin 1980 » Paris, CNRS

Tryon Ch. A., Crevecoeur I., Faith J.T., Ekshtaina R., Nivens J., Patterson D., Mbua E.N., Spoor F. 2015, Late Pleistocene age and archaeological context for the hominin calvaria from GvJm-22 (Lukenya Hill, Kenya), *PNAS*, 2015, 112, 9, p.2682–2687

Wendorf F., Schild R., Close A., et al.. 1988. New radiocarbon dates and late Palaeolithic diet at Wadi Kubbaniya, Egypt. *Antiquity*, 62, p.279-283

Le repeuplement des territoires après le dernier maximum glaciaire

Lioudmila Iakovleva[1]

Résumé

La période qui suit le dernier maximum glaciaire voit s'établir, à partir de 17 000 BP, un climat froid et sec glaciaire, analogue à celui des débuts du MIS 2, favorable à l'expansion de la steppe froide qui reprend dans les hautes latitudes la superficie laissée au pergélisol et à la toundra, favorable à l'expansion de la forêt tropicale humide au détriment de la savane dans les latitudes équatoriales, et favorable à la savane qui fait reculer les zones désertiques et semi-désertiques. Le changement climatique suivant sera progressivement le retour de l'humidité à partir de 15 000 BP, puis le premier événement tardiglaciaire, qui est l'interstade tempéré de Bölling vers 13 500 BP. Cette période voit globalement sur l'ensemble de la planète, la reconquête des territoires abandonnés au moment du dernier maximum glaciaire.

L'Europe occidentale voit la réussite impressionnante du système magdalénien, qui à partir d'un noyau aquitaino-cantabrique vers 17 000 BP, va faire la reconquête progressive de l'Europe occidentale moyenne, puis de l'Europe centrale moyenne jusqu'en petite Pologne vers 15 000 BP, puis au Bölling de l'ensemble du territoire de l'Europe occidentale et centrale, enfin sous la forme différentiée du Hambourgien et du Cresswellien en Europe septentrionale (Angleterre, Pologne, Allemagne du Nord). L'Europe orientale, parallèlement voit la reconquête du bassin moyen et supérieur du Dniepr par les groupes humains du Mézinien.

Le Proche-Orient voit l'expansion des porteurs d'une industrie épipaléolithique (Kébarien du Levant) vers l'Asie centrale (Zarzien) et vers le Caucase (Imérétien). L'Afrique du Nord voit le retour de groupes humains, porteurs de l'industrie de l'Ibéromaurusien. Le recul des zones désertiques permet une reconquête par les groupes humains du LSA des territoires en Afrique australe et en Afrique orientale. C'est le cas également en Australie où progressivement s'effectue la reconquête du continent à partir des refuges du golfe de Carpentarie et de la Tasmanie.

Les porteurs de la « microblade industry », réalisent une expansion en Extrême-Orient qui les amènera à créer une deuxième vague de peuplement sur le continent Nord-américain. Parallèlement, sur le continent américain, les groupes humains, qui s'étaient dispersés vers le centre et le Sud du continent, remontent vers le Nord du continent avec le recul du glacier des Laurentides, qu'ils repeupleront au Bölling avec la culture de Clovis.

Le Tardiglaciaire, qui voit la fin de la glaciation et le passage à l'Holocène, fournit un environnement favorable à l'accélération de cette reconquête, qui s'effectuera

---

1 Institut d'archéologie NAS Ukraine et CNRS UMR 7041 ArScAn

en latitude et en altitude, et que ne freinera que brièvement l'épisode froid mais bref du Dryas récent. Le cadre est mis en place pour l'arrivée de l'Holocène humide, l'environnement climatique le plus favorable au peuplement humain, depuis l'avant-dernier interglaciaire du MIS 5.

Abstract

The period following the last glacial maximum sees a cold, dry glacial climate from 17,000 BP, similar to that of the beginnings of MIS 2, favorable to the expansion of the cold steppe, which occupy back in the high latitudes the area left to permafrost and tundra, favorable to the expansion of the rainforest to the detriment of the savannah in the equatorial latitudes and favorable to the savannah that causes desert and semi-desert areas to recede. The next climate change will gradually see the return of humidity from 15,000 BP, then the first tardiglacial event, which is the temperate oscillation of Bölling around 13,500 BP. This period sees globally over the entire planet, the recolonization of territories abandoned at the time of the last glacial maximum.

Western Europe sees the impressive success of the Magdalenian system, which from an aquitaino-Cantabrian core around 17,000 BP, will make the gradual recolonization of middle Western Europe, then of middle Central Europe until small Poland around 15,000 BP, then during the Bölling of the whole territory of Western and Central Europe, finally in the differentiated form of the Hamburgian and Cresswellian in northern Europe (England, Poland, Northern Germany).

At the same time, Eastern Europe saw the recolonization of the middle and upper Dnieper basin by the Mezinian human groups.

The Near East sees the expansion of the authors of an epipaleolithic industry (Kebarian of the Levant) to Central Asia (Zarzian) and to the Caucasus (Imeretian). North Africa sees the return of human groups, the authors of the Iberomaurusian industry. The retreat of desert areas allows LSA human groups to gain territories in southern and eastern Africa. This is also the case in Australia, where the whole continent is gradually being recolonized from the refuges of the Gulf of Carpentaria and Tasmania.

The authors of the microblade industry are expanding in the Far East, which will lead them to create a second wave of peopling on the North American continent. At the same time, the human groups, which had dispersed to the center and south of the continent, are moving up to the north of the continent with the retreat of the Laurentian inlandsis, which they will repopulate during the Bölling with the culture of Clovis.

The Tardiglacial period, which sees the end of the ice age and the transition to the Holocene, provides an environment conducive to the acceleration of this recolonization, which will take place at latitude and altitude, and which will only briefly slow down during the cold but brief episode of the late Dryas. The framework is set up for the arrival of the Wet Holocene, the climate environment most favorable to human settlement, since the penultimate interglacial of the MIS 5.

Le climat de la fin de la dernière glaciation

La fin du LGM est située vers 17 000- 16 500 BP. C'est alors un épisode froid et sec qui succède à un épisode très froid et plus humide de la fin du LGM qui a permis une installation permanente plus au Nord du Badegoulien en Europe occidentale et du Sagvarien en Europe centrale.

Cette période post-LGM, parfois désignée sous le nom de Dryas I (issue des séquences de pollens) ou pléniglaciaire supérieur récent, enregistre un climat froid et sec, qui dure de 16 500 à 13 500 BP environ. Cependant cet épisode climatique annonce également la fin de la période glaciaire, et progressivement, la température s'élève progressivement tandis que les glaciers des montagnes commencent à fondre et disparaitre (Pyrénées, Corse, Apennins, Alpes dinariques, Balkans, Carpates qui ne subsistent aujourd'hui qu'au dessus de 2 500 mètres d'altitude.). L'humidité revient également à partir de 15 000 BP et la neige se remet à tomber à la mauvaise saison, protégeant et humidifiant une végétation qui se développe mais réduisant dangereusement l'alimentation hivernale des herbivores de la steppe froide. L'oscillation de Bölling est le premier réchauffement de la fin de la glaciation (13 500 -12 500 BP). L'humidité continue à augmenter, et avec elle, survient le changement de végétation et le processus de remplacement de la steppe froide par la forêt va commencer. L'épisode du Dryas II marque un enrayement bref du réchauffement (12 500-12 000 BP) qui s'accélère avec l'épisode d'Alleröd qui voit la remontée à partir des zones méditerranéennes de végétations et de faunes vers l'Europe moyenne (12 000 -11 000 BP). Un dernier coup de froid, intense et court, interprété comme un évènement d'Heinrich, se situe vers 11 000 BP. Le Préboréal, qui lui succède marque les débuts de l'Holocène (MIS 1) vers 10 500 BP.

Le repeuplement de l'Europe occidentale : le Magdalénien

La fin du LGM est marquée par une réinstallation permanente des groupes humains du Badegoulien en Europe moyenne, profitant d'une légère amélioration climatique entre 18 500 et 17 000 BP. La répartition géographique de ce peuplement se retrouve jusqu'en Suisse et en Allemagne dans la vallée du Rhin (Figure 1).

Le retour de la sécheresse avec le début du Dryas I marque un repli des groupes humains du Badegoulien vers le Sud jusqu'en Languedoc et en Catalogne. C'est dans l'espace aquitaino-cantabrique, que va alors se constituer rapidement le système magdalénien, qui est généralement considéré comme issu des niveaux de la fin du Badegoulien, dont les lamelles à dos et l'industrie osseuse anticipe les caractéristiques techniques du Magdalénien.

La chronostratigraphie du Magdalénien était historiquement basée sur la chronostratigraphie en six phases de H. Breuil depuis le congrès de Genève en 1912, basée sur l'étude de la grotte du Placard en Charente, et modifiée

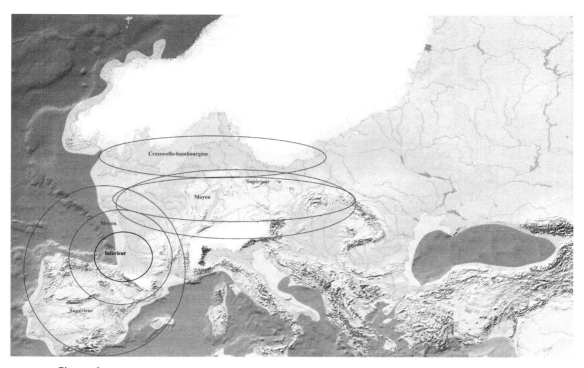

Figure 1. Expansion du Magdalénien en Europe de la fin du LGM à la fin du Dryas II (17 000-12 500 BP) à partir du noyau Aquitaine/ Cantabres jusqu'en Pologne à l'Est

par Peyrony (avec un faciès 0) sur la base des abris de Laugerie-Haute et de la Madeleine près des Eyzies en Périgord. Elle a été révisée dans les années 1990 (Bosselin, Djindjian, 1988 ; Djindjian *et al.* 1999) et s'est imposée depuis avec les subdivisons suivantes : Badegoulien ancien et récent, Magdalénien inférieur, moyen et supérieur. De nombreux colloques ont été consacrés au Magdalénien depuis 1977, dont la liste est donnée en bibliographie.

En Aquitaine, la chronostratigraphie était basée sur la séquence de Laugerie-Haute pour ses débuts (0 à III) puis sur la séquence de La Madeleine (IV à VI). Mais aucun site n'a jamais encore fourni une séquence complète, aussi la construction de D. Peyrony est-elle particulièrement fragile parce qu'il n'y a aucune corrélation entre les deux séquences. Alors, faute de stratigraphies, la tentation est-elle forte de préciser par des datations radiocarbone l'évolution chronologique du Magdalénien. Mais les datations radiocarbone ne possèdent pas encore la précision ni la fiabilité pour le permettre. Le principal enjeu des futures études du Magdalénien sera la découverte et la fouille d'un abri présentant une séquence stratigraphique complète.

Le *Magdalénien inférieur*

Le Magdalénien inférieur, daté entre 17 000 et 15 500 BP, est un faciès microlithique dont les meilleurs représentants sont aujourd'hui en Aquitaine et Charente, l'abri Gandil (c. 23, 25) à Bruniquel, le site de plein air de Fontgrasse (Gard), l'abri de Saint-Germain la Rivière (ensemble inférieur) en Gironde et la grotte du Taillis des Coteaux (niveau III) dans la Vienne (Djindjian, 2018). Son équivalent, le Magdalénien inférieur cantabrique est connu sur la corniche cantabrique, prolongement côtier naturel de l'Aquitaine, notamment dans les sites d'Erralla (V), Riera (17-20), Rascano (4, 3), Juyo (IV-XII). Le polymorphisme initial du Magdalénien inférieur reste un processus à comprendre : faciès à lamelles à dos (type Taillis des Coteaux ou M2), faciès à pointes à cran (type Fontgrasse, Gandil), faciès à triangles scalènes (type Laugerie), faciès à outils « archaïques » (type M0), comme si la genèse du Magdalénien était issue d'origines diverses : Badegoulien final et Episolutréen, avant son uniformisation.

Le Magdalénien moyen

Le Magdalénien moyen, daté entre 15 500 et 13 500 BP, marque une expansion géographique considérable des groupes humains vers l'Europe moyenne, à une vitesse de progression que les datations radiocarbone ne peuvent mesurer. Le bassin de la Loire est atteint (grotte de la Marche, abri du Roc aux Sorciers sur la Vienne, grotte de la Garenne sur la Creuse) ainsi que l'Auvergne en remontant la Loire et l'Allier. Le passage de bassin en bassin se fait par les voies aux seuils les plus bas, qui sont révélées par des sites qui les jalonnent. Le passage de la Loire à la Seine se fait par la Trézée et le Loing (grotte du Trilobite à Arcy-sur-Cure). Le passage de la Loire à la Saône s'effectue par les affluents de la Dheune et de la Bourbince qui se rejoignent au Lac de Longpendu : Solutré, abri de la Colombière, grotte Grappin, abri de la Croze sur Suran, grotte de Rigney. Le passage du bassin de la Saône au bassin du Rhin se s'effectue facilement par la porte de Bourgogne (ou trouée de Belfort) en remontant le Doubs, révélé par la grotte de Kesslerloch dans le canton de Schaffhouse, sur la rive droite du Rhin. Ce site cependant a livré des datations plus récentes et a été attribué au Magdalénien moyen sur la base de l'industrie osseuse et de l'art mobilier. Le passage du Rhin à la haute vallée du Danube s'y effectue là. Dans la haute-vallée du Danube, dans le Jura Souabe, les grottes et abris ont révélé de nombreux sites du Magdalénien supérieur mais actuellement il n'y a pas encore de sites indiscutablement datés du Magdalénien moyen sauf peut-être le site de Münsingen qui mériterait une révision (Weniger, 1989). Le site indiscutable de la colonisation des groupes humains du Magdalénien moyen en Europe centrale est la grotte de Maszyska en Pologne. Le site est exceptionnel par ses conditions d'abandon : un massacre laissant les restes de 16 individus (5 adultes, 3 adolescents, 8 jeunes enfants), 133 outils dont 35 sagaies, 6 navettes, 4 baguettes demi-rondes, 2 poinçons, 2 lissoirs, 4 côtes façonnées, 1 bâton percé, 1 pic en bois de renne et une trentaine d'andouillers en cours de débitage, autrement dit les outils généralement emportés par le groupe humain, et qui cette fois sont restés exceptionnellement en place. De nouvelles dates ^{14}C AMS (Kozlowski *et al.* 2012) ont confirmé l'appartenance au Magdalénien moyen (15 115/ 15 015/ 15 025/ 14 855 BP). La faible quantité de sites du Magdalénien moyen découverts entre l'Est de la France et la Pologne pose la question de l'importance démographique de cette première colonisation magdalénienne en Europe centrale. S'agit-il d'incursions à la bonne saison ou d'un peuplement permanent sur le cycle annuel ? La révision des sites magdalénien d'Europe centrale pourrait confirmer l'existence et le cheminement des groupes du Magdalénien moyen depuis l'Est de la France, la vallée du Rhin, le Haut-Danube jusqu'en Pologne.

Une comparaison de la culture matérielle de ces sites du Magdalénien moyen de l'Europe moyenne (Allain *et al.* 1985) a mis en évidence la présence commune d'un outil, la navette, accompagnée de sagaies rainurées à section quadrangulaire, de sagaies à double biseau, de ciseaux, de baguettes demi-rondes et de bâtons phalliques, ensemble qui a été désigné sous le nom de Magdalénien (moyen) à navettes. Ce faciès a été opposé à un autre faciès, plus méridional, caractérisé par la petite sagaie de Lussac-Angles, qui de façon plus ou moins typique, se retrouve depuis la Vienne jusque dans les Pyrénées et la côte cantabrique. Cependant la navette se retrouve également en Charente, en Gironde et en Périgord. Et la contemporanéité ou la succession de ces deux faciès n'a pas pu être prouvé jusqu'à présent ni par la stratigraphie ni par les datations radiocarbone.

Le Magdalénien moyen continue d'être présent en Aquitaine, sur la côte cantabrique jusqu'en Asturies (Las Caldas, la Vina), sur le versant Nord des Pyrénées, et il pénètre en Languedoc occidental (Gazel, Canecaude II) où sa progression s'arrête non pas devant des obstacles géographiques mais sans doute au contact d'un peuplement Epigravettien déjà présent.

La composante la plus remarquable du Magdalénien moyen, outre une industrie lithique assez répétitive aussi bien par son débitage que par son façonnage et une industrie en matière dure animale riche et diagnostique (mais sans les harpons du Magdalénien supérieur), est l'art mobilier et l'art pariétal des habitats et des grottes profondes.

L'art mobilier du Magdalénien moyen, dont la grande richesse est visible dans la collection Piette conservée au Musée d'Archéologie Nationale, a produit des statuettes animales et humaines, réalistes ou schématiques comme les motifs pubiens sur incisive lactéale de jeune poulain (Iakovleva, 2015), des objets utilitaires au décor soigné (notamment les propulseurs, les bâtons percés), les armes de jet (sagaies, baguettes demi-rondes), des éléments de parure (pendeloques percées, rondelles perforées, contours découpés), des plaquettes gravées aux représentations animales ou humaines surchargés (La Marche), des galets gravés (La Colombière).

L'art pariétal des habitats nous est connu par des frises sculptées en ronde bosse sur les parois de plusieurs abris sous roche (figure 2). Ceux-ci, nous le savons aujourd'hui, ont très certainement été sculptés par les Solutréens (Chaire à Calvin, Cap Blanc, Reverdit, Roc de Sers) puis retaillés au Magdalénien selon leur bestiaire. Seul exception, le Roc aux Sorciers, à Angles sur l'Anglin dans la Vienne, ne révèle dans sa stratigraphie que des niveaux du magdalénien moyen et supérieur (Iakovleva, Pinçon, 1997).

L'art pariétal des grottes profondes particulièrement est riche dans les Pyrénées, en Périgord, en Quercy et sur la corniche cantabrique. Plusieurs bestiaires ont été mis en évidence pour le Magdalénien moyen : un bestiaire à dominante cheval/bison de la plaine aquitaine, des Pyrénées et de la corniche cantabrique, un bestiaire à dominante cheval/renne avec bouquetins des vallées du massif central (Périgord/ Quercy) et un bestiaire à dominante cheval/renne avec mammouths et rhinocéros des régions de l'Europe moyenne de la Loire à la Pologne (Djindjian, 2012), qui correspondent à autant de zoocénoses régionales.

Au Magdalénien moyen, la question est alors posée, du fonctionnement des groupes humains à l'intérieur de leur territoire de déplacements pour la gestion des ressources alimentaires dans le cycle annuel, les approvisionnements en matière première, les relations intergroupes, la mobilité et enfin la démographie. L'espace aquitaino-cantabrique semble être un de ces territoires ; et le bassin de la Loire jusqu'en Europe centrale, un autre. La Vienne et la Charente apparaitrait alors comme un espace d'interface entre ces deux territoires.

Figure 2. Frise sculptée magdalénienne de l'abri Bourdois au Roc-aux-Sorciers (Vienne, France) (D'après Iakovleva et Pinçon, 1997)

Le Magdalénien supérieur

Le Magdalénien supérieur, qui est daté du Bölling, profite de l'amélioration climatique pour continuer le repeuplement de l'Europe septentrionale : le bassin parisien où de nombreux habitats de plein air ont été fouillés par A. Leroi-Gourhan et son équipe, la vallée de la Meuse en France (Roc La Tour) et en Belgique (Chaleux), la vallée du Rhin (avec les sites de Gonnersdorf et d'Andernach fouillés par G. Bosinski).

La remontée de la haute vallée de la Loire et de l'Allier introduit les groupes humains en Auvergne dès la fin du Magdalénien moyen (abri Durif à Enval vers 13 850 BP ; La Goutte Roffat à Villerest). Cette colonisation se développe progressivement au Magdalénien supérieur où les sites ne dépassent pas encore 700 mètres d'altitude (Rond-du-Barry, Le Blot, Blanzat, Longetraye) puis à l'Azilien, dans une conquête des altitudes que permet la fin de la glaciation.

En Aquitaine, le peuplement au Magdalénien supérieur s'est intensifié avec des sites de plein air en plus grand nombre (Gare de Couze), des habitats qui remontent vers le Massif Central les vallées du bassin de la Dordogne (Puy de Lacan en Corrèze) et sur le Piémont Nord des Pyrénées les courtes vallées du bassin de la Garonne. Des sites d'altitude au-dessus de 500 m se spécialisent à la bonne saison pour la chasse aux bouquetins et aux chamois (La Vache, Les Eglises). Les Pyrénées sont franchies en plusieurs points vers le bassin de l'Ebre (Abauntz).

Sur la côte méditerranéenne, les groupes humains du Magdalénien supérieur occupent l'ensemble du Languedoc, atteignent le delta du Rhône, l'Ardèche et le Vaucluse. Ils remontent la vallée du Rhône et ses affluents alpins (Drome) jusqu'au lac Léman et jusqu'au lac de Neuchâtel (Champréveyres, Monruz). La Suisse devient alors magdalénienne par le Rhin et par le Rhône (Leesch *et al.* 2019).

Au Sud, les groupes magdaléniens descendent la côte méditerranéenne, en Catalogne (Bora Gran, Cueva del Parco), en pays valencien (Parpallo, Cova Matutano) jusqu'en Andalousie (Cueva de Nerja). Ils remontent la vallée de l'Ebre.

La progression en Europe centrale par la vallée du Danube laisse cette fois la trace de nombreux sites du Magdalénien supérieur, le long de la haute vallée du Danube dans le Jura Souabe ; ces habitats en grottes ou en abris (Hohle Fels) ne traduisent probablement pas l'ampleur du peuplement qui pourrait se concrétiser par de nombreux sites de plein air non encore découverts. Les sites en plein air de la vallée du Danube (Kameg) et les grottes de la région de Graz de Basse-Autriche, les grottes du karst morave (Kulna, Pekarna), les sites de plein air de Bohème (Hostim), révèlent l'arrivée dans la plaine de Pannonie.

Dans la grande plaine du Nord, en remontant la vallée de l'Elbe, se trouvent les riches sites magdaléniens de Thuringe concentrés sur les vallées de la Saale et de l'Elster qui ont été fouillés par R. Feustel (Oelknitz, Kniegrotte, Nebra) et en Pologne, après avoir traversé les Carpates occidentales par les portes de Poprad, les grottes du Jura cracovien.

La grande innovation de l'industrie en matière dure animale du Magdalénien supérieur est le harpon. Probablement faut-il mettre en relation avec le développement de la pêche, pour laquelle cet outil est généralement dédié. L'industrie lithique reste monotone, mais voit apparaitre quelques nouveaux types d'outils comme le burin bec de perroquet ou le burin de Lacan, et des pointes en silex comme la pointe de Laugerie-basse ou la pointe pédonculée de Teyjat.

L'amélioration climatique entraine la remontée à partir de leurs refuges méditerranéens de la végétation (la forêt tempérée) et de la faune (aurochs, cerf). Le bestiaire de l'art pariétal en Aquitaine s'en trouve modifié avec une dominante cheval/bison/aurochs/cerf et biche que l'on retrouve notamment dans l'art mobilier des abris de Morin (Gironde), de Fontalès (Aveyron), de Roc La Tour (Ardennes) et dans les grottes ornées de Teyjat Périgord) et du Colombier I (Ardèche).

Au cours du Magdalénien supérieur, l'amélioration climatique permet aux groupes humains la conquête des latitudes jusqu'à 50° degré de latitude Nord (la grande plaine du Nord de la France à la Pologne) et des altitudes (vallées des Pyrénées, Massif Central, vallées des Alpes).

Au dessus de 50-52° degré de latitude Nord, au Bölling, une différentiation très probablement des groupes magdaléniens par adaptation à l'environnement de ces nouveaux territoires se fait rapidement. Apparaissent alors des industries désignées sous le nom de Hambourgien du Nord de la France à la Pologne et de Cresswellien dans le sud de l'Angleterre (le « *Magdalénien anglais* » de H. Breuil), caractérisées par des pointes à cran caractéristiques mais avec un outillage en matière dure animale qui est dans la tradition magdalénienne. Ce retour marqué pour l'armature en silex se retrouve également dans la pointe à dos anguleux du Magdalénien final du Dryas II.

En conclusion, le Magdalénien est une des sociétés de chasseurs-cueilleurs les plus spectaculaires que nous ait laissée la préhistoire, profitant de l'environnement climatique du pléniglaciaire supérieur récent et de l'amélioration climatique de la fin de la glaciation. Le système élaboré a permis la recolonisation d'une grande partie de l'Europe, en un temps assez court de moins de mille ans. La réussite de ce système s'est concrétisé par la richesse de l'art mobilier, l'importance de l'industrie des armes et des outils fabriqués en bois de renne, le grand nombre de grottes ornées qui marquent les territoires, à l'origine du nom « *L'Age du renne* » donné au paléolithique supérieur d'Europe occidentale. Certains y ont vu à tort l'expression d'une société hiérarchisée de chasseurs-cueilleurs de la Dordogne, à l'instar de l'exception connue des tribus côtières du Nord-ouest américain. Mais la taphonomie nous rappelle que les très nombreux sites en abris (vallées d'Aquitaine) ou de plein air (bassin parisien) situés à proximité des gués de rivière étaient des sites saisonniers de chasse au renne au moment de leurs migrations. Les chasseurs magdaléniens étaient d'aussi des chasseurs de bisons et de chevaux de la grande plaine aquitaine, comme nous le rappelle les bestiaires figurés au fond des grottes qu'ils ont ornées.

Le repeuplement de l'Europe Orientale : le Mézinien

Le bassin moyen et supérieur du Dniepr avec ses affluents, la Desna à l'Est et le Pripiet à l'Ouest a fait l'objet d'un repeuplement des groupes humains à partir des régions de la Mer Noire vers 15 500 BP.

Ces groupes humains ont construit des habitats spectaculaires composés de cabanes et autres constructions, ovalaires ou circulaires, de dimensions variables, en os et défenses de mammouths, plus ou moins creusées dans le sol. Ces matériaux provenaient pour la quasi-totalité d'entre eux d'accumulations de carcasses de mammouths, situées à proximité de l'habitat et cause probable de l'installation de l'habitat à cet endroit. Ces accumulations de carcasses étaient les restes de troupeaux entiers morts probablement de famine pendant l'hiver devenu neigeux de la fin de la glaciation.

Les sites les plus connus sont sur la Desna, coté russe, Elisseevichi, Timonovka, Youdinovo, et coté Ukraine, Mézine ; et sur le basin moyen du Dniepr, Kiev-Kirilovskaia, Mezhyrich, Dobranichivka, Gontsy. Plusieurs noms ont été donnés à ce peuplement : culture de Mezine, culture de Mezhyrich-Dobranichivka-Gontsy, culture d'Elisseevichi, culture d'Youdinovo-Timonovka, mais l'homogénéité de la culture matérielle, de l'architecture des cabanes en os de mammouths et de l'art mobilier géométrique en fait une seul entité culturelle, que nous appelons culture de Mézine. A partir des années 1950, de nouvelles fouilles, notamment d'I. Pidoplichko à Mezhyrich (Pidoplichko, 1969, 1976), d'I. Shovkoplass à Mézine et à Dobranichivka (Shovkoplass, 1965), de Z Abramova à Youdinovo (Abramova *et al.* 1997) de L. Grekhova à Timonovka et Elisseevichi (Velichko *et al.* 1977, 1997) et, à partir de 1993, de L. Iakovleva et F. Djindjian à Gontsy (Iakovleva, Djindjian, 2017) ont mis en valeur l'exceptionnel intérêt de ces habitats très bien conservés pour la reconstitution d'un système d'occupation du territoire d'un réseau de groupe de chasseurs-cueilleurs dans le cycle annuel et dans l'espace de leurs déplacements (Iakovleva, 2009, 2016) (figure 3).

Les cabanes en os de mammouths possèdent les mêmes principes d'architecture : des fondations réalisées par un cercle de crânes, les alvéoles enfoncées dans le sol pour assurer la stabilité de la construction, des parois montées avec des crânes les alvéoles vers le haut pour y enfoncer des défenses ou des os longs pour obtenir une élévation, des mandibules, des os longs, des omoplates et des bassins pour consolider les parois, une couverture faisant encore l'objet d'hypothèses diverses où cependant les défenses et les bois de renne jouent un rôle significatif. L'ossature de la cabane était colmaté avec du lœss extrait de fosses creusées autour de la cabane pour en assurer l'étanchéité et l'isolation. Ces fosses ont servi également pour le stockage de nourriture dans le permafrost du fond de la fosse, pour le stockage d'os de mammouths de rechange pour la cabane et comme dépotoirs. Dans la plupart des cas, un foyer était situé au centre de la cabane.

La culture matérielle est composée d'une industrie lithique assez banale, composée de burins dominants, de grattoirs souvent unguiformes, de lamelles à dos et de pointes à dos en petit nombre, qui est réellement différente d'une industrie épigravettienne. Le difficile approvisionnement en silex crée une industrie laminaire, lamellaire et micro-lamellaire dont les supports sont exploités au maximum et des outils avec un taux de multiplicité élevé. L'industrie en matière dure animale est par contre riche

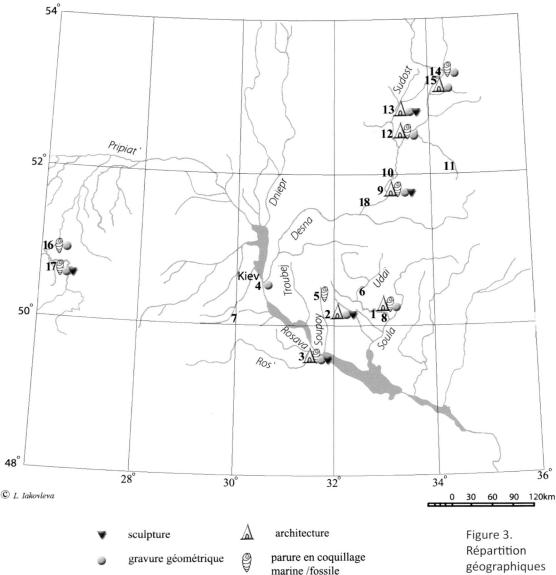

© L. Iakovleva

▼ sculpture   △ architecture

● gravure géométrique   🐚 parure en coquillage
                              marine /fossile

Carte des sites dates entre 15 500 bp - 14 500 bp des regions du Dniepr moyen et superieur et du Desna (Ukraine et Russie):
1 - Gontsy, 2 - Dobranichivka, 3 - Mejiriche, 4 - Kiev - Kirilovskaia, 5 - Semenivka, 6 - Jouravka, 7 - Fastiv, 8 - Vilchanka, 9 - Mezine, 10 - Chulatovo,
11 - Sevsk, 12 - Ioudinovo, 13 - Elisseevichi, 14 - Timonovka, 15 - Suponevo, 16 - Gorodok, 17 - Barmaki, 18 - Boujanka.

Figure 3.
Répartition
géographiques
des sites du
Mézinien sur le
bassin moyen
et supérieur
du Dniepr en
Europe orientale
(d'après
Iakovleva, 2017)

et variée, utilisant l'ivoire de défense, le bois de renne et l'os pour des outils
(pics en défense de jeune mammouth, marteau en bois de renne, tranchoir
en bassin de mammouth, poinçons en métapode de carnivores ou de
rongeurs, aiguille à cas, perçoirs en côtes de mammouths) et des armes de
chasse (sagaies en ivoire). Les objets de parure sont connus sous la forme de
dents percées ou rainurées de carnivores (ours, loup) et d'herbivores (bison,

ovibos, très jeune mammouth), des coquillages provenant des rivages de la mer Noire pourtant situés à plus de 600 km ou des coquillages fossiles des affleurements du Sarmatien, ainsi que de l'ambre fossile de la région de Kiev.

Les sites sont situés généralement sur d'anciennes terrasses de versant de vallées sur des promontoires naturels découpés par des ravines où se trouvent les accumulations de carcasses de mammouths, avec une bonne visibilité sur les méandres de la rivière.

Les habitats sont organisés suivant un plan assez fonctionnel avec un ensemble de cabanes (4 à Mezhyrich, 4 à Dobranichivka, 5 à Youdinovo, 7 à Gontsy) entourées d'un nombre variable de fosses et de rejets de foyers et entre les cabanes des foyers extérieurs, des zones d'activités et des poteaux (figure 4). En périphérie, se situent des dépotoirs et des zones de boucherie d'animaux rapportés entiers sur l'habitat (rennes, carnivores, rongeurs). Et dans une ravine très proche, se situe une zone d'accumulation de carcasses de mammouths. Les archéologues privilégiant le décapage des cabanes, ces ravines ont été peu fouillées, car le matériel y est rare (des artefacts pour dépecer ou trancher, des petits foyers) et souvent mal comprises, car le remplissage lité de la ravine a été interprété à tort comme un remaniement alluvionnaire alors qu'il s'agit de litages de sédiment de fonte de neige le long du versant. Une étude archéozoologique approfondie montre bien qu'il s'agit de carcasses dépecées dont ont été prélevés les gros ossements pour la construction des cabanes et dont il ne reste pratiquement plus que des côtes,

Figure 4. Vue générale de la partie centrale de l'habitat avec cabanes en os de mammouths de Gontsy (Ukraine) (d'après Iakovleva & Djindjian, 2015, 2017)

Figure 5. Accumulation des carcasses de mammouths (bone bed) dans la paléoravine orientale du site de Gontsy Ukraine) (d'après Iakovleva & Djindjian, 2015, 2017)

des vertèbres et des os de pieds, mais le plus souvent en connexion quasi-anatomique, non brisés et sans altération de surface (weathering), preuve que ces ravines se sont sédimentées très rapidement et que l'évènement à l'origine du dépôt était unique (Iakovleva, Djindjian, 2017) (figure 5). Ces habitats à cabane étaient occupés du début du printemps à la fin de l'hiver avec des allers retour sur l'habitat à l'occasion de déplacements saisonniers. La durée d'occupation est une question encore ouverte, pour tenir compte du temps nécessaire à l'exploitation de l'accumulation de carcasses qui devait également fournir, outre les matériaux de construction, des os frais et de la bourre pour alimenter les foyers, de l'os et de l'ivoire pour fabriquer des outils et des armes, et question souvent débattue, de la viande congelée de mammouth comme réserve de nourriture, conservées au fond des fosses.

Des sites saisonniers sans cabanes en os de mammouths sont également connus (Fastiv, Semenivka, Jouravka, Gontsy niveau supérieur, etc.), et révèlent l'importance des déplacements pour des chasses saisonnières (le cheval à Fastiv, le marmotte à Jouravka), et des approvisionnements en matière première à partir de l'habitat semi-résidentiel à cabanes en os de mammouths.

Les espèces chassées étaient le mammouth (des individus mâles jeunes ou vieux isolés mais pas les troupeaux), le renne, le bison, le cheval. Des restes osseux plus rares de bœuf musqué, de rhinocéros et d'ours sont également trouvés. Les animaux à fourrure : carnivores (loup, renard) et rongeurs (marmotte, lièvre) étaient également recherchés pour leur fourrure, leur chair et pour la fabrication des outils. Enfin des restes d'oiseaux, des vertèbres de poisson, des moules de rivière (*Unio*) et probablement des graminées complétaient le régime alimentaire du groupe.

Les témoins artistiques sont nombreux et très caractéristiques. En premier lieu, il faut noter la présence de statuettes anthropomorphes très schématiques : la partie supérieure du corps est droite et élancée, la partie inférieure volumineuse, surtout au niveau des fesses et des hanches. Des décorations gravées géométriques sont souvent présentes sur ces statuettes. De nombreux objets de parure, comme des pendeloques bilobées ou en forme de gouttes, des bracelets et diadèmes en ivoire, portent également des décorations gravées ou incisées en forme de méandres, zigzags et échelles. Les mêmes motifs, cette fois peints en ocre rouge et jaune, sont rencontrés sur des ossements (crânes, omoplates, mâchoires et tibias), matériaux

Figure 6. Peintures et gravures sur les ossements des parois de la cabane n°1 de Mézine (Fouilles Shovkoplass, 1965 ; d'après Iakovleva, 2009)

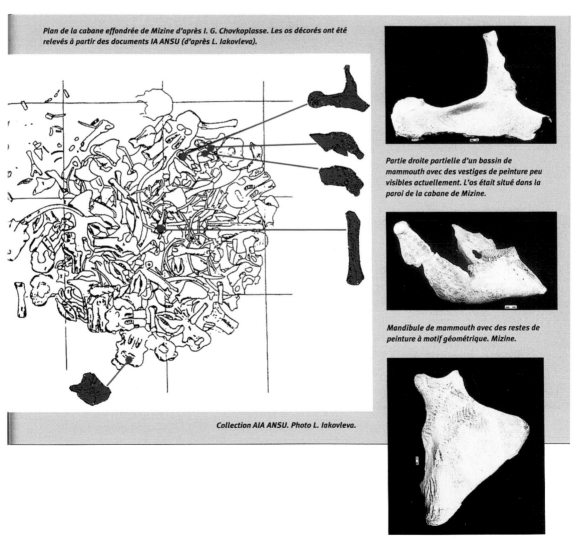

Plan de la cabane effondrée de Mizine d'après I. G. Chovkoplasse. Les os décorés ont été relevés à partir des documents IA ANSU (d'après L. Iakovleva).

Partie droite partielle d'un bassin de mammouth avec des vestiges de peinture peu visibles actuellement. L'os était situé dans la paroi de la cabane de Mizine.

Mandibule de mammouth avec des restes de peinture à motif géométrique. Mizine.

Collection AIA ANSU. Photo L. Iakovleva.

de construction et utilisés comme éléments de décoration intérieure des huttes (Figure 6).

Le peuplement Mézinien, malgré la distribution large des anciennes dates radiocarbone de 19 000 à 12 000 BP, est un épisode de repeuplement du bassin moyen et supérieur du Dniepr après le dernier maximum glaciaire entre 15 500 et 14 500 BP (18 500 - 17 500 kyr cal. BP). Son économie de subsistance est étroitement liée au mammouth et à son extinction rapide en Europe due à l'amélioration climatique de la fin de la glaciation, génératrice d'humidité et donc de neige en hiver, dans un paysage de steppe froide sans arbres recouvert de neige, environnement qui n'offre plus les ressources alimentaires suffisantes à la survie du troupeau à la mauvaise saison. Les groupes humains ne sont pas les responsables de l'extinction ; ils ont au contraire profité de cette extinction pour vivre dans ce territoire pendant au moins un millier d'années.

Quelles sont les limites géographiques du repeuplement du bassin supérieur du Dniepr ? Les sites sont situés principalement suivant un axe Nord Sud. Les sites les plus au Nord-est sont Timonovka, Elisseevichi et Yudinovo. Le site de Mezhyrich sur le Ros', proche de Kanev, est actuellement, le site d'habitat le plus au Sud (Iakovleva, 2009, 2016).

Le site de Barmaki sur le Pripiet, à Rivne en Volhynie est actuellement le site le plus occidental (Chabai *et al.* 2020). Plus à l'Ouest, localisé près de la porte de Przemysl coté polonais, le site de Swiete 9 (Lanczont *et al.* 2020), semble résoudre la question de l'arrivée de groupes humains venus de l'Est au-dessus des Carpates, au contact des groupes magdaléniens comme le laissait supposer l'étude de la grotte Maszycka. D'autres sites épigravettiens de cette période sont connus en Pologne, comme Sowin 7 et Targowisko 10 (Wiśniewski *et al.* 2017).

A l'Est, dans le bassin du Don, à Kostienki, les sites post-LGM sont connus à Borshevo (Praslov, Rogachev, 1982), du nom d'un village contigu au village de Kostienki. Le site de Borshevo 1 a livré des dates contradictoires mais semble plus probablement être situé entre 15 100 et 15 600 BP (en conservant les quatre dates GIN et en éliminant la date trop ancienne LE). L'outillage où dominent les grattoirs et les burins, possède des pointes à dos (avec quelques exemplaires à cran et à soie) et des lamelles à dos (dos simple, dos tronquées et dos bitronquées), qui le rapproche des industries du Mézinien, contemporaines.

Dans le bassin du Dniestr, pourtant si riche en sites gravettiens et en sites du maximum glaciaire, aucune industrie ne peut être indiscutablement datée de cette période (16 500 - 13 500 BP). La longue séquence de Molodova V montre une lacune entre la couche 4 (17 100 BP) et la couche 3 (13 370 BP). À Cosaoutsy, la séquence, très bien datée, s'arrête avec la couche 1 (17 200 BP). Il semble en être de même pour l'ensemble du piémont septentrional des Carpates (Roumanie, Moldavie).

La zone des steppes, il est vrai avec des séquences particulièrement mal datées, n'a jusqu'à présent offert que peu de sites attribuables à cette période, comme Kammenaia Balka (Leonova, Min'kov, 1988) et en Crimée l'abri Skalisty (Cohen, 1996 ; Cohen *et al.* 1996). Il existe cependant de très nombreux sites, souvent de plein air, dans la zone des steppes dont un certain nombre, sur des bases uniquement typologiques, a été attribué à cette période (Fedorovka, Kaistrova Balka IV, VI). Les armatures géométriques (rectangles, triangles) de leur industrie lithique les ont rapprochés des sites de Transcaucasie, eux-mêmes venus du Proche-Orient.

En conclusion, en Europe orientale, la recolonisation ne semble pas se faire de façon uniforme, résultat soit d'un manque de sites actuellement connus ou datés (vallée du Don, zone des steppes) soit d'un abandon de territoires (bassin du Dniestr, zone des steppes) du fait d'une disparition progressive de ressources alimentaires ayant elles-aussi recolonisé des territoires plus septentrionaux (renne, bison) en s'adaptant à l'amélioration climatique.

Le repeuplement de l'Europe centrale : L'Epigravettien balkanique

En Europe centrale, l'état de nos connaissances ne nous permet pas aujourd'hui d'établir une carte du peuplement, comme si le territoire était déserté ou occupé seulement à la bonne saison autour de 15 000- 14 000 BP. De rares industries souvent mal datées sont attribuées à un Épigravettien, dans le bassin du moyen Danube. Les sites de Hongrie révisés par Lengyel (2016) : Nadap, Estergom-Gyurgyalag et les fouilles récentes de Zold cave (Beres, 2020) mettent en évidence la présence d'occupations brèves à la fin du pléniglaciaire. En Moravie, les sites de Brno Styrice III et Velke Pavlovice (Nerudova *et al.* 2015) semblent marquer l'avancée la plus occidentale des groupes épigravettiens, au cours de déplacements estivaux probablement originaires du bas Danube comme à Temnata en Bulgarie (Kozlowski *et al.* 1994).

Le peuplement du Proche-Orient

Au le Proche-Orient, c'est par une transformation de la culture matérielle, le Kebarien que l'adaptation au dernier maximum glaciaire s'effectue. Le peuplement s'est cependant réduit au littoral méditerranéen et aux oasis de la zone aride intérieure. Une grande partie du Proche-Orient, **où les zones désertiques se sont significativement développées**, est abandonnée. Le Sud-Caucase et l'Asie centrale également. Une grande variabilité du Kébarien et des datations insuffisantes ne permettent pas de savoir à quel moment précisément le passage du Kebarien au Kébarien géométrique s'effectue. Les récentes dates semblent confirmer ce passage dans l'épisode du Bölling. Le Kébarien se diviserait en un Kébarien ancien dans le LGM ou la fin du LGM et un Kébarien récent dans le Dryas I, ce qui semble être la position de F. Hours reprise par O. Bar-Yosef. (Belfer-Cohen *et al.* 2014).

Le Kébarien géométrique, qui est une nouvelle étape dans l'évolution de l'Epipaléolithique, voit l'apparition de microlithes géométriques (rectangles, trapèzes) et de la technique du microburin.

Pour le Zarzien du Zagros, nos connaissances sont encore moins définitives car seule la fin du Zarzien est datée et elle est datée du Bölling. Il est cependant probable que le Zarzien recouvre la période du pléniglaciaire supérieur récent et du Bölling (Olszewski, 2012).

Des industries microlithique (un épipaléolithique) ont été reconnues dans le Sud-Caucase en Arménie à Kalavan 1 (Liagre *et al.* 2009) et en Géorgie à Ortvale Klde, Dzudzuana, Gvardjilas Klde, (Nioradzé, 2001 ; **Nioradzé**, Otte, 2000). Les sites en grotte et en abri en altitude semblent avoir été les habitats saisonniers d'une chasse **à la chèvre du Caucase (capra caucasica)** associés aux sites de plein air du bassin de la Rioni (Chaori I, II, Sabelasouri et Akhalsopéli), avec la chasse au bison et- au cheval. Ils révèlent l'existence d'un repeuplement permanent qui aurait débuté vers 15 **000 BP.** L'origine d'un peuplement venant du Levant est donc probable.

C'est avec le retour de progressif de l'humidité que le peuplement du Proche-Orient fait le repeuplement des territoires occupés pendant le MIS 3 (figure 7). La période aride du MIS 2 et le maximum glaciaire ont obligé les groupes humains du Moyen-Orient à se réfugier sur les montagnes littorales et sur les bords des lacs du rift et des oasis non encore asséchés des régions intérieures. C'est surtout à partir du retour de l'humidité à partir de 15 000 BP que le peuplement du Proche-Orient part à la reconquête des territoires les plus accueillants (piémont de montagnes, plateaux irrigués, oasis). L'innovation qu'a apportée la cueillette de graminées pendant le LGM, n'a pas été perdue dans le post-LGM et elle sera décisive dans la sédentarisation des chasseurs cueilleurs au Natoufien à l'Alleröd dont la conséquence sera l'invention progressive et réussie de l'agriculture.

Le repeuplement de la côte d'Afrique du Nord : l'Ibéromaurusien

C'est dans un territoire apparemment dépeuplé au dernier maximum glaciaire, que viennent s'installer les porteurs de l'industrie ibéromaurusienne.

L'ibéromaurusien est connu en Lybie (Haua Fteah), en Tunisie (Ouchtata), en Algérie (Afalou Bou Rhummel, Columnata) et au Maroc (grotte des pigeons à Taforalt) sur la côte méditerranéenne de l'Afrique du Nord. L'industrie est épipaléolithique produisant de très nombreux microlithes avec la technique du microburin (Tixier, 1963). Les ressources alimentaires sont apportées par la chasse au mouflon dominante mais aussi l'aurochs, le sanglier, le cerf sans oublier la pèche et la collecte de coquillages.

Les vestiges les plus exceptionnels laissés par l'Ibéromaurusien sont les nécropoles qui ont livré une série unique au monde de plus de 500 individus provenant d'une demi-douzaine de sites seulement (dont Taforalt et Afalou Bou Rhummel), des *Homo sapiens* dits mechtoïdes.

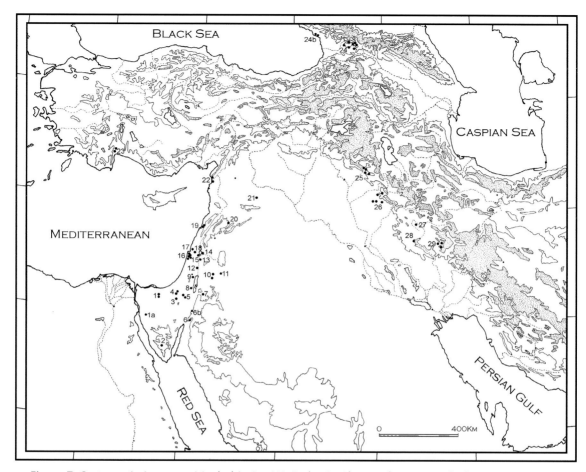

Figure 7. Carte des sites du Proche-Orient (d'après Belfer-Cohen & al. 2014) Grands sites du Paléolithique supérieur et Epipaléolithiques du Proche-Orient

1. Lagama, Mushabi; 1a. W. Sudr; 2. Abu Noshra; 3. Qadesh Barnea; 4. Azariq, Nizzana; Shunera; 5. Boker, Boker Tachtit, Ain Aqev; 6. Tor Hamar, Tor Aied, W. Aghar; 6b. W. Mataha; 7. W. Hasa; 8. Masraq e-Naj; 9. Erq el-Ahmar, el Khiam; 10. Kharaneh, W. Jilat; 11. Uwaynid, Azraq, Ayn Qasiyah; 12. Fazael, Urkan e-Rubb; 13. Uyyun al-Hammam; 14. Ein Gev, N. Ein Gev; 15. Ohalo; 16. Neve David, N. Oren, el Wad, Kebara, Rakefet; 17. Hayonim; 18. Qafzeh; 19. Ksar Akil, Jiita; 20. Yabrud; 21. Umm el-Tlel; 22. Uc agizli, Kanal; 23. Karain, O kuzini; 24. Dzudzuana, Savante Savana, Samerzkhle Klde, Togon Klde, Sakajiya; 24b. Savante Savana, Apianchi; 25. Shanidar, Barak, Hajiah, Babkhal; 26. Zarzi, Turkaka, Kowri Khan, Palegawra, Hazar Merd; 27. Warwasi; 28. Hulailan Valley; 29. Gar Arjeneh

Les études génétiques ont fourni des conclusions variées mais qui semblent finalement indiquer une origine proche-orientale post-LGM que la culture matérielle épipaléolithique confirme. Le capital génétique des populations actuelles d'Afrique du Nord provient du peuplement ibéromaurusien qui a évolué localement jusqu'à l'Holocène (Capsien) avant de recevoir un flux génétique venu de la péninsule ibérique avec les porteurs néolithiques du Cardial (eux-mêmes issus du Proche-Orient après avoir traversé l'Europe).

Le repeuplement de l'Amérique du Nord : Pré-Clovis et Clovis

La retrait de l'inlandsis et des glaciers des montagnes rocheuses libèrent progressivement les territoires de l'Amérique du Nord et permettent aux espèces animales de remonter en latitude et aux groupes humains de les suivre. Mais de nombreuses espèces animales, notamment les plus grands herbivores et leurs plus grands prédateurs carnivores, dont l'effectif est tombé sous le seuil critique, vont s'éteindre.

Une compilation des datations radiocarbone des sites nord-américains, récemment publiée (Becerra-Valdivia *et al.* 2020), propose un repeuplement progressif du continent nord-américain à partir de 16 000 BP (figure 8).

L'ancienneté et l'intégrité de ces sites pré-Clovis dont les plus souvent cités sont Cactus Hill en Virginie, Meadowcroft rockshelter en Pensylvanie et Topper en Caroline du Sud, ont été régulièrement mis en cause, mais la présence indiscutable de sites en Amérique centrale et en Amérique du Sud ont apporté la preuve d'un peuplement plus ancien du continent.

Au Bölling, à partir de 13 500 BP, la culture de Clovis, caractérisée par la pointe foliacée en silex de Clovis et une industrie en matière dure animale, a livré de nombreux sites révélant une croissance démographique

Figure 8. Repeuplement du continent Nord-américain après le LGM (d'après Becerra-Valdivia & al. 2020)

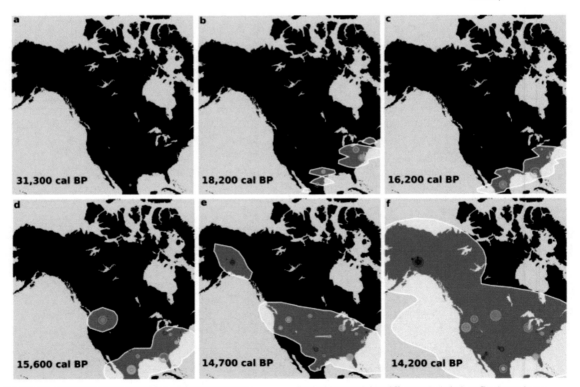

Extended Data Fig. 4 | Spatio-temporal slices of chronometric data belonging to the cultural components analysed, with a spatial KDE analysis. a–f, Coloured circles (following colour scheme in Fig. 1) denote chronometric data (n = 387 dates) and white outlines reflect the spatial KDE analysis. Chronometric data were summarized using a *KDE_Model* analysis (Methods). For each date, differences in circle size reflect increasing or decreasing probabilities at a 95.4% confidence interval. The spatial KDE analysis shows a marked increase in the frequency and distribution of the data immediately, before and during GI-1.

et une couverture géographique importante sur l'Amérique du Nord. Le coup de froid du Dryas III entraine un cloisonnement géographique des groupes humains et une différentiation typologique (faciès Folsom, Gainey, Suwannee-Simpson, Plainview-Goshen, Cumberland et Redstone) dont le processus n'est pas sans rappeler ce qui s'est passé en Europe au même moment avec les différents groupes à pointes pédonculées du Tardiglaciaire européen.

L'expansion de la culture de la microblade industry en Sibérie

La technologie de la « microblade industry » (débitage par pression Ybetsu) apparait pendant le dernier maximum glaciaire en Extrême-Orient. Elle se développe dans la période post-LGM dans toute la Sibérie orientale (culture de Dyuktaï). A l'Alleröd, elle franchit le détroit de Béring et apparait alors en Alaska, connu sous le nom de complexe dénalien avec le débitage campus, puis à l'Holocène avec la généralisation du nucléus conique, donnant lieu à la deuxième vague de peuplement du continent américain.

Alleröd en Europe : le grand changement

L'oscillation d'Alleröd annonce la fin de la glaciation et l'Holocène avec un climat tempéré et humide. La végétation change rapidement : la steppe froide disparait, et en conséquence la faune de steppe froide disparait ou migre vers les régions septentrionales ou s'adapte au nouveau couvert forestier dont l'expansion est rapide. La faune tempérée réfugiée en région méditerranéenne recolonise toute l'Europe. Le niveau des mers remonte avec la fonte des calottes glaciaires qui va provoquer le coup de froid bref et violent du Dryas récent. Un processus s'enclenche qui va entrainer le changement rapide de la culture matérielle des groupes humains, du Magdalénien comme des Epigravettiens. Le terme épipaléolithique est utilisé pour désigner ces industries dont la tendance au microlithisme s'accentue aussi bien pour les armatures que pour les grattoirs qui deviennent unguiformes.

L'Europe moyenne est le domaine du techno-complexe à pointes à dos courbe (connue sous des noms divers comme la pointe azilienne ou le « couteau à plume » (Federmesser)) qui en fait généralise et uniformise la production d'une pointe de flèche et l'usage de l'arc dans des environnements boisés. Dans l'Europe septentrionale, encore vierge de peuplement aux périodes précédentes, comme le Danemark, la Lithuanie, le Nord de la Pologne et de l'Allemagne, se développe un techno-complexe à pointes pédonculées (culture de Bromme-Lyngby). Les territoires de déplacements des groupes humains se sont cependant rétrécis par rapport aux grands espaces magdaléniens, les ressources alimentaires sont moins spécialisées et les approvisionnements en matière première redeviennent locaux. L'uniformisation ne vient plus ici du contact et de la mobilité des groupes humains sur une grand espace de circulation mais d'une solution fonctionnelle commune que viennent moduler des particularités régionales dans la culture matérielle.

Un dernier coup de froid : le Dryas récent

Le coup de froid bref et intense du Dryas récent va geler ce changement profond sans le briser. La solution de la pointe pédonculée se développe alors dans les latitudes moyennes avec des cultures connues sous le nom d'Ahrensbourgien en Europe du Nord-ouest et de Swidérien en Europe centrale et orientale (Allemagne, Pologne, Ukraine). En Aquitaine, la séquence stratigraphique est caractérisée par un Azilien ancien réalisant la transition magdaléno-azilienne, un Azilien récent dans l'Alleröd et le Laborien dans le Dryas récent.

Les peuplements des régions méditerranéennes ont également profité de l'amélioration climatique pour prospérer mais l'environnement végétal et animal ayant peu changé, la culture matérielle des groupes humains a perduré sans grands changements tout en intégrant le processus d'azilianisation précédemment évoqué, lié à l'accroissement du couvert forestier. Le très riche Epigravettien final de la péninsule italienne voit une régionalisation s'opérer qu'accentue la diversification des ressources alimentaires : collecte des coquillages, pêche et les chasses spécialisées en altitude. Il a également fourni plus de 24 sépultures. L'Epigravettien final a également révélé un peuplement significatif dans les Balkans et en Europe orientale avec le repeuplement des bassins du Dniestr et du Prut, de la zone des steppes sur la rive nord de la Mer Noire et de la Crimée (culture de Shan-Koba), marquant une reconquête générale des territoires à partir du Bölling.

Conclusions

La période post-LGM voit le repeuplement progressif des territoires occupés avant le LGM. Cette reconquête débute dès 17 000 BP et s'accélère avec l'accélération par étapes de l'amélioration climatique de la fin de la glaciation : Dryas ancien, Bölling, Alleröd, Holocène. Et symétriquement, les groupes humains élaborent des systèmes qui sont au Dryas I ceux des débuts du MIS 2, puis au Bölling ceux du MIS 3, et à l'Alleröd, ceux d'un interglaciaire.

Les repeuplements des territoires concernent prioritairement les hautes latitudes où la steppe froide a succédé à la toundra, les altitudes libérées par le recul des glaciers de montagne et les zones semi-désertiques en recul grâce au retour de l'humidité. Elles s'accompagnent d'une croissance démographique, qui est bien perçue par la multiplication des sites.

L'Europe est le continent le mieux connu et où il est possible de comprendre plus clairement l'évolution des systèmes et les processus qui les sous-tendent. Les solutions différentes, qui apparaissent entre Europe occidentale, Europe centrale et Europe orientale, révèlent le rôle de la géographie physique et des zoocénoses dans le rythme et le mode des reconquêtes.

L'Afrique « berceau de l'Humanité et origine de toutes les migrations de l'homme moderne a beaucoup souffert de l'aridité du LGM, qui a vu déserté près des deux-tiers de son territoire. La reconquête s'effectue en Afrique australe à partir des sites côtiers refuges du LGM, en Afrique du Nord, par une migration des groupes ibéromaurusiens dans un territoire vide de population. Le cas de l'Australie est très voisin, avec une reconquête progressive de l'intérieur du continent à partir des zones refuges du golfe de Carpentarie et de l'ile de Tasmanie.

La Sibérie est une région clé pour comprendre les peuplements du continent américain. Après un premier peuplement supposé au MIS 3, nous avons la preuve indiscutable d'un deuxième peuplement avec la « microblade technology par pression » au Tardiglaciaire. Quant au premier peuplement, il effectue dès 16 000 BP sa reconquête du Nord du continent comme semble le suggérer les datations radiocarbone.

La question des repeuplements comme des abandons des territoires en relation avec les variations climatiques est un sujet de recherche particulièrement révélateur des processus de fonctionnement des sociétés de chasseurs-cueilleurs qui se voient mieux dans les phases de transition dynamique que dans les phases de stabilité.

Bibliographie

Abramova, Z.A., Grigorieva, G.V., 1997. *Verchenepaleolititcheskoe Poselenie Ioudinovo* (The Upper Paleolithic Camp-site of Ioudinovo), vol. 3. Russian Academy of Sciences, Saint Petersburg, (In Russian)

Allain J., Desbrosse R., Kozlowski J. K., Rigaud A., Jeannet M., Leroi-Gourhan Arl. 1985. Le Magdalénien à navettes. *Gallia préhistoire*, 28, 1, 1985. p.37-124.

Becerra-Valdivia L, Higham T. 2020. The timing and effect of the earliest human arrivals in North America, *Nature* 584, p.93-97.

Belfer-Cohen, A., Goring-Morris, N. 2014. The Upper Palaeolithic and Earlier Epipalaeolithic of Western Asia. In "C. Renfrew & P. Bahn (Eds.), *The Cambridge World prehistory*" p.1381-1407 Cambridge, Cambridge University Press

Beres, S., Cserpak, F., Moskaldel Hoyo,M., Repiszky,T., Sazelova, S.., Wilczynski, J., Lengyel, G. 2020. Zold Cave and the Late Epigravettian in Eastern Central Europe. *Quaternary International*, sous presse

Bosselin B., Djindjian F. 1988. Un essai de structuration du Magdalénien français à partir de l'outillage lithique. *Bulletin de la Société préhistorique française*, 85, 10-12, p.304-331.

Chabai, V. P., Stupak, D. V., Veselskyi, A. P., Dudnyk, D. V. 2020. Kulturno-khronolohichna variabilnist epihravetu Serednoho Podniprov'ia. *Arkheolohiia*, 2, p.5–31

Cheng, H., *et al.* 2015. The climate variability in northern Levant over the past 20,000 years, *Geophys. Res. Lett.*, 42, 8641–8650, doi:10.1002/2015GL065397.

Cohen, V. 1996. The Upper Palaeolithic of Crimea: some new data applications. *Anthropologie et Préhistoire*, 107, p.93-108.

Cohen, V., Gerasimenko, N., Rekovetz, L., Starkin, A. 1996. Chronostratigraphy of rockshelter Skalistiy: implications for the late glacial of Crimea. *Préhistoire Européenne*, 9, p.325-356.

Djindjian F. 2011. Fonctions, significations et symbolismes des représentations animalières paléolithiques. Actes du Congrès IFRAO, Tarascon-sur-Ariège, septembre 2010. In « L'art préhistorique dans le monde, J. Clottes dir. ». *Préhistoire, Art et Sociétés*, tome LXV-LXVI, p. 312-313 et p.1807-1816

Djindjian F. 2018. La Paléolithique supérieur de la France In "*La préhistoire de la France*, F. Djindjian ed. » Paris, Herman

Djindjian, F., Kozlowski, J., Otte, M 1999. *Le Paléolithique supérieur en Europe.* Paris, Armand Colin

Gómez Coutouly Y. A. 2011. *Industries lithiques à composante lamellaire par pression du Nord Pacifique de la fin du Pléistocène au début de l'Holocène : de la diffusion d'une technique en Extrême-Orient au peuplement initial du Nouveau Monde.* Archéologie et Préhistoire. Thèse Université Paris Ouest Nanterre La Défense

Iakovleva, L. 2009. L'art mézinien en Europe orientale dans son contexte chronologique, culturel et spirituel. Représentations préhistoriques. Image du sens (2/3). *L'Anthropologie*, 113, 5(1), p.691-752

Iakovleva L. 2015. L'ornementation géométrique et la géométrisation des formes dans l'art du Paléolithique supérieur européen. Actes du IV° Colloque franco-ukrainien d'archéologie «*L'art géométrique de la préhistoire à nos jours*, L. Iakovleva et F. Djindjian éds.», Kiev, 23-24 avril 2015, p.1-25, Institut Français d'Ukraine, Kiev : 2015 site internet http:// institutfrancais-ukraine.com/programmation/colloque-archeologie

Iakovleva, L. 2016. Mezinian landscape (Late upper palaeolithic of Eastern Europe). In: C. Cacho, L. Iakovleva (eds.). *Landscape analysis in the European upper Palaeolithic. Reconstruction of the economic and social activities. Quaternary International*, 412, A, août 2016, p.4-15

Iakovleva L., Pinçon G. 1997. *La frise sculptée du Roc-aux-Sorciers à Angles sur l'Anglin (Vienne, France).* Paris, RMN-CTHS, 1997, p.168.

Iakovleva, L., Djindjian, F. 2015. *Le site à cabane en os de mammouths de Gontsy (Ukraine).* Kiev, Service de coopération culturelle de l'ambassade de France en Ukraine.

Iakovleva L., Djindjian F 2017. Le site paléolithique de Gontsy (Ukraine) : un habitat à cabanes en os de mammouths du paléolithique supérieur récent d'Europe orientale. Communication à l'Académie des Inscriptions et Belles-Lettres. *Comptes-rendus des séances de l'Académie des Inscriptions et Belles-Lettres*, fascicule 2017-3, p.1221-1246

Kozlowski, J.K., Laville, H., Ginter B. eds. 1994. *Temnata Cave. Excavations in Karlukovo Karst Area, Bulgaria.* Vol 1.1; Vol 1.2. Krakow.

Kozłowski S.K., Połtowicz-Bobak M., Bobak D., Terberger T. 2012. New information from Maszycka Cave and the Late Glacial recolonisation of Central Europe, *Quaternary International*, 272–273, 2012, p.288-296

Lanczont, M., Oltowicz-Bobak, M., Bobak, D., Mroczek, P., Nowak, A., Komar, M., Stanzikowski, K., 2020. On the edge of eastern and western culture zones in the early Late Pleistocene. Swiete 9, a new Epigravettian site in south-east of Poland. *Quaternary International.* DOI: 10.1016/j.quaint.2020.08.028

Leesch D., Bullinger J., Müller W. 2019. *Vivre en Suisse il y a 15 000 ans : le Magdalénien*, Bâle, Archéologie suisse, p.175

Lengyel, G. 2016. *Reassessing the Middle and Late Upper Palaeolithic in Hungary*, *AAC,* 5, p.47–66

Leonova, N.B., Min'kov, E.V. 1988. Spatial Analysis of faunal remains from Kammennaya Balka II. *Journal of Anthropological Archaeology*, 7, p.203-230.

Liagre J., Arakelyan D. Gasparyan B., Nahapetyan S. Chataigner Ch. 2009. Mobilité des groupes préhistoriques et approvisionnement en matières premières à la fin du Paléolithique Supérieur dans le petit Caucase: données récentes sur le Site de plein air de Kalavan 1 (Nord du lac Sevan, Arménie). In « *Le concept de territoires dans le paléolithique supérieur européen*, F. Djindjian, J. Kozlowski, N. Bicho eds ». (Actes XVe Congrès UISPP, Lisbonne, sept. 2006, Vol. 3, Session C16), BAR S1938, 2009, p.75-84

Maher LA, Richter T, Macdonald D, Jones MD, Martin L, Stock JT 2012. Twenty Thousand-Year-Old Huts at a Hunter-Gatherer Settlement in Eastern Jordan. *PLoS ONE* 7(2): e31447. https://doi.org/10.1371/journal.pone.0031447

Nerudová, Z, Neruda P, 2015. Moravia between Gravettian and Magdalenian, In: Sázelová S, Novák M, Mizerová A (eds), *Forgotten times and spaces: New perspectives in paleoanthropological, paleoetnological and archeological studies.* Brno, Masaryk University, p. 378–394.

Nioradzé, M. 2001. Le Paléolithique supérieur de la Géorgie (1997-2001). In *Actes du Congrès UISPP Liège*, 2-8 Septembre 2001, ERAUL 97, Liège, p. 27-33

Nioradzé M., Otte M. 2000. Paléolithique supérieur en Géorgie *L'Anthropologie*, 104, p.365-300

Olszewski D.I. 2012. The Zarzian in the Context of the Epipalaeolithic Middle East, *Intl. J. Humanities* (2012), 19 (3), p.1-20

Pidoplichko, I.G., 1969. Posdnepaleolitischeskoe jilicha iz kostej mamonta na Ukraine (*The Mammoth Bone Dwellings of Upper Paleolithic of Ukraine*). Ukrainian Academy of Sciences, Kiev, p. 163 (In Russian)

Pidoplichko, I.G., 1976. *Meziritchiskie jilicha iz kostej mamonta* (*The Mammoth Bone Dwellings of Mejiriche*). Ukrainian Academy of Sciences, Kiev, p. 239 (In Russian)

Praslov N.D., Rogachev A.N., 1982. *Le Paléolithique de la région de Kostienki-Borshevo sur le Don* (en russe), Moscou, AS

Shovkoplass, I.G., 1965. *Mezinskaia Stoianka (The Mezine Excavations).* Ukrainian Academy of Sciences, Kiev (In Russian

Tixier J. 1963. *Typologie de l'épipaléolithique du Maghreb.* Paris, Arts et Métiers graphiques

Velichko, A.A., Grechova, L.V., Gubonina, Z.P., 1977. *Sreda obitania pervobitnogo tcheloveka Tiumonovskich Stoijanok (Early Man Palaeonvironment of the Timonovka Site).* Russian Academy of sciences, Moscow, 142p. (In Russian)

Velichko, A.A., Grechova, L.V., Gribchenko, U.N., Kurenkova, E.I., 1997. *Pervobitnij tchelovek i Ekstremalnick usloviach Sredi: Stoianka Elisseevichi. (Early Man in the Extreme Environmental Conditions: Elisseevichi Site).* Russian Academy of Sciences, Moscow, 191p. (In Russian)

Weniger G.C. 1989. The Magdalenian in Western Central Europe: Settlement Pattern and Regionality. *Journal of World Prehistory,* 3, p.323-372

Wiśniewski, A., Połtowicz-Bobak, M., Bobak, D., Jary, Z., Moska, P. 2017. The Epigravettian and the Magdalenian in Poland: new chronological data and an old problem. *Geochronometria,* 44, p.16-29

Colloques sur le Magdalénien

1977 CNRS Bordeaux, *La fin des temps glaciaires en Europe.* (Sonneville-Bordes ed. 1979). Paris, CNRS, colloques internationaux n°271

1985 UISPP commission 8 Liège, *De la Loire a l'Oder. Les civilisations du paléolithique final dans le Nord-Ouest européen* (Otte ed.. 1988). Oxford, Archaeopress, BAR IS 444

1987 XIIe UISPP Mayence, *Le Magdalénien en Europe. La structuration du Magdalénien* (Rigaud ed., 1989). Liège, ERAUL 38

1988 CTHS Chancelade, *Le peuplement magdalénien : paléogéographie physique et humaine,* octobre 1988, CTHS, documents préhistoriques, 2, 1992.

1992 UISPP commission 8 Trente, *Adaptations au milieu montagnard au paléolithique supérieur et au Mésolithique* (Broglio, Guerreschi, eds. 1995). Preistoria Alpina, 28

1999 Colloque SPF de Chambéry, *Le Paléolithique supérieur récent. Nouvelles données sur le peuplement et l'environnement.* (Pion ed., 2000). Paris, SPF, mémoire 28

2002 Table ronde SPF de Montauban, *Les pointes à cran dans les industries lithiques du Paléolithique supérieur récent, de l'oscillation de Lascaux à l'oscillation de Bölling* (Ladier ed., 2003). Préhistoire du Sud-ouest, Suppl. 6

2003 Table ronde SPF d'Angoulême, *Industrie osseuse et parures du Solutréen au Magdalénien en Europe* (Dujardin ed., 2005) Paris, SPF, , mémoire 39

2013 Séance SPF Besançon, *L'essor du Magdalénien. Aspects culturels, symboliques et techniques des facies à navettes et à Lussac-Angles* (Bourdier et al. 2017), Paris, SPF, séance 8

Living on the edge, or how resilient people settled the North

Iwona Sobkowiak-Tabaka[1]

Abstract

This paper summarises the current state of the art on Upper/Final Palaeolithic and Early Mesolithic communities living on the North European Plain, which witnessed dramatic climatic changes. During the Last Glacial Maximum, most of the studied area was covered by an ice-sheet. After the retreat of the Scandinavian glacier, relatively fast environmental changes began, leading to the transformation of the arctic and shrub tundra environment at the beginning of the Late Glacial (Greenland Interstadial-1e) to open forest landscape in the Allerød (Greenland Interstadial-1c - 1a), replaced by arctic and shrub tundra with patches of trees and willow-birch at the end of the Late Glacial (Younger Dryas – Greenland Stadial 1).

Moreover, that period, in the area of the North European Plain, was marked by catastrophic events such as the eruption of the Laacher See volcano and the rising sea level. The latter event resulted in the disappearance of much of the land between northern Europe and the present British Isles (so-called Doggerland). People living in such a dynamic environment had to use various strategies to survive, and special attention is paid to human response to climatic changes.

Résumé

L'article résume l'état de l'art actuel des connaissances sur les groupes humains du paléolithique supérieur et final ainsi que du Mésolithique ancien, vivants dans la plaine d'Europe du Nord, qui a connu à cette période des changements climatiques spectaculaires. Au cours du dernier maximum glaciaire, la majeure partie de la zone étudiée était couverte par la calotte glaciaire. Après le retrait du glacier scandinave, des changements environnementaux relativement rapides ont commencé, conduisant à la transformation de l'environnement arctique et de la toundra arbustive au début de la fin de la dernière glaciation (Greenland Interstadial-1e) en paysage forestier ouvert dans l'Allerød (Greenland Interstadial-1c-1a), remplacé par une toundra arctique et arbustive avec des parcelles d'arbres (saule-bouleau) à la fin de la glaciation (Dryas III – Greenland Stadial 1). De plus, au cours de cette période,

1   Faculty of Archaeology
    Adam Mickiewicz University
    Uniwersytetu Poznańskiego 7
    61-614 Poznań, Poland
    iwosob@amu.edu.pl

la région de la plaine d'Europe du Nord a été l'objet d'événements catastrophiques tels que l'éruption du volcan Laacher See et l'élévation du niveau de la mer. Ce dernier événement a entraîné la disparition d'une grande partie des terres entre le nord de l'Europe et les îles britanniques actuelles (appelées Doggerland). Les peuples vivant dans un environnement aussi changeant ont dû appliquer diverses stratégies pour survivre. Dans ce texte, une attention particulière a également été accordée à l'adaptation humaine aux changements climatiques.

Introduction

When aiming to understand human responses to climatic changes, the Late Upper and Final Palaeolithic and Early Mesolithic are particularly interesting, as in this period the (thus far) last true climate changes occurred. The environmental impact of climate changes was significant in Northern Eurasia where massive ice sheets had covered large parts of the land, surrounded by ice deserts and very sparse tundra environments. After the Last Glacial Maximum (LGM), these areas gradually followed the retreating ice sheets northwards, and in the areas freed from the ice and those adjacent to them a biological succession occurred. The previously ice-covered areas were (re-) occupied by plants, animals, and finally human hunter-gatherers after the ice deserts had transformed into tundra and the tundra into light forests. With the melting ice sheet the global sea level rose and large landmasses such as the so-called Doggerland or North Sea Land between the British Isles, the Netherlands, northern Germany, and Denmark were gradually flooded.

The material remains of these human pioneers can be attributed to (Late) Upper Palaeolithic technocomplexes, so to anatomically modern humans. These expansions appeared more like pulses (Terberger and Street 2002) until the Upper/Late Magdalenian, when continuous presence/settlement of Palaeolithic hunter-gatherers up to the North European Plain is evidenced by numerous sites with partially large volumes of material.

However, eastern Central Europe seems to have been settled continuously during the LGM with a gap in data appearing later (Heinrich 1?) in the record (Veerporte 2004).

As a leader of the UISPP commission 'The Final Palaeolithic of Northern Eurasia', I would like to present here examples from Northern Europe, understood as an area of the North European Plain (from the Paris Basin to Lithuania and from the basin of the Hercynian orogeny to the British Isles and the Fenno-Scandinavian Peninsula).

Climate and Environment of the Late Pleistocene and Early Holocene

The relief of the North European Plain is diverse due to a few ice sheet advances within the Quaternary. We can clearly distinguish three landscape zones: the northern, covered by the Weichselian glaciation; the central, covering an area of older glaciations and destroyed relief; and the south-western, which lost the features of glacial relief as a result of long-term denudation. However, the Weichselian glaciation covered only the Dutch sector of the North Sea.

Since the Magdalenian expansion into Central Europe, three major changes in the palaeoclimatic and environmental record of Northern Europe can be identified: The onset of the Late Glacial Interstadial (GI-1, c. 14,700 cal BP), the onset of the Late Gglacial Stadial (GS-1, c. 12,700 cal BP), and the onset of the Holocene (GH, c. 11,600 cal BP). In addition, there are several smaller events towards colder conditions during the Late Glacial Interstadial (GI-1d, GI-1c2, GI-1b), and during GS-1 a bisection from a drier climate with very cold winters but moderate summers to more humid conditions with colder summers was also suggested (c. 12,030 cal BP; cf. Krüger et al. 2020). In addition, the Heinrich Stadial 1 (c. 19,100-14,700 cal BP; Hodell et al. 2017) or the deglaciation dynamics probably also affected the western European environment (Reade et al. 2020). All these climatic changes were relatively fast and led to the transformation of the arctic shrub tundra environment at the beginning of the Late Glacial to open forest environment (dominated by birch or pine) in the Allerød (GI-1c-1a), being again replaced by arctic and shrub tundra with patches of pine trees and willow-birch formation (GS-1) (Björck et al. 1998; Fig. 1).

People living in a such dynamic environment had to apply various strategies to survive, i.e. subsistence strategies, which were modified

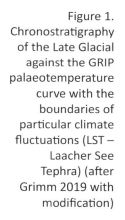

Figure 1. Chronostratigraphy of the Late Glacial against the GRIP palaeotemperature curve with the boundaries of particular climate fluctuations (LST – Laacher See Tephra) (after Grimm 2019 with modification)

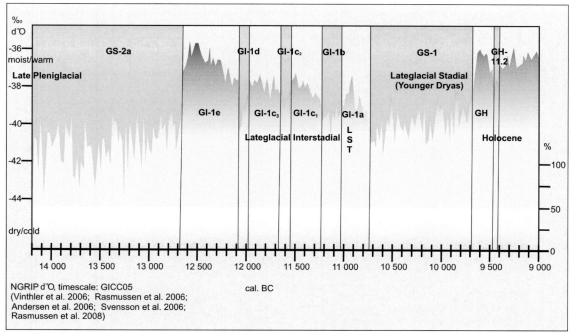

ranging from reindeer hunting in tundra conditions to elk and small fauna hunting in birch forests. This general picture differs depending on the region inhabited by Late Palaeolithic communities. Recent studies have shown definite delay in vegetation development in the northern part of the North European Plain (i.e., Jutland and Danish Isles), where trees appeared much later than in adjacent areas (Mortensen et al. 2014; Sobkowiak-Tabaka 2017).

At the height of the LGM, the sea level was at least 120-130 m lower than nowadays. The area between the British Isles and the northern part of Europe, called Doggerland, was gradually lost due to climate amelioration within the Late Glacial and rising sea level. That land was drowned c. 7500 cal BP (Fitch et al. 2005). Reconstruction of the Late Glacial environment of Doggerland suggests settlement of that area due to its geodiversity – it was a favourable place for hunting big and small game and fish. Moreover, since the 1930s, archaeological objects – i.e. harpoons, animal, and human remains – have been recovered (Mithen 2003; Amkreutz et al. 2018). To date, c. 50 Palaeolithic sites from the area of Doggerland are known (Bailey et al., ed. 2020; Fig. 2).

An eruption of the Lacher See volcano, which took place c. 12,950 cal BP in the western part of what is now Germany (Eifel region) had a noticeable influence on the development of Late Palaeolithic communities and on natural conditions (Brauer et al. 1999). The eruption of the Laacher See volcano buried an area of about 1300 km^2 under volcanic tuffs up to 30 m thick (Schmincke 2004; Fig. 3). To date, c. 450 sites in northern Germany, southern Denmark, eastern Belgium, Switzerland, Austria, northeastern

Figure 2. Palaeolithic sites in the drowned part of the European continent (after Bailey et al. 2020) (Map after Grimm 2019).

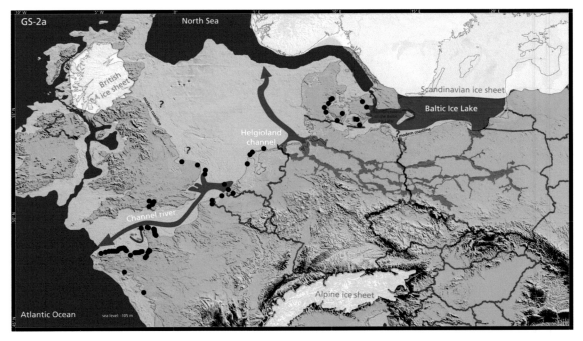

Figure 3. Several metre thick deposits of Laacher See Tephra near Nickenich am Laacher See (photo by I. Sobkowiak-Tabaka).

Poland and Bornholm Island have been unearthed. The consequences of the eruption were probably felt in the Northern Hemisphere due to a 'volcanic wind', triggering a significant cooling of the climate (Gałaś 2016). This event resulted in the collapse of existing networks of exchange and communication and the isolation of certain hunter-gatherer groups. As a result of this isolation, we see considerable simplification in terms of material culture in the what is now southern Scandinavia, as well as northeastern Europe (Riede 2008; 2009).

Late Upper and Final Palaeolithic of Northern Europe

The material and analyses will be presented according to the general climatic subdivision to directly show the chronological relations.

Before the onset of the Late Glacial Interstadial

The maximum ice advance of the Last Pleniglacial resulted in the abandonment of the northern and central part of Europe by human populations for thousands of years. Even if a few sites – i.e. Wiesbaden-Igstadt, Gera-Zoitzberg (Street and Terberger 1999) or Kastelhöhle-Nord, Y-Höhle (Reade et al. 2020) – are known from the period of the LGM, the first evidence of longer stays of humans falls within the last glacial stage.

The gradual retreat of ice-sheets from the North European Plain, which started c. 20,000 BP (Boulton et al. 2001), enabled the re-colonization of the

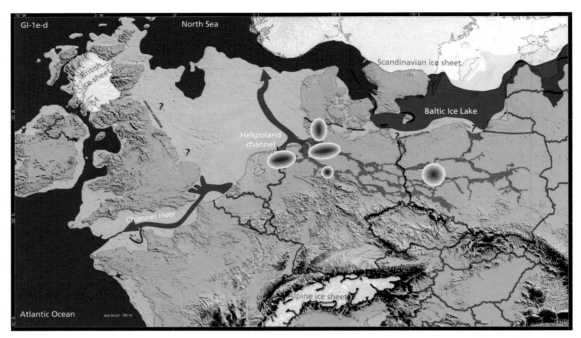

Figure 4.
The main
concentrations
of Hamburgian
settlement (map
after Grimm
2019)

lowlands by hunter-gatherer groups, which had survived in the northern part of the Iberian Peninsula and south-western France (Posthet al. 2016; Fu et al. 2016). Prior to this, Magdalenian groups settled the belt of European uplands from Portugal and Spain through France, Switzerland, Belgium, western and central Germany, Bohemia, Moravia and southern Poland. This post-LGM expansion took place c.17,000 to 15,000 cal BP and should rather be seen as series of waves than a single population movement (Otte 2012; Reade et al. 2021).

It is worth highlighting that radiocarbon dates obtained for the upper phase of Magdalenian culture development in the Paris Basin coincide with determinations from Creswellian sites (Barton et al. 2003) and Hamburgian ones (Grimm and Weber 2008). There are also close similarities between the lithic and bone assemblages. The sites from the Paris Basin, i.e. Pincevent, Verberie-Le Buisson, Campin or Etoilles-Les Coudryas, are interpreted as residential camps of family groups of various size. The main role in subsistence strategies at those sites was played either by the hunting of reindeer in the fall season or by collective horse hunting throughout the year, or a mix of these two hunting types (Débout et al. 2012). Moving to the North, Magdalenian sites are known from the Somme basin. The first is Belloy-sur-Somme, with clear references to assemblages from the Paris Basin and Hangest-sur-Somme-1. The latter one is particularly interesting as it displays features of a transition between the Final Magdalenian and Federmesser tradition (Fagnart 1997).

The northern periphery of Europe, which was *de facto* a peninsula at that time, was occupied by Creswellian groups. Creswellian was defined by

Garrod (1926) as a local *facies* of Magdalenian culture, based on similarity of occupation of the uplands and their margins and Magdalenian-like technology in raw material processing and subsistence (Barton et al. 2003).

The examination of AMS radiocarbon dates clearly shows that the Creswellian settlement existed between 15,000 and 14,000 cal BP (Barton et al. 2003).

Only five sites of unmixed Creswellian assemblage are documented, i.e., Three Holes, Sun Hole, Kent's Cavern, Soldier's Hole and Robin Hood Cave, localised in the south-eastern part of Britain. The presence of Creswellian sites on the mainland is still the subject of considerable debate. On the one hand, the characteristic feature of Creswellian settlement is the location of camps at the upland margins and this fact, together with the similarity of assemblages, allows the recognition of Creswellian settlements in the Netherlands (i.e., Zeijen, Emmerhout, Siegerswoude II) and Belgium (i.e., Presle). On the other hand, there are some stratigraphic and chronological issues (see De Bie and Caspar; Barton et al. 2003, Fig. 5).

To the typical items of lithic assemblage belong Cheddar (trapezoidal backed blades with a double truncation) and Creswellian points (backed forms with a single truncation), scrapers on the end of blades, perforators and *becs*, blade and bladelet debitage. Creswellian art is known from cave sites and includes horses, bovids and cervids, showing great similarity with Magdalenian examples, i.e. from Gönnersdorf (Pettitt and White 2012).

The pioneers who inhabited the European lowlands are related to Hamburgian culture. The main regions they occupied are as follows: the northern Netherlands, southern Jutland, northern Germany and the western part of Poland (Figure 4). Outside these regions, the sole traces of Hamburgian groups' occupation are known from Scotland (Ballin et al. 2010), southern Sweden (Larson 1994) and western Poland (Schild 2011). A few single finds of shouldered points also occurred in Lithuania (Šatavičius 2004), Belarus and Ukraine (Zaliznyak 1999).

Until now *c.* 150 Hamburgian sites are recognized, and if we take into consideration single finds related to the Hamburgian, we will obtain *c.* 200 sites. Only 20 of them have radiocarbon determinations (Grimm and Weber 2008), which suggest they are contemporary with the Late Magdalenian sites from the Paris Basin and classic Creswellian sites in the British Isles (Débout et al. 2012). Moreover, the detailed examination of radiocarbon dates demonstrates two chronological phases of Hamburgian development – the classic one with shouldered points and the younger one, with Havelte points (Grimm and Weber 2008).

The assemblages, in general, display a great homogeneity in terms of technology. Local erratic flint was the only type of raw material used by Hamburgian flint knappers. The preparation of the core was limited to the platform and side of the core. The angle between the platform and the reduction face was usually acute, between 50º and 70º The soft stone hammer technique was mainly used for detaching blades, while an organic

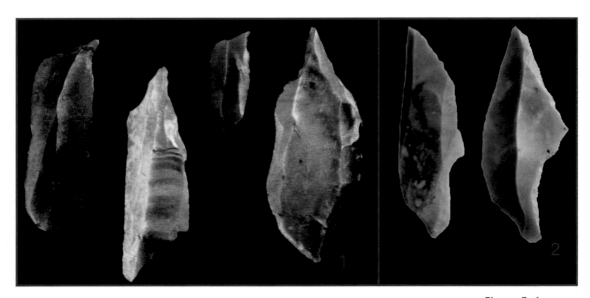

Figure 5. 1. Perforators (*Zinken*). 2. Shouldered points (photo by M. Jórdeczka)

(antler) hammer was used occasionally (Weber 2012). The toolset consisted of shouldered points, *Zinken*-type perforators, burins, end-scrapers with retouch on both edges, and slim, symmetrical and long *Havelte* points, which occur within assemblages of northern Germany, the Netherlands, Denmark and Scotland (Figures 5 and 6) (Ballin et al. 2010; Grimm and Weber 2008).

Portable art objects are very rare at Hamburgian sites, numbering only a few items made of amber (small pendants, sometimes poorly ornamented), ochre and stone (slabs or stones with depictions of fish or horses), or stylized figures of fish made of antler. The most interesting find is the uniquely decorated rod from Poggenwisch. Both animal representations and geometric motifs have analogies in the Magdalenian arts (Burdukiewicz 1987).

The core problem relating to hunter-gatherers is their mobility and subsistence strategies. The basic concept of these issues was known from the 1940s, when sites located in the Ahrensburgian Tunnel Valley were discovered (Rust 1943). Generally speaking, Hamburgian communities are seen as reindeer hunters and their mobility as dependent on the movements of reindeer herds. However, there are a few contradictory hypotheses concerning the directions of people movement across Europe. One of them suggests a north-south direction of migration, where camps from the Ahernsburgian valley were the summer encampment, and the winter ones were located somewhere to the south (Rust 1943). The opposite

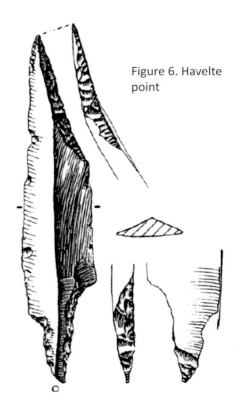

Figure 6. Havelte point

theory was given by Sturdy (1975) and another one proposes the summer habitat in the contemporary British Isles and the winter one in the area which is nowadays submerged, as well as Belgium, the Netherlands and northern Germany (Jacobi 1981).

A different approach to this issue was presented some years ago by O. Grøn (2005), who, based on his ethnoarchaeological observations on Siberian Evenks, suggested the territorial organization of the Hamburgian settlement. In this model, settlement and mobility was a consequence of not only the environmental conditions and reindeer movement but ideological and social proxies as well.

However, fishing and small game hunting are documented in the faunal remains from the Mirkowice site (Greater Poland) (Kabaciński and Sobkowiak-Tabaka 2009).

During the rather short but cold stadial (GI-1d) Hamburgian peoples probably retreated to the southern upland areas (Kobusiewicz 1983). However, other archaeologists suggest potential contacts between Hamburgian and Federmesser groups (Eriksen 2002; Grimm and Weber 2008).

Into the Late Glacial Interstadial

In the fifteenth century BP, a substantial part of Europe was occupied by Magdalenian (Western Europe), Epigravettian (southern and south-eastern Europe) and Hamburgian (northern Europe) groups. This period also marks the beginning of the 'Azilianization', a gradual, evolutionary process of transition between the Upper and Final Palaeolithic (Bordes and de Soneville-Bordes 1979). It is worth highlighting that this process was observed by prehistorians much earlier. In 1913, H. Breuil called the development of Azilian culture a 'revolution', understood as the collapse of the Magdalenian world. At the time, the lithic technology and hunting tools came to be markedly less complex and flint assemblages show considerable similarity. Short end-scrapers on flakes, referred to in Polish archaeology as Tarnowian end-scrapers (Krukowski 1939-1948), and various forms of backed pieces produced across almost all of Europe provide ample examples of this unification.

In addition to the previously mentioned simplification of flint working technology, this 'cultural unification' also meant that raw flint exchange was either reduced or even absent in some areas (Bodu and Valentin 1997). Likewise, the bone industry, the identification mark of the Magdalenian assemblages, lost its significance and was abandoned in some regions (Płonka 2012). Animals were much less willingly represented in 'art'. Adding to this remarkable transformation in economic strategies and settlement models, we may say that this period saw a collapse of the Magdalenian cultural and symbolic traditions.

Along with the colonization of the new areas of the North European Plain a new symbolism appeared, which was probably caused by the alternative mobility patterns of Federmesser groups. The use of amber is noteworthy, of which pendants, beads and animal figurines were made. From the Grabow site (Lower Saxony) even an amber workshop with a few thousand beads and production wastes is known (Veil et al. 2014).

These transformations coincided with major environmental changes: the warming of the climate at the beginning of the Bølling (GI-1e) brought about major changes in the plant cover. With birch-pine forests emerging in the Allerød (GI-1c), open-environment species, for example reindeer, were replaced by forest mammals, such as roe deer, deer, moose and wild boar. The phenomena necessarily challenged the activity of hunter-gatherers in terms of possibilities and methods of food procurement, the types of tools used and mobility.

Those climatic changes are seen also as driving factors in the genetic replacement of the post-LGM maternal population by one from another source (Posth et al. 2016). The transformation of Magdalenian culture to Azilian, in the light of genetic studies, coincides with the appearance of genes from the Near East. It may reflect migrations or population shifts within Europe (Fu et al. 2016; Yang and Fu 2018).

This transitional process is rather well recognized in the western part of Europe, especially in the Paris Basin (Bodu 2004) and Central Rhineland (Grimm 2019; Fig. 70; Holzkämper et al. 2013), while in Northwestern and Central Europe it is less clear. However, recent studies shed a light on the spread of Federmesser groups on the North European Plain. It is generally accepted that this was related to the expansion of hunter-gatherers groups to the north, yet their distribution both in time and space is still under discussion. Let us have a closer look at this issue. The analysis of 130 radiocarbon dates from Belgium, the Netherlands, Germany, and Poland allowed us to recognize the time-span of Federmesser existence and divide it into five chronological ranges. Sites belonging to a single chronological range were mapped to gain the chronological distribution of the sites across the North European Plain, and correlated with the GRIP palaeotemperature curve. The oldest sites were located between the western bank of the Rhine and the River Wodra (Poland). Settlement subsequently extended to the west, reaching the Somme basin, and towards the south-west. The widest expansion of Federmesser groups falls between c. 13,500 cal BP and 13,100 cal BP (Sobkowiak-Tabaka 2017).

The most characteristic items of Early Azilian inventories are end-scrapers on blades and short end-scrapers on flakes as well as regular shaped end elongated segments, called bipoints. Occasionally, curved-backed points also appear. The significant feature of Early Federmesser assemblages is a high variability of point shapes – curved-backed points, monopoints, and end-scrapers on flakes and backed bladelets (Fig. 7), while Late Federmesser assemblages consist usually of cured-backed points and rarely of Malaurie points (Fagnart 1997; Baales 2002).

Figure 7. Milheeze. 1-5 – backed pieces, 6-8 – burins, 9-13 – end-scrapers, 14 – arrow straightener (Deeben and Rensink 2005)

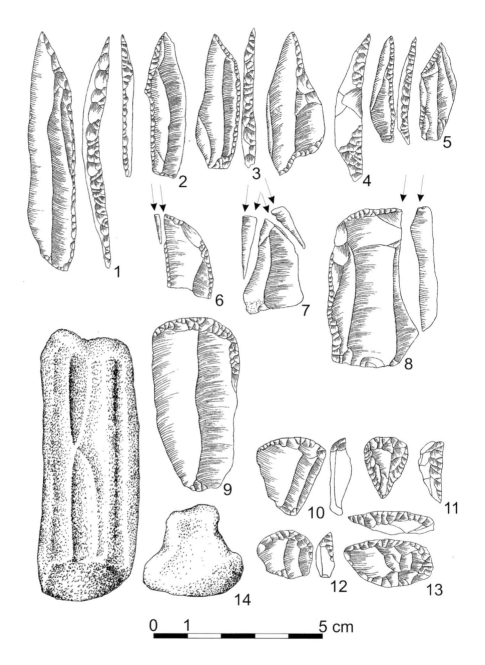

The aforementioned variability of point shapes and their occurrence in specific regions or time-spans influence us in distinguishing many groups/cultures (Grimm 2019; Sobkowiak-Tabaka 2017) (Figure 8).

Federmesser groups applied various subsistence strategies depending on the available fauna in each given stage of environment and climate development. One can distinguish three main groups – hunting for big game; hunting for small mammals, including beavers; and hunting for

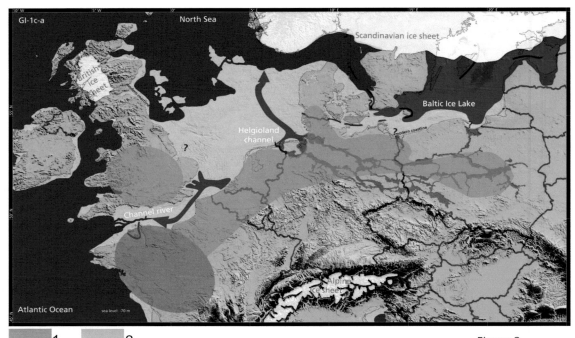

1   2

Figure 8. Azillian (1) and Federmesser (2) settlement (map after Grimm 2019)

mammals and fishes. The observed trends are derivative of the chronology of Federmesser development and the various ecological niches.

At the end of the Allerød period, not long after the Lacher See volcano eruption, a new culture, called Bromme, occurred. The core settlement area of this cultural unit is related to southern Scandinavia (Riede 2009). However, the assemblages from the sub-Baltic region, containing large tanged points, are called Perstunian culture, Lyngby culture, Baltic Magdalenian group, Old tanged point complex, or Grensk culture (e.g. Rimantienė 1971; Szymczak 1987; Zaliznyak 2006; Schild 2014).

Lithic assemblages of the Bromme culture are characterized as 'simplified' (Barton 1992) and usually consist of large tanged points, end-scrapers and burins, with a 'straightforward' technology of flint processing (Madsen 1992).

Subsistence strategies of these groups were based on mammals (i.e., elk, bear, red deer, hare and beaver), as well as fishes and birds (Fisher 1991).

Due to climate deterioration at the beginning of GS-1, these communities withdrew to the south and spread into the Western part of the North European Plain (Taute 1968).

Into the Late Glacial Stadial

During the last climate deterioration, c. 12,800 to 11,400 cal BC, in a large area from the North European Plain to southern Scandinavia, and from the Doggerland to the middle Volga river, groups of hunter-gatherers occurred using various types of tanged points (Kozłowski 1999). These groups are usually called the Tanged Points Groups Complex (Taute 1968; Kozłowski 1999) and consist of several cultural units, i.e. the Ahrensburgian culture (Weber et al. 2011), Belloisian (Barton 1991), Swiderian/Masovian (Kozłowski 1999) and the Desna (Krasonosiele) culture (Schild 1990). The previously distinguished Eggstedt-Stellmoor group of the Ahrensburgian culture (Taute 1968) is nowadays attributed to the late Ahrensburgian and associated with the so-called 'Long Blade Industry' or Belloisian (Fagnart 1997, 2009; Sternke and Sørensen 2004), dating to *c.* 11,500 cal BP (Figure 9).

It is worth highlighting that at the site of Alt Duvenstedt LA 121 in Schleswig-Holstein (Germany) an artefact layer with unquestionable Ahrensburgian finds was detected in a soil horizon that was attributed to the Allerød (Kaiser and Clausen 2005). Moreover, the chronological position was confirmed by two AMS-dates from charcoal from fireplaces: 10810 ± 80 (AAR-2245-1) and 10770 ± 80 BP (AAR-2245-2). This fact suggests that the site at Alt Duvensted is much older than others related to the Ahrensburgian culture.

The common feature of the assemblages of these entities is the use of opposed platform cores for blade technology, processed with direct soft stone percussion. The striking platforms of the cores were usually carefully prepared before exploitation. The toolset consists mainly of ventrally retouched willow leaf and tanged points (Swiderian culture), tanged points with a lateral retouch on both sides of the tang (Ahrensburgian culture), end-scrapers made on blades and flakes, various type of burins, truncations and micro-points (called Zonhoven points) (Figure 10). A less significant role in the assemblages is played by perforators, borers, composite tools, notches and retouched blades and flakes (Pyżewicz et al. 2019; Sobkowiak-Tabaka and Winkler 2017; Taute 1968).

Figure 9. The main areas of Tanged Points Groups settlement (after Pyżewicz et al. 2019)

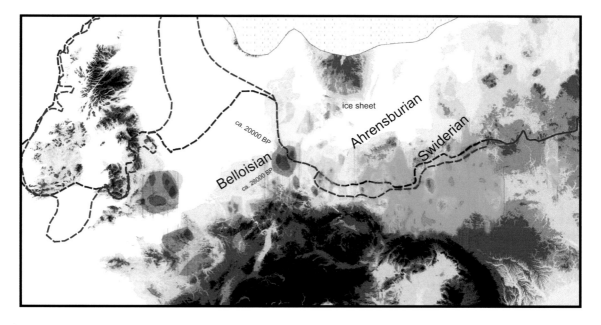

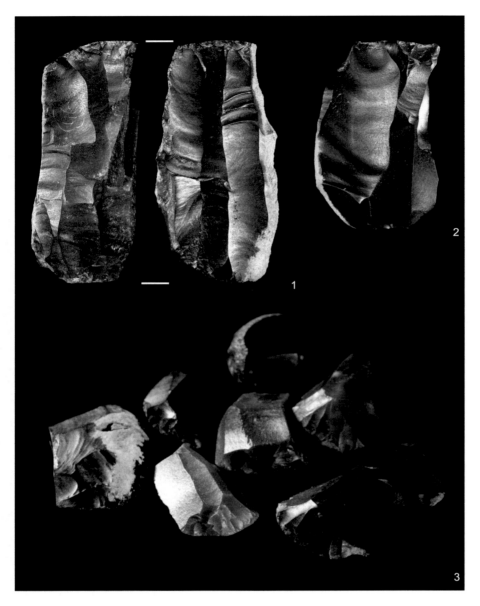

Figure 10. Swiderian cores (1-2) and end-scrapers (3) made of chocolate flint from the Cichmiana site (Poland) (photo by M. Jórdeczka)

Recent studies of flint processing by the group related to the Tanged Points Complex suggest great similarity in terms of production methods and a great degree of standardisation across Northern Europe. Taking into account the social and cultural context of knowledge transmission, extensive social contacts and networks are highly possible in that period (Berg-Hansen 2019). These observations can be also confirmed by long-distance exchange of raw materials, i.e. obsidians, chocolate flint, etc. (Sobkowiak-Tabaka et al. 2015).

A significant part of the hunting gear consists of various types of harpoon made of antler or bone (Clark 1936).

Reindeer meat was the dominant source of food for the groups of the Tanged Points Complex, but other mammals, birds and fish also played an important role. Research in the Ahrensburgian Tunnel Valley has shown that Ahrensburgian groups hunted large herds of the animals at river crossings (blows to the head, neck and shoulders) or narrow valleys (traces across the body). Reindeer carcasses were either dumped in dead-ice moulds that served as a type of cold storage or were dried (Bratlund 1999). The diet was supplemented with plants, as indicated by charred grains of spiny saltbush (*Salsolakali*), bog-bean (*Menyanthestrifoliata L.*), bearberry (*Arctostaphylosuva-ursi*) and sedge plants (Cyperaceae) found at Całowanie (Poland) (Schild et al. 1999).

Patterns in the way Tanged Points Groups used the landscape are closely linked, as with the Hamburgian ones, with the seasonal movements of reindeer.

The onset of the Holocene

In the mid of 80s of the 20th century, C. Gamble (1986) pointed out the flexibility and diversification of subsistence strategies of Late Glacial communities. Palaeolithic hunters were very resilient in adapting to natural conditions and living in a particular environment without changing their whole socio-cultural system. Except for the rise in importance of fishing within the Mesolithic period, there are no fundamental differences in the subsistence strategies of Palaeolithic and Mesolithic groups. The observed changes are almost exclusively quantitative and are accompanied by technical innovations (Eriksen 1996). However, the rapid changes at the end of the Late Glacial are well documented (de Klerk 2004). Mesolithic groups existed in forested land opposite those from the end of the Pleistocene.

Concepts highlighting an inner evolution of Late Palaeolithic communities, which led to the appearance of Mesolithic groups, constitute another vital subject for the debate about cultural transformations during the Pleistocene and the Holocene transition. The Ahrensburgian and Epi-Ahrensburgian communities are thought to have been of particular significance in that alteration (Gob 1991).

According to A. Fischer and H. Tauber (1986), despite differences in processing technology of flint raw materials, it is possible to discern continuity in the tradition between communities belonging to the technocomplex with tanged points and Maglemosian groups. Radiocarbon dates indicate that Ahrensburgian settlement, in its core area (Ahrensburgian Tunnel Valley), did not only exist in the early parts of the Preboreal (Grimm et al. 2020; Rivals et al. 2020). The same observation applies to the possibility of the survival of the Swiderian communities in what is now Poland (Goslar et al. 2006; Płonka et al. 2020). Ahrensburgian sites are known even from the Late Preboreal period in the southern part of the Netherlands (Niekus et al. 2019).

People and their environment in the Final Palaeolithic

Hunter-gatherer communities are perceived through the prism of their subsistence. Previously, there was a widespread belief that such groups were technically unadvanced and focused mainly on food procuring. Today, based on ethnoecological observations, we are conscious that hunter-gatherers are much more independent of the natural environment than farmers (Kelly 2014).

Due to the substantial instability of climate conditions within the Late Glacial in the Northern Hemisphere, the environment inhabited by hunter-gatherers changed rapidly, and even the generally warm periods, i.e. Allerød, were interrupted by cold and dry events.

The inhabitants of Late Glacial Europe that witnessed these relatively fast climatic changes applied different strategies for survival. The first was migration to areas where similar conditions prevailed to maintain the balance in their system and not to change their subsistence strategy. The other was modification of their ways of life and adapting to the new conditions.

The resilience of Late Glacial communities allowed them to inhabit the northern, young glacial landscape and extent the *oecumene* far to the East. Moreover, these communities, despite the rapid and sharp climate deteriorations, settled the vast area of the North European Plain almost uninterrupted within the Late Glacial.

Acknowledgments

I thank Sonja B. Grimm and Mara-Julia Weber from the Centre for Baltic and Scandinavian Archaeology in Schleswig (Germany) for discussing the framing of the paper. I am also grateful to Professor François Djindjian for his support and patience.

References

Amkreutz, L., Verpoorte, A., Waters-Rist, A., Niekus, M., Van Heekeren, V., Van der Merwe, A., Van der Plicht, H., Glimmerveen, J., Stapert, D. Johansen, L. 2018. What lies beneath Late Glacial human occupation of the submerged North sealandscape. *Antiquity*, 92(361), p.22-37

Baales, M. 2002. *Der Spätpaläolitische Fundplatz Kettig*. Untersuchungen zur Siedlungsarchäologie der Federmesser-Gruppen am Mittelrhein. Monographien des Römisches-Germanischen Zentralmuseum 51. Mainz.

Bailey, G., Galanidou, N., Peeters, H., Jöns, H., Mennenga, M. 2020. *The Archaeology of Europe's Drowned Landscapes*. Springer Open. Coastal Research Library, 35. Springer Open.

Ballin, T.B, Saville, A., Tipping, R., Ward, T. 2010. An Upper Palaeolithic flint and chert assemblage from Howburn Farm, South Lanarkshire, Scotland: first results. *Oxford Journal of Archaeology* 29, p.323-360.

Barton, N. 1991. Technological innovation and continuity at the end of the Pleistocene in Britain. In N. Barton, A. J. Roberts, D. A. Roe (Eds), *The Late Glacial in north-west Europe: human adaptation and environmental change at the end of the Pleistocene.* CBA Research Report, 77, p.234-245

Barton, R.N.E. 1992. *Hengistbury Head, Dorset. Volume 2: The Late Upper Palaeolithic and Early Mesolithic Sites.* Monograph No.34. Oxford.

Barton, R.N.E., Jacobi, R.M., Stapert, D., Street, M.J., 2003. The Late glacial reoccupation of the British Isles and the Creswellian. *Journal of Quaternary Science* 18(7), p.631-643.

Berg-Hansen, I.M. 2019. Alt-Duvenstedt LA 121 revisited – Blade technology in Ahrensburgian culture. In B.V. Eriksen, E. Rensink, S. Harris (Eds), *The Final Palaeolithic of Northern Eurasia.* Proceedings of the Amersfoort, Schleswig and Burgos UISPP Commission Meetings. Schleswig, p.169-191.

Björck, S., Walker, M.J.C., Cwynar, L.C., Johnsen, S., Knudsen, K.-L., Lowe, J.J., Wohlfarth, B., & INTIMATE Members. 1998. An event stratigraphy for the Last Termination in the North Atlantic region based on the Greenland ice-core record; a proposal by the INTIMATE group. *Journal of Quaternary Science* 13(4), p.283-292.

Bodu, P. 2004. Datations absolues obtenues sur les séquences archéologiques tardiglaciaires du sud du Bassin parisien, In B. Valentin, P. Bodu, M. Julien (Eds), *Habitats et peuplements tardiglaciaires du Bassin parisien*, Rapport d'activité pour 2004, p.175-177. http://lara.inist.fr//handle/2332/1360.

Bodu, P., Valentin, B. 1997. Groupes à Federmesser ou Aziliens dans le Sud-ouest du Bassin Parisien, Propositions pour un nouveau modèle d'évolution. *Bulletin de la société préhistorique française* 94(3), p.431-347.

Bordes, F., de Sonneville-Bordes, D. 1979. L'Azilianisation dans la vallée de la Dordogne : les données de la Gare de Couze (Dordogne) et de l'abri Morin (Gironde). In D. de Sonneville-Bordes (Ed,), *La fin des temps glaciaires en Europe.* Chronostratigraphie et écologie des cultures du Paléolithique final. Actes du colloque international du Centre National de la recherche scientifique 271. Talence, 24-28 mai 1977. Paris, p.449–459.

Boulton, G.S., Dongelmans, P., Punkari, M., Broadgate, M. 2001. Palaeoglaciology of an ice sheet through a glacial cycle: the European ice sheet through the Weichselian. *Quaternary Science Reviews,* 20, p.591-625

Bratlund, B. 1999. A Survey of the Ahrensburgian Faunal Assemblage of Stellmoor. In S.K. Kozlowski, J. Gurba and L. L. Zaliznyak (Eds), *Tanged Point Cultures in Europe.* Read at the International Archaeological Symposium. Lublin, September, 13-16, 1993. Lublin: Maria Curie-Sklodowska University Press, p.47-59.

Brauer, A., Endres, C., Negendank, J.F.W. 1999. Late glacial calendar year chronology based on annually laminated sediments from Lake Meerfelder Maar, Germany. *Quaternary International* 61, p.17–25.

Burdukiewicz, J.M. 1987. *Późnoplejstoceńskie zespoły z jednozadziorcami w Europie Zachodniej*. Wrocław.

Clark, J.G.D. 1936. *The Mesolithic Settlement of Northern Europe: A Study of the Food-gathering Peoples of Northern Europe during the Early Post-glacial Period.* Cambridge University Press.

Conneller, C., 2007. Inhabiting new landscapes: Settlement and mobility in Britain after the Last Glacial Maximum. *Oxford. Journal of Archaeology*, 26, p.215-237

Deeben, J., Rensink, E. 2005. Her Laat-Paleolithicum in Zuid-Nederland. In J. Deeben, E. Drenth, M.-F. van Oorsouw, L. Verhart (Eds), *De steentijd van Nederland. Archeologie* 11/12, p.39-66.

De Bie, M., Caspar, J.-P. 2000. *A Federmesser Camp on the Meuse River Bank.* Leuven.

Débout, G., Olive, M., Bignon, O., Bodu, P., Chehmana, L., Valentin, B., 2012. The Magdalenian in the Paris Basin: New results. *Quaternary International* 272-273, p.176-190.

Eriksen, B.V. 1996. Resource Exploitation, Subsistence Strategies and *Adaptativness* in Late Pleistocene – Early Holocene Northwest Europe. In L. G. Straus. B. V. Eriksen, J. M. Erlandson, D. R. Yesner (Eds), *Humans at the End of Ice Age: The Archaeology of the Pleistocene – Holocene Transition.* New York, p.101-128.

Eriksen, B.V. 2002. Reconsidering the geochronological framework of Late glacial hunter-gatherer colonization of southern Scandinavia, In ' B. V. Eriksen, B. Bratlund (eds.), *Recent studies in the Final Palaeolithic of the European Plain'*. Århus, p.25-41

Fagnart, J.-P. 1997. *La fin des temps glaciaires dans le nord de la France.* Approches archéologiques et environnementales des occupations humaines du Tardiglaciaire. Paris.

Fagnart, J.-P. 2009. Les industries à grandes lames et éléments mâchurés du Paléolithique final du Nord de la France : une spécialisation fonctionnelle des sites Épi-ahrensbourgiens. In P. Crombé, M. Van Strydonck, J. Sergant, M. Boudinand, M. Bats (Eds), *Chronology and Evolution within the Mesolithic of North-West Europe'*, proceedings of the international meeting (Brussels, 2007), Newcastle upon Tyne, p.39-55.

Fischer, A. 1991. Pioneers in deglaciated landscapes: The expansion and adaptation of Late Palaeolithic societies in Southern Scandinavia. In N. Barton, A. J. Roberts, D. A. Roe (Eds), *The Late Glacial in north-west Europe: human adaptation and environmental change at the end of the Pleistocene*, CBA Research Report, 77, p.100-122.

Fischer A., Tauber, F. 1986. New C14 Dating of Late Palaeolithic cultures from North-western Europe. *Journal of Danish Archaeology* 5, p.7-13

Fitch, S., Thomson, K., Gaffney, V. 2005. Late Pleistocene and Holocene depositional systems and the palaeogeography of the Dogger Bank, North Sea. *Quaternary Research,* 64, p.185-196

Fu, Q., Posth, C., Hajdinjak, M., Petr, M., Mallick, S., Fernandes, D., et al. 2016. The genetic history of Ice Age Europe. *Nature,* 534, p.200-205.

Gałaś, A. 2016. Impact of volcanic eruptions on the environment and climatic conditions in the area of Poland (Central Europe). *Earth Science Reviews,* 162, p.58-64.

Gamble, C. 1986. *The Palaeolithic Settlement of Europe.* Cambridge.

Garrod, D.A.E. 1926. The Upper Palaeolithic Age in Britain. *Proceedings of the University of Bristol Spelaeological Society* (1925) 2(3), p.299–301.

Gob, A. 1991. The Early Post Glacial occupation of the southern part of the North Sea Basin. In N. Barton, A.J. Roberts, D.A. Roe (Eds), *The Late Glacial in north-west Europe: human adaptation and environmental change at the end of the Pleistocene.* CBA Research Report 77, p.227-233.

Goslar, T., Kabaciński, J., Makowiecki, D., Prinke, D. and Winiarska-Kabacińska, M. 2006. Datowanie radiowęglowe zabytków radiowęglowe z kolekcji epoki kamienia muzeum archeologicznego w Poznaniu. *Fontes Archaeologici Posnanienses,* 42, p.5–25.

Grøn, O. 2005. A Siberian perspective on the north European Hamburgian culture: a study in applied hunter-gatherer ethnoarchaeology. *Before farming* 1, p.1–30

Grimm, S.B., 2019. *Resilience and reorganization of social systems during the Weichselian Lateglacial in North-West Europe*: An evaluation of the archaeological, climatic and environmental record. Monographien des Römisch-Germanischen Zentralmuseum 128, Mainz.

Grimm, S.B., Groß, D., Gerken, K., Weber, M.-J., 2020. On the onset of the Early Mesolithic on the North German Plain, in Zander, A., Gehlen, B. (Eds.), *From the Early Preboreal to the Subbo-eal period - Current Mesolithic research in Europe.* Studies in honour of Bernhard Gramsch, Kerpen-Loogh, p.15–37

Grimm, S.B., Weber, M.–J. 2008. The chronological framework of the Hamburgian in the light of old and new ^{14}C-dates, *Quartär* 55, p.17 -40

Hodell, D.A., Nicholl, J.A., Bontognali, T.R.R., Danino, S., Dorador, J., Dowdeswell, J.A., Einsle, J., Kuhlmann, H., Martrat, B., Mleneck-Vautravers, M.J., Rodríguez-Tovar, F.J., Röhl, U., 2017. Anatomy of Heinrich Layer 1 and its role in the last deglaciation. *Paleoceanography,*32, p.284-303

Holzkämper, J., Maier, A., Richter, J. 2013. Dark Ages' illuminated – Rietberg and related assemblages possibly reducing the hiatus between the Upper and Late Palaeolithic in Westphalia. *Quartär,* 60, p.115-136

Jacobi, R.M., 1981. *The Late Weichselian* peopling of Britain and north-west Europe. *Archaeologia Interregionalis* 1, p.57-76.

Kabacinski, J., Sobkowiak-Tabaka, I. 2009. Big game versus small game hunting: subsistence strategies of the Hamburgian Culture. In M. Street *et al.* (Eds), *Humans, environment and chronology of the late glacial of the North European Plain*. Proceedings of Workshop 14 (Commission XXXI[1)] of the 15th UISPP Congress, Lisbon, September 2006 (RGZM Tagungen, Band 6). Römisch-Germanisches Zentral Museum, Mainz, p.67-75.

Kaiser, K., Clausen, I. 2005. Paläopedologie und Stratigraphie des spätpaläolithischen Fundplatzes Alt Duvenstedt, Schleswig-Holstein (Nordwest Deutschland). *Archäologisches Korrespondenzblatt* 35(4), .p.447-466.

Kelly, R.L. 2014. Future Directions in Hunter-Gatherer Research. In V. Cummings, P. Jordan, M. Zvelebil (Eds), *The Oxford Handbook of the Archaeology and Anthropology of Hunter-Gatherers*. Oxford, p.1110-1126.

de Klerk, P. 2004. Confusing concepts in Late glacial stratigraphy and geochronology: origin, consequences, conclusions (with special emphasis on the type locality Bøllingsø). *Review of Palaeobotany and Palynology* 129, p.265–298.

Kobusiewicz, M. 1983. Le problème des contacts des peuples du Paléolithique final de la plaine européenne avec le territoire français. *Bulletin de la Société préhistorique française* 80(10), p.308-321.

Kozłowski, S.K., 1999. The tanged points complex. In S.K. Kozłowski, J. Gurba, L. Zaliznyak (Eds), *Tanged Points Cultures in Europe*. Read at the International Archaeological Symposium Lublin, September, 13–16, 1993, Lublin, p.28-35.

Krukowski, S. 1939-1948. Paleolit. In S. Krukowski, J. Kostrzewski, R. Jakimowicz, *Prehistoria ziem polskich*. Encyklopedia Polska PAU 4, Warszawa-Kraków,   p.1-117.

Krüger, S., Mortensen, M.F., Dörfler, W., 2020. Sequence completed – palynological investigations on Late glacial/Early Holocene environmental changes recorded in sequentially laminated lacustrine sediments of the Nahe palaeolake in Schleswig-Holstein, Germany. *Review of Palaeobotany and Palynology* 280, 104271

Larson, L. 1994. The earliest settlement in southern Sweden. Late Palaeolithic settlement remains in Finjasjön in the North of Scania. *Current Swedish Archaeology* 2, p.115-177.

Madsen, B., 1992. Hamburgkulturens flint teknologi I Jels. In J., Holm F., Rieck (Eds), . *Istidsjægere ved Jelssøerne : Hamburgkulturen i Danmark. Skrifter fra Museumsrådet for Sønderjyllands Amt 5*. Haderslev, p.93–133

Mithen, S. 2003. *After the Ice: A Global History 20,000–5,000 BC*. London.

Mortensen, M.F., Henriksen, P.S., Bennike, O. 2014. Living on the good soil: relationships between soils, vegetations and human settlement during the late Allerød period in Denmark. *Vegetation History and Archaeobotany* 23, p.195-205.

Niekus, M.J.L.T. 2019. A Late Preboreal site from Zwolle, province of Overijssel, and some remarks on the Ahrensburgian in the Netherlands. In. 'B.V. Eriksen, E. Rensink, S. Harris (Eds), *The Final Palaeolithic of*

Northern Eurasia'. Proceedings of the Amersfoort, Schleswig and Burgos UISPP Commission Meetings. Schleswig, p.51-79.

Otte, M., 2012. Appearance, expansion and dilution of the Magdalenian civilization. *Quaternary International,* 272-273, p.354-361.

Pettitt, P., Rockman, M., Chenery, S., 2012. The British Final Magdalenian: Society, settlement and raw material movements revealed through LA-ICP-MS trace element analysis of diagnostic artefacts. *Quaternary International,* 272-273, p.275-287.

Pettitt, P., White, M. 2012. *The British Palaeolithic*: *Hominin societies at the edge of the Pleistocene world*. London- New York.

Płonka, T. 2012. *Kultura symboliczna społeczeństw łowiecko-zbierackich środkowej Europy u schyłku paleolitu*. Wrocław.

Płonka, T., Bobak, D, Szuta, M. 2020. The Dawn of the Mesolithic on the Plains of Poland. *Journal of World Prehistory* 33(3), p.325-383.

Posth, C., Renaud, G., Mittnik, A., Drucker, D.G., Rougier, H., Cupillard, C., et al. 2016. Pleistocene mitochondrial genomes suggest a single major dispersal of Non-Africans and a Late Glacial population turnover in Europe. *Current Biology* 26, p.1-7.

Pyżewicz, K., Grużdź, W., Serwatka, K., Sobkowiak-Tabaka, I., Stefański, D. 2020. Swiderian lithic assemblages from Poland : some new observations and ideas. In C. Montoya, J.-P. Fagnart, J.-L. Locht. *Préhistoire de l'Europe du Nord-ouest : mobilités, climats et identités culturelles* , p.511-528.

Reade, H., Grimm, S., Neruda, P., Nerudová, Z., Robličková, M., Tripp, J., Sayle, K., Kearney, R., Schauer, P., Douka, K., Higham, T.F.G., Stevens, R., 2021. *Magdalenian and Epimagdalenian chronology and palaeoenvironments at Kůlna Cave, Moravia*, Czech Republic. Anthropological and Archaeological Sciences 13 (4).

Reade, H., Tripp, J.A., Charlton, S., Grimm, S.B., Sayle, K.L., Fensome, A., Higham, T.F.G., Barnes, I., Stevens, R.E., 2020. Radiocarbon chronology and environmental context of Last Glacial Maximum human occupation in Switzerland. *Nature Scientific Reports*, 10, 4694.

Riede, F. 2008. The Laacher See eruption (12,920 BP) and material culture change at the end of the Allerød in Northern Europe. *Journal of Archaeological Science,* 35, p.591-599.

Riede, F. 2009. Climate and Demography in Early Prehistory: Using Calibrated [14]C Dates as Population Proxies. *Human Biology* 81 (2–3), p.309–337.

Rimantienė, R. 1971. *Paleolit i mezolit Litvy*. Vilnius.

Rivals, F., Drucker, D.G., Weber, M.-J., Audouze, F., Enloe, J.G., 2020. Dietary traits and habitats of the reindeer (*Rangifer tarandus*) during the Late Glacial of Northern Europe. *Archaeological and Anthropological Sciences* 12, 98.

Rust, A. 1943. *Die alt- und mittelsteinzeitlichen Funde von Stellmoor*. Neumünster.

Schild, R. 1990. Datowanie radiowęglowe otwartych stanowisk piaskowych późnego paleolitu i mezolitu. Czy mezolit w Europie trwał do drugiej wojny światowej? Zeszyty Naukowe Politechniki Śląskiej. Seria Matematyk-Fizyka 61. *Geochronometria* 6, p.153-163.

Schild, R., Królik, H., Tomaszewski, A.J., Ciepielewska E., 2011. *Rydno. A stone age red ochre quarry and socioeconomic center. A century of research.* Warszawa.

Schild, R. 2014. *Całowanie. A Final Paleolithic and Early Mesolithic site on an island in the ancient Vistula channel.* Warsaw, p.67-263.

Schild, R., Tobolski, K., Kubiak-Martens, L, Pazdur, M.F., Pazdur, A., Vogel, J.C., Stafford, T.Jr. 1999. Stratigraphy, palaeoecology and radiochronology of the site of Całowanie. Folia *Quaternaria* 70, p.239-268.

Schmincke H.-U. 2004. *Volcanism.* Berlin.

Sobkowiak-Tabaka, I. 2017. *Rozwój społeczności Federmesser na Nizinie Środkowo-europejskiej.* Poznań.

Sobkowiak-Tabaka, I., Kasztovszky, Z., Kabaciński, J.,Biró, K.T.,Maróti, B., Gméling, K. 2015. Transcarpathian contacts of the Late Glacial Societies of the Polish Lowlands. *Przegląd Archeologiczny* 63, p.5-28.

Sobkowiak-Tabaka I., Winkler K., 2017. The Ahrensburgian and the Swiderian in the area around the middle Oder River: reflections on similarities and differences. *Quartär* 64, p.217–240.

Sternke F., Sørensen M., 2004. Nørregård VI: Late glacial hunters in transition. In 'T. Terberger, B. V. Eriksen (Eds), *Hunters inchanging world.Environment and Archaleologyof the Pleistocene-Holocene Transition* (ca. 11000-9000 B.C. in Northern Central Europe)'. Workshop of the U.I.S.P.P. Commission XXXII at Greifswald in September 2002, Rahden, p.85-111.

Street, M., Terberger, T. 1999. The last Pleniglacial and the human settlement of Central Europe. New information from the Rhineland site Wiesbaden-Igstadt. *Antiquity* 73, p.259-272.

Sturdy, D.A. 1975. Some reindeer economies in prehistoric Europe, In. E.S. Higgs (Ed.), *Palaeoeconomy.* Cambridge, p.55-95.

Šatavičius, E., 2002. Hamburgo kultūros radiniai Lietuvoje. *Lietuvos archeologija* 23, p.163-186.

Szymczak, K. 1987. Perstunian culture – the eastern equivalent of the Lyngby culture in the Neman basin. In 'M. Burdukiewicz, M. Kobusiewicz (Eds), *Late Glacial in Central Europe. Culture and environment'.* Wrocław, p.267–276.

Taute, W. 1968. *Die Stielspitzen-Gruppen in nördlichen Mitteleuropa. Ein Beitrag zur Kenntnis der späten Altsteinzeit.* Köln.

Terberger, T., Street, M., 2002. Hiatus or continuity? New results for the question of Pleniglacial settlement in Central Europe. *Antiquity* 76, p.691-698.

Veil, S., Schwalb, A., Turner, F., Tolksdorf, J.F. 2014. Eine spat paläolithische Fundland schaftmit Bernstein verarbeitung, w: Hugo Obermaier-Gesellschaft für Erforschung des Eiszeitalters und der Steinzeite. V. 56. Jahrestagung in Braunschweig und Schöningen 22– 26 April 2014. Erlangen, p.69-74.

Verpoorte, A., 2004. Eastern Central Europe during the Pleniglacial. *Antiquity* 78, p.257-266.

Weber, M.-J., 2012. *From technology to tradition – Re-evaluationg the Hamburgian-Magdalenian relationship.* Untersuchungen und Materialien zur Steinzeit in Schleswig-Holstein und im Ostseeraum 5, Neumünster.

Yang, M.A., Fu, Q., 2018. Insights into Modern Human Prehistory Using Ancient Genomes. *Trends in Genetics* 34(3), p.184-196.

Zaliznyak L.L. 1999. *Final'nij Paleolit pivnichnogo-zahodu Shidnoi Evropi* (Kul'turnij podil i priodizacija). Kyiv.

Zaliznyak L.L., 2006. The archaeology of the occupation of the East European taiga zone at the turn of the Palaeolithic-Mesolithic. *Archaeologia Baltica* 7, p.94–108.

Conclusions : L'influence des variations climatiques sur les sociétés de chasseurs cueilleurs au pléistocène

François Djindjian

La précision et la fiabilité des courbes de variations du climat sur le dernier million d'années ont considérablement progressé depuis les cinquante dernières années. Il n'en est pas de même pour les données archéologiques dont le nombre et la précision se raréfient progressivement en s'enfonçant dans la profondeur du temps.

Le continent le plus riche en sites préhistoriques fouillés et étudiés est l'Europe, où la préhistoire est née dans les années 1860, et dont le nombre de préhistoriens professionnels s'est considérablement développé dans les années 1950, à l'Université, dans les Instituts de recherche, puis dans l'archéologie préventive dans les années 1990. Mais même en Europe, le paléolithique inférieur nous a livré moins d'une centaine de sites sur 1 million d'années ; le paléolithique moyen est mieux connu avec un millier de sites sur 300 000 ans. C'est le paléolithique supérieur qui fournit la plus grande densité de sites, peut-être jusqu'à 10 000 sites, sur moins de 30 000 ans. Cette accélération traduit autant une croissance démographique du peuplement que notre difficulté à trouver et fouiller les sites sous une sédimentation de plus en plus épaisse.

Les sites du paléolithique supérieur ont bénéficié de pouvoir être datés par la méthode radiocarbone, même si la mauvaise élimination de carbone récent intrusif a longtemps trompé les préhistoriens qui ont cru à tort que les histogrammes de dates pouvaient traduire la durée d'une culture alors qu'il ne s'agissait que d'histogrammes de taux de pollution des échantillons. Depuis les années 2000, les nouvelles préparations chimiques rectifient les dates en les vieillissant et la calibration jusqu'à 40 000 ans fournit des dates cette fois réellement absolues. Ce n'est pas le cas du paléolithique moyen et du paléolithique inférieur où l'application de la méthode radiocarbone n'est plus possible (ou pire ne date que la pollution ce qui a rajeunit à tort les sites du paléolithique moyen récent). Mais le développement et l'amélioration d'autres techniques de datations (U/Th, ESR, OSL, thermoluminescence, etc.) a permis de donner progressivement un cadre chronologique au paléolithique moyen. Mais, dans tous les cas, la stratigraphie reste la référence chronologique indispensable que la datation absolue étalonne.

Il n'est donc pas surprenant de voir le préhistorien hésiter à mettre en correspondance un niveau archéologique avec un stade isotopique pour le paléolithique inférieur et même moyen ou avec un interstade pour le paléolithique supérieur. Mais, la progression de la recherche préhistorique laisse peu de doutes sur sa capacité à fiabiliser ces correspondances et à les multiplier, en comblant progressivement les lacunes chronologiques. A ce titre, le présent volume sera intéressant à comparer à celui qui pourra être publié sur le même sujet dans vingt ans. Aussi est-il intéressant de constater, en lisant les contributions au présent volume, classées suivant un ordre chronologique du plus ancien au plus récent Pléistocène, une plus grande conviction de l'influence importante des variations climatiques sur le peuplement des chasseurs-cueilleurs, pour les périodes où la corrélation entre climat et peuplement est favorisée par la précision et le nombre de données disponibles, et pour être plus précis les derniers 100 000 ans, du stade isotopique 5 à la fin du stade isotopique 2.

C'est avec l'*Homo habilis*, découvert pour la première fois à Olduvai en Tanzanie par la famille Leakey, que débuterait l'Humanité. La théorie d'Y. Coppens sur le changement du climat expliquant une spéciation entre homininés et pongidés, les premiers forcés à la bipédie par la raréfaction de la forêt et le développement de la savane en phase aride, et les seconds continuant une brachiation en forêt tropicale, a été réfutée par des découvertes récentes qui rendent la question plus complexe que l'image d'Epinal proposée. Il n'en reste pas moins que la phase d'aridité entre 3 et 2 millions d'années a dû jouer un rôle certain dans l'évolution des homininés, entrainant l'extinction de l'australopithèque vers 3 Ma puis du paranthrope vers 2 Ma et l'émergence de l'*Homo habilis* à partir de 2 Ma. C'est également à partir de 2 Ma, que la présence d'un *Homo erectus* est signalé hors d'Afrique, signant le premier scénario « *Out of Africa* », notamment en Palestine à Ubediya (1,5 Ma), dans le Caucase à Dmanisi (1,77 Ma), en Indonésie à Sangiran (1,3 Ma), profitant du climat tempéré et humide du Villafranchien, avant l'installation du cycle des glaciations. C'est en Europe également dès peut-être 1,4 Ma mais sûrement avant 1 Ma, que semble se concrétiser la présence humaine avec une industrie de mode 1 (choppers, chopping-tools) comme à Dmanisi, Pirro Nord, Atapuerca, Orce, Le Vallonet, Happisburg (?), avant le refroidissement du MIS 22 il y a 900 000 ans.

Un changement important dans les variations du climat va alors survenir, centré autour de l'inversion paléomagnétique de Brunhes-Matuyama il y a 781 000 ans : c'est l'EMPT (*Early Middle Pleistocene Transition*) qui marque le passage progressif d'une périodicité des alternances glaciaires / interglaciaires de 41 000 ans à 100 000 ans, mais aussi avec des amplitudes plus marquées (notamment les stades isotopiques glaciaires 22 vers 915 000- 850 000 ans et 16 vers 675 000- 620 000 ans), qui vont avoir, dans les hautes latitudes, des conséquences importantes à l'origine d'abandons et de reconquêtes de territoires. Ces contraintes climatiques, donc environnementales, vont forcer les groupes humains à des adaptations et des changements technologiques et systémiques.

Même si nous ne connaissons pas encore précisément l'effet des premières glaciations sur le peuplement de l'Europe, nous pouvons le suivre en pointillé, d'interglaciaires en interglaciaires (MIS 15, 13, 11). Les groupes humains restent présents durant les épisodes froids des MIS 16, 14 et 12, par une présence continue au moins dans les parties méridionales de l'Europe. Sans doute, l'absence du feu avant le MIS 11 devait rendre les groupes humains moins résistants face aux péjorations climatiques et les forcer à migrer vers le Sud. Les premières industries à bifaces (mode 2) arriveraient avant l'inversion paléomagnétique Brunhes-Matuyama de 780 000 ans en Espagne. Mais leur grand développement se situe après, jusqu'au MIS 11. Parallèlement, des industries sur éclat (« Clactonien » et « Tayacien ») existent également comme l'avaient déjà souligné en leur temps H. Breuil et L. Kozlowski (1931, 1932), dont la relation avec les industries à bifaces reste à élucider.

Le climat favorable du MIS 11, interglaciaire long (54 000 ans) et stable, il y a 430 000 ans, suivi par le MIS 10 glaciaire court de même durée, puis l'interglaciaire MIS 9, est par contre un moment de développement technologique. La multiplication du nombre de sites acheuléens dans la période des MIS 11, 10, 9 a été souvent souligné. Les plus anciens foyers incontestables en Europe, datés entre 400 000 et 350 000 ans, sont Vértesszölös (Hongrie), Beeches Pit (Angleterre), Menez-Dregan en Bretagne et Terra Amata à Nice (France). C'est aussi le moment où apparaissent les premiers artefacts de mode 3 (technique Levallois) qui caractériseront le paléolithique moyen. La fabrication d'outils en bois (comme à Schöningen en Allemagne) et sur os d'éléphant (comme ceux trouvés dans les sites du Latium en Italie mais aussi à Atapuerca en Espagne et à Terra Amata) confirment ce moment important dans l'histoire de l'Humanité. Il a été proposé qu'une seconde vague d'homininés soit arrivée en Europe, porteurs de cette industrie à bifaces du mode 2 ; ils ont en effet laissé des fossiles humains qui ont été regroupés sous le nom d'*homo heidelbergensis*, en référence à la mandibule de Mauer trouvée en 1908 près de Heidelberg en Allemagne et qui est maintenant datée par ESR autour de 600 000 ans. Deux théories s'affrontent que les données en nombre insuffisant, ne peuvent encore définitivement départager : la première voit ces homininés, descendants d'*homo erectus* en Europe, évoluer sous la contrainte des alternances climatiques ; la seconde voit une nouvelle arrivée d'Afrique de cette seconde vague, en rapprochant *homo heidelbergensis* d'*homo heidelbergensis rhodesiensis* (homme de Rhodésie) en référence au fossile découvert en 1921 dans la mine de Broken hill en Zambie et dernièrement daté autour de 300 000 ans, et dont plusieurs autres fossiles ont été découverts au Maroc, en Algérie, en Ethiopie, en Tanzanie et en Afrique du Sud, datés entre 700 000 et 300 000 ans. Le passage vers l'Europe par le détroit de Gibraltar est souvent invoqué et discuté.

L'apparition des premiers *Homo neanderthalensis* semblent être le résultat d'un processus progressif de néandertalisation qui débuterait dans le MIS 11, avec des vestiges qualifiés de prénéandertaliens (Sima de los Huesos à Atapuerca, Swanscombe en Angleterre, Aroeira au Portugal) datés entre 430 000 et 300 000 ans, pouvant traduire une évolution entre *Homo heidelbergensis* et *Homo neanderthalensis*.

Dans une récente publication (Raia & al. 2020), un modèle statistique d'analyse de niche (« *climatic niche factor analysis* », CNFA qui prédit la vulnérabilité d'espèces dans leur niche environnementale en cas de changement climatique) a été appliqué aux homininés européens. Il est utilisé ici, en mode inverse, sur les variations climatiques du passé. L'étude conclut que les changements climatiques auraient provoqué l'extinction d'*homo erectus*, d'*homo heidelbergensis* et d'*homo neanderthalensis* remplacés par les migrations de leurs successeurs.

La variabilité des industries lithiques du paléolithique moyen reste une question non résolue de la préhistoire ancienne. La raison en est probablement liée à l'existence de plusieurs processus de nature différente à l'origine de cette variabilité, que la seule approche typologique, qu'elle soit appliquée aux artefacts façonnés comme l'avaient proposé F. Bordes et M. Bourgon dans les années 1950 ou aux techniques de débitage qui les ont remplacées depuis les années 1990, ne peut résoudre. Les polémiques entre F. Bordes, L. Binford et J. Mellars tentant d'expliquer ces variabilités comme groupes moustériens, sites spécialisés ou faciès chronologiques, sont restées dans les mémoires. Or la mobilité des groupes humains du paléolithique moyen est une des clés pour mieux comprendre la variabilité des industries lithiques du paléolithique moyen. Et l'étude des relations systémiques entre mobilité et climat est critique pour la connaissance des sociétés de chasseurs-cueilleurs. Les périodes du MIS 4, du MIS 3 et du MIS 2, qui sont les mieux connues, confirment des faibles mobilités et donc des territoires de déplacement réduits au MIS 4 et au dernier maximum glaciaire du MIS 2, et des fortes mobilités au MIS 3, au début et à la fin du MIS 2. Ces relations sont cependant plus complexes car elles mettent en jeu également les latitudes, les altitudes, les zoocénoses, la séparation entre peuplements permanents et déplacements saisonniers à la bonne saison et l'approvisionnement en matières premières. Au paléolithique moyen, les principaux procédés de débitage lithique sont le débitage Levallois, le débitage discoïde, le débitage Quina, le débitage laminaire et le façonnage bifacial. Ces débitages révèlent des structures chronologiques. Le débitage laminaire est une invention du MIS 5a, qui restera sans suite jusqu'à sa réinvention au tout début du paléolithique supérieur. Le débitage Levallois présente un gradient climatique : il se réduit en période glaciaire (MIS 4, MIS 6) jusqu'à presque disparaitre complètement, et se développe en période tempérée (MIS 5, début MIS 3). Un débitage Levallois laminaire apparait au début du MIS 3 au Proche-Orient (Boker-Tachtit) et en Europe centrale (Bohunicien). Le façonnage bifacial qui se retrouve sur de petits bifaces en Europe occidentale (Moustérien de tradition acheuléenne) et sur des couteaux bifaces ou prodniks (Micoquien) en Europe centrale et orientale, est daté des débuts du MIS 3. Le débitage discoïde et le débitage Quina sont les débitages préférentiels des périodes glaciaires (MIS 4, MIS 6), qui produisent des encoches, des denticulés et des racloirs, dont le pourcentage respectif varie selon la qualité des matières premières

(Moustérien à denticulés, Charentien). En effet, l'approvisionnement en matière première, opportuniste suivant la disponibilité locale de matériau de plus ou moins bonne qualité, crée une variabilité importante dans l'industrie, en particulier dans le rapport encoche + denticulés /racloirs.

L'Eemien, l'avant-dernier interglaciaire, ou stade isotopique MIS 5e, est une période clé pour la compréhension du Paléolithique moyen et plus encore pour les questions des relations entre *Neandertal* et *Sapiens*. Longtemps, les sites de référence du paléolithique moyen ont été des sites en entrée de grottes ou en abris sous roche, qui fournissent des stratigraphies conservant des remplissages de périodes glaciaires (MIS 6, 4, début 3) et plus difficilement des niveaux interglaciaires victimes des érosions, dans le cas ici des épisodes du complexe MIS 5. Néanmoins, en Aquitaine comme dans la basse-vallée du Rhône, des niveaux éemiens à faune tempérée sont connus. Ils fournissent des faunes avec une dominance daim-cerf élaphe-chevreuil, et l'arrivée d'espèces comme le dhole européen, l'hyène des cavernes et le bouquetin du Caucase. Dans la moitié Nord de l'Europe, les sites de plein air datés de l'Eemien ont été trouvés sur les bords de lacs (Lehringen), dans des formations de travertins (Taubach) ou sur des plages (Saint-Vaast la Hougue). Si les sites de plein air du MIS 5e sont rares pour les raisons taphonomiques précédemment citées, ceux du MIS 5d à 5a sont nombreux, tandis qu'ils disparaissent au MIS 4 marquant un abandon du territoire, avant de reprendre faiblement au début du MIS 3. Le site de Caours dans la vallée de la Somme a livré cinq niveaux d'occupations qui ont été protégés dans des tufs fluviatiles. La faune est constituée principalement de cerf, d'aurochs, de daim, de chevreuil, de sanglier, de rhinocéros, d'éléphant de prairie témoignant d'un climat tempéré et d'un couvert forestier. La présence d'un débitage discoïde et d'un débitage Levallois caractérise une industrie taillée sur un silex local (Antoine *et al.* 2006). Les groupes humains au MIS 5 remontent en haute latitude (Nord de la France, Belgique, Pays-Bas, Nord de l'Allemagne). Leur absence actuellement observée en Angleterre est-elle dû à la remontée du niveau de la mer qui l'aurait isolée du continent ?

Dans le Nord de l'Afrique, c'est l'Atérien, un *homo sapiens*, qui, de l'Atlantique à l'Egypte et du Sahel à la Méditerranée, occupe un territoire aujourd'hui en grande partie désertique mais alors vert et humide. C'est le moment du troisième « *Out of Africa* » de *l'homo sapiens* archaïque dont les vestiges ont été retrouvés en Palestine. Le corridor du Nil et le détroit de Bal el Mandeb, à la corne de l'Afrique, en traversant la péninsule arabique, sont les deux itinéraires généralement considérés pour cette sortie d'Afrique. Les vestiges humains manquent encore pour suivre l'avancée des groupes humains qui s'effectuerait alors au Nord, par l'Asie centrale, la Sibérie, la Mongolie et la Chine, et au Sud, par l'Inde et l'Asie du Sud-est jusqu'en Australie, à moins que ces vagues soient plus tardives au moment des débuts du MIS 3.

La péjoration climatique du MIS 4 va enrayer cette expansion géographique   et   démographique.

En Europe, les groupes humains de *Neandertal* vont se retrouver cloisonnés géographiquement et refluent vers le Sud, abandonnant une partie du continent, et vivant sur des territoires de faible superficie, produisant une industrie frustre (moustérien à denticulés) sur des matières premières locales de fortune. La baisse démographique, le cloisonnement géographique et la faible mobilité entraine le risque d'une extinction que révèle une accentuation des traits morpho-crâniens et des différentiations génétiques entre les différentes parties de l'Europe. Des migrations de groupes *Neandertal* au Proche-Orient sont observées, où se font des rencontres avec *l'homo sapiens*. Dans la partie Nord de l'Afrique, le peuplement Atérien disparait. Par contre, en Afrique australe, le MSA (Middle Stone Age) profite de conditions climatiques plus favorables du fait de sa latitude pour continuer une évolution commencée au MIS 5, par une culture matérielle dont certains éléments anticipent celle du paléolithique supérieur européen.

Le stade isotopique 3, anciennement appelé interpléniglaciaire würmien, est une période climatique courte d'environ 20 000 ans caractérisée par un climat globalement plus tempéré et humide, marqué par une série d'oscillations plus froides et plus tempérée. Cette période est un événement très important dans l'histoire de l'Humanité car il voit de grands changements : technologiques (généralisation du débitage lithique laminaire et lamellaire, apparition et développement rapide de l'industrie en matière dure animale, apparition et développement rapide de l'art mobilier et pariétal, approvisionnement lointain en matières premières, premières structures d'habitat) et anthropologiques (expansion de *l'homo sapiens* sur l'ensemble de la planète, avec notamment la colonisation de l'Australie et de l'Amérique, extinction de *Neandertal*).

La question de l'arrivée de *l'homo sapiens* en Europe et l'extinction de *Neandertal* est un des thèmes préhistoriques les plus médiatisés de nos jours. De nombreux scénarios ont été proposés depuis les cinquante dernières années, rendus fragiles par le manque de fiabilité des datations radiocarbone au-delà de 35 000 ans. La thèse de la perduration de Neandertal jusque vers 26 000 ans encore populaire dans les années 1990 a été abandonnée pour un horizon encore discuté au-delà de 36 000 ans. La cohabitation entre Sapiens et Neandertal est aujourd'hui proposée entre 48 000 et 38 000 ans. Les deux principales industries candidates supposées portées par *l'homo sapiens* dans son expansion vers l'Europe sont l'industrie à débitage Levallois laminaire de type Boker Tachtit du Levant et Bohunicien d'Europe centrale vers 48 000 BP et l'industrie lamellaire de type Ahmarien ancien du Levant et Protoaurignacien en Europe vers 38 000 BP. Plusieurs vagues d'arrivée de Sapiens sont cependant possibles dans cet intervalle de temps.

En Europe, les industries des débuts du stade isotopique 3 révèlent un grand dynamisme évolutif des industries du paléolithique moyen final (moustérien de tradition acheuléenne en Europe occidentale, Micoquien en Europe centrale et orientale) avec le développement de la technologie bifaciale, le retour du débitage Levallois, l'abondance des pièces foliacées et des couteaux. Puis vers 40 000 BP, les industries dites « de transition », révèlent l'existence d'un processus de diversification régionale : Châtelperronien en Europe occidentale, Uluzzien en Italie et en Grèce, Szélétien en Europe centrale, Lincombien/Ranisien/Jerzmanowicien en Europe septentrionale, Strélétien en Europe orientale, etc. Ce sont déjà des industries de type paléolithique supérieur avec débitage lamellaire et laminaire, avec pour les deux premières des couteaux à dos et pour les autres des pointes bifaciales de morphologie variée.

A partir de 38 000 BP, un processus d'uniformisation des industries se développe rapidement avec l'Aurignacien, dont les composantes laminaires et lamellaires du débitage lithique sont corrélées avec les oscillations climatique de la fin du stade isotopique 3. L'ensemble de l'Europe est peuplée jusqu'en Angleterre au Nord-ouest et dans le bassin de la Petchora au Nord-est. L'uniformisation se poursuit au Proche-Orient, avec l'Aurignacien du Levant et le Baradostien en Iran et en Asie centrale. En Afrique du Nord, une industrie du paléolithique supérieur apparait, le Dabbéen, connu seulement sur le site d'Haua Fteah en Lybie. Partout, en Afrique orientale et australe (LSA), ainsi qu'en Asie (Sibérie, Nord de la Chine), sont connues des industries lithiques lamellaires et des industries en matière dure animale qui révèlent un processus quasi-général de changement technologique indépendant de la nature anthropologique de leurs auteurs, comme c'était d'ailleurs le cas pour les auteurs des industries du paléolithique moyen durant le stade isotopique 5.

Le début du stade isotopique 2 vers 28 000 BP correspond à la péjoration climatique progressive qui va culminer au dernier maximum glaciaire. En Europe, le Gravettien, qui succède à l'Aurignacien, et en Sibérie, la culture de Malta-Buret, (dont la génétique de type « anciens Nord-Eurasiens » est la plus proche des populations amérindiennes) marque ce processus d'adaptation au froid.

Le dernier maximum glaciaire (LGM), de 22 000 à 17 000 BP, est le dernier épisode climatique le plus hostile au peuplement humain, animal et végétal sur l'ensemble de la planète, particulièrement dans les hautes latitudes, le second après le stade isotopique 6. Les calottes glaciaires s'étendent considérablement, notamment en Amérique du Nord (Laurentides) et en Europe (Scandinave) et en corollaire le pergélisol et la toundra. Parallèlement, la superficie des zones désertiques s'accroit, en Afrique du Nord (Sahara), en Afrique australe (Kalahari), au Proche-Orient, en Asie centrale (Turkestan, Taklamakan), en Inde (Thar), en Australie, etc. La forêt tropicale humide se réduit au profit de la savane en Afrique centrale, en Asie du Sud-est et en Amérique. Le dernier maximum glaciaire a entraîné l'effondrement de nombreuses sociétés de chasseurs cueilleurs, l'abandon de territoires importants et une réduction démographique de peut-être plus des deux tiers de la population de la planète. Une grande partie de l'Europe est abandonnée et les groupes se réfugient vers le Sud méditerranéen (péninsule ibérique, péninsule italienne, adriatique, Mer Noire). Toute l'Afrique du Nord est désertée sauf la vallée du Nil. Le peuplement au Proche-Orient se réduit à la côte et aux rivages des lacs résiduels de l'intérieur. L'Asie centrale et la Sibérie sont désertées. En Amérique, continent récemment peuplé, les groupes émigrent au Centre et au Sud du continent. En Australie, les groupes abandonnent la plus grande partie de l'île pour se réfugier dans la presqu'île de Tasmanie au Sud et dans le golfe de Carpentarie au Nord. Cependant, la capacité d'adaptation des groupes humains leur permet de s'adapter en changeant leur système. Des innovations apparaissent comme la retouche couvrante des pointes foliacées du Solutréen, pour remplacer les pointes de sagaies en bois de renne, une industrie plus microlithique (Epipaléolithique) au Proche-Orient ou le débitage par pression de la « *microblade industry* » en Extrême-Orient.

La fin du dernier maximum glaciaire voit le retour à un environnement froid et sec similaire à celui des débuts du MIS2. C'est l'occasion pour les groupes humains de la reconquête des territoires abandonnés. En Europe, le Magdalénien qui se constitue à partir de 17 000 BP dans un noyau Aquitaine et côte cantabrique, commence une expansion géographique dès 15 500 BP vers le centre et l'Est de la France jusqu'en Europe centrale. En Europe orientale, le Mézinien occupe le territoire du bassin moyen et supérieur du Dniepr, et y construit les fameuses cabanes circulaires en os de mammouths. Au Proche-Orient, la culture matérielle accentue la tendance née au dernier maximum glaciaire de fabrication d'industries épipaléolithiques qui deviennent progressivement géométriques. Le Caucase et l'Asie centrale sont réoccupés.

A partir de 14 000 BP, la fin de la glaciation se manifeste par une augmentation de l'humidité puis de la température par des oscillations rapprochées, dites tardiglaciaires, de 13 500 BP à 11 000 BP. Le changement de végétation voit le développement rapide de la forêt tempérée à partir d'espèces elles-aussi réfugiées en Méditerranée, l'extinction ou le départ vers le Nord des espèces animales de la steppe froide remplacées par le retour d'espèces tempérées plus grégaires. Les groupes humains s'adaptent à ces nouvelles conditions : les territoires de déplacement se réduisent, les territoires d'altitude au-dessus de 600m sont conquis, les ressources alimentaires se diversifient, l'approvisionnement en matière première redevient local, la culture matérielle s'uniformise (industries à pointes à dos courbe). Parallèlement, la remontée des groupes humains en haute latitude permet de continuer la pratique d'une économie basée sur la chasse au renne (Angleterre, Pays-Bas, Nord de l'Allemagne, Nord de la Pologne). Le processus est enclenché qui va conduire au début de l'Holocène les groupes humains à devenir au Mésolithique des chasseurs de la forêt (miniaturisation des armatures avec l'innovation de l'arc) et sur les rivages marins et lacustres des collecteurs de coquillages (amas coquilliers).

Les changements climatiques ont eu une répercussion à long terme sur les peuplements de chasseurs-cueilleurs par une série de transformations en chaine depuis les changements de végétations, puis les changements de zoocénoses animales et enfin les changements de système de ressources alimentaires des groupes humains. Les climats tempérés et humides entrainent un accroissement de la végétation, dont le retour du couvert forestier et des ressources hydriques. Les climats froids et secs entraînent une expansion des calottes glaciaires et des glaciers de montagne d'une part, et des zones désertiques d'autre part, la baisse du niveau des mers, le développement des steppes froides et de la toundra au dépend des espaces ouverts et forestiers, celui des savanes au dépend des forêts tropicales. Ces paysages induisent les chasses : chasse aux troupeaux migrateurs de la steppe froide (renne, bison, mammouths, cheval) ; chasse aux espèces grégaires des milieux forestiers (cerf, aurochs, sanglier, chevreuil) ; chasse en milieu d'altitude (bouquetin, chamois). Ces types de chasses induisent les armes (armes d'hast, armes de jet, arcs) et leurs matériaux (matière dure animale, silex, bambou) suivant leur disponibilité d'approvisionnement. Et sans doute, aussi, les pratiques qui ne laissent pas, sauf exception, de vestiges fossiles comme le piégeage des animaux et la cueillette des végétaux, les activités que l'ethnologie nous suggère être celles des femmes et des adolescents du groupe.

La réaction des groupes humains aux changements climatiques se traduit par des adaptations et/ou des migrations. Les adaptations sont observées par des changements dans la culture matérielle, la localisation et la saisonnalité des habitats et dans les pratiques cynégétiques. Les migrations sont matérialisées par des abandons de territoires et par des installations dans d'autres territoires. Plusieurs processus marquent cette réaction face aux changements climatiques :

Une tentative d'adaptation, qui n'entraine que de faibles changements systémiques (comme la transition Aurignacien vers Gravettien au début du MIS 2, ou la transition Gravettien récent/Gravettien final à l'entrée du dernier maximum glaciaire), un abandon de territoires, qui entraine des changements systémiques importants (comme la transition Gravettien vers Solutréen et Epigravettien ancien au début du dernier maximum glaciaire), un refuge dans une zone au climat et à l'environnement favorable aux groupes humains et une adaptation à ce nouvel environnement, le retour saisonnier à la bonne saison dans les territoires abandonnés pour des approvisionnements en matière première et des chasses saisonnières (Solutréen).

Les tentatives de réinstallation permanente, réussies ou non, dans les territoires d'origine et leur adaptation à un environnement hostile qui se traduit par un changement systémique important, notamment de la culture matérielle (Badegoulien, Sagvarien culture de Zamiatnine en Europe).

La réinstallation durable puis l'expansion des territoires favorisée par l'amélioration climatique (Magdalénien et Mézinien en Europe).

Malheureusement, les connaissances acquises par plus de 150 ans de préhistoire ne permettent pas encore de pouvoir reconstituer à toutes les époques (et notamment les plus anciennes) et sur tous les continents, l'enchaînement de ces processus pour tous les changements climatiques connus. Néanmoins, au paléolithique inférieur et moyen, les processus d'adaptation (*Neandertal* en Europe en périodes glaciaires, *Sapiens archaïque* en Afrique en périodes arides), de migration (arrivées d'*homo erectus* et d'*homo heidelbergensis* en Europe ; départ de *Neandertal* vers le Levant au MIS 4) et d'expansion (Acheuléen au MIS 11 en Europe ; Atérien au MIS 5 en Afrique et arrivée du Sapiens archaïque au Levant) peuvent déjà s'observer. Et au MIS3, l'arrivé d'*homo sapiens* en Europe d'une part, la colonisation de l'Amérique et de l'Australie d'autre part révèlent une grande dynamique de peuplement que favorise cette amélioration climatique.

Plus généralement, il est possible de conclure que les événements tempérés et humides des interglaciaires ont été plus favorables aux groupes de chasseurs-cueilleurs que les périodes froides et arides des glaciations. Les épisodes MIS 15/13/11 (*homo heidelbergensis* / Acheuléen), MIS 5 (*homo sapiens archaïque*/ Atérien et *Neandertal* /Moustérien), MIS 3 (« conquête du monde » par *homo sapiens*), fin du MIS 2 /Tardiglaciaire (Epipaléolithique) et MIS 1 (Mésolithique) ont été des grandes périodes de développement démographique et spatial des groupes humains. A contrario, le MIS 6/8, le MIS 4 et le dernier maximum glaciaire du MIS 2 ont été des périodes de grandes difficultés avec des risques sinon d'extinction du moins de seuil critique de survie pour *Neandertal* en Europe et une démographie qui a sans guère de doute baissé des deux tiers pour l'*homo sapiens* pendant le dernier maximum glaciaire.

Ces changements climatiques ont obligé les groupes humains à résister et à s'adapter voire à migrer, ce qui les distingue de la plupart des espèces animales qui disparaissent sous les mêmes conditions.

Même si la forêt tropicale humide rétrécit au profit de la savane en période glaciaire, c'est dans ces régions équatoriales que les variations du climat ont l'amplitude la plus faible. Y a-t-il alors un rapport avec la continuité de la culture matérielle qui est observée sous ces latitudes (Hoabinhien en Asie du Sud-est, MSA/LSA en Afrique orientale) ? Cela conforterait alors l'hypothèse, somme toute darwinienne, du rôle important que pourrait jouer les variations du climat dans l'évolution du monde animal en général et de l'Humanité en particulier.

Bibliographie

Antoine, P., Limondin-Lozouet, N., Auguste, P., Locht, J.L., Galheb, B., Reyss, J., Escudé, E., Carbonel, P., Mercier, N., Bahain, J.J., Falguères, C., Voinchet, P., 2006. Le tuf de Caours (Somme, France) : mise en évidence d'une séquence éemienne et d'un site paléolithique associé. *Quaternaire* 17, 281e320.

Raia P., Mondanaro A. Melchionna M., Di Febbraro M., Diniz-Filho J., Rangel Th. *et al.* 2020. Past Extinctions of Homo Species Coincided with Increased Vulnerability to Climatic Change. *One Earth* 3, p.1–11, October 23, 2020